Werner Rupprecht

Netzwerksynthese

Entwurfstheorie linearer passiver
und aktiver Zweipole und Vierpole

Springer-Verlag
Berlin · Heidelberg · New York 1972

Privatdozent, Dr.-Ing. WERNER RUPPRECHT
Akademischer Oberrat am Institut für Nachrichtenverarbeitung und
Nachrichtenübertragung der Universität Karlsruhe

Ehemals Professor adjunto à Coordenação dos Programas de Pós-Graduação
de Engenharia da Universidade Federal do Rio de Janeiro (COPPE-UFRJ)

Mit 213 Abbildungen

ISBN 3-540-05529-0 Springer-Verlag Berlin-Heidelberg-New York
ISBN 0-387-05529-0 Springer-Verlag New York-Heidelberg-Berlin

Das Werk ist urheberrechtlich geschützt. Die dadurch begründeten Rechte, insbesondere die der
Übersetzung, des Nachdruckes, der Entnahme von Abbildungen, der Funksendung, der Wiedergabe auf
photomechanischem oder ähnlichem Wege und der Speicherung in Datenverarbeitungsanlagen
bleiben, auch bei nur auszugsweiser Verwertung, vorbehalten.
Bei Vervielfältigungen für gewerbliche Zwecke ist gemäß § 54 UrhG eine Vergütung an den Verlag zu
zahlen, deren Höhe mit dem Verlag zu vereinbaren ist.
© by Springer-Verlag, Berlin/Heidelberg 1972. Printed in Germany
Library of Congress Catalog Card Number 76-170094

Dem Andenken meines Vaters

Vorwort

Unterteilt man das elektrotechnische Fachwissen in Grundwissen und angewandtes Wissen, dann gehört die Netzwerktheorie zweifellos zum Grundwissen, welches vom Wandel der Technologie weitgehend unberührt bleibt.

Dieses Buch befaßt sich mit der Synthese linearer zeitinvarianter passiver und aktiver Zwei- und Vierpole aus endlich vielen konzentrierten idealen Bauelementen. Es handelt sich um eine axiomatische Theorie, die im Gegensatz zur Netzwerkanalyse kein Gegenstück in der theoretischen Mechanik hat.

In den einzelnen Kapiteln wird dargelegt, was die verschiedenen Netzwerkklassen theoretisch leisten, bzw. prinzipiell nicht leisten können, und wie man systematisch Schaltungen mit zulässig vorgeschriebenen Eigenschaften findet. Der Schwerpunkt der Darstellung liegt auf der Synthese passiver LC-, RC- und RLC-Vierpole. Dabei finden die in amerikanischen Lehrbüchern weitgehend unbekannt gebliebenen klassischen Beiträge von H. Piloty und W. Bader besondere Berücksichtigung. Fragen der Approximation technischer Forderungen durch zulässige Funktionen werden in Kapitel 6 berührt, wo einige der bekanntesten Standardapproximationen für Dämpfung und Phase beschrieben sind, um Anwendungsmöglichkeiten zu verdeutlichen.

Großer Wert wurde auf ausführliche Erklärungen und Vollständigkeit der Beweise gelegt. Bei der Herleitung der notwendigen Netzwerkeigenschaften wird häufig und mit Vorteil der Satz von Tellegen benutzt, wodurch lange Darlegungen von Zusammenhängen aus der Netzwerkanalyse und die Einführung fiktiver komplexer Übertrager überflüssig werden. Dies und die mehr als siebzig durchgerechneten Zahlenbeispiele sollen dazu dienen, sowohl das "Wie" als auch das "Warum" der einzelnen Verfahren in einleuchtender Weise klarzumachen. Große Teile des Textes dürften nicht nur an Hochschulen, sondern auch an Ingenieurschulen lehrbar sein.

Entstanden ist dieses Buch aus Vorlesungen und Übungen, die ich an der Universität Karlsruhe und im postgraduate program (Coppe) der Bundesuniversität Rio de Janeiro gehalten habe. Vieles in der Darstellung resultiert aus zahlreichen Diskussionen mit Studenten und Kollegen, denen an dieser Stelle gedankt sei. Mein besonderer Dank gilt Herrn cand. inf. Werner Schmidt für seine wertvolle Hilfe beim Kontrollrechnen und beim Korrekturlesen. Weiterhin möchte ich dem Springer-Verlag meinen Dank aussprechen für die gute Zusammenarbeit und für sein bereitwilliges Entgegenkommen auf viele Sonderwünsche.

Karlsruhe im August 1971   Werner Rupprecht

Inhaltsverzeichnis

1. Definitionen und Grundlagen der Netzwerktheorie 1
   1.1 Zeitfunktion und Spektrum 1
   1.2 Die wichtigsten Netzwerkelemente und ihre Beschreibung im Zeit- und Frequenzbereich 5
       1.2.1 Zweipolige Elemente 5
       1.2.2 Vierpolige Elemente 8
   1.3 Netzwerksätze und Netzwerkfunktionen 16
       1.3.1 Topologische Sätze von Kirchhoff und Tellegen 16
       1.3.2 Netzwerkfunktionen und Normierung 20
       1.3.3 Die Bruneschen Pseudoenergiefunktionen 25

2. Synthese passiver Zweipole aus zwei Elementetypen 30
   2.1 LC-Zweipole 30
       2.1.1 Notwendige und hinreichende Bedingungen 30
       2.1.2 Synthese von LC-Zweipolen 41
       2.1.3 Reaktanzzweipolfunktion und Hurwitzpolynom 53
   2.2 RC-Zweipole 58
       2.2.1 Notwendige und hinreichende Bedingungen 58
       2.2.2 Synthese von RC-Zweipolen 66
   2.3 Gyrator/C-Zweipole 73

3. Synthese allgemeiner passiver Zweipole 76
   3.1 Notwendige und hinreichende Bedingungen 76
   3.2 Eigenschaften positiv reeller Funktionen 79
   3.3 Prüfung auf positiv reelle Funktion 86
   3.4 Syntheseverfahren für passive Zweipole 94
       3.4.1 Das Verfahren von Brune 95
       3.4.2 Das Verfahren von Bott und Duffin 105
       3.4.3 Kurzer Überblick über weitere Verfahren 109

3.5 Teile positiv reeller Funktionen 110
    3.5.1 Bestimmung von $Z(s)$ aus $|Z(j\omega)|$ 110
    3.5.2 Bestimmung von $Z(s)$ aus $\mathrm{Re}\{Z(j\omega)\}$ 112

4. Allgemeine Vierpoleigenschaften und spezielle Vierpoltypen 115

4.1 Der Umkehrungssatz der Vierpoltheorie 115
4.2 Übertragungseigenschaften von Vierpolen 117
    4.2.1 Übertragungseigenschaften und Vierpolmatrixelemente 117
    4.2.2 Pol-Nullstellenkonfigurationen der Wirkungsfunktion $H(s)$ bei stabilen Vierpolen, Allpässen und Mindestphasenvierpolen . . 122
4.3 Eigenschaften spezieller Vierpolschaltungsstrukturen 128
    4.3.1 Eigenschaften von Vierpolen mit durchgehender Masseverbindung 128
    4.3.2 Eigenschaften von Brückenschaltungen 133
    4.3.3 Fastsymmetrische Vierpole 143

5. Synthese passiver LC-Vierpole 148

5.1 Notwendige und hinreichende Realisierbarkeitsbedingungen für LC-Vierpolmatrizen 148
    5.1.1 Bedingungen für die [Z]- und [Y]-Matrix 148
    5.1.2 Bedingungen für die [A]-Matrix 155
5.2 Synthese passiver LC-Vierpole mit vorgeschriebener [Z]-Matrix durch Partialbruchschaltungen 160
5.3 Notwendige und hinreichende Realisierbarkeitsbedingungen für vorgegebene Übertragungseigenschaften passiver LC-Vierpole 167
    5.3.1 Spezielle Zusammenhänge bei passiven LC-Vierpolen 168
    5.3.2 Realisierbarkeitsbedingungen im unbeschalteten und einseitig beschalteten Fall 172
    5.3.3 Realisierbarkeitsbedingungen in zweiseitig beschalteten Fall . 177
    5.3.4 Bestimmung der [A]-Matrix aus der Betriebsübertragungsfunktion oder der charakteristischen Funktion beim LC-Vierpol 184
5.4 Spezielle Realisierungsmethoden für vorgeschriebene Wirkungsfunktionen 188
    5.4.1 Synthese von Wirkungsfunktionen unbeschalteter und einseitig beschalteter LC-Vierpole durch Abzweigschaltungen 189
    5.4.2 Synthese von Wirkungsfunktionen $H_B(s)$ zweiseitig beschalteter LC-Vierpole durch Abzweigschaltungen 196
    5.4.3 Synthese passiver LC-Nichtmindestphasenvierpole 213
        5.4.3.1 Synthese von LC-Allpaßschaltungen 214
        5.4.3.2 Kurzer Überblick über weitere Syntheseverfahren für LC-Vierpole 219

6. Approximationen 220

6.1 Tiefpaßapproximation durch LC-Potenzfilter 220

- 6.2 Tiefpaßapproximation durch LC-Tschebyscheffilter 223
- 6.3 Tiefpaßapproximation durch LC-Cauerfilter 229
- 6.4 Approximation beliebiger Dämpfungsverläufe, Frequenztransformationen 233
- 6.5 Approximation linear ansteigender Phase durch LC-Vierpole 237

7. Synthese allgemeiner passiver Vierpole 240

- 7.1 Notwendige und hinreichende Realisierbarkeitsbedingungen für RC-Vierpolmatrizen [Z], [Y] und [A] 240
- 7.2 Synthese passiver RC-Vierpole mit vorgeschriebener [Z]-Matrix durch Partialbruchschaltungen 245
- 7.3 Notwendige und hinreichende Realisierbarkeitsbedingungen für vorgegebene Übertragungseigenschaften passiver RC-Vierpole 247
- 7.4 Spezielle Syntheseverfahren für passive RC-Vierpole 254
  - 7.4.1 RC-Vierpolsynthese durch Abzweigschaltungen bei Wirkungsnullstellen auf der negativen σ-Achse 254
  - 7.4.2 RC-Vierpolsynthese bei komplexen Wirkungsnullstellen 260
  - 7.4.3 Kurzer Überblick über weitere Syntheseverfahren für passive RC-Vierpole 274
- 7.5 Notwendige und hinreichende Realisierbarkeitsbedingungen für Vierpolmatrizen reziproker passiver Vierpole 275
  - 7.5.1 Realisierbarkeitsbedingungen für die Widerstandsmatrix [Z] und die Leitwertsmatrix [Y] 275
  - 7.5.2 Eigenschaften positiv reeller Matrizen 277
  - 7.5.3 Realisierbarkeitsbedingungen für die Kettenmatrix [A] 282
- 7.6 Realisierung der [Z]- und [Y]-Matrix des reziproken passiven Vierpols nach C. Gewertz 285
- 7.7 Übertragungseigenschaften des reziproken passiven Vierpols und Realisierung vorgeschriebener Übertragungseigenschaften durch Vierpole konstanten Eingangswiderstandes 292

8. Allgemeines zur Theorie aktiver Netzwerke 296

- 8.1 Stabilität 296
- 8.2 Einige weitere aktive Netzwerkelemente 300
  - 8.2.1 Der Operationsverstärker 300
  - 8.2.2 Der Negativimpedanzkonverter 303
  - 8.2.3 Der Negativimpedanzinverter und der aktive Gyrator 309
  - 8.2.4 Einiges über pathologische Schaltungen 311
- 8.3 Eigenschaften und Synthese von ±RC-Netzwerken 313
  - 8.3.1 Eigenschaften und Synthese von ±RC-Zweipolen 313
  - 8.3.2 Eigenschaften von ±RC-Vierpolen 317
- 8.4 Kurzer Überblick über weitere Klassen aktiver Netzwerke 319

9. Synthese aktiver RC-Zwei- und Vierpole unter Verwendung eines oder zweier aktiver Schaltelemente 320

    9.1 Synthesemethoden unter Verwendung gesteuerter Quellen 320

        9.1.1 Zweipolsynthese mit zwei gesteuerten Quellen 320

        9.1.2 Synthese vorgeschriebener Wirkungsfunktionen mit einer gesteuerten Quelle 323

        9.1.3 Synthese vorgeschriebener Wirkungsfunktionen mit zwei gesteuerten Quellen 327

        9.1.4 Synthese vorgeschriebener Wirkungsfunktionen mit einem Differenzverstärker 329

    9.2 Synthesemethoden unter Verwendung von Operationsverstärkern . . . 333

        9.2.1 Zweipolsynthese unter Verwendung eines einzigen Operationsverstärkers 333

        9.2.2 Synthese vorgeschriebener Wirkungsfunktionen unter Verwendung von Operationsverstärkern 338

    9.3 Synthesemethoden unter Verwendung von Negativimpedanzkonvertern . 342

        9.3.1 Zweipolsynthese unter Verwendung eines einzigen Negativimpedanzkonverters 342

        9.3.2 Synthese vorgeschriebener Wirkungsfunktionen mit einem einzigen Negativimpedanzkonverter 348

        9.3.3 Stabilitätsbetrachtungen bei Schaltungen mit Negativimpedanzkonvertern 352

    9.4 Kurzer Überblick über weitere Verfahren zur Synthese aktiver RC-Netzwerke 354

10. Empfindlichkeitsprobleme 355

    10.1 Empfindlichkeitsdefinitionen und -berechnungen 355

    10.2 Empfindlichkeitsminimisierung durch Horowitzzerlegung 359

    10.3 Einige Bemerkungen zur Empfindlichkeitsminimisierung 370

Literaturverzeichnis 371

Namen- und Sachverzeichnis 375

1. Definitionen und Grundlagen der Netzwerktheorie

Zur Beschreibung der Synthese von Netzwerken müssen gewisse Grundlagen der allgemeinen Netzwerktheorie vorausgesetzt werden. In diesem ersten Kapitel sind daher die wichtigsten Begriffe, Bezeichnungsweisen und theoretischen Grundlagen aus diesem Gebiet zusammengestellt. Dabei wurde im Gegensatz zu den späteren Kapiteln 2 bis 10 auf Herleitungen weitgehend verzichtet.

1.1 Zeitfunktion und Spektrum

Strom und Spannung sind normalerweise reelle Funktionen der Zeit t, d.h. für reelle Werte von t ist auch der Funktionswert $f(t)$ reell. Gleichwertig mit der Beschreibung als Zeitfunktion $f(t)$ ist die Beschreibung als Spektrum $F(s)$. Hier wird ausschließlich dasjenige Spektrum betrachtet, welches man mit der einseitigen Laplacetransformation gewinnt. Diese ordnet in eindeutiger Weise einer reellen Zeitfunktion $f(t)$, die für Zeiten $0 \leq t < \infty$ definiert ist, eine Funktion $F(s)$ zu. Das wird durch die Schreibweise

$$F(s) = \mathscr{L}[f(t)] \tag{1.1}$$

zum Ausdruck gebracht. Dabei ist

$$s = \sigma + j\omega \tag{1.2}$$

die komplexe Frequenz. Das Spektrum oder die Funktion $F(s)$ ergibt sich aus folgender Definitionsgleichung

$$F(s) = a(s) + jb(s) = \mathscr{L}[f(t)] = \int_{t=0^-}^{\infty} f(t)\, e^{-st}\, dt\,. \tag{1.3}$$

Die untere Integrationsgrenze 0^- (Null minus) ist nicht der Wert an der Stelle Null, sondern der linksseitige Grenzwert, dem der Integrand $f(t)e^{-st}$ zustrebt, wenn t von links gegen Null geht. Es ist klar, daß nicht für jede Funktion $f(t)$ eine Laplacetransformierte $F(s)$ existiert. Notwendig und hinreichend ist, daß das Integral Gl.(1.3) endlich bleibt.

Aus Gl.(1.3) folgt für reelle Zeitfunktionen, daß

$$\text{für } s = \sigma, \text{ d.h. } \omega = 0 : \text{Im}\{F(\sigma)\} = b(\sigma) = 0$$
$$\text{für } s = j\omega, \text{ d.h. } \sigma = 0 : a(j\omega) = \text{gerade Funktion in } \omega, \quad (1.4)$$
$$b(j\omega) = \text{ungerade Funktion in } \omega.$$

Im $\{\ \}$ kennzeichnet den Imaginärteil des Ausdrucks in der geschweiften Klammer.

In Tab.1.1 sind für einige Zeitfunktionen $f(t)$ die zugehörigen Spektren $F(s)$, wie sie sich mit Gl.(1.3) ergeben, zusammengestellt. Darin bedeuten $\delta_0(t)$ der Diracstoß, $\delta_{-1}(t)$ die Sprungfunktion, $\delta_1(t)$ das Doublet und $\delta_n(t)$ die δ-Funktion der Ordnung n, siehe Abb.1.1.

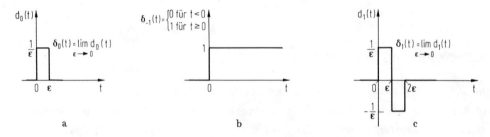

Abb.1.1. Darstellung a) des Diracstoß $\delta_0(t)$; b) der Sprungfunktion δ_{-1}; c) des Doublets $\delta_1(t)$.

Tabelle 1.1

$f(t)$	$F(s)$	$f(t)$	$F(s)$
$\delta_0(t)$	1	$e^{s_0 t}$	$\dfrac{1}{s-s_0}$
$\delta_{-1}(t)$	$\dfrac{1}{s}$	$\dfrac{t^{n-1}}{(n-1)!} e^{s_0 t}$	$\dfrac{1}{(s-s_0)^n}$
$\delta_1(t)$	s		
$\delta_n(t)$	s^n	$\sin \omega t$	$\dfrac{\omega}{s^2+\omega^2}$
$\dfrac{t^{n-1}}{(n-1)!}$	$\dfrac{1}{s^n}$	$\cos \omega t$	$\dfrac{s}{s^2+\omega^2}$

1.1 Zeitfunktion und Spektrum

Mittels Tab.1.1 kann man bereits zu jeder gebrochen rationalen Funktion $F(s)$ mit reellen Koeffizienten - und von einer Ausnahme abgesehen werden wir es hier ausschließlich mit solchen zu tun haben - die zugehörige Zeitfunktion bestimmen.

Jede gebrochen rationale Funktion läßt sich nämlich in eindeutiger Weise in eine Summe von Partialbrüchen zerlegen, wobei die einzelnen Partialbrüche Ausdrücke von der Form sind, wie sie in Tab.1.1 vorkommen. Ist $F(s)$ eine gebrochen rationale Funktion mit dem Zählerpolynom $P(s)$ und dem Nennerpolynom $Q(s)$, dann ergibt sich durch Division

$$F(s) = \frac{P(s)}{Q(s)} = a_n s^n + a_{n-1} s^{n-1} + \ldots + a_1 s + a_0 + \frac{P_1(s)}{Q(s)} , \qquad (1.5)$$

$$n = \text{ganzzahlig}.$$

Die Glieder mit den Potenzen von s entsprechen nach Tab.1.1 δ-Funktionen, die noch jeweils mit einem konstanten Faktor a_i multipliziert sind.

Das Polynom $P_1(s)$ hat einen geringeren Grad als das Polynom $Q(s)$. Ohne Einschränkung der Allgemeinheit kann man annehmen, daß in $Q(s)$ der Faktor vor der höchsten Potenz gleich Eins ist. Somit läßt sich schreiben

$$\frac{P_1(s)}{Q(s)} = \frac{P_1(s)}{(s-s_1)(s-s_2) \ldots (s-s_m)} , \qquad (1.6)$$

wobei $s_1, s_2, \ldots, s_m$ die (eventuell komplexen) Nullstellen des Polynoms $Q(s)$ sind. Sind alle Koeffizienten von $Q(s)$ reell, dann treten überdies die komplexen Nullstellen nur in konjugiert komplexen Paaren auf.

Für den Fall, daß alle Nullstellen von $Q(s)$ einfach sind, ergibt sich folgende Partialbruchdarstellung

$$\frac{P_1(s)}{Q(s)} = \frac{k_1}{s-s_1} + \frac{k_2}{s-s_2} + \ldots + \frac{k_m}{s-s_m} . \qquad (1.7)$$

Hat $Q(s)$ mehrfache Nullstellen, dann sind für jede Nullstelle der Vielfachheit r genau r Partialbrüche hinzuschreiben. Sind z.B. die erste Nullstelle r-fach (d.h. $s_1 = s_2 = \ldots = s_r$) und die übrigen $m-r$ Nullstellen einfach, dann lautet die Partialbruchdarstellung

$$\frac{P_1(s)}{Q_1(s)} = \frac{k_{11}}{s-s_1} + \frac{k_{12}}{(s-s_1)^2} + \ldots + \frac{k_{1r}}{(s-s_1)^r} + \frac{k_{r+1}}{s-s_{r+1}} + \ldots + \frac{k_m}{s-s_m} . \qquad (1.8)$$

Die Entwicklungskoeffizienten k_ν bzw. $k_{\nu\mu}$ lassen sich z.B. dadurch bestimmen, daß man die rechte Seite von Gl.(1.7) bzw. Gl.(1.8) auf den Hauptnenner bringt und anschließend einen Koeffizientenvergleich der Zähler durchführt. Für die somit bekannten Partialbrüche auf den rechten Seiten von Gl.(1.7) und Gl.(1.8) lassen sich die zugehörigen Zeitfunktionen unmittelbar der Tab.1.1 entnehmen.

Beispiel:

$$F(s) = \frac{P_1(s)}{Q(s)} = \frac{6s^3 + 16s^2 + 16s + 5}{2s^4 + 7s^3 + 9s^2 + 5s + 1} \;.$$

Die Nullstellen von $Q(s)$ sind $s_1 = -0,5$ und $s_{2,3,4} = -1$. Also gilt der Ansatz

$$\frac{P_1(s)}{Q(s)} = \frac{k_1}{s+0,5} + \frac{k_{21}}{s+1} + \frac{k_{22}}{(s+1)^2} + \frac{k_{23}}{(s+1)^3} \;.$$

Bringt man diese Gleichung auf den Hauptnenner und führt den Koeffizientenvergleich durch, dann folgt

$$k_1 = 1, \quad k_{21} = 2, \quad k_{22} = 0, \quad k_{23} = 1 \;.$$

Somit lautet die zugehörige Zeitfunktion nach Tab.1.1

$$f(t) = e^{-0,5t} + 2e^{-t} + \frac{1}{2}t^2 e^{-t} \;.$$

Neben der Laplacetransformation von Zeitfunktionen ist noch die Laplacetransformation von Operationen auf Zeitfunktionen von Interesse. Die für die Netzwerktheorie wichtigsten Operationen sind Verschiebung der Zeitfunktion, Differentiation der Zeitfunktion, Integration der Zeitfunktion. Wie sich diese Zeitbereichsoperationen auf das Spektrum auswirken, beschreiben die folgenden Sätze [1, 2, 3]:

Satz 1.1 (Verschiebungssatz)

Ist $F(s)$ das Spektrum der Zeitfunktion $f(t)$, dann ist das Spektrum der um $t_0 \geq 0$ nach rechts verschobenen Zeitfunktion $f(t-t_0)$ gegeben durch

$$\mathscr{L}[f(t-t_0)] = e^{-st_0} \mathscr{L}[f(t)] = e^{-st_0} F(s) \;. \tag{1.9}$$

Der von links nachrückende Teil der Zeitfunktion ist dabei gleich Null zu setzen, d.h. $f(t-t_0) = 0$ für $t < t_0$.

Satz 1.2 (Differentiationssatz)

Die Laplacetransformierte der 1.Ableitung einer Zeitfunktion erhält man dadurch, daß man die Laplacetransformierte der Zeitfunktion mit s multipliziert und davon den linksseitigen Grenzwert $f(0^-)$ abzieht, d.h.

$$\mathscr{L}\left[\frac{df}{dt}\right] = s\mathscr{L}[f(t)] - f(0^-) \;. \tag{1.10}$$

1.2 Die wichtigsten Netzwerkelemente und ihre Beschreibung im Zeit- und Frequenzbereich

<u>Satz 1.3. (Integrationssatz)</u>

Die Laplacetransformierte des Integrals der Zeitfunktion f(t) von 0^- bis zur variablen oberen Grenze t erhält man dadurch, daß man die Laplacetransformierte von f(t) durch s dividiert, d.h.

$$\mathcal{L}\left[\int_{0^-}^{t} f(\tau)d\tau\right] = \frac{1}{s}\mathcal{L}[f(t)] \; . \tag{1.11}$$

1.2 Die wichtigsten Netzwerkelemente und ihre Beschreibung im Zeit- und Frequenzbereich

1.2.1 Zweipolige Elemente

Zweipolige Elemente werden durch den Zusammenhang zwischen Spannung u(t) und Strom i(t) charakterisiert, siehe Abb.1.2.

Abb.1.2. Darstellung eines zweipoligen Elements mit eingezeichneten Strom- und Spannungspfeilen.

Ist der Zusammenhang unabhängig davon, ob man die Klemmen (1) und (2) vertauscht oder nicht, dann ist das Element b i l a t e r a l. Anderenfalls ist es u n i l a t e r a l.

Ist der Zusammenhang zwischen den im allgemeinen zeitabhängigen Größen u(t) und i(t) zeitunabhängig, dann ist das Element z e i t i n v a r i a n t. Anderenfalls ist es z e i t v a r i a n t.

Ergibt sich durch Multiplikation der Spannung u(t) mit dem konstanten reellen Faktor k stets auch ein mit demselben Faktor k multiplizierter Strom i(t), dann ist das Element l i n e a r. Anderenfalls ist es n i c h t l i n e a r.

Ist für jedes zulässige (d.h. zusammengehörende) Paar u(t) und i(t) sowie für jedes t_0 und jedes $t \geq t_0$ der Ausdruck

$$E(t) = \int_{-\infty}^{t} u(\tau)i(\tau)d\tau = \int_{t_0}^{t} u(\tau)i(\tau)d\tau + E(t_0) \geq 0 \; , \tag{1.12}$$

$$0 \leq E(t_0) \leq K < \infty,$$

dann ist das Element passiv. Anderenfalls ist es aktiv. $E(t_0)$ ist die zum Zeitpunkt $t = t_0$ im Element gespeicherte Energie.

Ist der Momentanwert der Spannung $u(t_0)$ für jeden Zeitpunkt t_0 unabhängig vom Strom $i(t \neq t_0)$ zu anderen Zeitpunkten t, oder ist umgekehrt der Momentanwert des Stroms $i(t_0)$ für jeden Zeitpunkt t_0 unabhängig von der Spannung $u(t \neq t_0)$ zu anderen Zeitpunkten t, dann ist das Element nichtspeichernd. Anderenfalls ist es speichernd (dynamisch).

Geht ein speicherndes Element bei Zuführung einer Energiemenge E vom Zustand ξ_1 in den Zustand ξ_2 über, dann muß bei anschließender Entnahme derselben Energiemenge E das Element wieder vom Zustand ξ_2 in den Ursprungszustand ξ_1 zurückgehen, wenn das Element verlustlos ist. Geht das Element dabei nicht in den ursprünglichen Zustand ξ_1 zurück, dann ist es nicht verlustlos.

Ist die Eigenschaft eines Elements bezüglich des Stroms proportional zur Eigenschaft eines anderen Elements bezüglich der Spannung, dann sind beide Elemente zueinander dual.

Die wichtigsten zweipoligen Elemente sind Spannungsquelle, Stromquelle, ohmscher Widerstand, Induktivität und Kapazität. Abb.1.3a zeigt das Schaltzeichen der Spannungsquelle, Abb.1.3b das der Stromquelle. Für die Spannungsquelle gilt

$$u(t) = \text{eingeprägt} ; \quad (i = \text{beliebig}) . \tag{1.13}$$

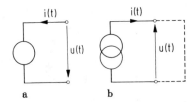

Abb.1.3. Schaltsymbol der a) Spannungsquelle; b) Stromquelle.

Für die Stromquelle gilt

$$i(t) = \text{eingeprägt} ; \quad (u = \text{beliebig}) . \tag{1.14}$$

Spannungs- und Stromquelle sind zueinander dual. Beide Elemente sind unilateral, nichtlinear, aktiv und nichtspeichernd. Sie sind zeitinvariant, falls die eingeprägten Größen konstant sind.

Beim ohmschen Widerstand R (Abb.1.4) bzw. beim ohmschen Leitwert G sind Strom und Spannung wie folgt verknüpft

1.2 Die wichtigsten Netzwerkelemente

$$u(t) = R\,i(t) \quad \text{bzw.} \quad i(t) = G u(t)\,, \tag{1.15}$$

$$G = \frac{1}{R} = \text{reell}\,.$$

Widerstand R und Leitwert G sind zueinander dual. Der ohmsche Widerstand ist nichtspeichernd. Er ist bilateral, zeitinvariant und linear, falls R konstant ist. Er ist passiv, falls $R \geq 0$. Entsprechendes gilt für den Leitwert G.

Abb.1.4. Schaltsymbol des ohmschen Widerstands R.

Für die **Induktivität** L (Abb.1.5) und die **Kapazität** C (Abb.1.6) gilt im Zeitbereich

$$u = L\frac{di}{dt} \quad \text{bzw.} \quad i(t) = \int \frac{1}{L} u\, dt = \int_0^t \frac{1}{L} u(\tau)\, d\tau + i(0)\,, \tag{1.16}$$

$$i = C\frac{du}{dt} \quad \text{bzw.} \quad u(t) = \int \frac{1}{C} i\, dt = \int_0^t \frac{1}{C} i(\tau)\, d\tau + u(0)\,. \tag{1.17}$$

Induktivität L und Kapazität C sind reell und zueinander dual. Die Induktivität L ist bilateral für $i(0) = 0$. Sie ist zeitinvariant und linear, falls L konstant ist. In diesem Fall ist sie überdies verlustlos speichernd. Sie ist passiv, falls $L \geq 0$. Entsprechendes gilt für die Kapazität C.

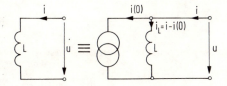

Abb.1.5. Schaltsymbol der Induktivität L. a) allgemeines Symbol; b) Berücksichtigung des Anfangsstroms i(0) durch eine Stromquelle, $i_L(0) = 0$.

Zur Beschreibung im Frequenzbereich sind bei den Quellen u(t) bzw. i(t) durch U(s) bzw. I(s) zu ersetzen. Für den ohmschen Widerstand, die Induktivität und für die Kapazität gelten im linearen und zeitinvarianten Fall

$$U(s) = RI(s) \quad \text{bzw.} \quad I(s) = GU(s), \tag{1.18}$$

$$U(s) = sLI(s) - Li(0) \quad \text{bzw.} \quad I(s) = \frac{U(s)}{sL} + \frac{i(0)}{s}, \tag{1.19}$$

$$I(s) = sCU(s) - Cu(0) \quad \text{bzw.} \quad U(s) = \frac{I(s)}{sC} + \frac{u(0)}{s}. \tag{1.20}$$

Bei $u(0) = i(0) = 0$ spricht man von **Nullzustandsgleichungen**.

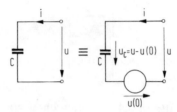

Abb. 1.6. Schaltsymbol der Kapazität C. a) allgemeines Symbol; b) Berücksichtigung der Anfangsspannung $u(0)$ durch eine Spannungsquelle, $u_C(0) = 0$.

1.2.2 Vierpolige Elemente

Vierpolige Elemente werden durch den Zusammenhang zwischen den Spannungen $u_1(t)$, $u_2(t)$ und den Strömen $i_1(t)$, $i_2(t)$ an zwei Klemmenpaaren charakterisiert, siehe Abb. 1.7. Die Spannungen $u_1(t)$ und $u_2(t)$ kann man als Komponenten eines Spannungsvektors $\underline{u}$ (= Zeilenvektor) und die Ströme $i_1(t)$ und $i_2(t)$ als Komponenten eines Stromvektors $\underline{i}$ auffassen.

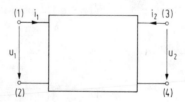

Abb. 1.7. Darstellung eines vierpoligen Elements mit eingezeichneten Strom- und Spannungspfeilen.

Die für den Zweipol definierten Begriffe zeitinvariant, linear, passiv, nichtspeichernd, verlustlos und dual gelten sinngemäß auch für den Vierpol. Man hat lediglich die Größen $u(t)$ und $i(t)$ durch die betreffenden Vektoren zu ersetzen. In Gl. (1.12) ist für das Produkt $u(\tau) i(\tau)$ das Skalarprodukt $\underline{u(\tau)} i(\tau)] = u_1 i_1 + u_2 i_2$ einzusetzen. $i(\tau)]$ ist ein Spaltenvektor mit den Komponenten $i_1(\tau)$ und $i_2(\tau)$. Lediglich der Begriff bilateral ist bei Vierpolen etwas andersartig definiert.

1.2 Die wichtigsten Netzwerkelemente

Während man zur Beschreibung zweipoliger Elemente mit einer Gleichung auskommt, benötigt man zur Beschreibung vierpoliger Elemente zwei Gleichungen. Bei nichtspeichernden Elementen lassen sich diese entweder in der sogenannten **Widerstandsform**

$$u_1(t) = Z_{11} i_1(t) + Z_{12} i_2(t) ,$$
$$u_2(t) = Z_{21} i_1(t) + Z_{22} i_2(t) \tag{1.21}$$

oder in der folgenden sogenannten **Leitwertsform**

$$i_1(t) = Y_{11} u_1(t) + Y_{12} u_2(t) ,$$
$$i_2(t) = Y_{21} u_1(t) + Y_{22} u_2(t) \tag{1.22}$$

oder in der sogenannten **Kettenform**

$$u_1(t) = A_{11} u_2(t) - A_{12} i_2(t) ,$$
$$i_1(t) = A_{21} u_2(t) - A_{22} i_2(t) \tag{1.23}$$

schreiben. Bei linearen zeitinvarianten Elementen sind die Koeffizienten Z_{ik}, Y_{ik}, A_{ik} (i, k = 1, 2) konstant. Bei speichernden linearen zeitinvarianten Elementen sind die Koeffizienten Z_{ik}, Y_{ik}, A_{ik} Funktionen von s, wenn man statt der Zeitfunktionen $u_1(t)$, $u_2(t)$, $i_1(t)$, $i_2(t)$ deren Laplacetransformierte $U_1(s)$, $U_2(s)$, $I_1(s)$, $I_2(s)$ verwendet.

Benutzt man die eckige Klammer] wieder zur Kennzeichnung eines Spaltenvektors und zwei eckige Klammern zur Kennzeichnung einer Koeffizientenmatrix, dann lauten die Gleichungssysteme Gl.(1.21) bis Gl.(1.23):

$$\begin{bmatrix} u_1 \\ u_2 \end{bmatrix} = [Z] \begin{bmatrix} i_1 \\ i_2 \end{bmatrix} \quad \text{mit} \quad [Z] = \begin{bmatrix} Z_{11} & Z_{12} \\ Z_{21} & Z_{22} \end{bmatrix} \tag{1.24}$$

$$\begin{bmatrix} i_1 \\ i_2 \end{bmatrix} = [Y] \begin{bmatrix} u_1 \\ u_2 \end{bmatrix} \quad \text{mit} \quad [Y] = \begin{bmatrix} Y_{11} & Y_{12} \\ Y_{21} & Y_{22} \end{bmatrix} \tag{1.25}$$

$$\begin{bmatrix} u_1 \\ i_1 \end{bmatrix} = [A] \begin{bmatrix} u_2 \\ -i_2 \end{bmatrix} \quad \text{mit} \quad [A] = \begin{bmatrix} A_{11} & A_{12} \\ A_{21} & A_{22} \end{bmatrix} \tag{1.26}$$

Die Koeffizientenmatrix [Z] bezeichnet man als Widerstandsmatrix, [Y] als Leitwertsmatrix und [A] als Kettenmatrix.

In Tab.1.2 sind die Umrechnungsformeln für die einzelnen Matrizen zusammengestellt. Dabei ist es gleichgültig, ob die einzelnen Matrixelemente Konstanten oder Funktionen von s sind. Die Matrix [Y] beispielsweise ist die zu [Z] inverse Matrix, wie an Gl.(1.24) und Gl.(1.25) unmittelbar zu sehen ist. Das Symbol Δ bedeutet jeweils die Determinante einer Matrix. Es ist z.B.

$$\Delta Z = Z_{11} Z_{22} - Z_{12} Z_{21} = \frac{1}{\Delta Y} \: . \tag{1.27}$$

Es müssen nicht immer die Matrizen [Z], [Y] und [A] gleichzeitig existieren. Ist z.B. ΔZ = 0, dann existiert keine [Y]-Matrix usw. Es muß aber für jedes lineare, durch zwei algebraische Gleichungen beschreibbare, vierpolige Element mindestens eine der Matrizen [Z], [Y], [A] existieren, sofern nicht ein entarteter trivialer Fall vorliegt. Es genügt daher, wenn man sich auf die Matrizen [Z], [Y] und [A] beschränkt, obwohl sich noch andere Vierpolmatrizen definieren lassen. Wichtig ist,

Tabelle 1.2

	[Z]	[Y]	[A]
[Z]	$Z_{11} \quad Z_{12}$ $Z_{21} \quad Z_{22}$	$\dfrac{Y_{22}}{\Delta Y} \quad -\dfrac{Y_{12}}{\Delta Y}$ $-\dfrac{Y_{21}}{\Delta Y} \quad \dfrac{Y_{11}}{\Delta Y}$	$\dfrac{A_{11}}{A_{21}} \quad \dfrac{\Delta A}{A_{21}}$ $\dfrac{1}{A_{21}} \quad \dfrac{A_{22}}{A_{21}}$
[Y]	$\dfrac{Z_{22}}{\Delta Z} \quad -\dfrac{Z_{12}}{\Delta Z}$ $-\dfrac{Z_{21}}{\Delta Z} \quad \dfrac{Z_{11}}{\Delta Z}$	$Y_{11} \quad Y_{12}$ $Y_{21} \quad Y_{22}$	$\dfrac{A_{22}}{A_{12}} \quad -\dfrac{\Delta A}{A_{12}}$ $-\dfrac{1}{A_{12}} \quad \dfrac{A_{11}}{A_{12}}$
[A]	$\dfrac{Z_{11}}{Z_{21}} \quad \dfrac{\Delta Z}{Z_{21}}$ $\dfrac{1}{Z_{21}} \quad \dfrac{Z_{22}}{Z_{21}}$	$-\dfrac{Y_{22}}{Y_{21}} \quad -\dfrac{1}{Y_{21}}$ $-\dfrac{\Delta Y}{Y_{21}} \quad -\dfrac{Y_{11}}{Y_{21}}$	$A_{11} \quad A_{12}$ $A_{21} \quad A_{22}$

1.2 Die wichtigsten Netzwerkelemente

daß bei der Berechnung einer Matrix aus einer anderen mit Tab.1.2 die Zählpfeile in Abb.1.7 nicht abgeändert werden dürfen.

Ein Vierpol ist bilateral, wenn in Abb.1.7 eine Signalübertragung sowohl vom Klemmenpaar (1) - (2) zum Klemmenpaar (3) - (4) als auch umgekehrt möglich ist. Er ist unilateral, wenn nur eine Signalübertragung von Klemmenpaar (1) - (2) zu Klemmenpaar (3) - (4), nicht aber umgekehrt von Klemmenpaar (3) - (4) zu Klemmenpaar (1) - (2) möglich ist. Entsprechendes gilt bei Vertauschung beider Klemmenpaare. Ist eine Signalübertragung weder von Klemmenpaar (1) - (2) zu Klemmenpaar (3) - (4) noch umgekehrt möglich, dann handelt es sich um keinen Vierpol, sondern um zwei Zweipole. Die Bedingungen für Unilateralität bei möglicher Signalübertragung von Klemmenpaar (1) - (2) zu (3) - (4) lauten

$$Z_{12} = 0 \quad \text{und} \quad Z_{21} \neq 0 \,,$$
$$Y_{12} = 0 \quad \text{und} \quad Y_{21} \neq 0 \,, \tag{1.28}$$
$$\Delta A = 0 \quad \text{und wenigstens ein} \quad A_{ik} \neq 0 \,.$$

Bei Bilateralität ist $Z_{12} \neq 0$ und $Z_{21} \neq 0$ bzw. $Y_{12} \neq 0$ und $Y_{21} \neq 0$ bzw. $\Delta A \neq 0$. In der Hochfrequenzverstärkertechnik erzeugt man Unilateralität durch Neutralisation.

Ein bilateraler Vierpol kann reziprok oder nichtreziprok sein. Die Bedingungen für Reziprozität lauten

$$Z_{12} = Z_{21} \,,$$
$$Y_{12} = Y_{21} \,, \tag{1.29}$$
$$\Delta A = 1 \,.$$

Wird keine der Gln.(1.29) erfüllt, dann ist der Vierpol nichtreziprok.

Ein Vierpol ist symmetrisch, wenn man das Klemmenpaar (1) - (2) mit dem Klemmenpaar (3) - (4) vertauschen kann, d.h. das Element umgedreht betreiben kann, ohne daß sich etwas an den mathematischen Beziehungen ändert. Anderenfalls ist der Vierpol unsymmetrisch. Die Symmetriebedingungen lauten

$$Z_{11} = Z_{22} \quad \text{und} \quad Z_{12} = Z_{21} \,,$$
$$Y_{11} = Y_{22} \quad \text{und} \quad Y_{12} = Y_{21} \,, \tag{1.30}$$
$$A_{11} = A_{22} \quad \text{und} \quad \Delta A = 1 \quad \text{bei} \quad A_{12} \neq 0 \quad \text{oder} \quad A_{21} \neq 0,$$
$$\text{bzw.} \quad A_{11} = -A_{22} \quad \text{und} \quad \Delta A = -1 \quad \text{bei} \quad A_{12} = A_{21} = 0 \,.$$

Ein Vierpol ist antimetrisch, wenn er bei Vertauschung des Klemmenpaars (1) - (2) mit dem Klemmenpaar (3) - (4) und anschließender Umpolung des Ausgangsklemmenpaars (1) - (2) in den dualen Vierpol übergeht. Die Antimetriebedingungen lauten [16]

$$\Delta Z = \xi^2,$$
$$\Delta Y = 1/\xi^2, \quad (1.31)$$
$$A_{12} = \xi^2 A_{21}.$$

ξ ist eine reelle Konstante mit der Einheit Ohm. Ein Vierpol kann zugleich symmetrisch und antimetrisch sein.

Die Dualitätsbedingungen zweier Vierpole (a) und (b) lauten

$$[Z_a] = \xi^2 [Y_b],$$

$$\begin{bmatrix} A_{11a} & A_{12a} \\ A_{21a} & A_{22a} \end{bmatrix} = - \begin{bmatrix} A_{22b} & \xi^2 A_{21b} \\ \dfrac{A_{12b}}{\xi^2} & A_{11b} \end{bmatrix}. \quad (1.32)$$

Die wichtigsten vierpoligen Elemente sind die gesteuerten Quellen, der ideale Gyrator, der ideale Übertrager und das gekoppelte Induktivitätenpaar.

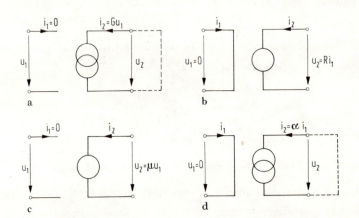

Abb.1.8. Schaltungssymbole gesteuerter Quellen. a) spannungsgesteuerte Stromquelle; b) stromgesteuerte Spannungsquelle; c) spannungsgesteuerte Spannungsquelle; d) stromgesteuerte Stromquelle.

Abb.1.8 zeigt die vier verschiedenen Typen gesteuerter Quellen. Die **spannungsgesteuerte Stromquelle** in Abb.1.8a ist durch folgende Gleichungen definiert

$$i_2 = G u_1,$$
$$i_1 = 0, \quad (1.33)$$
$$u_2 = \text{beliebig}.$$

1.2 Die wichtigsten Netzwerkelemente

Die spannungsgesteuerte Stromquelle besitzt keine Widerstandsmatrix $[Z]$. Ihre Leitwerts- und Kettenmatrix lauten

$$[Y] = \begin{bmatrix} 0 & 0 \\ G & 0 \end{bmatrix} \quad ; \quad [A] = \begin{bmatrix} 0 & -\frac{1}{G} \\ 0 & 0 \end{bmatrix}. \qquad (1.34)$$

Die **stromgesteuerte Spannungsquelle** in Abb. 1.8b ist definiert durch

$$\begin{aligned} u_2 &= R\,i_1 \,, \\ u_1 &= 0 \,, \\ i_2 &= \text{beliebig} \,. \end{aligned} \qquad (1.35)$$

Die stromgesteuerte Spannungsquelle besitzt keine Leitwertsmatrix $[Y]$. Ihre Widerstands- und Kettenmatrix lauten

$$[Z] = \begin{bmatrix} 0 & 0 \\ R & 0 \end{bmatrix} \quad ; \quad [A] = \begin{bmatrix} 0 & 0 \\ -\frac{1}{R} & 0 \end{bmatrix}. \qquad (1.36)$$

Bei der **spannungsgesteuerten Spannungsquelle** nach Abb. 1.8c und bei der **stromgesteuerten Stromquelle** nach Abb. 1.8d existiert weder eine Widerstandsmatrix noch eine Leitwertsmatrix. Beide Quellen besitzen lediglich eine Kettenmatrix. Diese lautet bei Abb. 1.8c

$$[A] = \begin{bmatrix} \frac{1}{\mu} & 0 \\ 0 & 0 \end{bmatrix} \qquad (1.37)$$

und bei Abb. 1.8d

$$[A] = \begin{bmatrix} 0 & 0 \\ 0 & -\frac{1}{\alpha} \end{bmatrix}. \qquad (1.38)$$

Alle gesteuerten Quellen sind unilateral und aktiv. Sie sind linear, nichtspeichernd und zeitinvariant, falls die Größen G, R, μ und α konstant sind. Die spannungsgesteuerte Stromquelle und die stromgesteuerte Spannungsquelle sind zueinander dual, ebenso die spannungsgesteuerte Spannungsquelle und die stromgesteuerte Stromquelle.

Der ideale Gyrator in Abb.1.9 wird durch die Gleichungen

$$u_1 = -R i_2,$$
$$u_2 = R i_1$$
(1.39)

definiert. R ist die sogenannte Gyrationskonstante. Die zugehörigen Vierpolmatrizen lauten

$$[Z] = \begin{bmatrix} 0 & -R \\ R & 0 \end{bmatrix} \; ; \quad [Y] = \begin{bmatrix} 0 & \frac{1}{R} \\ -\frac{1}{R} & 0 \end{bmatrix} \; ; \quad [A] = \begin{bmatrix} 0 & R \\ \frac{1}{R} & 0 \end{bmatrix}. \quad (1.40)$$

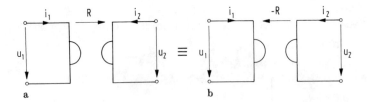

Abb.1.9. Idealer Gyrator. a) und b) äquivalente Schaltungssymbole.

Der ideale Gyrator ist bilateral, nichtspeichernd, verlustlos-passiv, nichtreziprok (im speziellen Fall $Z_{12} = -Z_{21}$ spricht man von Antireziprozität) und bei konstanter Gyrationskonstante R linear und zeitinvariant.

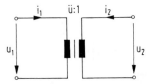

Abb.1.10. Idealer Übertrager.

Der ideale Übertrager in Abb.1.10 wird durch die Gleichungen

$$u_1 = ü u_2$$
$$i_1 = -\frac{1}{ü} i_2$$
(1.41)

definiert. ü ist das sogenannte Übersetzungsverhältnis. Der ideale Übertrager besitzt weder eine Widerstands- noch eine Leitwertsmatrix, sondern lediglich die Kettenmatrix

1.2 Die wichtigsten Netzwerkelemente

$$[A] = \begin{bmatrix} ü & 0 \\ 0 & \frac{1}{ü} \end{bmatrix}. \qquad (1.42)$$

Er ist bilateral, reziprok, nichtspeichernd, verlustlos-passiv und bei konstantem Übersetzungsverhältnis ü linear und zeitinvariant.

Für das gekoppelte Induktivitätenpaar in Abb.1.11a gilt

$$u_1 = L_1 \frac{di_1}{dt} + M \frac{di_2}{dt},$$
$$u_2 = M \frac{di_1}{dt} + L_2 \frac{di_2}{dt}. \qquad (1.43)$$

Bei der Bepfeilung und Anordnung der Zählpunkte von Abb.1.11b ist in Gl.(1.43) vor M ein Minuszeichen zu setzen. M ist die **Gegeninduktivität**.

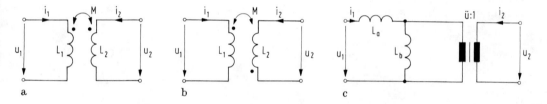

Abb.1.11. Gekoppeltes Induktivitätenpaar. a) für M > 0; b) für M < 0; c) äquivalentes Ersatzbild.

Das gekoppelte Induktivitätenpaar kann durch die zwei nichtgekoppelten Induktivitäten L_a, L_b und den idealen Übertrager ersetzt werden (Abb.1.11c) mit

$$L_a = L_1 - \frac{M^2}{L_2}, \quad L_b = \frac{M^2}{L_2}, \quad ü = \frac{M}{L_2}. \qquad (1.44)$$

Das gekoppelte Induktivitätenpaar ist linear und zeitinvariant, falls L_1, L_2 und M konstant sind. Für diesen Fall ergibt sich durch Anwendung der Laplacetransformation auf Gl.(1.44)

$$U_1(s) = sL_1 I_1(s) + sM I_2(s) - L_1 i_1(0) - M i_2(0),$$
$$U_2(s) = sM I_1(s) + sL_2 I_2(s) - M i_1(0) - L_2 i_2(0). \qquad (1.45)$$

Die Nullzustandsgleichungen für $i_1(0) = i_2(0) = 0$ führen auf folgende Vierpolmatrizen

$$[Z] = \begin{bmatrix} sL_1 & sM \\ sM & sL_2 \end{bmatrix} \quad ; \quad [Y] = \begin{bmatrix} \frac{L_2}{s\Delta L} & -\frac{M}{s\Delta L} \\ -\frac{M}{s\Delta L} & \frac{L_1}{s\Delta L} \end{bmatrix} \quad ; \quad [A] = \begin{bmatrix} \frac{L_1}{M} & s\frac{\Delta L}{M} \\ \frac{1}{sM} & \frac{L_2}{M} \end{bmatrix} \quad (1.46)$$

mit

$$\Delta L = L_1 L_2 - M^2 \, . \tag{1.47}$$

Bei fester Kopplung $\Delta L = 0$ existiert keine Leitwertsmatrix, bei nichtvorhandener Kopplung $M = 0$ keine Kettenmatrix. Das lineare, zeitinvariante gekoppelte Induktivitätenpaar ist bilateral, reziprok und speichernd. Es ist überdies passiv, falls [1]

$$L_1 \geq 0 \, , \quad L_2 \geq 0 \, , \quad L_1 L_2 \geq M^2 \, . \tag{1.48}$$

K gekoppelte Induktivitäten kann man durch eine symmetrische [Z]-Matrix K-ter Ordnung beschreiben. Diese wird bereits bei zwei festgekoppelten Induktivitäten singulär. Im passiven Fall ist die Matrix positiv semidefinit. K gekoppelte Induktivitäten lassen sich durch K nichtgekoppelte Induktivitäten und K-1 ideale Übertrager ersetzen.

1.3 Netzwerksätze und Netzwerkfunktionen

1.3.1 Topologische Sätze von Kirchhoff und Tellegen

Jede beliebige Zusammenschaltung zwei- und vierpoliger Elemente ergibt ein Netzwerk. Die elektrischen Eigenschaften eines Netzwerkes hängen von zweierlei Fakten ab, nämlich

a) von den Eigenschaften der verwendeten Netzwerkelemente und

b) von der Art und Weise, wie die Elemente zusammengeschaltet sind.

Die Eigenschaften der verschiedenen Netzwerkelemente wurden in Abschnitt 1.2 beschrieben. Die Art und Weise der Zusammenschaltung, d.h. die Topologie, wird durch den Graph des Netzwerkes gekennzeichnet. Den Graphen eines Netzwerkes gewinnt man dadurch, daß man die zweipoligen Elemente durch eine Verbindungslinie und die vierpoligen Elemente durch zwei Verbindungslinien ersetzt (Abb.1.12). Die

1.3 Netzwerksätze und Netzwerkfunktionen

Verbindungslinien bezeichnet man als Z w e i g e und die Verbindungspunkte als K n o - t e n . Abb.1.13a zeigt ein willkürliches Beispiel eines Netzwerkes, Abb.1.13b den zugehörigen Graphen. Verfährt man beim Eintragen von Strom- und Spannungspfeilen in ein Netzwerk nach den Vereinbarungen von Abb.1.2 bis Abb.1.11, wonach Strom und

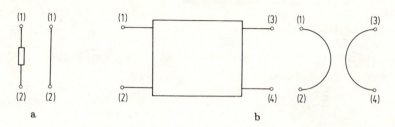

Abb.1.12. Graph. a) eines zweipoligen; b) eines vierpoligen Elements.

Spannung grundsätzlich gleiche Zählrichtungen erhalten, dann kommt man mit einem Pfeil je Zweig aus. Der gerichtete Graph von Abb.1.13c kennzeichnet also sowohl die Topologie von Abb.1.13a als auch die Zählrichtungen der Spannungen und Ströme.

Die topologischen Sätze von K i r c h h o f f beziehen sich auf den gerichteten Graphen. Ihre Formulierung basiert auf den Begriffen S c h n i t t m e n g e und S c h l e i f e . Legt man durch einen Graphen einen Schnitt derart, daß ein Teil des Graphen vom

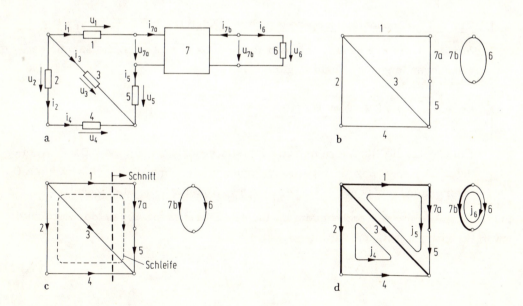

Abb.1.13. Zur Beschreibung der Netzwerktopologie. a) Netzwerk mit eingezeichneten Strom- und Spannungspfeilen; b) Graph des Netzwerkes; c) gerichteter Graph mit einer willkürlich eingetragenen Schleife und einem willkürlich eingetragenen Schnitt; d) Baumzweige (dick gezeichnet) und unabhängige Zweige (dünn gezeichnet).

Rest vollständig abgetrennt wird, dann bilden die geschnittenen Zweige eine Schnittmenge. In Abb.1.13c bilden z.B. die Zweige 1, 3, 4 eine Schnittmenge. (Der Schnitt darf nicht durch einen Knoten gehen). Eine Schleife ist eine Menge von Zweigen, die einen geschlossenen Weg bilden. Dabei dürfen aber jeweils nur zwei zur Menge der Schleife gehörende Zweige in einem Knoten zusammentreffen. In Abb.1.13c bilden z.B. die Zweige 1, 7a, 5, 4, 2 eine Schleife.

> Satz 1.4 (Kirchhoffsche Stromregel, KStR)
>
> Für jede beliebige Schnittmenge eines beliebigen Netzwerkes ist die Summe der Ströme durch die Schnittmenge gleich Null
>
> $$\sum_\nu i_\nu(t) = 0 \qquad \text{für alle } t \, . \qquad (1.49)$$
>
> ν sind die Nummern der zur Schnittmenge gehörenden Zweige. Das Vorzeichen eines Stroms i_ν ist positiv, wenn es mit der willkürlich gewählten Bezugsrichtung des Schnittes übereinstimmt. Anderenfalls ist es negativ.

Aus der KStR folgt, daß auch für die Laplacetransformierten $I_\nu(s)$ der Ströme $i_\nu(t)$ gilt

$$\sum_\nu I_\nu(s) = 0 \quad \text{bzw.} \quad \sum_\nu I_\nu^*(s) = 0 \, . \qquad (1.50)$$

$I_\nu^*(s)$ ist der zu $I_\nu(s)$ konjugiert komplexe Wert.

> Satz 1.5 (Kirchhoffsche Spannungsregel, KSpR)
>
> Für jede beliebige Schleife eines beliebigen Netzwerkes ist die Summe der Spannungen längs der Schleife gleich Null.
>
> $$\sum_\nu u_\nu(t) = 0 \qquad \text{für alle } t \, . \qquad (1.51)$$
>
> ν sind jetzt die Nummern der zur Schleife gehörenden Zweige. Das Vorzeichen einer Spannung u_ν ist positiv, wenn es mit der willkürlich gewählten Bezugsrichtung der Schleife übereinstimmt. Anderenfalls ist es negativ.

Aus der KSpR folgt, daß auch für die Laplacetransformierten $U_\nu(s)$ der Zeitfunktionen $u_\nu(t)$ gilt

$$\sum_\nu U_\nu(s) = 0 \, ; \quad \sum_\nu U_\nu^*(s) = 0 \, . \qquad (1.52)$$

$U_\nu^*(s)$ ist der zu $U_\nu(s)$ konjugiert komplexe Wert.

Die KStR besagt, daß man in einem Netzwerk nur eine bestimmte Maximalzahl von Strömen i_ν unabhängig voneinander vorgeben kann. Die restlichen Ströme sind dann

1.3 Netzwerksätze und Netzwerkfunktionen

automatisch bestimmt. Gibt man in Abb.1.13d z.B. die Ströme i_4, i_5 und i_6 vor, dann sind alle übrigen durch die KStR bestimmt. Die Zweige 4, 5, 6 bilden ein System unabhängiger Zweige, die übrigen (dick gezeichneten) Zweige einen Baum. Jeder schleifenfreie Teilgraph eines Netzwerks, der alle Knoten enthält, stellt einen Baum dar. Ist N die Gesamtzahl aller Zweige, K die Gesamtzahl aller Knoten und S_t die Anzahl der separaten Teile eines Graphen (für Abb.1.13 ist $S_t = 2$), dann ist die Anzahl N_u der unabhängigen Zweige

$$N_u = N - K + S_t . \tag{1.53}$$

Die Anzahl N_u stellt zugleich die Anzahl der linear unabhängigen Schleifengleichungen dar. Denkt man sich die Zweigströme i_μ durch die unabhängigen Zweige als entsprechende Schleifenströme j_μ fortgesetzt, dann lassen sich alle Zweigströme i_ν des Graphen als Linearkombinationen der Schleifenströme j_μ ausdrücken.

$$i_\nu = \sum_{\mu=1}^{N_u} b_{\mu\nu} j_\mu . \tag{1.54}$$

Dabei ist der Inzidenzkoeffizient

$$b_{\mu\nu} = \begin{cases} 1, & \text{falls Zweig } \nu \text{ in Schleife } \mu \text{ liegt und Zweigrichtung und Schleifenrichtung übereinstimmen.} \\ -1, & \text{falls Zweig } \nu \text{ in Schleife } \mu \text{ liegt und Zweigrichtung und Schleifenrichtung nicht übereinstimmen.} \\ 0, & \text{falls Zweig } \nu \text{ nicht in Schleife } \mu \text{ liegt.} \end{cases} \tag{1.55}$$

Unter Verwendung der Inzidenzkoeffizienten $b_{\mu\nu}$ lautet die KSpR

$$\sum_{\nu=1}^{N} b_{\mu\nu} u_\nu = 0 . \tag{1.56}$$

Mit Gl.(1.54) ist

$$i_\nu u_\nu = \sum_{\mu=1}^{N_u} j_\mu b_{\mu\nu} u_\nu . \tag{1.57}$$

Wird jetzt über alle Zweige von $\nu = 1$ bis $\nu = N$ summiert, dann folgt mit Gl.(1.56)

$$\sum_{\nu=1}^{N} i_\nu u_\nu = 0 . \tag{1.58}$$

Gl. (1.54) und Gl. (1.56) müssen sich nicht notwendigerweise auf ein und dasselbe Netzwerk beziehen. Sie können sich auch auf zwei verschiedene Netzwerke beziehen, sofern diese die gleiche Topologie, d.h. die gleichen Inzidenzkoeffizienten $b_{\mu\nu}$ haben. Entsprechendes gilt für die Gln. (1.57) und (1.58). Damit folgt

> **Satz 1.6 (Satz von Tellegen)**
>
> Bezeichnen u_ν und i_ν ($\nu = 1, 2, \ldots, N$) Zweigstrom und Zweigspannung eines Netzwerkes A und u'_ν und i'_ν Zweigstrom und Zweigspannung eines anderen Netzwerkes B mit gleicher Topologie, dann gilt für alle t
>
> $$\sum_{\nu=1}^{N} u_\nu(t) i_\nu(t) = 0 \; ; \quad \sum_{\nu=1}^{N} u_\nu(t) i'_\nu(t) = 0 \; ; \quad \sum_{\nu=1}^{N} u'_\nu(t) i_\nu(t) = 0. \qquad (1.59)$$

Die Gln. (1.54) bis (1.59) gelten auch dann, wenn statt der Zeitfunktionen die entsprechenden Laplacetransformierten $I(s)$, $U(s)$ oder deren konjugiert komplexe Werte $I^*(s)$, $U^*(s)$ verwendet werden. Das bedeutet, daß für jedes Netzwerk z.B. auch

$$\sum_{\nu=1}^{N} U_\nu(s) I_\nu^*(s) = 0 , \qquad (1.60)$$

oder

$$\sum_{\nu=1}^{N} U_\nu^*(s) I_\nu(s) = 0 \qquad (1.61)$$

ist. Diese letzten beiden Gleichungen sind für die späteren Kapitel von grundlegender Bedeutung.

1.3.2 Netzwerkfunktionen und Normierung

Aus den Kirchhoffschen Regeln folgt für die Zusammenschaltung von Vierpolen:

Bei der Serienschaltung zweier Vierpole mit den Widerstandsmatrizen $[Z_a]$ und $[Z_b]$ (Abb. 1.14a) ergibt sich ein resultierender Vierpol mit der Widerstandsmatrix

$$[Z] = [Z_a] + [Z_b] . \qquad (1.62)$$

Bei der Parallelschaltung zweier Vierpole mit den Leitwertsmatrizen $[Y_a]$ und $[Y_b]$ (Abb. 1.14b) hat der resultierende Vierpol die Leitwertsmatrix

$$[Y] = [Y_a] + [Y_b] . \qquad (1.63)$$

1.3 Netzwerksätze und Netzwerkfunktionen

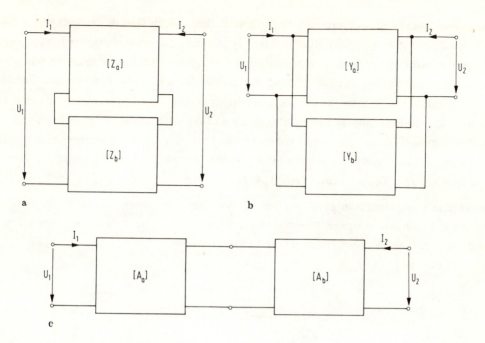

Abb. 1.14. Zusammenschaltung von Vierpolen. a) Serienschaltung; b) Parallelschaltung; c) Kettenschaltung.

Bei der Kettenschaltung zweier Vierpole mit den Kettenmatrizen $[A_a]$ und $[A_b]$ (Abb. 1.14c) ergibt sich die Kettenmatrix $[A]$ des resultierenden Vierpols als Matrizenprodukt

$$[A] = [A_a][A_b]. \qquad (1.64)$$

Diese Beziehungen gelten nur unter der Voraussetzung, daß beim Zusammenschalten keine Schaltelemente kurzgeschlossen oder unwirksam werden. Solche Fälle lassen sich z.B. mit idealen Übertragern vermeiden (Abb. 1.15).

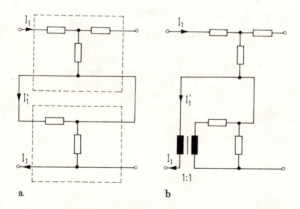

Abb. 1.15. Serienschaltung zweier Vierpole. a) nichterlaubte Serienschaltung, da $I_1 \neq I_1'$; b) erlaubte Serienschaltung, da $I_1 = I_1'$.

Bei einem Netzwerk aus nur einer einzigen unabhängigen Quelle und ansonsten beliebigen anderen Elementen interessiert oft nur der Zusammenhang zwischen der durch die unabhängige Quelle vorgegebenen Erregung oder Eingangsgröße und einer von ihr abhängigen Antwort oder Ausgangsgröße. Sind - abgesehen von der Quelle - alle Elemente des Netzwerks linear und zeitinvariant, dann bezeichnet man den funktionalen Zusammenhang zwischen Erregung und Antwort im s-Bereich bei verschwindenden Anfangswerten als Netzwerkfunktion $N(s)$. Bei der Berechnung von Netzwerkfunktionen $N(s)$ hat man also von den Nullzustandsgleichungen der Elemente auszugehen, vgl. Gln.(1.19, 1.20, 1.46).

Ist die Erregungsfunktion z.B. ein Strom $I(s)$ und die interessierende Antwort die Spannung $U(s)$ am gleichen Klemmenpaar (oder umgekehrt), dann bezeichnet man die Netzwerkfunktion als Impedanzfunktion oder Zweipolfunktion $Z(s)$, siehe Abb.1.16.

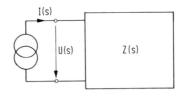

Abb.1.16. Darstellung eines linearen Zweipols $Z(s)$.

$$\frac{U(s)}{I(s)} = Z(s) \ . \qquad (1.65)$$

Mit Ausnahme der erregenden Stromquelle $I(s)$ bilden alle Netzwerkelemente den Zweipol $Z(s)$.

Ist die Erregungsfunktion z.B. eine Spannung $U_1(s)$ und die interessierende Antwort die Spannung $U_2(s)$ an einem anderen Klemmenpaar, dann bezeichnet man die Netzwerkfunktion als Wirkungsfunktion $H(s)$, siehe Abb.1.17

$$\frac{U_2(s)}{U_1(s)} = H(s) \ . \qquad (1.66)$$

Abb.1.17. Zur Definition der Wirkungsfunktion $H(s)$.

1.3 Netzwerksätze und Netzwerkfunktionen

Mit Ausnahme der erregenden Spannungsquelle $U_1(s)$ bilden alle Netzwerkelemente nun einen Vierpol. Sein Verhalten wird vollständig durch eine Vierpolmatrix, z.B. $[Z(s)]$ beschrieben, deren Elemente $Z_{ik}(s)$ Netzwerkfunktionen sind.

Die von Netzwerkelementen gebildeten Zwei- und Vierpole dürfen in ihrem Inneren beliebige Elemente enthalten, nur keine unabhängigen, d.h. ungesteuerten Quellen.

Alle Netzwerkfunktionen $N(s)$ stellen gebrochen rationale Funktionen in s dar mit einem Zählerpolynom $P(s)$ und einem Nennerplynom $Q(s)$. Ihre Koeffizienten sind reell und konstant. Zerlegt man eine Netzwerkfunktion $N(s)$ in ihren geraden Anteil $Gr\{N(s)\}$ und ungeraden Anteil $Un\{N(s)\}$ bzw. in ihren Betrag $|N(s)|$ und Winkel $\varphi(s)$

$$N(s) = \frac{P(s)}{Q(s)} = Gr\{N(s)\} + Un\{N(s)\} = |N(s)|e^{j\varphi(s)} , \qquad (1.67)$$

dann ist für $s = j\omega$

$$Gr\{N(j\omega)\} = Re\{N(j\omega)\} , \qquad (1.68)$$

$$Un\{N(j\omega)\} = j\,Im\{N(j\omega)\} . \qquad (1.69)$$

$Re\{\ \}$ bzw. $Im\{\ \}$ sind jeweils Real- bzw. Imaginärteil des in der geschweiften Klammer stehenden Ausdrucks.

$$|N(j\omega)| = +\sqrt{[Re\{N(j\omega)\}]^2 + [Im\{N(j\omega)\}]^2} , \qquad (1.70)$$

$$\varphi(j\omega) = \arctan \frac{Im\{N(j\omega)\}}{Re\{N(j\omega)\}} . \qquad (1.71)$$

Der Betrag $|N(j\omega)|$ ist eine gerade, der Winkel $\varphi(j\omega)$ eine ungerade Funktion in ω. Wirkungsfunktionen $H(s)$, die Quotienten aus Größen gleicher Dimension darstellen (wie z.B. U_2/U_1 oder I_2/I_0) sind Netzwerkfunktionen der Einheit Eins, d.h. mit dimensionslosen Funktionswerten. Für $s = j\omega$ lassen sie sich in folgender Weise darstellen

$$H(j\omega) = e^{-a(\omega)-jb(\omega)} \qquad z.B. = \frac{U_2(j\omega)}{U_1(j\omega)} . \qquad (1.72)$$

Darin bezeichnet man

$$a(\omega) = -\ln|H(j\omega)| \qquad z.B. = \ln\left|\frac{U_1(j\omega)}{U_2(j\omega)}\right| \qquad (1.73)$$

als **Dämpfung**. Ihre Einheit ist das Neper (abgekürzt Np). Häufig wird auch die Einheit Dezibel (abgekürzt dB) benutzt. Es ist

$$1\,\mathrm{dB} \approx 0,115\,\mathrm{Np} \quad \text{bzw.} \quad 1\,\mathrm{Np} \approx 8,686\,\mathrm{dB}. \tag{1.74}$$

Die Funktion

$$b(\omega) = -\varphi(j\omega) \tag{1.75}$$

bezeichnet man als **Phase**. Ihre Einheit wird im Bogenmaß oder im Gradmaß angegeben.

Dividiert man in einem Netzwerk die Größen aller Netzwerkelemente der Dimension eines Widerstandes durch einen Bezugswiderstand R_0, dann hat man das Netzwerk auf R_0 widerstandsnormiert. Größen mit der Dimension eines Widerstandes sind der ohmsche Widerstand R, die induktiven Widerstände sL, sM, der kapazitive Widerstand $1/sC$, aber auch die Matrixelemente bzw. reziproken Matrixelemente Z_{ik}, $1/Y_{ik}$ ($i, k = 1, 2$), A_{12} und $1/A_{21}$ vierpoliger Elemente. Durch Widerstandsnormierung eines Netzwerkes werden auch alle Netzwerkfunktionen, welche die Dimension eines Widerstands haben, widerstandsnormiert, wie z.B. die Zweipolfunktion $Z(s)$, die Netzwerkfunktionen $Z_{ik}(s)$ einer Vierpolmatrix $[Z(s)]$ usw. Alle Netzwerkfunktionen mit dimensionslosen Funktionswerten werden durch die Widerstandsnormierung nicht verändert. Zu solchen nicht betroffenen Netzwerkfunktionen gehören z.B. die Wirkungsfunktion $H(s) = U_2(s)/U_1(s)$, die Funktionen $A_{11}(s)$ und $A_{22}(s)$ der Vierpolkettenmatrix $[A(s)]$, die Dämpfung $a(\omega)$ usw.

Neben der Widerstandsnormierung verwendet man noch die sogenannte Frequenznormierung. Diese erhält man nach Division der komplexen Frequenz s durch eine feste

Tabelle 1.3

nicht normiert	widerstandsnormiert	frequenznormiert	widerstands- und frequenznormiert
R_{nicht}	$R_{norw} = \dfrac{R_{nicht}}{R_0}$	$R_{norf} = R_{nicht}$	$R_{nor} = \dfrac{R_{nicht}}{R_0}$
C_{nicht}	$C_{norw} = C_{nicht} \cdot R_0$	$C_{norf} = C_{nicht}\,\omega_0$	$C_{nor} = C_{nicht} R_0 \omega_0$
L_{nicht}	$L_{norw} = \dfrac{L_{nicht}}{R_0}$	$L_{norf} = L_{nicht}\,\omega_0$	$L_{nor} = L_{nicht} \dfrac{\omega_0}{R_0}$

1.3 Netzwerksätze und Netzwerkfunktionen

reelle Bezugsfrequenz ω_0. Den Quotienten

$$s_{norf} = \frac{s}{\omega_0} \qquad (1.76)$$

bezeichnet man als normierte Frequenz.

Widerstands- und Frequenznormierung werden in der Regel gleichzeitig gebraucht. Man erzielt damit Rechenerleichterungen, indem man das Widerstandsniveau und den Frequenzbereich so normiert, daß man es mit Zahlen in der Größenordnung von Eins zu tun hat. Tab. 1.3 gibt eine zusammenfassende Übersicht über die Normierungen.

Alle Berechnungen und Rechenbeispiele der folgenden Abschnitte können als widerstands- und frequenznormiert angesehen werden. Man kann sich also bei allen berechneten Elementen den Index "nor" hinzugesetzt denken, z.B. statt L_1 kann man L_{1nor} lesen usw. Der nichtnormierte oder entnormierte Wert für L_1 lautet nach Tab. 1.3 dann $L_{1nicht} = L_{1nor} R_0/\omega_0$.

1.3.3 Die Bruneschen Pseudoenergiefunktionen

Die Aufgabe der Netzwerksynthese besteht darin, ein Netzwerk so zu finden, daß es eine vorgeschriebene Netzwerkfunktion $N(s)$ realisiert oder daß es einen vorgeschriebenen Teil einer Netzwerkfunktion, z.B. den Realteil $Re\{N(s)\}$ realisiert, wobei über den Imaginärteil keine Vorschriften gemacht werden, oder daß mehrere vorgeschriebene Netzwerkfunktionen gleichzeitig realisiert werden. Der letzte Fall liegt z.B. dann vor, wenn alle Matrixelemente $Z_{ik}(s)$ der Widerstandsmatrix $[Z]$ eines Vierpols vorgeschrieben sind.

Natürlich können nicht beliebige Funktionen in s als Netzwerkfunktionen vorgeschrieben werden. Welche Funktionen in s als Netzwerkfunktionen vorschreibbar sind, das hängt ab

a) von der Art der vorgeschriebenen speziellen Funktion, also ob es sich z.B. um einen Eingangswiderstand $Z(s)$ oder eine Wirkungsfunktion $U_2(s)/U_1(s)$ usw. handelt und

b) von der gewünschten Netzwerkklasse, also ob die Netzwerkfunktion durch ein Netzwerk realisiert werden soll, welches z.B. nur aus positiven L und C besteht, oder ob es durch ein Netzwerk realisiert werden soll, welches aus Übertragern, positiven C und beliebigen R besteht usw.

Das Problem der Netzwerksynthese umfaßt somit zunächst zwei Komplexe, nämlich

1. die Frage, welche Funktionen in s für bestimmte Netzwerkfunktionen und Netzwerkklassen vorgeschrieben werden können, und

2. die Frage, wie man anschließend die realisierende Schaltung gewinnnt.

Später wird noch ein dritter Komplex hinzukommen, nämlich die Frage, wie man praktische Probleme durch realisierbare Funktionen approximiert.

Zur Untersuchung der ersten Frage, welche Funktionen in s für bestimmte Netzwerkfunktionen und Netzwerkklassen vorgeschrieben werden können, sind die sogenannten Bruneschen **Pseudoenergiefunktionen** außerordentlich aufschlußreich. Die Herleitung dieser Funktionen soll hier auf der Grundlage des Satzes von Tellegen in der Form von Gl.(1.60) und Gl.(1.61) erfolgen, wonach

$$\sum_{\nu=1}^{N} U_\nu(s) I_\nu^*(s) = 0 \quad \text{und} \quad \sum_{\nu=1}^{N} U_\nu^*(s) I_\nu(s) = 0 \qquad (1.77)\,(1.78)$$

ist. N ist die Gesamtzahl aller Zweige des Netzwerks.

Betrachtet wird nun ein allgemeines Netzwerk, dessen N Zweige in folgender Weise durchnumeriert werden [61]:

Die Zweige mit ohmschen Widerständen R_ν seien numeriert mit $\nu = 1, 2, \ldots, \rho$. Sie liefern für Gl.(1.77) bzw. Gl.(1.78) den Anteil

$$\sum_{\nu=1}^{\rho} U_\nu I_\nu^* = \sum_{\nu=1}^{\rho} R_\nu I_\nu(s) I_\nu^*(s) = \sum_{\nu=1}^{\rho} R_\nu |I_\nu(s)|^2 = F_Z(s) \qquad (1.79)$$

bzw.

$$\sum_{\nu=1}^{\rho} U_\nu^* I_\nu = \sum_{\nu=1}^{\rho} \frac{1}{R_\nu} U_\nu^*(s) U_\nu(s) = \sum_{\nu=1}^{\rho} \frac{1}{R_\nu} |U_\nu(s)|^2 = F_y(s) \,. \qquad (1.80)$$

Als nächstes werden alle gekoppelten Induktivitätenpaare gemäß Abb.1.11c und Gl. (1.44) durch nichtgekoppelte Induktivitäten und ideale Übertrager ersetzt. Sodann werden sämtliche Zweige mit nichtgekoppelten Induktivitäten sL_ν von $\nu = \rho+1$ bis λ durchnumeriert. Sie liefern für Gl.(1.77) bzw. Gl.(1.78) den Anteil

$$\sum_{\nu=\rho+1}^{\lambda} U_\nu I_\nu^* = \sum_{\nu=\rho+1}^{\lambda} sL_\nu I_\nu(s) I_\nu^*(s) = \sum_{\nu=\rho+1}^{\lambda} sL_\nu |I_\nu(s)|^2 = sT_Z(s) \qquad (1.81)$$

bzw.

$$\sum_{\nu=\rho+1}^{\lambda} U_\nu^* I_\nu = \sum_{\nu=\rho+1}^{\lambda} \frac{1}{sL_\nu} U_\nu(s) U_\nu^*(s) = \sum_{\nu=\rho+1}^{\lambda} \frac{1}{sL_\nu} |U_\nu(s)|^2 = \frac{T_y(s)}{s} \,. \qquad (1.82)$$

Die Zweige mit den Kapazitäten C_ν seien von $\nu = \lambda+1$ bis γ beziffert. Sie liefern den Beitrag

1.3 Netzwerksätze und Netzwerkfunktionen

$$\sum_{\nu=\lambda+1}^{\gamma} U_\nu I_\nu^* = \sum_{\nu=\lambda+1}^{\gamma} \frac{1}{sC_\nu} I_\nu(s) I_\nu^*(s) = \sum_{\nu=\lambda+1}^{\gamma} \frac{1}{sC_\nu} |I_\nu(s)|^2 = \frac{V_z(s)}{s} \quad (1.83)$$

bzw.

$$\sum_{\nu=\lambda+1}^{\gamma} U_\nu^* I_\nu = \sum_{\nu=\lambda+1}^{\gamma} sC_\nu U_\nu(s) U_\nu^*(s) = \sum_{\nu=\lambda+1}^{\gamma} sC_\nu |U_\nu(s)|^2 = sV_y(s) \,. \quad (1.84)$$

Die nächsten Zweige von $\nu = \gamma+1$ bis η sollen alle Gyratorzweige erfassen ($\eta-\gamma-1$ = geradzahlig). Für ein derartiges Gyratorzweigpaar gilt nach Gl.(1.39)

$$U_\nu I_\nu^* + U_{\nu+1} I_{\nu+1}^* = -R_\nu \{I_\nu(s) I_{\nu+1}^*(s) - I_{\nu+1}(s) I_\nu^*(s)\} \,. \quad (1.85)$$

Setzt man hierin

$$I_\nu(s) = a_\nu(s) + jb_\nu(s) \,; \qquad I_\nu^*(s) = a_\nu(s) - jb_\nu(s) \,,$$

$$I_{\nu+1}(s) = a_{\nu+1}(s) + jb_{\nu+1}(s) \,; \qquad I_{\nu+1}^*(s) = a_{\nu+1}(s) - jb_{\nu+1}(s) \,,$$

dann ist

$$U_\nu I_\nu^* + U_{\nu+1} I_{\nu+1}^* = -j2R_\nu \{a_{\nu+1}(s) b_\nu(s) - a_\nu(s) b_{\nu+1}(s)\} = jc_k(s) \,. \quad (1.86)$$

$c_k(s)$ ist für jeden beliebigen Wert von s reell und wegen Gl.(1.4) für reelle s gleich Null.

Für alle Gyratorzweigpaare k gilt nun

$$\sum_{\nu=\gamma+1}^{\eta} U_\nu I_\nu^* = \sum_k jc_k(s) = jW_z(s) \quad (1.87)$$

$$k = \gamma+1, \quad \gamma+3, \quad \gamma+5, \quad \ldots, \quad \eta \,.$$

Ähnlich ergibt sich

$$\sum_{\nu=\gamma+1}^{\eta} U_\nu^* I_\nu = jW_y(s) \,. \quad (1.88)$$

Wie $W_z(s)$ ist auch $W_y(s)$ reell für jeden Wert von s. Speziell für reelle s ist $W_z(s) = W_y(s) = 0$.

Schließlich betrachten wir die Übertragerzweige $\eta+1$ bis ξ. Für ein gekoppeltes Zweigpaar gilt nach Gl. (1.41)

$$U_\nu I_\nu^* + U_{\nu+1} I_{\nu+1}^* = U_\nu I_\nu - \frac{1}{\ddot{u}} U_\nu \ddot{u} I_\nu^* = 0 \ . \qquad (1.89)$$

Damit gilt auch für alle Übertragerzweigpaare

$$\sum_{\nu=\eta+1}^{\xi} U_\nu I_\nu^* = 0 \ , \qquad \sum_{\nu=\eta+1}^{\xi} U_\nu^* I_\nu = 0 \ . \qquad (1.90)$$

Werden jetzt Gl. (1.79), Gl. (1.81), Gl. (1.83), Gl. (1.87) und Gl. (1.90) in Gl. (1.77) eingesetzt, dann folgt

$$F_z(s) + s T_z(s) + \frac{V_z(s)}{s} + j W_z(s) + \sum_{\nu=\xi+1}^{N} U_\nu I_\nu^* = 0 \ . \qquad (1.91)$$

Setzt man Gl. (1.80), Gl. (1.82), Gl. (1.84), Gl. (1.88) und Gl. (1.90) in Gl. (1.78) ein, dann ergibt sich

$$F_y(s) + \frac{T_y(s)}{s} + s V_y(s) + j W_y(s) + \sum_{\nu=\xi+1}^{N} U_\nu^* I_\nu = 0 \ . \qquad (1.92)$$

Die Funktionen $F_z(s)$, $T_z(s)$, $V_z(s)$, $W_z(s)$ sowie die Funktionen $F_y(s)$, $T_y(s)$, $V_y(s)$ und $W_y(s)$ heißen Brunesche Pseudoenergiefunktionen. Die Funktionen $F_z(s)$ und $F_y(s)$ haben die Dimension "Leistung". Sie beschreiben die in den ohmschen Widerständen umgesetzte Leistung.

Für die folgenden Betrachtungen ist es wichtig festzustellen, daß beide Funktionen reell sind für jeden beliebigen (komplexen) Wert von s, denn R_ν und die Beträge $|I_\nu(s)|$ und $|U_\nu(s)|$ sind reell und nichtnegativ. Zusammenfassend gilt

$$\begin{aligned} &F_z(s) \text{ und } F_y(s) \text{ sind reell für jedes } s \ , \\ &F_z(s) \geqslant 0 \ , \quad F_y(s) \geqslant 0 \quad \text{für alle } R_\nu > 0 \ , \\ &F_z(s) \leqslant 0 \ , \quad F_y(s) \leqslant 0 \quad \text{für alle } R_\nu < 0 \ . \end{aligned} \qquad (1.93)$$

Die Zahlenwerte von F hängen von s und von der Schaltung des speziellen Netzwerkes ab. Uns interessieren aber künftig nur die allgemein geltenden Aussagen von Gl. (1.93). $R_\nu = 0$ sind Kurzschlüsse und $1/R_\nu = 0$ sind Leerläufe, also beides solche Zweige, die nicht mitgezählt zu werden brauchen.

1.3 Netzwerksätze und Netzwerkfunktionen

Auf ähnliche Weise folgt für die Funktionen $T_z(s)$ und $T_y(s)$

$$\begin{aligned}&T_z(s) \text{ und } T_y(s) \text{ sind reell für jedes } s\,,\\ &T_z(s) \geq 0\,,\quad T_y(s) \geq 0 \quad \text{für alle } L_\nu > 0\,,\\ &T_z(s) \leq 0\,,\quad T_y(s) \leq 0 \quad \text{für alle } L_\nu < 0\,.\end{aligned} \qquad (1.94)$$

Wegen des Faktors s bzw. $\frac{1}{s}$ in Gl.(1.81) bzw. Gl.(1.82) hat $T_z(s)$ die Dimension "Energie" und $T_y(s)$ die Dimension "Leistung pro Zeit".

Entsprechendes gilt für $V_z(s)$ und $V_y(s)$

$$\begin{aligned}&V_z(s) \text{ und } V_y(s) \text{ sind reell für jedes } s\,,\\ &V_z(s) \geq 0\,,\quad V_y(s) \geq 0 \quad \text{für alle } C_\nu > 0\,,\\ &V_z(s) \leq 0\,,\quad V_y(s) \leq 0 \quad \text{für alle } C_\nu < 0\,.\end{aligned} \qquad (1.95)$$

Hier hat $V_y(s)$ die Dimension "Energie" und $V_z(s)$ die Dimension "Leistung pro Zeit".

Für die Funktionen $W_z(s)$ und $W_y(s)$ gilt

$$\begin{aligned}&W_z(s) \text{ und } W_y(s) \text{ sind reell für jedes komplexe } s\,,\\ &W_z(s) = W_y(s) = 0 \quad \text{für jedes reelle } s\,.\end{aligned} \qquad (1.96)$$

Für komplexe s können $W_z(s)$ und $W_y(s)$ positiv, null oder negativ sein.

Die Summenausdrücke in Gl.(1.91) und Gl.(1.92) berücksichtigen diejenigen Zweige, die weder ohmsche Widerstände, noch Induktivitäten, noch gekoppelte Induktivitäten, noch Kapazitäten, noch Gyratoren, noch ideale Übertrager darstellen. Letztere liefern übrigens keinen Beitrag zu Gl.(1.91) und Gl.(1.92).

2. Synthese passiver Zweipole aus zwei Elementetypen

Ein Zweipol ist ein Netzwerk mit zwei äußeren Anschlußklemmen, das in seinem Inneren keine unabhängigen Quellen enthält. Sein äußeres Verhalten kann nach Abschnitt 1.3.2 durch eine spezielle Netzwerkfunktion, nämlich durch die Zweipolfunktion $Z(s)$ beschrieben werden. Wir wollen in diesem Kapitel die Synthese solcher Zweipole beschreiben, die sich nur aus zwei Typen von Elementen, nämlich entweder nur aus L und C oder nur aus R und C oder nur aus Gyratoren und C zusammensetzen. Die Anzahl der Elemente selbst ist beliebig, aber endlich. Alle Elemente werden als passiv vorausgesetzt. Damit ist auch das ganze Netzwerk und damit der Zweipol passiv.

2.1 LC-Zweipole

2.1.1 Notwendige und hinreichende Bedingungen

LC-Zweipole bezeichnet man auch als **Reaktanzzweipole**. Als erstes werden einige Bedingungen hergeleitet, die bei jedem LC-Zweipol notwendigerweise erfüllt sein müssen. Dazu betrachten wir Abb. 2.1a. Dieses Bild zeigt ein Netzwerk, welches aus einer Spannungsquelle $U_N(s)$ und ansonsten aus nur positiven Induktivitäten L und positiven Kapazitäten C besteht, die alle in dem Teilnetzwerk N' zusammengefaßt sind. Dieses Teilnetzwerk N' bildet den zu untersuchenden LC-Zweipol.

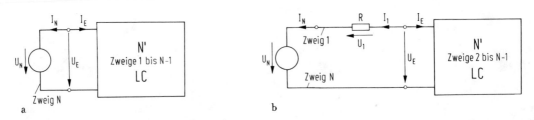

Abb. 2.1. Zur Bestimmung der Eigenschaften des LC-Zweipols. a) Netzwerk aus Spannungsquelle und LC-Zweipol N'; b) Netzwerk aus Spannungsquelle, ohmschem Widerstand R und LC-Zweipol N'.

2.1 LC-Zweipole

$U_1(s)$ bis $U_N(s)$ kennzeichnen die Zweigspannungen, $I_1(s)$ bis $I_N(s)$ die Zweigströme des Netzwerkes. Die Zweige 1, 2, 3, ..., N-1 sind im Teilnetzwerk N' enthalten. Die Spannung U_E und der Strom I_E sind Hilfsgrößen zur Berechnung der Zweipolfunktion oder Eingangsimpedanz

$$Z(s) = \frac{U_E(s)}{I_E(s)} \quad . \tag{2.1}$$

Nach Gl.(1.91) gilt für sämtliche Zweige in Abb.2.1a

$$sT_z(s) + \frac{V_z(s)}{s} + U_N(s)I_N^*(s) = 0. \tag{2.2}$$

Zweige mit ohmschen Widerständen und Gyratoren sind in Abb.2.1a nicht vorhanden. Deshalb ist $F_z(s) = W_z(s) = 0$. Der Summenausdruck in Gl.(1.91) umfaßt nur die Spannungsquelle von Zweig N.

Nach Abb.2.1a ist $U_N = U_E$; $I_N = -I_E$ und damit nach Gl.(2.2) und Gl.(2.1)

$$Z(s) = \frac{U_E(s)}{I_E(s)} = -\frac{U_N(s)I_N^*(s)}{I_N(s)I_N^*(s)} = \frac{sT_z(s) + \frac{1}{s}V_z(s)}{|I_N(s)|^2} = \frac{sT_z(s) + \frac{1}{s}V_z(s)}{|I_E(s)|^2} \quad . \tag{2.3}$$

Da sich das Teilnetzwerk N' aus endlich vielen konzentrierten Schaltelementen zusammensetzt, wissen wir aus Abschnitt 1.3.2 von vornherein, daß $Z(s)$ eine gebrochen rationale Funktion sein muß. Für eine Diskussion der weiteren Eigenschaften von $Z(s)$ anhand von Gl.(2.3) ergeben sich die folgenden Probleme:

a) Wir können die Eigenschaften von $Z(s)$ zunächst nur dort diskutieren, wo $|I_N(s)| = |I_E(s)| \neq 0$ ist. Da wir beliebige Funktionen von $U(s)$ zulassen wollen, sind die auszusparenden Stellen mit $I_N(s) = 0$ die Polstellen von $Z(s)$ bzw. die Nullstellen von $1/Z(s)$, da $Z(s)$ rational ist. Wo die Pole von $Z(s)$ liegen, wird später anhand einer anderen Beziehung für $1/Z(s)$ festgestellt.

b) Bei einer Nullstelle von $Z(s)$ würde im Netzwerk von Abb.2.1a wegen des Kurzschlusses der eingeprägten Spannungsquelle $U_N(s)$ eine nach der KSpR nicht erlaubte Situation eintreten, wenn dort $U_N(s) \neq 0$ wäre. Man hat also an den Nullstellen von $Z(s)$ auch Nullstellen von $U_N(s)$ anzunehmen. Daß hierdurch die Allgemeingültigkeit in der Diskussion der Eigenschaften von $Z(s)$ nicht eingeschränkt wird, erkennt man daran, daß man anstatt von Abb.2.1a auch von Abb. 2.1b ausgehen kann. Für letztere gilt nach Gl.(1.91) und Gl.(1.79)

$$R_1 I_1(s) I_1^*(s) + sT_z(s) + \frac{V_z(s)}{s} + U_N(s)I_N^*(s) = 0. \tag{2.4}$$

Hieraus folgt mit $I_1 = I_N = -I_E$ und $U_N + R_1 I_1 = U_E$,

$$U_E(s) I_E^*(s) = s T_z(s) + \frac{V_z(s)}{s}. \tag{2.5}$$

Dividiert man beide Seiten von Gl.(2.5) durch $I_E(s) I_E^*(s) = |I_E(s)|^2 = |I_N(s)|^2$, dann ergibt sich für $Z(s)$ wieder Gl.(2.3). Bei Nullstellen von $Z(s)$ wird diesmal $U_N(s)$ nicht kurzgeschlossen.

Wir beginnen nun mit der Diskussion von Gl.(2.3) für Abb.2.1a. Nach Gl.(2.3) würde $Z(s) = 0$ werden, wenn gleichzeitig sowohl $T_z(s) = 0$ als auch $V_z(s) = 0$ werden könnten. Nach Gl.(1.81) und Gl.(1.83) müssen bei $T_z(s) = V_z(s) = 0$ sämtliche Zweigströme I_ν im Inneren des Teilnetzwerkes N' zugleich Null sein, wohingegen der Eingangsstrom I_E bei $Z(s) = 0$ von Null verschieden wäre. Das widerspricht aber der KStR. Folglich können nie $T_z(s)$ und $V_z(s)$ gleichzeitig verschwinden, wenn man die Polstellen ausspart.

Das bedeutet:
$$\begin{aligned}&\text{für } V_z(s) = 0 \text{ ist } T_z(s) \neq 0,\\ &\text{für } T_z(s) = 0 \text{ ist } V_z(s) \neq 0.\end{aligned} \tag{2.6}$$

Die Umkehrung der Aussage von Gl.(2.6) gilt nicht, d.h. es können zugleich $V_z(s) \neq 0$ und $T_z(s) \neq 0$ sein.

Aus Gl.(2.3) ergeben sich nun die folgenden Eigenschaften von $Z(s)$, wenn man beachtet, daß $|I_N(s)|^2 > 0$ sowie $T_z(s)$ und $V_z(s)$ reell und nichtnegativ sind für beliebige Werte von s, vgl. Gln.(1.94),(1.95):

α) Es ist $Z(s)$ reell, wenn s reell ist und imaginär, wenn s imaginär ist.

Da $Z(s)$ nach Abschnitt 1.3.2 eine gebrochen rationale Funktion mit reellen Koeffizienten sein muß, folgt, daß $Z(s)$ überdies eine ungerade Funktion sein muß, d.h. entweder von der Form

$$Z(s) = \frac{g_1(s)}{u_2(s)} \tag{2.7}$$

oder von der Form

$$Z(s) = \frac{u_1(s)}{g_2(s)} \tag{2.8}$$

ist. In diesen Gleichungen sind g_1 und g_2 Polynome mit nur geradzahligen Potenzen von s und u_1 und u_2 Polynome mit nur ungeradzahligen Potenzen von s mit reellen Koeffizienten. Diese Formen sind offenbar reell für reelle s und imaginär für imaginäre s.

2.1 LC-Zweipole

Jede andere gebrochen rationale Funktion mit reellen Koeffizienten, welche die allgemeine Form

$$Z(s) = \frac{g_1(s) + u_1(s)}{g_2(s) + u_2(s)} \qquad (2.9)$$

hat, besitzt obige Eigenschaft nicht. Erweitert man nämlich Gl.(2.9) mit $g_2 - u_2$, dann ergibt sich folgende Aufspaltung in einen geraden Teil $\mathrm{Gr}\{Z(s)\}$ und einen ungeraden Teil $\mathrm{Un}\{Z(s)\}$

$$Z(s) = \mathrm{Gr}\{Z(s)\} + \mathrm{Un}\{Z(s)\} \qquad (2.10)$$

mit

$$\mathrm{Gr}\{Z(s)\} = \frac{g_1 g_2 - u_1 u_2}{g_2^2 - u_2^2}, \qquad (2.11)$$

$$\mathrm{Un}\{Z(s)\} = \frac{u_1 g_2 - u_2 g_1}{g_2^2 - u_2^2}. \qquad (2.12)$$

Der gerade Teil, der auch für imaginäre s reell wird, verschwindet bei einer gegebenen Funktion $Z(s)$ nur dann, wenn sie entweder von der Form von Gl.(2.7) oder von Gl.(2.8) ist.

Ungerade Funktionen $Z(s)$ und damit LC-Funktionen haben die Eigenschaft

$$Z(s) = -Z(-s). \qquad (2.13)$$

β) Setzt man in Gl.(2.3) $s = \sigma + j\omega$, dann läßt sich $Z(s)$ in seinen Realteil $\mathrm{Re}\{Z(s)\}$ und seinen Imaginärteil $\mathrm{Im}\{Z(s)\}$ aufspalten

$$Z(s) = \mathrm{Re}\{Z(s)\} + j\mathrm{Im}\{Z(s)\} = (\sigma + j\omega)\frac{T_z(s)}{|I_E|^2} + \frac{1}{\sigma + j\omega} \cdot \frac{V_z(s)}{|I_E|^2}, \qquad (2.14)$$

also

$$\mathrm{Re}\{Z(s)\} = \sigma \frac{T_z(s)}{|I_E|^2} + \frac{\sigma}{\sigma^2 + \omega^2} \cdot \frac{V_z(s)}{|I_E|^2}, \qquad (2.15)$$

$$\mathrm{Im}\{Z(s)\} = \omega \frac{T_z(s)}{|I_E|^2} - \frac{\omega}{\sigma^2 + \omega^2} \cdot \frac{V_z(s)}{|I_E|^2}. \qquad (2.16)$$

Für den Realteil folgt wegen Gl.(2.6) mit Ausnahme der Polstellen

$$\text{Re}\{Z(s)\} \begin{cases} > 0 & \text{für } \sigma > 0 \\ = 0 & \text{für } \sigma = 0 \\ < 0 & \text{für } \sigma < 0. \end{cases}$$

Dieses Ergebnis ist in Abb.2.2 dargestellt.

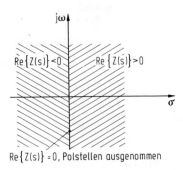

Abb.2.2. Gebiete mit positivem, negativem und verschwindendem Realteil einer LC-Zweipolfunktion $Z(s)$.

Für den Imaginärteil folgt mit Ausnahme der Polstellen

$$\text{Im}\{Z(s)\} = 0 \quad \text{für } \omega = 0. \tag{2.18}$$

An den Polstellen von $Z(s)$ bzw. Nullstellen von $Y(s) = 1/Z(s)$ treffen die bisherigen Ergebnisse nicht unbedingt zu. Wir ergänzen unsere Untersuchungen in dieser Hinsicht, indem wir nun anstelle von Gl.(1.91) die Gl.(1.92) auf Abb.2.1a anwenden. Das ergibt

$$\frac{T_y(s)}{s} + sV_y(s) + U_N^*(s)I_N(s) = 0 \tag{2.19}$$

oder wegen $U_N = U_E$ und $I_N = -I_E$

$$U_E^*(s)I_E(s) = sV_y(s) + \frac{T_y(s)}{s}. \tag{2.20}$$

Dividiert man beide Seiten von Gl.(2.20) durch $U_E^*(s)U_E(s) = |U_E(s)|^2 \neq 0$, dann erhält man

$$Y(s) = \frac{1}{Z(s)} = \frac{U_E^*(s)I_E(s)}{U_E^*(s)U_E(s)} = \frac{sV_y(s) + \frac{T_y(s)}{s}}{|U_E(s)|^2}. \tag{2.21}$$

2.1 LC-Zweipole

Gl.(2.21) ist das duale Gegenstück zu Gl.(2.3). Da wir für die Diskussion $|U_E(s)| \neq 0$ voraussetzen wollen, können im Inneren des Netzwerkes N' nicht alle Zweigspannungen zugleich Null sein. Mit Gl.(1.81) und Gl.(1.83) folgt daher

$$\text{für } V_y(s) = 0 \text{ ist } T_y(s) \neq 0,$$
$$\text{für } T_y(s) = 0 \text{ ist } V_y(s) \neq 0. \qquad (2.22)$$

Da $|U_E(s)|^2 > 0$ sowie $V_y(s)$ und $T_y(s)$ reell und nichtnegativ sind für alle Werte von s, folgen aus Gl.(2.21) auch für die Leitwertsfunktion Y(s) wieder dieselben Eigenschaften wie für die Widerstandsfunktion. Es ist also Y(s) ungerade, der Realteil ist in der rechten s-Halbebene positiv, auf der imaginären Achse null und in der linken s-Halbebene negativ.

Da außerhalb der jω-Achse die Realteile von Z(s) und Y(s) von Null verschieden sind, folgt, daß weder Z(s) noch Y(s) außerhalb der jω-Achse Nullstellen haben, womit weder Y(s) noch Z(s) dort Pole haben.

γ) Als nächstes werden die möglichen Nullstellenlagen s_n von Z(s) explizit berechnet. Sowohl für Abb.2.1a als auch für Abb.2.1b gilt nach Gl.(2.3) und Gl.(2.5)

$$Z(s_n) = \frac{s_n^2 T_z(s_n) + V_z(s_n)}{s_n |I_E(s_n)|^2} = 0. \qquad (2.23)$$

Daraus folgt

$$s_n^2 = -\frac{V_z(s_n)}{T_z(s_n)}. \qquad (2.24)$$

Dieses Ergebnis zeigt, daß alle Nullstellen ausschließlich auf der jω-Achse liegen, denn $V_z(s)$ und $T_z(s)$ sind reell und nichtnegativ. Der unbestimmte Fall, daß $V_z(s)$ und $T_z(s)$ gleichzeitig Null sind, kann nach Gl.(2.6), wenn überhaupt, dann nur an Polstellen auftreten.

Die explizite Berechnung der möglichen Polstellenlagen s_p kann von Gl.(2.21) ausgehen

$$\frac{1}{Z(s_p)} = Y(s_p) = \frac{s_p^2 V_y(s_p) + T_y(s_p)}{s_p |U_E(s_p)|^2} = 0. \qquad (2.25)$$

In analoger Weise zu Gl.(2.23) folgt aus Gl.(2.25), daß auch die Pole von Z(s) nur auf der imaginären Achse, d.h. auf der jω-Achse der s-Ebene liegen können.

Aus Gl.(2.3) und Gl.(2.21) folgt weiter, daß bei s = 0 entweder ein Pol von Z(s) vorhanden ist, nämlich für $V_z(0) \neq 0$, oder daß dort eine Nullstelle von Z(s) vorhanden ist, nämlich für $T_y(0) \neq 0$. Es folgt außerdem, daß auch bei s = ∞ entweder nur ein Pol oder nur eine Nullstelle vorhanden sein kann (nicht aber ein endlicher Zwischenwert).

Zu prüfen ist jetzt, ob die Pole und Nullstellen von Z(s), die nur auf der jω-Achse einschließlich s = 0 und s = ∞ liegen, stets einfach sind, oder ob auch mehrfache Pole und Nullstellen dort möglich sind.

Dazu denken wir uns Z(s) in ein ungerades Polynom und eine Summe von Partialbrüchen gemäß Gl.(1.5), Gl.(1.6) und Gl.(1.8) zerlegt.

Wir nehmen an, daß bei der Frequenz $s_\nu = j\omega_\nu$ ein n-facher Pol liege. In unmittelbarer Nachbarschaft dieses Pols von der Ordnung n wird Z(s) vom Polglied selbst dominiert, d.h.

$$Z(s) \cong \frac{k}{(s-s_\nu)^n} \quad \text{für } s \approx s_\nu. \tag{2.26}$$

Verglichen mit dem Ausdruck auf der rechten Seite von Gl.(2.26) sind alle übrigen sehr klein, wenn s genügend nahe an s_ν liegt.

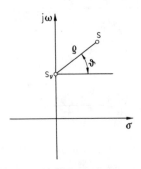

Abb.2.3. Zur Bestimmung der Poleigenschaften.

Wir untersuchen nun die unmittelbare Nachbarschaft des Pols (vgl. Abb.2.3) und setzen dazu

$$s - s_\nu = \rho e^{j\vartheta}, \quad \rho > 0, \tag{2.27}$$

$$k = m e^{j\varphi}, \quad m > 0, \tag{2.28}$$

d.h. wir drücken die komplexen Werte $(s - s_\nu)$ und k durch ihre Beträge und Winkel aus. Das ergibt

2.1 LC-Zweipole

$$Z(s) = \text{Re}\{Z(s)\} + j\text{Im}\{Z(s)\} = \frac{m}{\rho^n} e^{j(\varphi - n\vartheta)}. \tag{2.29}$$

Der Realteil $\text{Re}\{Z(s)\}$ muß Gl.(2.17) erfüllen. Das bedeutet

$$\text{Re}\{Z(s)\} = \frac{m}{\rho^n}\cos(\varphi - n\vartheta) \begin{cases} > 0 \text{ für } \sigma > 0, \text{ d.h. } -\frac{1}{2}\pi < \vartheta < +\frac{1}{2}\pi \\ = 0 \text{ für } \sigma = 0, \text{ d.h. } \vartheta = \frac{1}{2}\pi, \frac{3}{2}\pi \\ < 0 \text{ für } \sigma < 0, \text{ d.h. } \frac{1}{2}\pi < \vartheta < \frac{3}{2}\pi. \end{cases} \tag{2.30}$$

Gl.(2.30) wird aber nur dann erfüllt, wenn $n = 1$ und $\varphi = 0$ ist, weil für $n > 1$ oder $\varphi \neq 0$ der Kosinus negativ wird im Bereich $-\frac{1}{2}\pi < \vartheta < +\frac{1}{2}\pi$. Daraus folgt, daß Pole nur **einfach** sein können, und reelle **nichtnegative Residuen** k haben müssen.

Geht man von der Leitwertsfunktion $Y(s)$ aus, dann kann man durch eine analoge Betrachtung zeigen, daß auch für deren Pole, das sind die Nullstellen von $Z(s)$, dasselbe Ergebnis herauskommt. Es folgt also, daß auch die Nullstellen von $Z(s)$ nur einfach sein können.

Da alle Koeffizienten von $Z(s)$ reell sind, können die Pole nur in konjugiert komplexen Paaren auftreten. Ist also ein Pol bei der Frequenz $j\omega_\nu$ vorhanden, dann muß auch bei der Frequenz $-j\omega_\nu$ ein Pol vorhanden sein. Ein solches Polpaar ist

$$\frac{k_{\nu 1}}{s - j\omega_\nu} + \frac{k_{\nu 2}}{s + j\omega_\nu} = \frac{s(k_{\nu 1} + k_{\nu 2}) + j\omega_\nu(k_{\nu 1} - k_{\nu 2})}{s^2 + \omega_\nu^2}. \tag{2.31}$$

Da nur reelle Koeffizienten möglich sind, folgt aus Gl.(2.31) daß

$$k_{\nu 1} = k_{\nu 2} = k_\nu \geq 0. \tag{2.32}$$

Bei der Reaktanzzweipolfunktion ist also jedes Polpaar bei einer endlichen Frequenz ω_ν von der Form

$$\frac{2k_\nu s}{s^2 + \omega_\nu^2}. \tag{2.33}$$

Die ab Gl.(2.26) angestellten Betrachtungen gelten auch für einen Pol bei $s = 0$. Ein solcher ergibt den Partialbruch

$$\frac{k_0}{s} \quad \text{mit} \quad k_0 \geq 0. \tag{2.34}$$

Für einen Pol bei $s = \infty$ lassen sich ebenfalls analoge Überlegungen anstellen, indem man vom Glied $k_\infty s^n$ mit der höchsten Potenz in s ausgeht. Für sehr große Werte von $|s|$ wird

$$Z(s) \cong k_\infty s^n. \tag{2.35}$$

Da nach Punkt α) $Z(s)$ reell ist für reelle s, muß auch k_∞ reell sein. Aus der Bedingung von Gl.(2.17) folgt weiter, daß k_∞ nichtnegativ sein muß, weil sich sonst für Punkte auf der positiven σ-Achse negative Realteile von Z ergäben. Schließlich muß noch n = 1 sein, denn für n = 2 oder n > 2 werden stets irgendwelche Punkte der rechten s-Halbebene auf die linke Z-Halbebene abgebildet.

δ) Aus Gl.(2.32) bis Gl.(2.35) geht hervor, daß jede Reaktanzzweipolfunktion darstellbar sein muß in der Form

$$Z(s) = \frac{k_0}{s} + \frac{2k_1 s}{s^2 + \omega_1^2} + \frac{2k_2 s}{s^2 + \omega_2^2} + \ldots + \frac{2k_n s}{s^2 + \omega_n^2} + k_\infty s,$$

$$= \frac{k_0}{s} + \sum_{\nu=1}^{n} \frac{2k_\nu s}{s^2 + \omega_\nu^2} + k_\infty s \quad \text{mit} \quad k_0, k_\nu, k_\infty \geq 0. \tag{2.36}$$

Bringt man Gl.(2.36) auf den Hauptnenner, dann erhält man eine gebrochene rationale Funktion mit nur positiven Koeffizienten. Auch dies ist eine notwendige Eigenschaft der Reaktanzzweipolfunktion.

Setzen wir in Gl.(2.36) s = jω und differenzieren nach jω, dann ergibt sich

$$\frac{dZ(j\omega)}{dj\omega} = -\frac{k_0}{(j\omega)^2} + \sum_{\nu=1}^{n} \frac{2k_\nu(-\omega^2 + \omega_\nu^2) - 2k_\nu j\omega \circ 2j\omega}{(-\omega^2 + \omega_\nu^2)^2} + k_\infty,$$

$$= \frac{k_0}{\omega^2} + \sum_{\nu=1}^{n} \frac{2k_\nu(\omega_\nu^2 + \omega^2)}{(\omega_\nu^2 - \omega^2)^2} + k_\infty > 0. \tag{2.37}$$

Die Steigung von $Z(j\omega)$ längs der jω-Achse ist also beständig positiv. Dies ist in Abb.2.4a für den Fall $k_0 \neq 0$ und in Abb.2.4b für den Fall $k_0 = 0$ dargestellt. Aus den Abbildungen geht hervor, daß Pole und Nullstellen, die auf der jω-Achse liegen und einfach sein müssen, sich überdies dort auch abwechseln müssen.

Jede Reaktanzzweipolfunktion muß sich also durch eine der folgenden 4 Formen darstellen lassen:

$$Z(s) = A_1 \frac{(s^2 + \omega_1^2)(s^2 + \omega_3^2)\ldots(s^2 + \omega_{2n-1}^2)}{s(s^2 + \omega_2^2)(s^2 + \omega_4^2)\ldots(s^2 + \omega_{2n}^2)}, \tag{2.38}$$

2.1 LC-Zweipole

$$Z(s) = A_2 \frac{(s^2+\omega_1^2)(s^2+\omega_3^2)\cdots(s^2+\omega_{2n+1}^2)}{s(s^2+\omega_2^2)(s^2+\omega_4^2)\cdots(s^2+\omega_{2n}^2)} , \quad (2.39)$$

$$Z(s) = A_3 \frac{s(s^2+\omega_2^2)(s^2+\omega_4^2)\cdots(s^2+\omega_{2n}^2)}{(s^2+\omega_1^2)(s^2+\omega_3^2)\cdots(s^2+\omega_{2n-1}^2)} , \quad (2.40)$$

$$Z(s) = A_4 \frac{s(s^2+\omega_2^2)(s^2+\omega_4^2)\cdots(s^2+\omega_{2n}^2)}{(s^2+\omega_1^2)(s^2+\omega_3^2)\cdots(s^2+\omega_{2n+1}^2)} , \quad (2.41)$$

jeweils mit $\omega_1 < \omega_2 < \ldots < \omega_{2n+1}$.

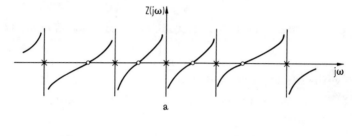

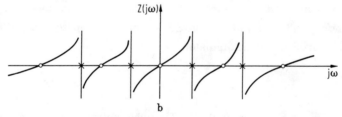

Abb.2.4. Prinzipieller Verlauf von $Z(j\omega)$ einer LC-Zweipolfunktion. a) mit einer Polstelle bei $s = 0$; b) mit einer Nullstelle bei $s = 0$.

Die Faktoren A_1 bis A_4 sind reell und positiv. Die zu den Gleichungen Gl.(2.38) bis Gl.(2.41) gehörenden Pol-Nullstellendiagramme sind in Abb.2.5 in der Reihenfolge (a) bis (d) dargestellt. Nullstellen sind darin durch kleine Kreise, Pole durch kleine Kreuze gekennzeichnet. Die Darstellung berücksichtigt lediglich die positive $j\omega$-Achse. Die negative $j\omega$-Achse ist das spiegelbildliche Abbild der positiven Achse und bietet keine neue Information. Die Frequenzen $+\infty$ und $-\infty$ bilden wie der Ursprung einen einzigen Punkt.

Zusammenfassung

Als notwendige Bedingungen für eine Reaktanzzweipolfunktion $Z(s)$ wurden gefunden, daß $Z(s)$ eine ungerade rationale Funktion mit reellen positiven Koeffizienten ist, daß ferner alle Pole und Nullstellen von $Z(s)$ ausschließlich auf der $j\omega$-Achse liegen, daß sie einfach sind und sich dort abwechseln und daß schließlich alle Polresiduen nichtnegativ sind.

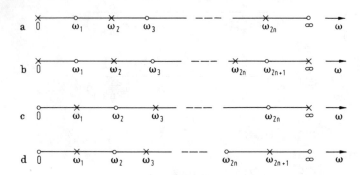

Abb.2.5. Die vier möglichen Pol-Nullstellenkonfigurationen einer LC-Zweipolfunktion.

Wie Abb.2.5 verdeutlicht, gelten dieselben Bedingungen auch für die Reaktanzzweipolfunktion $Y(s)$, denn bei ihr sind gegenüber $Z(s)$ lediglich Pole und Nullstellen miteinander vertauscht.

Im nächsten Abschnitt wird gezeigt werden, daß die obigen notwendigen Bedingungen auch hinreichend sind. Um auf diesen Zusammenhang später zurückverweisen zu können, formulieren wir den folgenden

Satz 2.1

Notwendige und hinreichende Realisierbarkeitsbedingungen für eine Reaktanzzweipolfunktion $Z(s)$ {oder $Y(s)$} sind:
a) $Z(s)$ {oder $Y(s)$} ist eine ungerade rationale Funktion mit reellen positiven Koeffizienten.
b) Alle Pole und Nullstellen von $Z(s)$ {oder $Y(s)$} sind einfach, liegen auf der $j\omega$-Achse und wechseln sich dort ab. Alle Polresiduen sind nichtnegativ.

Gleichbedeutend mit den Aussagen a) und b) ist, daß $Z(s)$ {oder $Y(s)$} sich durch eine der Formeln Gl.(2.36) oder Gl.(2.38) bis Gl.(2.41) darstellen lassen muß.

Rückblickend kann festgestellt werden, daß die in den Punkten δ) und γ) hergeleiteten Eigenschaften Folgerungen der in den Punkten α) und β) gemachten Aussagen sind. Wir können also künftig von einer Reaktanzzweipolfunktion auch dann bereits sprechen, wenn $Z(s)$ eine reelle und ungerade Funktion von s ist, und die Realteile von $Z(s)$ und $1/Z(s)$ positiv in der rechten, null auf der $j\omega$-Achse mit Ausnahme der Polstellen und negativ in der linken s-Halbebene sind.

2.1 LC-Zweipole

Zur Erläuterung von Satz 2.1 betrachten wir folgende einfache
Beispiele:

a) $\quad Z(s) = \dfrac{s^2 + s + 1}{s}$; b) $\quad Z(s) = \dfrac{s^3}{(s^2+1)^2}$;

c) $\quad Z(s) = \dfrac{(s^2+1)(s^2+2)}{s^2+3}$; d) $\quad Z(s) = \dfrac{s}{s^2+1}$.

Beispiel a) ist nicht Reaktanzzweipolfunktion, da $Z(s)$ nicht ungerade Funktion ist.
Beispiel b) ist nicht Reaktanzzweipolfunktion, da mehrfache Pole und Nullstellen vorhanden sind.
Beispiel c) ist nicht Reaktanzzweipolfunktion, da die Pole und Nullstellen auf der $j\omega$-Achse sich nicht abwechseln.
Beispiel d) ist eine Reaktanzzweipolfunktion, denn sie besitzt die Form von Gl.(2.36)

2.1.2 Synthese von LC-Zweipolen

Zum Nachweis, daß die in Satz 2.1 genannten Bedingungen tatsächlich auch hinreichend sind, genügt es, eine Synthesemethode anzugeben, die stets einen LC-Zweipol liefert, sofern die Bedingungen erfüllt sind. Dies tun wir mit der Beschreibung der folgenden

Synthese durch Partialbruchschaltungen

Es gibt zwei Typen von Partialbruchschaltungen. Die erste geht von der Widerstandsfunktion $Z(s)$ aus. Man nennt die so entstandene Schaltungsform auch die 1. Fosterform. Sie leitet sich von Gl.(2.36) her

$$Z(s) = \frac{k_0}{s} + \frac{2k_1 s}{s^2 + \omega_1^2} + \frac{2k_2 s}{s^2 + \omega_2^2} + \ldots + \frac{2k_n s}{s^2 + \omega_n^2} + k_\infty s = \qquad (2.36)$$
$$= Z_0(s) + Z_1(s) + Z_2(s) + \ldots + Z_n(s) + Z_\infty s.$$

In dieser Gleichung lassen sich sämtliche Glieder einzeln realisieren. Es entspricht (vgl. Abb.2.6):

$$Z_0(s) = \frac{k_0}{s} \triangleq \frac{1}{sC} \qquad \text{Kapazität,}$$

$$Z_\infty(s) = k_\infty s \triangleq sL \qquad \text{Induktivität,}$$

$$Z_\nu(s) = \frac{2k_\nu s}{s^2 + \omega_\nu^2} = \frac{1}{\dfrac{1}{2k_\nu}s + \dfrac{\omega_\nu^2}{2k_\nu s}} = \frac{1}{sC + \dfrac{1}{sL}} \qquad \text{Parallelschaltung einer Kapazität und einer Induktivität.}$$

Nach Gl.(2.36) ergibt sich die Widerstandsfunktion $Z(s)$ durch Addition der Glieder $Z_i(s)$, $i = 0, \nu, \infty$, d.h. als Serienschaltung der einzelnen Teilglieder von Abb.2.6. Dies ist in Abb.2.7 allgemein dargestellt. Damit ist gezeigt, daß die Bedingungen von Satz 2.1 hinreichend sind.

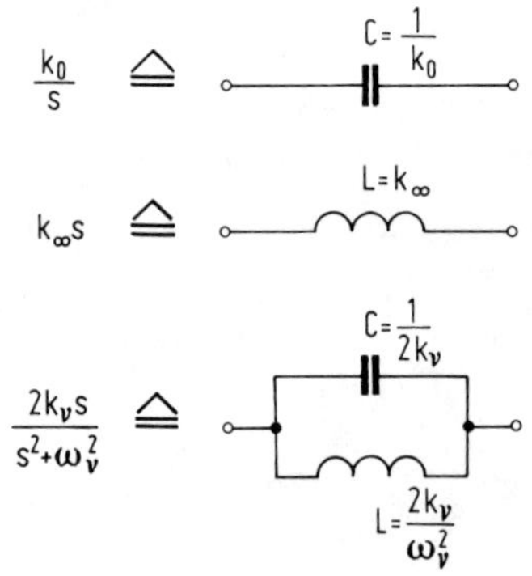

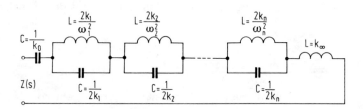

Abb.2.6. Zur Schaltungsrealisierung von LC-Widerstandsfunktionen.

Abb.2.7. Widerstandspartialbruchschaltung (1. Fosterform) einer LC-Zweipolfunktion.

Beispiel:

Gegeben sei

$$Z(s) = \frac{P(s)}{Q(s)} = \frac{24s^3 + 192s}{s^4 + 20s^2 + 64}. \quad (2.42)$$

Gesucht ist die Schaltung, falls $Z(s)$ Reaktanzfunktion ist.

Zur Überprüfung auf Realisierbarkeit wird versucht, ob sich Gl.(2.42) auf die Form von Gl.(2.36) bringen läßt. Dazu werden zunächst die Pole von $Z(s)$ bestimmt. Durch Nullsetzen des Nennerpolynoms $Q(s)$ findet man die Polfrequenzen zu $s_{p1}^2 = -4$, $s_{p2}^2 = -16$. Bei den Frequenzen Null und Unendlich sind keine Pole vorhanden. Somit ist folgender Ansatz möglich

$$Z(s) = \frac{2k_1 s}{s^2 + 4} + \frac{2k_2 s}{s^2 + 16}. \quad (2.43)$$

Bringt man Gl.(2.43) auf den Hauptnenner und führt man anschließend einen Koeffizientenvergleich mit Gl.(2.42) durch, dann ergibt sich $k_1 = 4$ und $k_2 = 8$, also

2.1 LC-Zweipole

$$Z(s) = \frac{8s}{s^2+4} + \frac{16s}{s^2+16}. \tag{2.44}$$

Gl.(2.42) ist somit Reaktanzzweipolfunktion. Die zugehörige Widerstandspartialbruchschaltung erhält man unmittelbar mit Abb.2.6. Das Ergebnis zeigt Abb.2.8.

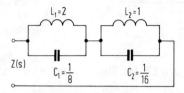

Abb.2.8. Realisierung der Widerstandspartialbruchschaltung für Gl.(2.42).

Die zweite Art der Partialbruchschaltung geht von der Leitwerts- oder Admittanzfunktion Y(s) aus. Die daraus entstandene Schaltung nennt man Leitwertspartialbruchschaltung oder 2. Fosterform. Die Leitwertsfunktion Y(s) läßt sich nach Satz 2.1 ebenfalls in der folgenden, der Gl.(2.36) entsprechenden, Form schreiben:

$$Y(s) = \frac{k_0}{s} + \frac{2k_1 s}{s^2+\omega_1^2} + \frac{2k_2 s}{s^2+\omega_2^2} + \ldots + \frac{2k_n s}{s^2+\omega_n^2} + k_\infty s =$$
$$= Y_0(s) + Y_1(s) + Y_2(s) + \ldots + Y_n(s) + Y_\infty s. \tag{2.45}$$

Die Pole von Y(s) sind die Nullstellen von Z(s). Daher haben die Polresiduen k_ν für Y(s) im allg. andere Werte als für Z(s).

Auch in Gl.(2.45) können sämtliche Summanden einzeln realisiert werden. Es entspricht (vgl. Abb.2.9)

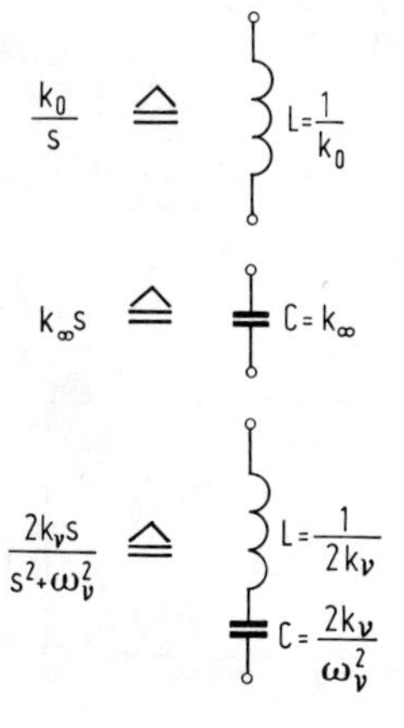

Abb.2.9. Zur Realisierung von LC-Leitwertsfunktionen.

44   2. Synthese passiver Zweipole aus zwei Elementetypen

$$Y_0(s) = \frac{k_0}{s} \stackrel{\wedge}{=} \frac{1}{sL} \qquad \text{Induktivität,}$$

$$Y_\infty(s) = k_\infty s \stackrel{\wedge}{=} sC \qquad \text{Kapazität,}$$

$$Y_\nu(s) = \frac{2k_\nu s}{s^2 + \omega_\nu^2} = \frac{1}{\frac{1}{2k_\nu}s + \frac{\omega_\nu^2}{2k_\nu s}} = \frac{1}{sL + \frac{1}{sC}} \qquad \text{Serienschaltung einer Induktivität und einer Kapazität}$$

Nach Gl.(2.45) ergibt sich die Leitwertsfunktion $Y(s)$ durch Addition der Glieder $Y_i(s)$, $i = 0, \nu, \infty$, d.h. durch Parallelschaltung der einzelnen Teilglieder von Abb.2.9. Das ist in Abb.2.10 allgemein dargestellt.

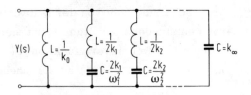

Abb.2.10. Leitwertspartialbruchschaltung (2.Fosterform) einer LC-Zweipolfunktion.

Als Beispiel sei wieder Gl.(2.42) genommen, von der wir jetzt wissen, daß diese Funktion sich auch als Leitwertspartialbruchschaltung realisieren lassen muß. Die Pole von $Y(s)$ sind die Nullstellen von $Z(s)$. Durch Nullsetzen des Zählerpolynoms $P(s)$ findet man $s_{n1}^2 = -8$. Ferner sind Nullstellen von $Z(s)$ bei den Frequenzen Null und Unendlich vorhanden. Folglich gilt der Ansatz:

$$Y(s) = \frac{1}{Z(s)} = \frac{s^4 + 20s^2 + 64}{24s^3 + 192s} = \frac{k_0}{s} + \frac{2k_1 s}{s^2 + 8} + k_\infty s. \qquad (2.46)$$

Bringt man die rechte Seite auf den Hauptnenner und führt man anschließend einen Koeffizientenvergleich durch, dann findet man $k_0 = 1/3$, $k_1 = 1/12$ und $k_\infty = 1/24$, also

$$Y(s) = \frac{1}{3s} + \frac{\frac{1}{6}s}{s^2 + 8} + \frac{1}{24}s. \qquad (2.47)$$

Mit Hilfe von Abb.2.9 findet man hieraus die zugehörige Leitwertspartialbruchschaltung von Abb.2.11.

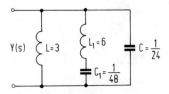

Abb.2.11. Realisierung der Leitwertspartialbruchschaltung für Gl.(2.42) bzw. Gl.(2.46).

2.1 LC-Zweipole

In Gl.(2.36) und in Gl.(2.45) sind die Polglieder bei endlichen Frequenzen durch zwei Parameter festgelegt, nämlich durch die Frequenz ω_ν, bei welcher der Pol auftritt, und durch das Residuum k_ν. Die Polglieder bei den Frequenzen Null und Unendlich, deren Frequenzlage durch keinen zusätzlichen Parameter gekennzeichnet zu werden braucht, haben je nur einen Parameter, nämlich das Residuum k_0 bzw. k_∞. Wie Abb.2.6 und Abb.2.9 oder Abb.2.7 und Abb.2.10 zeigen, benötigen die Partialbruchschaltungen genau so viele Schaltelemente, wie die gegebene Zweipolfunktion Parameter oder vorschreibbare Größen hat. Die Partialbruchschaltungen kommen also mit der minimalen Anzahl von Schaltelementen aus, denn es ist unmöglich, n voneinander unabhängige Vorschriften mit weniger als n Freiheitsgraden zu erfüllen. Derartige Schaltungen, welche die Minimalzahl von Schaltelementen haben, nennt man **kanonisch**.

In diesem Zusammenhang sei noch der Begriff Residuum veranschaulicht. Wie schon bei Gl.(2.26) diskutiert wurde, wird $Z(s)$ in der Nähe der Polfrequenz ω_ν dominiert durch

$$Z(s) \cong \frac{k_\nu}{s - j\omega_\nu} \:. \tag{2.48}$$

Abb.2.12 zeigt den qualitativen Verlauf des Betrages $|Z(j\omega)|$ längs der $j\omega$-Achse in der Nähe von $j\omega_\nu$. Die ausgezogene Kurve gilt für einen kleinen Wert von k_ν, die gestrichelte Kurve für einen großen Wert von k_ν.

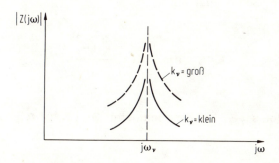

Abb.2.12. Veranschaulichung der Bedeutung des Residuums.

Die beschriebene Synthesemethode für Partialbruchschaltungen ging sozusagen in einem Stück vor sich. Es wurden zunächst sämtliche Pole gesucht, darauf wurden sämtliche Residuen gleichzeitig durch Koeffizientenvergleich bestimmt. Das Ergebnis ist entweder die Widerstands- oder die Leitwertspartialbruchschaltung. Man kann diese Methode aber noch abwandeln, indem man die Schaltung nacheinander Stück für Stück realisiert. Das geht so vor sich, daß man zunächst einen Pol von $Z(s)$ oder

$Y(s)$ mit dem zugehörigen Residuum bestimmt. Das so bestimmte Polglied wird dann von der gegebenen Funktion $Z(s)$ bzw. $Y(s)$ extrahiert, wonach eine Restfunktion $Z_r(s)$ bzw. $Y_r(s)$ übrigbleibt.

Anschließend wird die Restfunktion weiter untersucht. Stellt sich dabei heraus, daß eine Nullstelle der Restfunktion leichter gefunden werden kann als ein Pol, dann geht man zur reziproken Restfunktion über und extrahiert von ihr einen weiteren Pol usw. Diese Methode führt i. allg. auf eine gemischte Widerstands- und Leitwertspartialbruchschaltung und bringt oft erhebliche Rechenerleichterungen mit sich.

Hat z.B. $Z(s)$ Pole bei $s = \pm j\omega_\nu$, dann kann $Z(s)$ wie folgt in ein Polglied und eine Restfunktion $Z_r(s)$ zerlegt werden.

$$Z(s) = \frac{2k_\nu s}{s^2 + \omega_\nu^2} + Z_r(s). \qquad (2.49)$$

$Z_r(s)$ enthält die übrigen noch unbekannten Partialbrüche. Das ebenfalls noch unbekannte Residuum k_ν erhält man, indem man beide Seiten von Gl.(2.49) mit $(s^2+\omega_\nu^2)/s$ multipliziert, und dann s^2 gegen $-\omega_\nu^2$ streben läßt.

$$Z(s)\frac{s^2+\omega_\nu^2}{s} = 2k_\nu + Z_r(s)\frac{s^2+\omega_\nu^2}{s}. \qquad (2.50)$$

Bei Reaktanzfunktionen kommen nur einfache Pole vor, d.h. $Z_r(s)$ kann keinen Pol bei $s = \pm j\omega_\nu$ enthalten. Somit folgt für $s^2 \to -\omega_\nu^2$

$$2k_\nu = \lim_{s^2 \to -\omega_\nu^2} Z(s)\frac{s^2+\omega_\nu^2}{s}. \qquad (2.51)$$

Hat $Z(s)$ einen Pol bei $s = \infty$, so kann man statt Gl.(2.49) folgende Zerlegung ansetzen:

$$Z(s) = k_\infty s + Z_r(s). \qquad (2.52)$$

Daraus folgt entsprechend

$$k_\infty = \lim_{s \to \infty} Z(s) \circ \frac{1}{s}. \qquad (2.53)$$

Das Residuum k_0 für einen Pol bei $s = 0$ schließlich ergibt sich in ähnlicher Weise zu

$$k_0 = \lim_{s \to 0} Z(s) \circ s. \qquad (2.54)$$

2.1 LC-Zweipole

Bei jeder gebrochen rationalen Funktion können Pole bei $s = \infty$ und $s = 0$ unmittelbar festgestellt werden. Es ist nämlich genau dann ein einfacher Pol bei $s = \infty$ vorhanden, wenn der Zählergrad der gebrochen rationalen Funktion um Eins höher ist als der Nennergrad, und es ist genau dann ein einfacher Pol bei $s = 0$ vorhanden, wenn im Nennerpolynom $Q(s)$ das konstante Glied fehlt, aber das Glied $b_1 s$ mit der ersten Potenz in s vorhanden ist. Ein Beispiel, bei dem beides zutrifft, ist die folgende Funktion

$$Z(s) = \frac{P(s)}{Q(s)} = \frac{a_n s^n + a_{n-1} s^{n-1} + \ldots + a_1 s + a_0}{b_{n-1} s^{n-1} + b_{n-2} s^{n-2} + \ldots + b_2 s^2 + b_1 s}. \quad (2.55)$$

Mit Gl.(2.53) und Gl.(2.54) folgt für die Residuen

$$k_\infty = \frac{a_n}{b_{n-1}}, \quad (2.56)$$

$$k_0 = \frac{a_0}{b_1}. \quad (2.57)$$

Die Polabspalttechnik soll nun anhand des Beispiels von Gl.(2.42) demonstriert werden.

$$Z(s) = \frac{24s^3 + 192s}{s^4 + 20s^2 + 64}. \quad (2.42)$$

Es sei angenommen, daß zunächst die Nennernullstelle bei $s_1 = \pm j2$ bekannt ist. Nach Gl.(2.51) errechnet sich das zugehörige Residuum k_1 aus

$$2k_1 = \lim_{s^2 \to -4} Z(s) \frac{s^2 + 4}{s} = \ldots = \lim_{s^2 \to -4} \frac{24s^2 + 192}{s^2 + 16} = 8. \quad (2.58)$$

Das Abspalten des Polgliedes für $s^2 = -4$ liefert die Restfunktion

$$Z_1(s) = Z(s) - \frac{8s}{s^2 + 4} = \ldots = \frac{16s}{s^2 + 16}. \quad (2.59)$$

Die Punkte zwischen den Gleichheitszeichen sollen darauf hindeuten, daß bei der Berechnung kürzere Zwischenschritte weggelassen sind. Die Restfunktion $Z_1(s)$ und das abgespaltene Polglied sind unmittelbar realisierbar.

Dasselbe Abspaltverfahren sei nun an der reziproken Leitwertsfunktion $Y(s)$ praktiziert.

$$Y(s) = \frac{s^4 + 20s^2 + 64}{24s^3 + 192s} \quad . \tag{2.46}$$

An dieser Funktion ist unmittelbar zu sehen, daß ein Pol bei $s = \infty$ vorhanden ist. Sein Residuum ist nach Gl.(2.56) $k_\infty = 1/24$. Die Abspaltung dieses Pols liefert

$$Y_1(s) = Y(s) - \frac{1}{24}s = \ldots = \frac{12s^2 + 64}{24s^3 + 192s} \quad . \tag{2.60}$$

Die Restfunktion $Y_1(s)$ hat einen Pol bei $s = 0$ mit dem Residuum $k_0 = 1/3$ (nach Gl.(2.57)). Spaltet man diesen ab, so folgt

$$Y_2(s) = Y_1(s) - \frac{1}{3s} = \ldots = \frac{\frac{1}{6}s}{s^2 + 8} \quad . \tag{2.61}$$

Die Restfunktion $Y_2(s)$ ist - wie die abgespaltenen Polglieder - unmittelbar realisierbar.

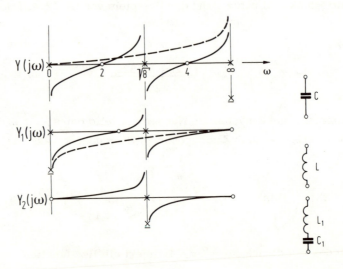

Abb.2.13. Realisierung der LC-Leitwertsfunktion von Gl.(2.46) nach dem Abspaltverfahren.

In Abb.2.13 wird der ganze Abspaltprozeß graphisch erläutert. Die oberste Zeile zeigt mit der durchgehend gezeichneten Kurve den qualitativen Verlauf von $Y(j\omega)$. Die Abspaltung eines Pols bei $s = \infty$ entspricht der Subtraktion der Leitwertsfunktion sC. Für $s = j\omega$ ist ihr Verlauf in der obersten Zeile gestrichelt dargestellt. Die Subtraktion der gestrichelten Kurve von der durchgehenden Kurve ergibt die durchgehend

2.1 LC-Zweipole

gezeichnete Kurve in der zweiten Zeile. Sie stellt den Verlauf der Restfunktion $Y_1(j\omega)$ dar. Diese Restfunktion hat mit Ausnahme des abgebauten Pols bei $s = \infty$ dieselben Pole wie die ursprüngliche Funktion Y. Ihre Nullstellen sind jedoch nach rechts verschoben. Die Nullstelle bei $s^2 = -4$ ist nach Unendlich gewandert. Die Abspaltung eines Pols bei $s = 0$ entspricht nun der Subtraktion der Leitwertsfunktion $1/sL$. Ihr Verlauf ist für $s = j\omega$ in der zweiten Zeile gestrichelt dargestellt. Die Subtraktion der gestrichelten von der durchgehend gezeichneten Kurve ergibt die Kurve der Restfunktion $Y_2(j\omega)$ in der dritten Zeile. Diese Restfunktion enthält nur noch ein einziges Polpaar bei einer endlichen Frequenz und ist somit unmittelbar realisierbar. Die Schaltung zeigt Abb.2.11. Die Reihenfolge beim Abbau der Pole ist selbstverständlich beliebig.

Synthese durch Kettenbruch- oder Abzweigschaltungen

Die Synthese durch Abzweigschaltungen erfolgt in der Weise, daß Pole abwechselnd von der Widerstandsfunktion und von der Leitwertsfunktion abgespalten werden. Dabei unterscheidet man zwei Grundtypen. Beim ersten werden nur Pole bei $s = \infty$ abgespalten. Die so entstandene Schaltung nennt man die 1. Cauerform. Beim zweiten Typ werden nur Pole bei $s = 0$ abgespalten. Die dadurch entstandene Schaltung nennt man 2. Cauerform. Wenden wir uns zunächst der 1. Cauerform zu. Unterstellen wir, daß die Reaktanzfunktion $Z(s)$ einen Pol bei $s = \infty$ hat mit dem Residuum k_∞, dann gilt:

$$Z_1(s) = Z(s) - k_\infty s \text{ hat eine Nullstelle bei } s = \infty.$$

Somit hat $Y_1(s) = \dfrac{1}{Z_1(s)}$ einen Pol bei $s = \infty$ mit dem Residuum $k_{\infty 1}$.

Somit hat $Y_2(s) = Y_1(s) - k_{\infty 1} s$ eine Nullstelle bei $s = \infty$.

Somit hat $Z_2(s) = \dfrac{1}{Y_2(s)}$ einen Pol bei $s = \infty$ mit dem Residuum $k_{\infty 2}$.

Somit hat $Z_3(s) = Z_2(s) - k_{\infty 2} s$ eine Nullstelle bei $s = \infty$.

Somit hat $Y_3(s) = \dfrac{1}{Z_3(s)}$ einen Pol bei $s = \infty$ ...

$$\text{usw.}$$

Falls die Reaktanzfunktion $Z(s)$ bei $s = \infty$ keinen Pol hat, dann muß sie nach Gl.(2.36) dort eine Nullstelle haben. In diesem Fall ist $k_\infty = 0$ und $Z(s) = Z_1(s)$. Im übrigen aber bleibt obiges Schema erhalten. Nach diesem Schema ist also jede Reaktanzfunktion $Z(s)$ durch folgenden Kettenbruch darstellbar

$$Z(s) = k_\infty s + \cfrac{1}{k_{\infty 1} s + \cfrac{1}{k_{\infty 2} s + \cfrac{1}{k_{\infty 3} s + \cfrac{1}{\ddots}}}} \qquad (2.62)$$

In diesem Kettenbruch sind alle $k_{\infty\nu} \geq 0$ in der Weise, daß bei $k_{\infty i} = 0$ auch für $\nu > i$ alle $k_{\infty\nu} = 0$ sind. Eine Ausnahme bildet k_∞, welches gleich Null sein kann, ohne daß auch $k_{\infty 1} = 0$ ist. Gl.(2.62) führt unmittelbar auf die Abzweigschaltung in Abb.2.14.

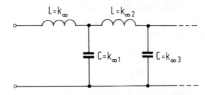

Abb.2.14. Abzweig- oder Kettenbruchschaltung einer LC-Zweipolfunktion für Polabbauten bei $s = \infty$, (1. Cauerform).

Als Beispiel wird wieder Gl.(2.42) herangezogen

$$Z(s) = \frac{24s^3 + 192s}{s^4 + 20s^2 + 64} \ .$$

Durch fortgesetzte Division findet man:

$$\left. \begin{array}{l} (s^4 + 20s^2 + 64) \ : \ (24s^3 + 192s) = \frac{1}{24}s \\ \underline{- (s^4 + 8s^2 \qquad)} \\ \quad 12s^2 + 64 \\ (24s^3 + 192s) \ : \ (12s^2 + 64) \ = 2s \\ \underline{- (24s^3 + 128s)} \\ \qquad 64s \\ (12s^2 + 64) \qquad : \ 64s \qquad = \frac{3}{16}s + \frac{1}{s} \ , \end{array} \right\} \qquad (2.63)$$

also

$$Z(s) = \cfrac{1}{\frac{1}{24}s + \cfrac{1}{2s + \cfrac{1}{\frac{3}{16}s + \frac{1}{s}}}} \qquad (2.64)$$

Die zu Gl.(2.64) gehörende Schaltung zeigt Abb.2.15.

2.1 LC-Zweipole

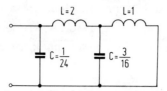

Abb.2.15. Realisierung der Abzweigschaltung in der 1. Cauerform für Gl.(2.42).

Mit Abb.2.16 wird für dieses Beispiel die Abspaltfolge noch einmal im Detail vorgeführt. Da $Z(s)$ keinen Pol bei $s = \infty$ hat, erfolgt der erste Polabbau von $Y(s) = Y_1(s)$. Die Abspaltung des Pols bei $s = \infty$ entspricht der Subtraktion der Leitwertsfunktion $k_{\infty 1} s = Cs$. Die Restfunktion Y_2 hat bei $s = \infty$ eine Nullstelle, und somit ihre reziproke Funktion Z_2 einen Pol. Letzterer habe das Residuum $k_{\infty 2}$. Die Abspaltung des Pols bei $s = \infty$ von Z_2 entspricht nun der Subtraktion der Widerstandsfunktion $k_{\infty 2} s = Ls$. So läuft das Spiel fort. Bei jedem Polabbau verschwindet ein Pol bei $s = \infty$. Er wird durch eine dorthin wandernde Nullstelle ersetzt. Der Grad der jeweiligen Restfunktion verringert sich dabei um Eins.

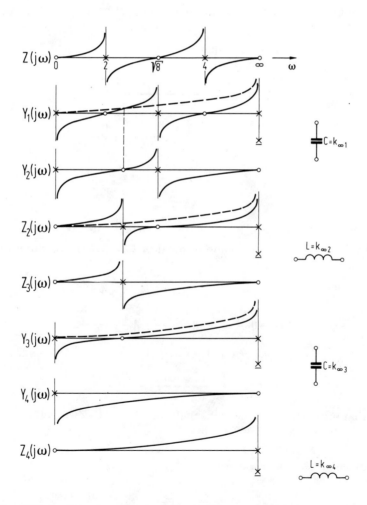

Abb.2.16. Illustration der Polabspaltfolge für das Beispiel von Abb.2.15.

Wir wenden uns nun der 2. Cauerform zu. Diese entsteht durch fortgesetzten Polabbau von $Z(s)$ und $Y(s)$ bei $s = 0$. Unterstellen wir jetzt, daß die Reaktanzfunktion $Z(s)$ einen Pol bei $s = 0$ hat mit dem Residuum k_0, dann gilt:

$$Z_1(s) = Z(s) - \frac{k_0}{s} \text{ hat eine Nullstelle bei } s = 0.$$

Somit hat $Y_1(s) = \frac{1}{Z_1(s)}$ einen Pol bei $s = 0$ mit dem Residuum k_{01}.

Somit hat $Y_2(s) = Y_1(s) - \frac{k_{01}}{s}$ eine Nullstelle bei $s = 0$.

Somit hat $Z_2(s) = \frac{1}{Y_1(s)}$ einen Pol bei $s = 0$ mit dem Residuum k_{02}.

usw.

Falls die Reaktanzfunktion $Z(s)$ bei $s = 0$ keinen Pol hat, dann muß sie dort eine Nullstelle haben. In diesem Fall ist $k_0 = 0$ und $Z(s) = Z_1(s)$. Im übrigen bleibt obiges Schema erhalten, und es gilt nun

$$Z(s) = \frac{k_0}{s} + \cfrac{1}{\cfrac{k_{01}}{s} + \cfrac{1}{\cfrac{k_{02}}{s} + \cfrac{1}{\cdots}}} \qquad (2.65)$$

In diesem Kettenbruch sind alle $k_{0\nu} \geq 0$ in der Weise, daß bei $k_{0i} = 0$ auch alle $k_{0\nu} = 0$ sind für $\nu > i$. Eine Ausnahme bildet k_0. Gl.(2.65) führt unmittelbar auf die Abzweigschaltung in Abb.2.17.

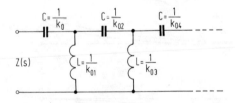

Abb.2.17. Abzweig- oder Kettenbruchschaltung einer LC-Zweipolfunktion für Polabbauten bei $s = 0$, (2. Cauerform).

Als Beispiel wird wieder Gl.(2.42) verwendet

$$Z(s) = \frac{24s^3 + 192s}{s^4 + 20s^2 + 64} .$$

2.1 LC-Zweipole

Um diesen Ausdruck auf die Form von Gl.(2.65) zu bringen, wird diesmal die fortgesetzte Division, ausgehend von den Polynomen mit aufsteigender Reihenfolge der Potenzen von s, in folgender Weise ausgeführt:

$$
\begin{aligned}
(64 + 20s^2 + s^4) &: (192s + 24s^3) = \frac{1}{3s} \\
\underline{-(64 + 8s^2)} & \\
12s^2 + s^4 & \\
(192s + 24s^3) &: (12s^2 + s^4) = \frac{16}{s} \\
\underline{-(192s + 16s^3)} & \\
8s^3 & \\
(12s^2 + s^4) &: 8s^3 = \frac{3}{2s} + \frac{1}{\frac{8}{s}},
\end{aligned}
\qquad (2.66)
$$

also

$$
Z(s) = \cfrac{1}{\cfrac{1}{3s} + \cfrac{1}{\cfrac{16}{s} + \cfrac{1}{\cfrac{3}{2s} + \cfrac{1}{\frac{8}{s}}}}}
\qquad (2.67)
$$

Die zu Gl.(2.67) gehörende Schaltung zeigt Abb.2.18.

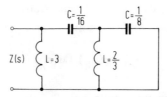

Abb.2.18. Realisierung der Abzweigschaltung in der 2. Cauerform für Gl.(2.42).

Auch die Abzweigschaltungen sind kanonisch, denn sie enthalten genau so viele Schaltelemente wie es unabhängige Koeffizienten in der vorgegebenen und zu realisierenden Funktion $Z(s)$ gibt. Selbstverständlich können die beschriebenen vier Grundverfahren auch gemischt werden, d.h. man kann eine gegebene Funktion $Z(s)$ teilweise durch eine Partialbruchschaltung und teilweise durch eine Abzweigschaltung realisieren.

2.1.3 Reaktanzzweipolfunktion und Hurwitzpolynom

Ein Hurwitzpolynom der unabhängigen Variablen s ist ein solches Polynom, welches Nullstellen nur im Innern der linken s-Halbebene hat (mit $\operatorname{Re}\{s_i\} < 0$). Es hat keine Nullstellen auf der $j\omega$-Achse und keine Nullstellen im Innern der rechten s-Halbebene. Werden neben Nullstellen im Innern der linken s-Halbebene auch Nullstellen auf der $j\omega$-Achse zugelassen, dann spricht man von einem modifizierten Hurwitzpolynom.

Zwischen Hurwitzpolynom und Reaktanzzweipolfunktion gilt folgender Zusammenhang:

> Satz 2.2
>
> a) Ist $Z(s) = \frac{g(s)}{u(s)}$ bzw. $Z(s) = \frac{u(s)}{g(s)}$ eine Reaktanzzweipolfunktion, so ist $P(s) = g(s) + u(s)$ ein Hurwitzpolynom
> ($g(s)$ = gerades Polynom, $u(s)$ = ungerades Polynom)
>
> b) Ist $P(s) = g(s) + u(s)$ ein reelles oder ein modifiziertes reelles Hurwitzpolynom, dann ist $g(s)/u(s)$ und damit auch $u(s)/g(s)$ Reaktanzzweipolfunktion.
>
> Reelles Polynom $P(s)$ heißt: $P(s)$ ist reell, falls s reell ist.

<u>Beweis</u>

zu a) Es seien s_k diejenigen Frequenzen, für die $Z(s)$ den Wert -1 annimmt.

$$Z(s_k) = \frac{g(s_k)}{u(s_k)} = -1. \qquad (2.68)$$

Da der Wert -1 reell und negativ ist, folgt aus Abb.2.2, daß alle s_k nur in der linken s-Halbebene liegen können. Andererseits folgt aus Gl.(2.68)

$$P(s_k) = g(s_k) + u(s_k) = 0. \qquad (2.69)$$

Die Werte s_k haben also einerseits nach Abb.2.2 negativen Realteil, andererseits sind es nach Gl.(2.69) die Nullstellen des Polynoms $P(s)$. Damit ist Teil a) des Satzes 2.2 bewiesen.

zu b) Es sei zunächst angenommen, daß $P(s)$ ein Hurwitzpolynom ist. Sein gerader und sein ungerader Teil errechnen sich zu

$$g(s) = \tfrac{1}{2}[P(s) + P(-s)], \qquad (2.70)$$

$$u(s) = \tfrac{1}{2}[P(s) - P(-s)]. \qquad (2.71)$$

Wir bilden nun die Funktion

$$Z(s) = \frac{g(s)}{u(s)} = \frac{P(s) + P(-s)}{P(s) - P(-s)} = \frac{\frac{P(s)}{P(-s)} + 1}{\frac{P(s)}{P(-s)} - 1} \qquad (2.72)$$

und untersuchen, ob diese Funktion Reaktanzzweipolfunktion ist. Aus Gl.(2.72) folgt, daß $Z(s)$ ungerade ist. Nun wollen wir noch den Realteil von $Z(s)$ untersuchen.

2.1 LC-Zweipole

Dazu betrachten wir zunächst die Nullstellen des Polynoms $P(s)$, die wegen der reellen Koeffizienten entweder reell oder paarweise konjugiert komplex sind.

$$P(s) = A(s-s_1)(s-s_2) \cdot \ldots \cdot (s-s_n) \ . \tag{2.73}$$

A ist ein reeller, konstanter, von s unabhängiger Faktor. Drückt man die Linearfaktoren $(s - s_i)$ durch ihre Beträge und Winkel aus - vgl. Abb.2.19 -, also

$$s - s_i = |s - s_i| e^{j\varphi_i} \ , \tag{2.74}$$

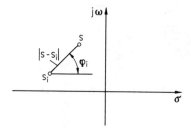

Abb.2.19. Darstellung eines Linearfaktors $(s - s_i)$ durch seinen Betrag $|s - s_i|$ und Winkel φ_i.

dann erhält man

$$P(s) = A |s-s_1| \cdot |s-s_2| \cdot \ldots \cdot |s-s_n| e^{j(\varphi_1 + \varphi_2 + \ldots + \varphi_n)}$$

$$= R(s) \cdot e^{j\varphi(s)} \tag{2.75}$$

mit

$$R(s) = A |s-s_1| \cdot |s-s_2| \cdot \ldots \cdot |s-s_n| \ , \tag{2.76}$$

$$\varphi(s) = \varphi_1 + \varphi_2 + \ldots + \varphi_n \ . \tag{2.77}$$

Danach ist $R(s)$ proportional zum Produkt der Strecken vom Punkte s zu allen Nullstellen s_i, und $\varphi(s)$ gleich der Summe aller Winkel φ_i, den jede Strecke mit der Horizontalen bildet. Für einen speziellen Fall dreier Nullstellen ist dies in Abb.2.20a dargestellt.

Wie Abb.2.20b veranschaulicht, gilt, wegen der reellen Koeffizienten von $P(s)$, wenn statt s dessen konjugiert komplexer Wert s^* genommen wird,

$$P(s^*) = A|s^*-s_1| \cdot |s^*-s_2| \cdot \ldots \cdot |s^*-s_n|e^{-j(\varphi_1+\varphi_2+\ldots+\varphi_n)}$$

$$= R(s) \cdot e^{-j\varphi} = P^*(s) , \qquad (2.78)$$

und wenn statt s dessen negativer Wert $-s$ genommen wird

$$P(-s) = A|-s-s_1| \cdot |-s-s_2| \cdot \ldots \cdot |-s-s_n|e^{j(\psi_1+\psi_2+\ldots+\psi_n)}$$

$$= Q(s) \cdot e^{j\psi} \qquad (2.79)$$

mit

$$Q(s) = A|-s-s_1| \cdot |-s-s_2| \cdot \ldots \cdot |-s-s_n| , \qquad (2.80)$$

$$\psi(s) = \psi_1 + \psi_2 + \ldots + \psi_n . \qquad (2.81)$$

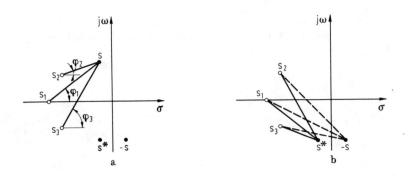

Abb.2.20. Darstellung eines reellen Polynoms $P(s)$ vom Grad $n=3$. a) Zur Berechnung von Betrag und Winkel von $P(s)$; b) Zur Berechnung von Betrag und Winkel von $P(s^*)$ und $P(-s)$.

Wie der Vergleich von Abb.2.20a und Abb.2.20b lehrt, gilt allgemein

$$\left|\frac{P(s)}{P(-s)}\right| = \frac{R(s)}{Q(s)} \begin{cases} < 1 & \text{für} \quad \text{Re}\{s\} = \sigma < 0 \\ = 1 & \text{für} \quad \text{Re}\{s\} = \sigma = 0 \\ > 1 & \text{für} \quad \text{Re}\{s\} = \sigma > 0 . \end{cases} \qquad (2.82)$$

Gl.(2.75) und Gl.(2.79) in Gl.(2.72) eingesetzt ergibt

$$Z(s) = \frac{\frac{R(s)}{Q(s)}e^{j(\varphi-\psi)} + 1}{\frac{R(s)}{Q(s)}e^{j(\varphi-\psi)} - 1} = \frac{\frac{R(s)}{Q(s)}\cos(\varphi-\psi) + 1 + j\frac{R(s)}{Q(s)}\sin(\varphi-\psi)}{\frac{R(s)}{Q(s)}\cos(\varphi-\psi) - 1 + j\frac{R(s)}{Q(s)}\sin(\varphi-\psi)} . \qquad (2.83)$$

2.1 LC-Zweipole

Hieraus folgt nach elementarer Zwischenrechnung für den Realteil von $Z(s)$

$$\text{Re}\{Z(s)\} = \frac{\left[\frac{R(s)}{Q(s)}\right]^2 \{\cos^2(\varphi - \psi) + \sin^2(\varphi - \psi)\} - 1}{\left[\frac{R(s)}{Q(s)}\right]^2 - \frac{R(s)}{Q(s)}\cos(\varphi - \psi) + 1} = \frac{\left[\frac{R(s)}{Q(s)}\right]^2 - 1}{\underbrace{}_{\substack{\text{reell,}\\\text{nichtnegativ}}}} . \quad (2.84)$$

Der Vergleich mit Gl.(2.82) liefert [mit Ausnahme der Polstellen von $Z(s)$]

$$\text{Re}\{Z(s)\} \begin{cases} < 0 & \text{für } \sigma < 0 \\ = 0 & \text{für } \sigma = 0 \\ > 0 & \text{für } \sigma > 0 \end{cases} \quad (2.85)$$

Dies ist dasselbe Ergebnis wie in Gl.(2.17). Bildet man den Realteil der reziproken Funktion $1/Z(s)$ aus Gl.(2.83), dann erhält man einen Ausdruck, der den gleichen Zähler wie Gl.(2.84) hat. Der Nenner ist zwar anders als in Gl.(2.84), aber ebenfalls reell und nichtnegativ. Somit sind die Realteile von Z und $1/Z$ positiv in der rechten, null auf der $j\omega$-Achse (Polstellen ausgenommen) und negativ in der linken s-Halbebene. Es treffen also alle im Anschluß an Satz 2.1 genannten Bedingungen zu, weswegen $Z(s)$ Reaktanzzweipolfunktion ist. Damit ist die Aussage b) von Satz 2.2 ebenfalls bewiesen für den Fall, daß $P(s)$ ein Hurwitzpolynom ist. Ist $P(s)$ ein modifiziertes Hurwitzpolynom, dann bildet jedes auf der $j\omega$-Achse gelegene konjugiert komplexe Nullstellenpaar $(s - j\omega_\nu)(s + j\omega_\nu) = s^2 + \omega_\nu^2$ einen geraden Faktor, der sowohl in $g(s)$ als auch in $u(s)$ enthalten ist und sich bei der Bildung von g/u wegkürzt. Liegen die Nullstellen von $P(s)$ ausschließlich auf der $j\omega$-Achse, dann ist $R(s) = Q(s)$ und damit $Z(s) = 0$ bei $\varphi \neq \psi$ und $Z(s) = \infty$ bei $\varphi = \psi$. Diese Grenzfälle seien ebenfalls als Reaktanzfunktionen zugelassen.

Überprüfung auf Hurwitzpolynom

Häufig tritt die Frage auf, ob ein gegebenes Polynom ein Hurwitzpolynom ist oder nicht. Das Aufsuchen sämtlicher Nullstellen des Polynoms ist in der Regel zu mühsam. Wesentlich einfacher ist die Anwendung von Satz 2.2. Dazu bildet man den Quotienten aus dem geraden Teil $g(s)$ und dem ungeraden Teil $u(s)$ des zu untersuchenden Polynoms $P(s) = g(s) + u(s)$ und entwickelt $g(s)/u(s)$ oder $u(s)/g(s)$ in einen Kettenbruch der Form von Gl.(2.62).

$$\frac{g(s)}{u(s)} \left\{\text{bzw. } \frac{u(s)}{g(s)}\right\} = \alpha_1 s + \cfrac{1}{\alpha_2 s + \cfrac{1}{\ddots \alpha_\nu s \ddots \cfrac{1}{\alpha_{n-1} s + \cfrac{1}{\alpha_n s}}}} \quad (2.86)$$

n = Grad des Polynoms $P(s)$

Sind alle $\alpha_\nu > 0$, dann ist $P(s)$ ein Hurwitzpolynom. Kommen auch negative Werte für α_ν vor, dann ist $P(s)$ kein Hurwitzpolynom. Ist $\alpha_\nu = 0$ mit $\nu \leq n$, endet also die Kettenbruchentwicklung vorzeitig, dann haben $g(s)$ und $u(s)$ einen gemeinsamen Teiler. Dieser gemeinsame Teiler muß selbst wiederum entweder ein gerades oder ein ungerades Polynom sein und kann folglich nur auf der $j\omega$-Achse und quadrantsymmetrisch gelegene Nullstellen haben. Quadrantsymmetrisch bedeutet, daß Nullstellen in Quadrupeln $s_{1,2,3,4} = \pm a \pm jb$ vorkommen.

Beispiel:
$$P(s) = 8s^4 + 4s^3 + 14s^2 + s + 2 \tag{2.87}$$

$$\frac{g(s)}{u(s)} = \frac{8s^4 + 14s^2 + 2}{4s^3 + s} = 2s + \cfrac{1}{\frac{1}{3}s + \cfrac{1}{36s + \cfrac{1}{\frac{1}{6}s}}}. \tag{2.88}$$

$P(s)$ ist also Hurwitzpolynom, da $\alpha_\nu > 0$ für $\nu = 1, 2, 3, 4$.

2.2 RC-Zweipole

2.2.1 Notwendige und hinreichende Bedingungen

Die Herleitung verschiedener notwendiger Bedingungen bei RC-Zweipolen erfolgt in ähnlicher Weise wie bei den LC-Zweipolen. Wir gehen jetzt aus von Abb.2.21. Das Teilnetzwerk N' enthält die Zweige 1 bis N - 1. Sie werden ausschließlich von positiven ohmschen Widerständen R und positiven Kapazitäten C gebildet. Der Zweig N liegt außerhalb des Teilnetzwerkes N'. Er wird gebildet durch die Spannungsquelle $U_N(s)$. Die Spannung U_E und der Strom I_E sind Hilfsgrößen zur Berechnung der Zweipolfunktion

$$Z(s) = \frac{U_E(s)}{I_E(s)} = -\frac{U_N(s)}{I_N(s)}. \tag{2.89}$$

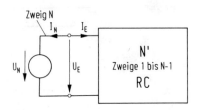

Abb.2.21. Zur Bestimmung der Eigenschaften des RC-Zweipols.

2.2 RC-Zweipole

Für sämtliche N Zweige in Abb.2.21 gilt nach Gl.(1.91)

$$F_z(s) + \frac{V_z(s)}{s} + U_N(s) I_N^*(s) = 0. \qquad (2.90)$$

$F_z(s)$ erfaßt alle Zweige mit ohmschen Widerständen, $V_z(s)$ alle Zweige mit Kapazitäten. Gl.(2.90) setzt stillschweigend voraus, daß die Spannungsquelle nicht konstant kurzgeschlossen ist [vgl. die Überlegungen im Anschluß an Gl.(2.3)].

Aus Gl.(2.89) und Gl.(2.90) folgt mit $I_N(s) I_N^*(s) = |I_N(s)|^2 = |I_E(s)|^2 \neq 0$

$$Z(s) = -\frac{U_N(s) I_N^*(s)}{I_N(s) I_N^*(s)} = \frac{F_z(s) + \frac{1}{s} V_z(s)}{|I_E(s)|^2}. \qquad (2.91)$$

In Gl.(2.91) können $F_z(s)$ und $V_z(s)$ nicht gleichzeitig verschwinden, weil bei $I_E \neq 0$ nicht alle Zweigströme im Innern des Teilnetzwerkes verschwinden können [vgl. Diskussion um Gl.(2.6)].

Aus Gl.(2.91) ergeben sich folgende Eigenschaften von $Z(s)$:
α) $Z(s)$ ist reell für reelle s.
β) Da nach Gl.(1.93) und Gl.(1.95) für positive Schaltelemente $F_z(s)$ und $V_z(s)$ reell und nichtnegativ sind und ferner nach Voraussetzung $|I_E(s)|^2 > 0$ ist, ergibt sich mit $s = \sigma + j\omega$ folgende Aufspaltung von $Z(s)$ in Realteil $\text{Re}\{Z(s)\}$ und Imaginärteil $\text{Im}\{Z(s)\}$

$$Z(s) = \text{Re}\{Z(s)\} + j\text{Im}\{Z(s)\} = \frac{F_z(s) + \frac{1}{\sigma + j\omega} V_z(s)}{|I_E(s)|^2} \qquad (2.92)$$

und daraus mit Ausnahme der Polstellen von $Z(s)$

$$\text{Re}\{Z(s)\} = \frac{F_z(s)}{|I_E(s)|^2} + \frac{\sigma}{\sigma^2 + \omega^2} \cdot \frac{V_z(s)}{|I_E(s)|^2} > 0 \quad \text{für} \quad \sigma > 0, \qquad (2.93)$$

$$\text{Im}\{Z(s)\} = \frac{-\omega}{\sigma^2 + \omega^2} \cdot \frac{V_z(s)}{|I_E(s)|^2} \begin{cases} \leqslant 0 & \text{für} \quad \omega > 0 \\ = 0 & \text{für} \quad \omega = 0 \\ \geqslant 0 & \text{für} \quad \omega < 0. \end{cases} \qquad (2.94)$$

Der Realteil ist in der rechten s-Halbebene positiv, weil F_z und V_z für keinen Wert von s gleichzeitig verschwinden können. Später wird sich mit Gl.(2.102) noch herausstellen, daß in Gl.(2.94) sogar < 0 statt $\leqslant 0$ und > 0 statt $\geqslant 0$ gilt.

2. Synthese passiver Zweipole aus zwei Elementetypen

Wendet man anstatt Gl.(1.91) nun Gl.(1.92) auf Abb.2.21 an, dann folgt entsprechend

$$F_y(s) + sV_y(s) + U_N^*(s) I_N(s) = 0 \tag{2.95}$$

und daraus mit Gl.(2.89)

$$\frac{1}{Z(s)} = Y(s) = -\frac{U_N^*(s) I_N(s)}{U_N^*(s) U_N(s)} = \frac{F_y(s) + sV_y(s)}{|U_E(s)|^2}. \tag{2.96}$$

Aus Gl.(2.96) folgen ebenfalls die Eigenschaft α) und der positive Realteil von $Y(s)$ in der rechten s-Halbebene. Für den Imaginärteil $\text{Im}\{Y(s)\}$ der Leitwertsfunktion

$$Y(s) = \text{Re}\{Y(s)\} + j\text{Im}\{Y(s)\} = \frac{F_y(s) + (\sigma + j\omega)V_y(s)}{|U_E(s)|^2} \tag{2.97}$$

ergibt sich aber jetzt im Gegensatz zu Gl.(2.94) mit Ausnahme der Pole von $Y(s)$ bzw. der Nullstellen von $Z(s)$

$$\text{Im}\{Y(s)\} = \omega \frac{V_y(s)}{|U_E(s)|^2} \begin{cases} \geq 0 & \text{für } \omega > 0 \\ = 0 & \text{für } \omega = 0 \\ \leq 0 & \text{für } \omega < 0 . \end{cases} \tag{2.98}$$

γ) Für die möglichen Nullstellenlagen s_n von $Z(s)$ folgt aus Gl.(2.91) mit $Z(s_n) = 0$

$$s_n = -\frac{V_z(s_n)}{F_z(s_n)}. \tag{2.99}$$

Da V_z und F_z reell und nichtnegativ sind und ferner niemals beide gleichzeitig verschwinden können, liegen die Nullstellen s_n ausschließlich auf der nichtpositiven σ-Achse der s-Ebene.

Für die möglichen Pollagen s_p von $Z(s)$ folgt aus Gl.(2.96) mit $Y(s_p) = 0$

$$s_p = -\frac{F_y(s_p)}{V_y(s_p)}. \tag{2.100}$$

Auch die Pole von $Z(s)$ liegen also ausschließlich auf der nichtpositiven σ-Achse.

Zur Entscheidung, ob nur einfache oder auch mehrfache Pole und Nullstellen möglich sind, betrachten wir die unmittelbare Umgebung eines Pols, der an der Stelle s_ν liegen und von der Ordnung n sein möge. Für die unmittelbare Umgebung von s_ν gilt

2.2 RC-Zweipole

$$Z(s) \cong \frac{k}{(s - s_\nu)^n} \quad . \tag{2.101}$$

Werden die komplexen Werte für $(s - s_\nu)$ und k durch ihre Beträge und Winkel ausgedrückt - siehe Abb.2.22 und Gl.(2.27), Gl.(2.28) - dann ergibt sich wieder Gl.(2.29)

$$Z(s) = \text{Re}\{Z(s)\} + j\text{Im}\{Z(s)\} = \frac{m}{\rho^n} e^{j(\varphi - n\vartheta)},$$

von der nun der Imaginärteil interessiert, der Gl.(2.94) erfüllen muß. Es gilt also mit Ausnahme der Polstellen von Z(s)

$$\text{Im}\{Z(s)\} = \frac{m}{\rho^n}\sin(\varphi - n\vartheta) \begin{cases} \leq 0 & \text{für } \omega > 0 \text{ d.h. für } 0 < \vartheta < \pi \\ = 0 & \text{für } \omega = 0 \text{ d.h. für } \vartheta = 0, \pi \\ \geq 0 & \text{für } \omega < 0 \text{ d.h. für } \pi < \vartheta < 2\pi. \end{cases} \tag{2.102}$$

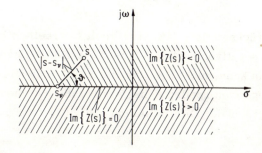

Abb.2.22. Gebiete mit positivem, negativem und verschwindendem Imaginärteil einer RC-Zweipolfunktion (ausgenommen Polstellen).

Gl.(2.102) wird nur dann erfüllt, wenn n = 1 und φ = 0 ist. Das bedeutet, daß die im Endlichen gelegenen Pole von Z(s) nur einfach sein dürfen und reelle nichtnegative Residuen haben müssen. Dieses Ergebnis schränkt nachträglich Gl.(2.94) noch weiter ein auf Im{Z(s)} < 0 für ω > 0 und Im{Z(s)} > 0 für ω < 0.

Geht man von der Leitwertsfunktion Y(s) aus, dann stellt man fest, daß auch die Pole von Y(s), d.h. die Nullstellen von Z(s), einfache sein müssen. Allerdings folgt weiter, daß wegen Gl.(2.98) die Residuen der Pole von Y(s) nichtpositiv sein müssen, im Gegensatz zu den nichtnegativen Polresiduen von Z(s).

Nach Gl.(2.91) kann Z(s) bei s = 0 keine Nullstelle haben. Z(s) kann bei s = 0 endlich sein (bei $V_z(0) = 0$), oder nach Gl.(2.96) dort einen Pol haben (bei $F_y(0) = 0$). Bei s = ∞ kann Z(s) nach Gl.(2.91) entweder eine Nullstelle haben (bei

$F_z(\infty) = 0$) oder endlich sein. Nach Gl.(2.96) kann $Z(s)$ aber keinen Pol bei $s = \infty$ haben.

Dasselbe folgt auch aus einer einfachen physikalischen Überlegung: Alle Kapazitäten ergeben bei $s = 0$ Leerläufe, bei $s = \infty$ Kurzschlüsse. Folglich kann $Z(s)$ bei $s = 0$ nur endlich sein oder einen Pol haben, und bei $s = \infty$ nur endlich sein oder eine Nullstelle haben, wenn man den konstanten Kurzschluß oder konstanten Leerlauf (für alle s) ausschließt.

Zusammenfassend gilt folgende Darstellung von $Z(s)$:

$$Z(s) = \frac{k_0}{s} + \frac{k_1}{s + \sigma_1} + \frac{k_2}{s + \sigma_2} + \ldots + \frac{k_n}{s + \sigma_n} + k_\infty$$

$$= \frac{k_0}{s} + \sum_{\nu=1}^{n} \frac{k_\nu}{s + \sigma_\nu} + k_\infty . \qquad (2.103)$$

$$k_0, k_\infty, k_\nu \geq 0; \quad \sigma_\nu > 0.$$

Diese Darstellung berücksichtigt, daß $Z(s)$ reell für reelle s ist, daß Pole nur einfach sind und auf der negativen reellen Achse der s-Ebene liegen und daß bei $s = 0$ ein Pol vorhanden sein kann, nicht aber bei $s = \infty$. Daß diese Darstellung ferner nur Nullstellen auf der negativen reellen Achse ergibt, die überdies noch einfach sind, wie es sein muß, folgt aus der Differentiation von $Z(\sigma)$ nach σ.

$$\frac{dZ(\sigma)}{d\sigma} = -\frac{k_0}{\sigma^2} - \sum_{\nu=1}^{n} \frac{k_\nu}{(\sigma + \sigma_\nu)^2} < 0 . \qquad (2.104)$$

Die Steigung von $Z(\sigma)$ längs der σ-Achse ist also beständig negativ. Damit ergibt sich der qualitative Verlauf von $Z(\sigma)$ in Abb.2.23a. Aus diesem geht hervor, daß auch die Nullstellen nur auf der negativen σ-Achse liegen können, einfach sein müssen und sich ferner mit den Polen abwechseln müssen. Dem Ursprung am nächsten gelegen ist stets ein Pol, der eventuell auch im Ursprung liegen kann. Gäbe es komplexe Nullstellen, dann könnte die Steigung nicht beständig negativ sein. Ferner ist noch festzustellen:

$$Z(0) > Z(\infty) . \qquad (2.105)$$

Bildet man in Abb.2.23a graphisch den Kehrwert $Y(\sigma) = 1/Z(\sigma)$, so ergibt sich der qualitative Verlauf von Abb.2.23b. Dieser Verlauf zeigt, daß die Steigung von $Y(\sigma)$

2.2 RC-Zweipole

längs der σ-Achse beständig positiv ist und demgemäß die Residuen von $Y(s)$ negativ sein müssen. In der Nähe des Pols bei σ_ν gilt nämlich nach Abb.2.23b

$$Y(\sigma) = \frac{k'_\nu}{\sigma + \sigma_\nu} \begin{cases} > 0 & \text{für} \quad |-\sigma| > |-\sigma_\nu| \quad \text{d.h. links von } -\sigma_\nu \\ < 0 & \text{für} \quad |-\sigma| < |-\sigma_\nu| \quad \text{d.h. rechts von } -\sigma_\nu. \end{cases} \quad (2.106)$$

Gl.(2.106) ist aber nur erfüllt für $k'_\nu < 0$, mit Ausnahme des eventuell vorhandenen Pols bei $s = \infty$. Falls letzterer vorhanden ist, muß er nach Abb.2.23b ein positives Residuum haben.

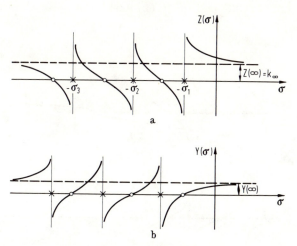

Abb.2.23. Prinzipieller Verlauf a) von $Z(\sigma)$ und b) von $Y(\sigma)$ einer RC-Zweipolfunktion.

Dem Ursprung am nächsten gelegen ist im Fall der Leitwertsfunktion $Y(s)$ eine Nullstelle, die auch im Ursprung selbst liegen kann. Bei $s = \infty$ kann $Y(s)$ keine Nullstelle, sondern nur einen endlichen Wert oder einen Pol haben. Somit gilt folgende Darstellung für $Y(s)$

$$Y(s) = k'_0 + \sum_{\nu=1}^{n} \frac{k'_\nu}{s + \sigma_\nu} + k'_\infty s \quad (2.107)$$

$$k'_0, k'_\infty \geq 0; \quad k'_\nu \leq 0, \quad \sigma_\nu > 0.$$

Es hat sich als praktisch erwiesen, statt der Partialbruchdarstellung von $Y(s)$ die von $Y(s)/s$ zu betrachten. Aus Gl.(2.107) folgt

$$\frac{Y(s)}{s} = \frac{k'_0}{s} + \sum_{\nu=1}^{n} \frac{k'_\nu}{s(s + \sigma_\nu)} + k'_\infty \quad (2.108)$$

und hieraus durch Partialbruchzerlegung der Ausdrücke unter dem Summenzeichen

$$\frac{Y(s)}{s} = \frac{k_0}{s} + \sum_{\nu=1}^{n} \frac{k_\nu}{s + \sigma_\nu} + k_\infty. \qquad (2.109)$$

Wie Abb.2.24 zeigt, müssen k_0 und k_ν nichtnegativ sein, denn $Y(\sigma)/\sigma$ ergibt längs der gesamten σ-Achse eine beständig fallende Funktion. Somit haben beim RC-Zweipol $Z(s)$ und $Y(s)/s$ die gleichen formalen Eigenschaften. Selbstverständlich sind die Residuen k_ν in Gl.(2.103) und in Gl.(2.109) beim selben Netzwerk im allgemeinen verschieden.

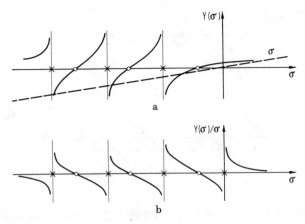

Abb.2.24. Zur Bestimmung des prinzipiellen Verlaufs von $Y(\sigma)/\sigma$ einer RC-Zweipolfunktion.

Je nachdem, ob $Z(s)$ bei $s = 0$ einen Pol hat oder endlich ist und bei $s = \infty$ eine Nullstelle hat oder endlich ist, lassen sich alternativ zu Gl.(2.103) vier verschiedene Formen unterscheiden

$$Z(s) = A_1 \frac{(s + \sigma_1)(s + \sigma_3) \cdot \ldots \cdot (s + \sigma_{2n-1})}{s(s + \sigma_2)(s + \sigma_4) \cdot \ldots \cdot (s + \sigma_{2n})}, \qquad (2.110)$$

$$Z(s) = A_2 \frac{(s + \sigma_1)(s + \sigma_3) \cdot \ldots \cdot (s + \sigma_{2n+1})}{s(s + \sigma_2)(s + \sigma_4) \cdot \ldots \cdot (s + \sigma_{2n})}, \qquad (2.111)$$

$$Z(s) = A_3 \frac{(s + \sigma_2)(s + \sigma_4) \cdot \ldots \cdot (s + \sigma_{2n})}{(s + \sigma_1)(s + \sigma_3) \cdot \ldots \cdot (s + \sigma_{2n-1})}, \qquad (2.112)$$

$$Z(s) = A_4 \frac{(s + \sigma_2)(s + \sigma_4) \cdot \ldots \cdot (s + \sigma_{2n})}{(s + \sigma_1)(s + \sigma_3) \cdot \ldots \cdot (s + \sigma_{2n+1})}, \qquad (2.113)$$

jeweils mit $\sigma_1 < \sigma_2 < \cdots < \sigma_{2n+1}$.

2.2 RC-Zweipole

Für Y(s)/s ergeben sich dieselben vier Formen.

Die zu diesen vier Formen gehörenden Pol-Nullstellendiagramme zeigt Abb.2.25. Diese Abbildung ist das Gegenstück zu Abb.2.5, und Gl.(2.110) bis Gl.(2.113) sind die Gegenstücke zu Gl.(2.38) bis Gl.(2.41).

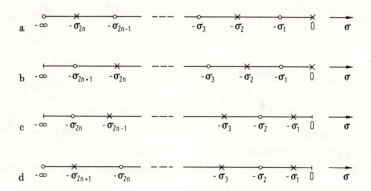

Abb.2.25. Die vier möglichen Pol-Nullstellenkonfigurationen einer RC-Widerstandsfunktion Z(s).

Alle bisher gefundenen Eigenschaften für Z(s) oder Y(s)/s sind notwendig und - wie im nächsten Abschnitt gezeigt werden wird - zusammengenommen auch hinreichend für die Realisierung von RC-Zweipolen.

Zusammenfassend gilt also der folgende

> Satz 2.3
>
> Notwendige und hinreichende Realisierbarkeitsbedingungen für eine RC-Zweipolfunktion Z(s) {oder Y(s)/s} sind:
> a) Z(s) {oder Y(s)/s} ist eine rationale Funktion mit reellen Koeffizienten.
> b) Alle Pole und Nullstellen von Z(s) {oder Y(s)/s} sind einfach, liegen auf der negativen σ-Achse und wechseln sich dort ab. Alle Polresiduen sind positiv, im Ursprung oder dem Ursprung am nächsten gelegen ist ein Pol, im Unendlichen oder dem Unendlichen am nächsten ist eine Nullstelle.

Gleichbedeutend mit den Aussagen a) und b) ist, daß Z(s) {oder Y(s)/s} sich durch eine der Formen Gl.(2.103), Gl.(2.109) oder Gl.(2.110) bis Gl.(2.113) darstellen lassen muß.

Zur Erläuterung von Satz 2.3 betrachten wir folgende einfache

<u>Beispiele:</u>

a) $\qquad Z(s) = \dfrac{s}{s+1};$ \qquad b) $\qquad Z(s) = \dfrac{s}{s+1} + \dfrac{1}{s+2};$

c) $\quad \frac{Y(s)}{s} = \frac{s^2 + 2s + 1}{s + 3};\qquad$ d) $\quad Z(s) = \frac{1}{s+1} + \frac{1}{s+2}.$

Beispiel a) ist nicht RC-Zweipolfunktion, da $Z(s)$ eine Nullstelle im Ursprung hat.

Beispiel b) ist nicht RC-Zweipolfunktion, da sich ein negatives Residuum ergibt, wenn $Z(s)$ auf die Form von Gl.(2.103) gebracht wird.

Beispiel c) ist nicht RC-Zweipolfunktion, da $Y(s)/s$ einen Pol bei $s = \infty$ hat.

Beispiel d) ist RC-Zweipolfunktion, denn $Z(s)$ hat die Form von Gl.(2.103).

2.2.2 Synthese von RC-Zweipolen

Der Nachweis, daß die Bedingungen von Satz 2.3 hinreichend sind, wird mit der Beschreibung der nachfolgenden Synthesemethoden geliefert. Wie bei den LC-Zweipolen gibt es auch bei den RC-Zweipolen vier Grundverfahren, die Synthese von Partialbruchschaltungen in der 1. und 2. Fosterform und die Synthese von Kettenbruchschaltungen in der 1. und 2. Cauerform.

Synthese durch Partialbruchschaltungen

Die Synthese der Partialbruchschaltung in der 1. Fosterform geht von der Partialbruchdarstellung der Widerstandsfunktion $Z(s)$ nach Gl.(2.103) aus.

$$Z(s) = \frac{k_0}{s} + \frac{k_1}{s + \sigma_1} + \frac{k_2}{s + \sigma_2} + \ldots + \frac{k_n}{s + \sigma_n} + k_\infty.$$

Diese Funktion läßt sich wieder gliedweise realisieren. Es entspricht (vgl. Abb.2.26)

$$\frac{k_0}{s} \,\hat{=}\, \frac{1}{sC} \qquad \text{Kapazität,}$$

$$k_\infty \,\hat{=}\, R \qquad \text{ohmscher Widerstand,}$$

$$\frac{k_\nu}{s + \sigma_\nu} = \frac{1}{\dfrac{s}{k_\nu} + \dfrac{\sigma_\nu}{k_\nu}} \,\hat{=}\, \frac{1}{sC + \dfrac{1}{R}} \qquad \text{Parallelschaltung einer Kapazität und eines ohmschen Widerstandes.}$$

Die Gesamtschaltung für $Z(s)$ ergibt sich aus der Serienschaltung der einzelnen Teilglieder von Abb.2.26. Sie führt also auf die in Abb.2.27 dargestellte Struktur.

Beispiel:

$$Z(s) = \frac{(s+2)(s+4)}{(s+1)(s+3)} = \ldots = 1 + \frac{1{,}5}{s+1} + \frac{0{,}5}{s+3}. \tag{2.114}$$

2.2 RC-Zweipole

Gl.(2.114) ist unmittelbar anzusehen, daß $Z(s)$ realisierbar ist. Mit Abb.2.26 ergibt sich die Schaltung in Abb.2.28.

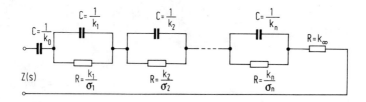

Abb.2.26. Zur Schaltungsrealisierung von RC-Widerstandsfunktionen.

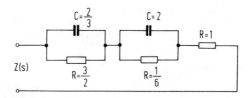

Abb.2.27. Widerstandspartialbruchschaltung (1. Fosterform) einer RC-Zweipolfunktion.

Die Synthese der Partialbruchschaltung in der 2. Fosterform geht von der Partialbruchdarstellung von $Y(s)/s$ nach Gl.(2.109) aus.

$$\frac{Y(s)}{s} = \frac{k_0}{s} + \frac{k_1}{s+\sigma_1} + \frac{k_2}{s+\sigma_2} + \dots + \frac{k_n}{s+\sigma_n} + k_\infty$$

oder als sogenannte Fosterreihe geschrieben

$$Y(s) = k_0 + \frac{k_1 s}{s+\sigma_1} + \frac{k_2 s}{s+\sigma_2} + \dots + \frac{k_n s}{s+\sigma_n} + k_\infty s. \qquad (2.115)$$

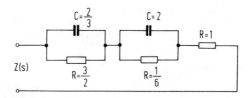

Abb.2.28. Realisierung der Widerstandspartialbruchschaltung für Gl.(2.114).

Die Funktion von $Y(s)$ in der Form von Gl.(2.115) läßt sich ebenfalls gliedweise realisieren. Es entspricht (vgl. Abb.2.29)

$$k_0 \triangleq \frac{1}{R} \qquad \text{ohmscher Leitwert,}$$

$$k_\infty s \triangleq sC \qquad \text{Kapazität,}$$

$$\frac{k_\nu s}{s + \sigma_\nu} = \frac{1}{\frac{1}{k_\nu} + \frac{\sigma_\nu}{k_\nu s}} \triangleq \frac{1}{R + \frac{1}{sC}} \qquad \text{Serienschaltung eines ohmschen Widerstandes und einer Kapazität.}$$

Die Gesamtschaltung ergibt sich hier durch Parallelschaltung der einzelnen Teilglieder von Abb.2.29 und führt auf die Struktur von Abb.2.30.

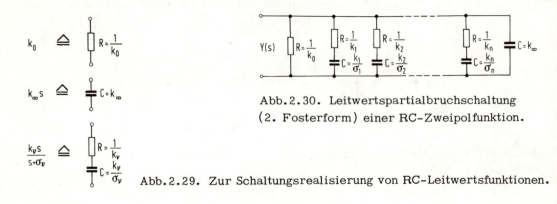

Abb.2.30. Leitwertspartialbruchschaltung (2. Fosterform) einer RC-Zweipolfunktion.

Abb.2.29. Zur Schaltungsrealisierung von RC-Leitwertsfunktionen.

Als Beispiel diene die Funktion Gl.(2.114), also

$$\frac{Y(s)}{s} = \frac{(s+1)(s+3)}{s(s+2)(s+4)} = \ldots = \frac{3}{8s} + \frac{\frac{1}{4}}{s+2} + \frac{\frac{3}{8}}{s+4} \qquad (2.116)$$

oder

$$Y(s) = \frac{3}{8} + \frac{\frac{1}{4}s}{s+2} + \frac{\frac{3}{8}s}{s+4}. \qquad (2.117)$$

Mit den Relationen in Abb.2.29 folgt die zugehörige Schaltung in Abb.2.31.

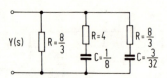

Abb.2.31. Realisierung der Leitwertspartialbruchschaltung für Gl.(2.114) bzw. Gl.(2.116).

2.2 RC-Zweipole

Die Partialbruchschaltungen in Abb.2.27 und Abb.2.30 sind kanonisch, denn sie verwenden genau so viele Schaltelemente wie freie Parameter oder Koeffizienten in der zu realisierenden Funktion $Z(s)$ vorhanden sind.

<u>Synthese durch Kettenbruch- oder Abzweigschaltungen</u>

Wir beginnen mit der Synthese in der 1. Cauerform. Diese entsteht durch sukzessiven Polabbau bei $s = \infty$. In diesem Zusammenhang sei daran erinnert, daß die RC-Zweipolfunktion $Z(s)$ nach Satz 2.3 bei $s = \infty$ nur endlich sein kann oder eine Nullstelle dort haben kann. Für eine RC-Zweipolfunktion gilt nach Satz 2.3

$$Z(s) = \frac{k_0}{s} + \sum_\nu \frac{k_\nu}{s + \sigma_\nu} + k_\infty \quad \text{hat den Wert } k_\infty \text{ bei } s = \infty.$$

Somit hat $Z_1(s) = Z(s) - k_\infty$ eine Nullstelle bei $s = \infty$.

Somit hat $Y_1(s) = \dfrac{1}{Z_1(s)} = k_{01} + \sum_\nu \dfrac{k_{\nu 1} s}{s + \sigma_{\nu 1}} + k_{\infty 1} s$ einen Pol bei $s = \infty$.

Somit hat $Y_2(s) = Y_1(s) - k_{\infty 1} s$ einen endlichen Wert bei $s = \infty$

und $Z_2(s) = \dfrac{1}{Y_2(s)} = \dfrac{k_{02}}{s} + \sum_\nu \dfrac{k_{\nu 2}}{s + \sigma_{\nu 2}} + k_{\infty 2}$ hat den Wert $k_{\infty 2}$ bei $s = \infty$.

Somit hat $Z_3(s) = Z_2(s) - k_{\infty 2}$ eine Nullstelle bei $s = \infty$.

Somit hat $Y_3(s) = \dfrac{1}{Z_3(s)} = k_{03} + \sum_\nu \dfrac{k_{\nu 3} s}{s + \sigma_{\nu 3}} + k_{\infty 3} s$ einen Pol bei $s = \infty$.

Somit hat $Y_4(s) = Y_3(s) - k_{\infty 3} s$ einen endlichen Wert bei $s = \infty$ und ...

usw.

Aus diesem Schema folgt, daß jede RC-Zweipolfunktion sich durch einen Kettenbruch in der folgenden Form darstellen lassen muß

$$Z(s) = k_\infty + \cfrac{1}{k_{\infty 1} s + \cfrac{1}{k_{\infty 2} + \cfrac{1}{k_{\infty 3} s + \cfrac{1}{\raisebox{-4pt}{$\cdot$}\raisebox{-8pt}{$\cdot$}\raisebox{-12pt}{$\cdot$}}}}} \qquad (2.118)$$

$$\text{usw.}$$

In diesem Kettenbruch sind die $k_{\infty\nu}$ mit $\nu = 1, 3, 5 \ldots$ Faktoren von s, während die $k_{\infty\nu}$ mit geradzahligen ν nicht mit s multipliziert sind. Nach Satz 2.3 und Gl.(2.107) sind alle $k_{\infty\nu} \geqslant 0$ in der Weise, daß bei $k_{\infty i} = 0$ auch für $\nu > i$ alle $k_{\infty\nu} = 0$ sind. Eine Ausnahme bildet k_{∞}. Gl.(2.118) führt unmittelbar auf die Schaltung in Abb.2.32.

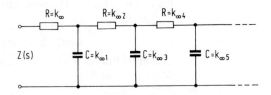

Abb.2.32. Abzweig- oder Kettenbruchschaltung einer RC-Zweipolfunktion für Polabbauten bei $s = \infty$, (1. Cauerform).

Als Beispiel diene wieder die Funktion Gl.(2.114)

$$Z(s) = \frac{(s+2)(s+4)}{(s+1)(s+3)} = \frac{s^2 + 6s + 8}{s^2 + 4s + 3}$$

Die fortgesetzte Division ergibt

$$(s^2 + 6s + 8) : (s^2 + 4s + 3) = 1$$
$$\underline{-(s^2 + 4s + 3)}$$
$$2s + 5$$

$$(s^2 + 4s + 3) : (2s + 5) = \tfrac{1}{2}s$$
$$\underline{-(s^2 + \tfrac{5}{2}s)}$$
$$\tfrac{3}{2}s + 3$$

$$(2s + 5) : (\tfrac{3}{2}s + 3) = \tfrac{4}{3}$$
$$\underline{-(2s + 4)}$$
$$1$$

also

$$Z(s) = 1 + \cfrac{1}{\tfrac{1}{2}s + \cfrac{1}{\tfrac{4}{3} + \cfrac{1}{\tfrac{3}{2}s + 3}}} \qquad (2.119)$$

Die zu Gl.(2.119) gehörende Schaltung zeigt Abb.2.33. In Abb.2.34 ist die Abspaltfolge im Detail vorgeführt. Durch Abspalten des Widerstandes R_1 wandert die Nullstelle bei $s = -4$ nach $s = \infty$. Auch die übrigen Nullstellen verschieben sich, während die Pole ihre Lage beibehalten. Von der reziproken Restfunktion Y_1 kann nun ein Pol bei $s = \infty$ abgebaut werden. Dieser Polabbau liefert die Kapazität $C = 1/2$. Die nun übrigbleibende Restfunktion Y_2 hat bei $s = \infty$ einen endlichen Wert. Würde man nun $Y_2(\infty)$ abziehen, dann würde $Y_2(0) < 0$ und es würde ein Pol von Y, d.h. eine Nullstelle von Z dem Ursprung am nächsten liegen, was

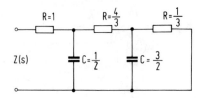

Abb.2.33. Realisierung der Abzweigschaltung in der 1. Cauerform für Gl.(2.114) bzw. Gl.(2.119).

2.2 RC-Zweipole

nach Satz 2.3 nicht erlaubt ist. Folglich muß man zuvor zum Reziprokwert Z_2 übergehen und hiervon $Z_2(\infty)$ abziehen. Die reziproke Restfunktion Y_3 hat nun wieder einen Pol bei $s = \infty$, der abgebaut werden kann. Die dabei übrigbleibende Restfunktion Y_4 hat nun einen konstanten positiven Wert, nämlich $Y_3(0)$. Dieser ergibt schließlich den ohmschen Widerstand $R = 1/3$.

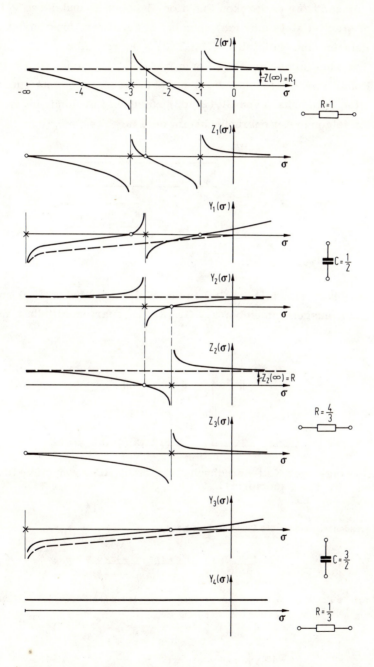

Abb. 2.34. Illustration der Polabspaltfolge für das Beispiel von Abb. 2.33.

Es folgt nun die Beschreibung der Synthese in der 2. Cauerform. Diese entsteht durch fortgesetzten Polabbau bei $s = 0$. Nach Satz 2.3 kann nur die Widerstandsfunktion $Z(s)$ bei $s = 0$ einen Pol haben, nicht aber die Leitwertsfunktion $Y(s)$. Letztere kann bei $s = 0$ entweder endlich oder null sein. Die Synthesemethode beruht also darauf, daß man durch Subtraktion eines ohmschen Leitwertes eine Nullstelle von Y bei $s = 0$ erzeugt, anschließend zur reziproken Funktion Z übergeht und deren Pol bei $s = 0$ abbaut. Dieser Weg ist stets möglich, denn bei der Leitwertsfunktion ist dem Ursprung am nächsten gelegen eine Nullstelle, d.h. $Y(0) \geq 0$, vgl. Abb. 2.23b. Die Funktion $Y(s) - Y(0)$ hat dann immer noch die Form von Abb. 2.23b oder Gl. (2.109) mit $k_0 = 0$. Der Polabbau von $Z(s)$ bei $s = 0$ hinterläßt ebenfalls stets eine realisierbare Restfunktion, wie anhand von Gl. (2.103) zu sehen ist. Somit ist also bei jeder RC-Zweipolfunktion folgende Kettenbruchschreibweise für $Y(s)$ möglich:

$$Y(s) = k_0 + \cfrac{1}{\cfrac{k_{01}}{s} + \cfrac{1}{k_{02} + \cfrac{1}{\cfrac{k_{03}}{s} + \cfrac{1}{\ddots}}}} \qquad (2.120)$$

In diesem Kettenbruch sind alle $k_{0\nu} \geq 0$ in der Weise, daß bei $k_{0i} = 0$ auch für $\nu > i$ alle $k_{0\nu} = 0$ sind, ausgenommen bei k_0. Gl. (2.120) führt unmittelbar auf die Schaltung in Abb. 2.35.

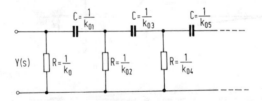

Abb. 2.35. Abzweig- oder Kettenbruchschaltung einer RC-Zweipolfunktion für Polabbauten bei $s = 0$, (2. Cauerform).

Als Beispiel verwenden wir wieder die Funktion Gl. (2.114)

$$Y(s) = \frac{1}{Z(s)} = \frac{(s+1)(s+3)}{(s+2)(s+4)} = \frac{s^2 + 4s + 3}{s^2 + 6s + 8} . \qquad (2.121)$$

Um Gl. (2.121) auf die Form von Gl. (2.120) zu bringen, wird wieder ähnlich wie bei Gl. (2.66) von den Polynomen mit aufsteigender Reihenfolge der Potenzen ausgegangen:

$$\begin{array}{r} (3 + 4s + s^2) \quad : \quad (8 + 6s + s^2) = \dfrac{3}{8} \\ -\,(3 + \dfrac{9}{4}s + \dfrac{3}{8}s^2) \\ \hline \dfrac{7}{4}s + \dfrac{5}{8}s^2 \end{array}$$

2.3 Gyrator/C-Zweipole

$$(8 + 6s + s^2) : (\tfrac{7}{4}s + \tfrac{5}{8}s^2) = \tfrac{32}{7s}$$
$$- (8 + \tfrac{20}{7}s)$$
$$\overline{\tfrac{22}{7}s + s^2}$$

$$(\tfrac{7}{4}s + \tfrac{5}{8}s^2) : (\tfrac{22}{7}s + s^2) = \tfrac{49}{88}$$
$$- (\tfrac{7}{4}s + \tfrac{49}{88}s^2)$$
$$\overline{\tfrac{3}{44}s^2}$$

$$(\tfrac{22}{7}s + s^2) : \tfrac{3}{44}s^2 = \tfrac{968}{21s} + \tfrac{44}{3},$$

also

$$Y(s) = \frac{3}{8} + \cfrac{1}{\cfrac{32}{7s} + \cfrac{1}{\cfrac{49}{88} + \cfrac{1}{\cfrac{968}{21s} + \cfrac{44}{3}}}} \qquad (2.122)$$

Die zugehörige Schaltung zeigt Abb.2.36.

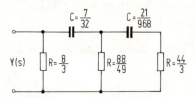

Abb.2.36. Realisierung der Abzweigschaltung in der 2. Cauerform für Gl.(2.114) bzw. Gl.(2.122).

2.3 Gyrator/C-Zweipole

Die Zweipolschaltungen aus Gyratoren und Kapazitäten sind die letzte Klasse passiver Zweipolschaltungen aus zwei Elementen, die in diesem Kapitel behandelt werden.

Ausgangspunkt der folgenden Betrachtungen sei Abb.2.37. Das Teilnetzwerk N' enthält die Zweige 1 bis N - 1, die von positiven Kapazitäten und idealen Gyratoren

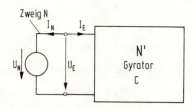

Abb.2.37. Zur Bestimmung der Eigenschaften des Gyrator/C-Zweipols.

entsprechend Gl.(1.39) gebildet werden. Der Zweig N liegt außerhalb des Teilnetzwerkes N' und repräsentiert die Spannungsquelle $U_N = U_E$. Für sämtliche N Zweige gilt nach Gl.(1.91)

$$\frac{V_Z(s)}{s} + jW_Z(s) + U_N(s) I_N^*(s) = 0 . \tag{2.123}$$

$V_Z(s)$ umfaßt die Zweige mit den Kapazitäten, $W_Z(s)$ die Gyratorzweige. Bei der Aufstellung von Gl.(2.123) wird vorausgesetzt, daß die Spannungsquelle U_N nicht dauernd kurzgeschlossen ist. Aus Gl.(2.123) folgt mit Division durch $I_N(s) I_N^*(s) = |I_N(s)|^2 = |I_E(s)|^2 \neq 0$ für die Eingangsimpedanz

$$Z(s) = - \frac{U_N(s) I_N^*(s)}{I_N(s) I_N^*(s)} = \frac{\frac{V_Z(s)}{s} + jW_Z(s)}{|I_E(s)|^2} . \tag{2.124}$$

Nach Gl.(1.95) und Gl.(1.96) ist $Z(s)$ reell für reelle Werte von s und imaginär für imaginäre Werte von s. Das bedeutet nach Gl.(2.7) bis Gl.(2.13), daß $Z(s)$ eine reelle ungerade Funktion ist.

Setzt man $s = \sigma + j\omega$, dann ergibt die Aufspaltung von $Z(s)$ in Realteil $\text{Re}\{Z(s)\}$ und Imaginärteil $\text{Im}\{Z(s)\}$

$$Z(s) = \text{Re}\{Z(s)\} + j\text{Im}\{Z(s)\} = \frac{\frac{V_Z(s)}{\sigma + j\omega} + jW_Z(s)}{|I_E(s)|^2} \tag{2.125}$$

mit

$$\text{Re}\{Z(s)\} = \frac{\sigma}{\sigma^2 + \omega^2} \frac{V_Z(s)}{|I_E(s)|^2} \quad \begin{cases} \geq 0 & \text{für } \sigma > 0 \\ = 0 & \text{für } \sigma = 0 \\ \leq 0 & \text{für } \sigma < 0, \end{cases} \tag{2.126}$$

$$\text{Im}\{Z(s)\} = \frac{-\omega}{\sigma^2 + \omega^2} \frac{V_Z(s)}{|I_E(s)|^2} + \frac{W_Z(s)}{|I_E(s)|^2} = 0 \quad \text{für } \omega = 0 . \tag{2.127}$$

Gl.(2.125) bis Gl.(2.127) gelten mit Ausnahme der Polstellen von $Z(s)$. Die Nullstellen von $Z(s)$ errechnen sich aus Gl.(2.124) zu

$$s = j\frac{V_Z(s)}{W_Z(s)} . \tag{2.128}$$

Alle Nullstellen liegen also auf der $j\omega$-Achse.

Wendet man anstelle von Gl.(1.91) nun Gl.(1.92) auf Abb.2.37 an, dann folgt in analoger Weise, daß auch die Pole von $Z(s)$ nur auf der $j\omega$-Achse liegen können. Untersucht man weiter, ob die Pole auf der $j\omega$-Achse stets nur einfach sind oder auch mehrfach sein können, so folgt aus Gl.(2.126) und mit den Schritten in Gl.(2.26) bis Gl.

2.3 Gyrator/C-Zweipole

(2.30), daß nur einfache Pole mit reellen nichtnegativen Residuen möglich sind. Dies wiederum schränkt nachträglich Gl.(2.126) noch weiter ein auf

$$\text{Re}\{Z(s)\} \begin{cases} > 0 & \text{für } \sigma > 0 \\ = 0 & \text{für } \sigma = 0 \\ < 0 & \text{für } \sigma < 0 \end{cases} \quad (2.129)$$

Mit Gl.(2.129) und der Tatsache, daß $Z(s)$ ungerade sein muß, folgt, daß die Klasse der Gyrator/C-Zweipole keine anderen Möglichkeiten bietet, die nicht auch die Klasse der LC-Zweipole bietet. Andererseits kann aber alles, was mit LC-Zweipolen realisierbar ist, auch mit Gyrator/C-Zweipolen realisiert werden. Dazu betrachten wir Abb.2.38. Wegen Gl.(1.39) gilt für den Gyrator

$$U_1(s) = -RI_2(s),$$
$$U_2(s) = RI_1(s). \quad (2.130)$$

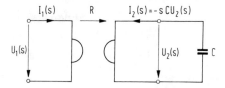

Abb.2.38. Realisierung einer Induktivität durch einen ausgangsseitig mit einer Kapazität abgeschlossenen Gyrator.

Hiermit errechnet sich die Eingangsimpedanz der Schaltung in Abb.2.38 zu

$$Z(s) = \frac{U_1(s)}{I_1(s)} = -R^2 \frac{I_2(s)}{U_2(s)} = sCR^2. \quad (2.131)$$

Das entspricht aber einer Induktivität der Größe

$$L = CR^2. \quad (2.132)$$

Kapazität und Gyrator ergeben eine Induktivität. Folglich kann mit Kapazitäten und Gyratoren jeder LC-Zweipol realisiert werden.

Zusammenfassend gilt also der folgende

> **Satz 2.4**
>
> Die Klassen der LC-Zweipolfunktionen und der Gyrator/C-Zweipolfunktionen sind identisch.

3. Synthese allgemeiner passiver Zweipole

Nach der Behandlung spezieller passiver Zweipolschaltungen im zweiten Kapitel werden in diesem dritten Kapitel allgemeine passive Zweipolschaltungen untersucht, die aus endlich vielen beliebigen passiven Elementen zusammengestzt sind. Die uns bekannten und zur Verfügung stehenden passiven Elemente sind positive ohmsche Widerstände R, positive Induktivitäten L, positive Kapazitäten C, ideale Gyratoren, ideale Übertrager und gekoppelte Paare positiver Induktivitäten mit $L_1 L_2 \geq M^2$ vgl. Gl.(1.48). Wir werden zunächst die allgemeinen Eigenschaften solcher passiver Zweipole untersuchen und die notwendigen Realisierbarkeitsbedingungen ermitteln. Anschließend wird die Synthese beschrieben. Dabei wird sich herausstellen, daß keineswegs sämtliche oben genannten Elemente zur Realisierung beliebiger zulässiger passiver Zweipolfunktionen erforderlich sind.

3.1 Notwendige und hinreichende Bedingungen

Wir beginnen unsere Untersuchungen mit dem Netzwerk in Abb.3.1, welches aus der Spannungsquelle $U_N(s)$ und dem Teilnetzwerk N' besteht. Das Teilnetzwerk N' bestehe aus einer willkürlichen Zusammenschaltung endlich vieler passiver Elemente der oben genannten Arten. Ohne damit irgendwelche Einschränkungen zu machen, können wir uns die gekoppelten Induktivitätenpaare gemäß Abb.1.11c und Gl.(1.48) durch positive Induktivitäten und ideale Übertrager ersetzt denken. Ferner können wir uns anschließend sämtliche Induktivitäten gemäß Abb.2.38 und Gl.(2.131) durch positive

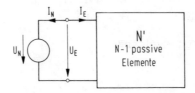

Abb.3.1. Zur Bestimmung der Eigenschaften allgemeiner passiver Zweipole.

3.1 Notwendige und hinreichende Bedingungen

Kapazitäten und ideale Gyratoren ersetzt denken, so daß das Teilnetzwerk lediglich aus ohmschen Widerständen, Kapazitäten, Gyratoren und Übertragern zu bestehen braucht, ohne an Allgemeinheit zu verlieren.

Wendet man den Satz von Tellegen auf das Netzwerk in Abb.3.1 an, dann erhält man mit Gl.(1.91) bzw. Gl.(1.92)

$$F_z(s) + \frac{V_z(s)}{s} + jW_z(s) + U_N(s)I_N^*(s) = 0 \tag{3.1}$$

bzw.

$$F_y(s) + sV_y(s) + jW_y(s) + U_N^*(s)I_N(s) = 0 . \tag{3.2}$$

Darin berechnet sich $F_z(s)$ bzw. $F_y(s)$ aus den Zweigen mit den ohmschen Widerständen, $V_z(s)$ bzw. $V_y(s)$ aus den Zweigen mit den Kapazitäten und $W_z(s)$ bzw. $W_y(s)$ aus den Zweigen mit den Gyratoren. Die Zweige mit den idealen Übertragern liefern keinen Beitrag zum Satz von Tellegen, vgl. Gl.(1.90). Für den Summenausdruck in Gl.(1.91) bzw. Gl.(1.92) kommt lediglich der Zweig N mit der Spannungsquelle $U_N(s)$ in Betracht.

Dividiert man Gl.(3.1) durch $I_N(s)I_N^*(s) = |I_N(s)|^2$, dann erhält man (vgl. Abb.3.1) mit $I_E = -I_N \neq 0$

$$Z(s) = -\frac{U_N(s) I_N^*(s)}{I_N(s) I_N^*(s)} = \frac{U_E(s)}{I_E(s)} = \frac{F_z(s) + \dfrac{V_z(s)}{s} + jW_z(s)}{|I_E(s)|^2} \tag{3.3}$$

$$|I_E(s)| > 0 .$$

Entsprechend erhält man aus Gl.(3.2)

$$Y(s) = \frac{1}{Z(s)} = -\frac{U_N^*(s) I_N(s)}{U_N^*(s) U_N(s)} = \frac{F_y(s) + sV_y(s) + jW_y(s)}{|U_E(s)|^2} \tag{3.4}$$

$$|U_E(s)| > 0 .$$

Wir untersuchen zunächst einige Eigenschaften von $Z(s)$ anhand von Gl.(3.3), für welche die gleichen grundsätzlichen Überlegungen gelten wie für Gl.(2.3).

α) $F_z(s)$ und $V_z(s)$ sind für jedes beliebige s reell und nichtnegativ, vgl. Gl.(1.93) und Gl.(1.95). Da nach Gl.(1.96) für reelle s die Funktion $W_z(s) = 0$ ist, folgt, daß $Z(s)$ reell ist für reelle Werte von s.

β) Setzt man in Gl.(3.3) $s = \sigma + j\omega$, dann folgt, mit Ausnahme der Polstellen, für den Realteil und Imaginärteil von $Z(s)$

$$Z(s) = \text{Re}\{Z(s)\} + j\text{Im}\{Z(s)\} =$$

$$= \frac{F_z(s)}{|I_E(s)|^2} + \frac{1}{\sigma + j\omega} \cdot \frac{V_z(s)}{|I_E(s)|^2} + j\frac{W_z(s)}{|I_E(s)|^2} \;,\quad (3.5)$$

also für den Realteil

$$\text{Re}\{Z(s)\} = \frac{F_z(s)}{|I_E(s)|^2} + \frac{\sigma}{\sigma^2 + \omega^2} \cdot \frac{V_z(s)}{|I_E(s)|^2} \geq 0 \text{ für } \sigma \geq 0 \;. \quad (3.6)$$

Für $|I_E| \neq 0$ können $F_z(s)$ und $V_z(s)$ nur dort gleichzeitig verschwinden, wo $Z(s)$ eine Nullstelle hat, denn verschwindende Gyratorklemmenströme auf einer Seite erzeugen verschwindende Gyratorklemmenspannungen auf der anderen Seite. Daher gilt mit Ausnahme der Pole und Nullstellen

$$\text{Re}\{Z(s)\} > 0 \text{ für } \sigma > 0 \;. \quad (3.7)$$

Die Untersuchung der Eigenschaften von $1/Z(s)$ anhand von Gl.(3.4) liefert ähnliche Ergebnisse wie die Untersuchung von $Z(s)$ anhand von Gl.(3.3). Es ergibt sich mit Ausnahme der Pole und Nullstellen

$$\text{Re}\{Y(s)\} = \text{Re}\left\{\frac{1}{Z(s)}\right\} = \frac{F_y(s)}{|U_E(s)|^2} + \sigma\frac{V_y(s)}{|U_E(s)|^2} > 0 \text{ für } \sigma > 0 \;. \quad (3.8)$$

γ) Zur Untersuchung möglicher Polstellenlagen sei angenommen, daß $Z(s)$ bei s_ν einen Pol der Ordnung n habe. In der unmittelbaren Umgebung von s_ν wird dann $Z(s)$ durch das Polglied bestimmt, d.h.

$$Z(s) \cong \frac{k}{(s - s_\nu)^n} \quad \text{für } s \approx s_\nu \;. \quad (3.9)$$

Werden wie bei Gl.(2.26) die komplexen Werte für $s - s_\nu$ und k durch ihre Beträge und Winkel ausgedrückt - siehe auch Abb.3.2 - dann ergibt sich - vgl. Gl.(2.29) -

$$\text{Re}\{Z(s)\} \cong \frac{m}{\rho^n} \cos(\varphi - n\vartheta) \quad \text{für } s \approx s_\nu \;. \quad (3.10)$$

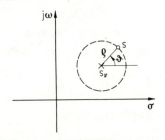

Abb.3.2. Untersuchung von $Z(s)$ in der unmittelbaren Umgebung einer Polstelle.

3.2 Eigenschaften positiv reeller Funktionen

Ändert man den Winkel ϑ von 0 bis 2π, dann nimmt die rechte Seite von Gl.(3.10) unweigerlich auch negative Werte an, gleichgültig wie groß φ und n sind. In der Nachbarschaft des Pols wird also der Realteil negativ. Das ist aber nach Gl.(3.7) für $\sigma > 0$ nicht erlaubt. Daraus folgt, daß Pole in der offenen rechten s-Halbebene nicht vorkommen können. Die gerade noch erlaubte Grenzlage für mögliche Pole bildet die jω-Achse. Die auf der jω-Achse gelegenen Pole dürfen nur einfach sein (n = 1) und müssen jeweils positives Residuum (φ = 0) haben, vgl. die Schlußfolgerung aus Gl.(2.30).

Untersucht man mögliche Nullstellenlagen s_μ von Z(s) ausgehend von

$$\frac{1}{Z(s)} \cong \frac{k}{(s-s_\mu)^n} \quad \text{für } s \approx s_\mu, \qquad (3.11)$$

dann ergibt sich in analoger Weise, daß Z(s) in der offenen rechten s-Halbebene keine und auf der jω-Achse höchstens einfache Nullstellen haben kann.

Zusammenfassend folgen also aus den Punkten α) bis γ) als notwendige Eigenschaften für Z(s) ohne Ausschluß von Polen und Nullstellen

$$\begin{aligned} &Z(s) \text{ ist reell für reelle s} \\ &\text{Re}\{Z(s)\} > 0 \text{ für } \sigma > 0. \end{aligned} \qquad (3.12)$$

Funktionen Z(s) mit den in Gl.(3.12) genannten Eigenschaften nennt man "**positiv reell**". O. Brune [8] hat als erster gezeigt, daß jede positiv reelle Funktion als Zweipolfunktion mit einem Zweipol aus nur passiven Elementen verwirklicht werden kann. Das Syntheseverfahren von Brune wird später in Abschnitt 3.4.1 beschrieben werden. Es gilt also der folgende

> **Satz 3.1**
> Notwendig und hinreichend für die Realisierbarkeit einer allgemeinen passiven Zweipolfunktion Z(s) ist, daß Z(s) positiv reell ist, d.h.
>
> a) Z(s) ist reell für reelle s
>
> b) $\text{Re}\{Z(s)\} > 0$ für $\text{Re}(s) > 0$.

Die bisher untersuchten LC- und RC-Zweipolfunktionen sind Spezialfälle innerhalb der allgemeinen Klasse der positiv reellen Funktionen, vergleiche hierzu Gl.(2.17) und Gl.(2.93).

3.2 Eigenschaften positiv reeller Funktionen

Im Gegensatz zur Reaktanzzweipolfunktion, deren Realteil gemäß Abb.2.2 in der gesamten linken s-Halbebene negativ ist, kann die positiv reelle Funktion auch in Teilen der linken s-Halbebene positiven Realteil haben, wie das in Abb.3.3 gezeigt ist. Die

Grenzlinie für $\text{Re}\{Z(s)\} = 0$ verläuft jedoch stets symmetrisch zur σ-Achse. Dies ist eine Folge des Schwarzschen Spiegelungsprinzips [9]. Das Spiegelungsprinzip besagt, daß für jede differenzierbare reelle Funktion $f(s)$ - reell heißt, $f(s)$ ist reell für reelle s -

$$f(s^*) = f^*(s) \qquad (3.13)$$

ist.

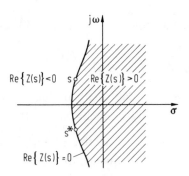

Abb.3.3. Typische Gestalt eines Gebietes mit positivem Realteil bei einer positiv reellen Funktion $Z(s)$.

Sehr informativ ist die Betrachtung der Abbildung der rechten s-Halbebene in der Z-Ebene. Abb.3.4 zeigt Beispiele typischer Abbildungen positiv reeller Funktionen $Z(s)$. Alle Punkte der rechten s-Halbebene ergeben Punkte im schraffierten Gebiet oder Bereich der Z-Ebene. Der schraffierte Bereich muß bei positiv reellen Funktionen wegen $\text{Re}\{Z(s)\} > 0$ innerhalb der rechten Z-Halbebene liegen. Die Abbildung der $j\omega$-Achse in der Z-Ebene bezeichnet man als Ortskurve. Wegen des Schwarzschen Spiegelungsprinzips verläuft die Ortskurve stets symmetrisch zur reellen Achse der Z-Ebene. Aus Stetigkeitsgründen bildet die Ortskurve den Rand der in der rech-

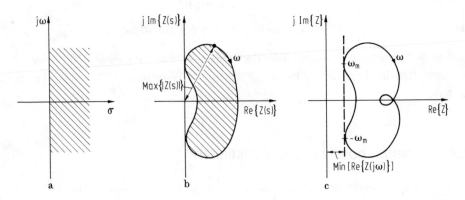

Abb.3.4. Typische Abbildungen der rechten s-Halbebene in die Z-Ebene bei positiv reellen Funktionen, vgl. Text.

3.2 Eigenschaften positiv reeller Funktionen

ten Z-Halbebene abgebildeten rechten s-Halbebene. Die Ortskurve kann die imaginäre Achse der Z-Ebene nur berühren oder tangieren, nicht aber schneiden, da sonst Re{Z(s)} < 0 werden würde für einige Werte von s mit Re(s) > 0 .

In beiden Abbildungsbeispielen von Abb.3.4 hat Z(s) weder Nullstellen noch Pole auf der jω-Achse. Bei einer Nullstelle von Z(s) auf der jω-Achse müßte die Ortskurve durch den Ursprung der Z-Ebene gehen (bzw. dort die jω-Achse tangieren), bei einem Pol auf der jω-Achse müßte die Ortskurve durch den Punkt Z = ∞ gehen. Beide Fälle können bei positiv reellen Funktionen durchaus auftreten, wie man von den LC-Zweipolfunktionen her weiß. Für alle diejenigen Fälle positiv reeller Funktionen, bei denen keine Pole von Z(s) auf der jω-Achse vorhanden sind, ist der Betrag |Z(s)| beschränkt für Re(s) ≥ 0. Wie Abb.3.4 unmittelbar lehrt, muß das Maximum des Betrages Max{|Z(s)|} auf dem Rand des abgebildeten Gebiets, d.h. auf der Ortskurve liegen. Dasselbe gilt für das Maximum und das Minimum des Realteils Re{Z(s)}. Diese Aussage ist übrigens ein Anwendungsfall eines allgemeineren Prinzips, nämlich des sogenannten P r i n z i p s v o m M a x i m u m. Dieses besagt:

Eine in einem Gebiet G mit Einschluß seines Randes reguläre Funktion f(s) nimmt das Maximum ihres Betrages und das Maximum und das Minimum ihres Realteils nur am Rande an, sofern f(s) nicht eine Konstante ist.

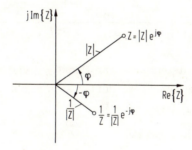

Abb.3.5. Zum Beweis, daß für Re{Z(s)} > 0 auch Re{1/Z(s)} > 0 ist.

Eine Funktion ist in einem Gebiet regulär, wenn sie dort keine Singularitäten, also insbesondere auch keine Pole hat. Dann ist sie dort überall differenzierbar. Daß Z(s) in der rechten s-Halbebene, die sich im schraffierten Gebiet der Z-Ebene abbildet, keine Pole haben kann, wurde im Anschluß an Gl.(3.10) gezeigt. Des weiteren gelten folgende Eigenschaften:

α) Ist Z(s) positiv reell, dann ist auch 1/Z(s) = Y(s) positiv reell.

Diese Aussage, die sich auch aus Abschnitt 3.1 ergibt, folgt unmittelbar aus Abb.3.5. Für jeden Punkt Z der rechten Z-Halbebene liegt auch der Kehrwert 1/Z in der rechten Z-Halbebene, denn aus

$$Z = |Z|e^{j\varphi} \tag{3.14}$$

folgt für den reziproken Wert

$$\frac{1}{Z} = \frac{1}{|Z|}e^{-j\varphi} . \tag{3.15}$$

β) Ist $Z(s)$ positiv reell, dann ist

$$|\text{Arg}\{Z(s)\}| = |\varphi(s)| < \frac{\pi}{2} \quad \text{für} \quad \text{Re}(s) > 0 . \tag{3.16}$$

Auch diese Aussage folgt aus Abb.3.5 bzw. aus Gl.(3.14). Letztere liefert

$$\text{Re}\{Z(s)\} = |Z(s)|\cos\varphi(s) > 0 \quad \text{für} \quad \text{Re}(s) > 0 \tag{3.17}$$

Gl.(3.17) ist erfüllt für $|\varphi(s)| < \frac{\pi}{2}$.

γ) Positiv reelle Funktionen $Z(s)$ haben weder Pole noch Nullstellen in der offenen rechten s-Halbebene. Pole und Nullstellen auf der jω-Achse sind einfach. Pole auf der jω-Achse haben positive Residuen. Dieses Ergebnis folgt aus den Überlegungen im Anschluß an Gl.(3.10).

δ) Schreibt man $Z(s)$ als Quotient zweier Polynome, also als

$$Z(s) = \frac{P(s)}{Q(s)} = \frac{a_n s^n + a_{n-1} s^{n-1} + \ldots + a_1 s + a_0}{b_m s^m + b_{m-1} s^{m-1} + \ldots + b_1 s + b_0} , \tag{3.18}$$

dann müssen sämtliche Koeffizienten wegen Punkt γ) und wegen Gl.(3.12) positiv sein. Zählergrad n und Nennergrad m dürfen sich nur um maximal Eins unterscheiden, wenn $Z(s)$ positiv reell ist.

Für $s \to \infty$ gilt nämlich mit $s = |s|e^{j\varphi}$

$$Z(s) \cong \frac{a_n}{b_m} s^{n-m} = \frac{a_n}{b_m} |s^{n-m}| \cdot e^{j(n-m)\varphi} . \tag{3.19}$$

Der Realteil von Gl.(3.19)

$$\text{Re}\{Z(s)\} = \frac{a_n}{b_m} |s|^{n-m} \cdot \cos\{(n-m)\varphi\} \tag{3.20}$$

bleibt für $|\varphi| < \frac{\pi}{2}$ positiv, solange $|n-m| = 0$ oder 1 ist, also Zähler- und Nennergrad sich um maximal Eins unterscheiden.

ε) Ist

$$Z(s) = \frac{P(s)}{Q(s)} \tag{3.21}$$

positiv reell, dann ist $P(s) + Q(s) = H(s)$ ein Hurwitzpolynom.

3.2 Eigenschaften positiv reeller Funktionen

Diese Aussage ist gleich der Aussage a) in Satz 2.2 für Reaktanzzweipolfunktionen. Der Beweis läßt sich also ganz analog führen. Es seien wieder s_k diejenigen Frequenzen, für die

$$Z(s_k) = \frac{P(s_k)}{Q(s_k)} = -1 \qquad (3.22)$$

ist. Da $Z(s)$ in der rechten s-Halbebene einschließlich der $j\omega$-Achse nicht negativ werden kann, folgt, daß alle s_k nur in der linken s-Halbebene liegen können, also $H(s)$ ein Hurwitzpolynom ist.

Die Umkehrung dieser Aussage ist im Gegensatz zu Satz 2.2 im allgemeinen nicht möglich, denn ein gegebenes Hurwitzpolynom läßt sich auf vielerlei Weise in eine Summe zweier Polynome $P(s)$ und $Q(s)$ aufspalten. Die Aufspaltung ist aber eindeutig, wenn man das Hurwitzpolynom in seinen geraden und ungeraden Teil zerlegt. Dann ist der Quotient aus geradem und ungeradem Teil eine ungerade Funktion und nach Satz 2.2 eine Reaktanzzweipolfunktion. Wenn umgekehrt ein Hurwitzpolynom $H(s)$ dergestalt in eine Summe $P(s) + Q(s)$ zerlegt wird, daß der Quotient $P(s)/Q(s)$ ungerade ist, dann muß $P(s)$ gerade bzw. ungerade und $Q(s)$ ungerade bzw. gerade sein. Daraus folgt der folgende

> **Satz 3.2**
> Jede ungerade positiv reelle Funktion $Z(s)$ ist Reaktanzzweipolfunktion.

Ein weiterer wichtiger Satz ist der

> **Satz 3.3**
> Notwendig und hinreichend, damit die rationale reelle Funktion $Z(s)$ positiv reell ist, sind folgende Bedingungen
>
> a) die Lineartransformierte
>
> $$f(s) = \frac{1 - Z(s)}{1 + Z(s)} \qquad (3.23)$$
>
> hat in der abgeschlossenen rechten s-Halbebene (d.h. einschließlich der $j\omega$-Achse und bei $s = \infty$) keine Pole
>
> b) $\qquad |f(j\omega)| \leqslant 1 \quad$ für alle ω . $\qquad (3.24)$

Die Bedingungen von Satz 3.3 sind notwendig, da $1 + Z(s)$ in der abgeschlossenen rechten s-Halbebene sicher positiven Realteil haben muß und damit dort nicht verschwinden kann. Pole des Zählers von $f(s)$ sind auch Pole des Nenners. Somit kann $f(s)$ keine Pole in der abgeschlossenen rechten s-Halbebene haben. Die Funktion $f(s)$ bildet die rechte Z-Halbebene auf das Innere des Einheitskreises der f-Ebene ab, wie das in Abb. 3.6 dargestellt ist. Dies läßt sich verifizieren durch Berechnung der Abbildungen der imaginären Z-Achse und des Punktes $Z = 1$. Folglich bildet sich auch die Kurve $Z(j\omega)$ innerhalb des Einheitskreises ab, woraus $|f\{Z(j\omega)\}| = |f(j\omega)| \leq 1$ folgt für alle ω.

Die Bedingungen von Satz 3.3 sind aber auch hinreichend. Löst man nämlich Gl.(3.23) nach $Z(s)$ auf, dann erhält man

$$Z(s) = \frac{1 - f(s)}{1 + f(s)} . \qquad (3.25)$$

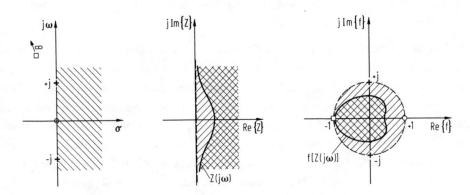

Abb.3.6. Typische Abbildung der rechten s-Halbebene in der rechten Z-Halbebene bei einer positiv reellen Funktion (135°-Schraffur). Abbildung der rechten Z-Halbebene auf das Innere des Einheitskreises der f-Ebene (45°-Schraffur).

Da $f(s)$ in der abgeschlossenen rechten s-Halbebene polfrei ist und auf deren Rand $|f(j\omega)| \leq 1$ ist, bleibt nach dem Prinzip vom Maximum auch $|f(s)| < 1$ innerhalb der rechten s-Halbebene, d.h. für $\text{Re}(s) > 0$. Zur Berechnung des Realteils von $Z(s)$ bilden wir zunächst aus Gl.(3.25)

$$Z(s) = \frac{\{1 - f(s)\}\{1 + f(s)\}^*}{\{1 + f(s)\}\{1 + f(s)\}^*} = \frac{1 - |f(s)|^2 + f^*(s) - f(s)}{|1 + f(s)|^2} . \qquad (3.26)$$

Daraus folgt

$$\text{Re}\{Z(s)\} = \frac{1 - |f(s)|^2}{|1 + f(s)|^2} > 0 \quad \text{für } \text{Re}(s) > 0. \qquad (3.27)$$

Damit ist Satz 3.3 bewiesen.

Wichtig ist ferner der folgende

> **Satz 3.4**
> Ist
> $$Z(s) = \frac{g_1(s) + u_1(s)}{g_2(s) + u_2(s)} \qquad (3.28)$$

3.2 Eigenschaften positiv reeller Funktionen

positiv reell, dann ist auch

$$Z^+(s) = \frac{g_2(s) + u_1(s)}{g_1(s) + u_2(s)} \qquad (3.29)$$

positiv reell. $g_{1,2}$ sind gerade, $u_{1,2}$ ungerade Polynome in s.

Die Gültigkeit von Satz 3.4 folgt aus Satz 3.3. Setzt man Gl.(3.28) in Gl.(3.23) ein, dann folgt

$$f(s) = f\{Z(s)\} = \frac{g_2(s) - g_1(s) + u_2(s) - u_1(s)}{g_2(s) + g_1(s) + u_2(s) + u_1(s)}. \qquad (3.30)$$

Setzt man Gl.(3.29) in Gl.(3.23) ein, dann folgt

$$f^+(s) = f\{Z^+(s)\} = \frac{g_1(s) - g_2(s) + u_2(s) - u_1(s)}{g_2(s) + g_1(s) + u_2(s) + u_1(s)}. \qquad (3.31)$$

Der Vergleich von Gl.(3.30) und Gl.(3.31) ergibt, daß $f^+(s)$ keine Pole in der abgeschlossenen rechten s-Halbebene haben kann, wenn $f(s)$ dort polfrei ist. Damit ist die erste Bedingung von Satz 3.3 erfüllt. Die zweite Bedingung ist ebenfalls erfüllt, da

$$|f(j\omega)|^2 = \frac{\{g_2(j\omega) - g_1(j\omega)\}^2 - \{u_2(j\omega) - u_1(j\omega)\}^2}{\{g_2(j\omega) + g_1(j\omega)\}^2 - \{u_2(j\omega) + u_1(j\omega)\}^2} = |f^+(j\omega)|^2. \qquad (3.32)$$

Somit ist auch Satz 3.4 bewiesen.

Schließlich gilt noch der folgende

<u>Satz 3.5</u>
Ist

$$Z(s) = \frac{g_1(s) + u_1(s)}{g_2(s) + u_2(s)}$$

positiv reell, dann sind

$$\frac{g_1(s)}{u_1(s)} , \quad \frac{g_2(s)}{u_2(s)} , \quad \frac{g_2(s)}{u_1(s)} \quad \text{und} \quad \frac{g_1(s)}{u_2(s)}$$

sämtlich Reaktanzzweipolfunktionen.

Daß die Quotienten g_1/u_1 und g_2/u_2 Reaktanzzweipolfunktionen sein müssen, folgt aus der Eigenschaft γ), wonach Zähler- und Nennerpolynom von $Z(s)$ modifizierte Hurwitzpolynome sind, sowie aus Satz 2.2. Mit Satz 3.4 folgt auf dieselbe Weise das gleiche Ergebnis für die Quotienten g_2/u_1 und g_1/u_2.

Es hat sich als zweckmäßig erwiesen, positiv reelle Funktionen in verschiedene Unterklassen zu unterteilen. Bereits bekannte Unterklassen sind z.B. die LC- und RC-Zweipolfunktionen. Andere Unterklassen sind

a) Zweipolfunktionen **minimaler Reaktanz**

Unter diesen versteht man solche positiv reellen Funktionen, die keine Pole auf der $j\omega$-Achse haben. Sind überdies auch keine Nullstellen auf der $j\omega$-Achse vorhanden, dann spricht man von Zweipolfunktionen **absolut minimaler Reaktanz**.

b) Zweipolfunktionen **minimaler Resistanz**

Unter diesen versteht man solche positiv reellen Funktionen, deren Realteil für wenigstens einen imaginären Wert $s = j\omega$ verschwindet. Das heißt mit anderen Worten, daß die Ortskurve von Zweipolfunktionen minimaler Resistanz die $j\omega$-Achse an wenigstens einer Stelle tangiert.

3.3 Prüfung auf positiv reelle Funktion

In diesem Abschnitt geht es um die Frage, wie man nachprüfen kann, ob eine gegebene Funktion $Z(s)$ positiv reell ist. In einfachen Fällen kann man direkt von der in Satz 3.1 gegebenen Definition positiv reeller Funktionen ausgehen, indem man $s = \sigma + j\omega$ setzt und den Realteil für $\sigma > 0$ untersucht.

Beispiele:

a)
$$Z(s) = \frac{1}{1+s} = \frac{1}{1+\sigma+j\omega} = \frac{1+\sigma-j\omega}{(1+\sigma)^2+\omega^2} . \tag{3.33}$$

Für $\sigma > 0$ ist auch der Realteil $\mathrm{Re}\{Z(s)\} > 0$. Folglich ist $Z(s)$ positiv reell.

b)
$$Z(s) = 1 - s = 1 - \sigma - j\omega .$$

Für $\sigma > 1$ ist der Realteil $\mathrm{Re}\{Z(s)\} < 0$. Folglich ist $Z(s)$ nicht positiv reell.

c)
$$Z(s) = \frac{4s^5 + 12s^4 + 9s^3 + 18s^2 + 2s + 2}{4s^4 + 4s^3 + 5s^2 + 4s + 1} . \tag{3.34}$$

Das letzte Beispiel ist nach dieser Methode praktisch nicht mehr überprüfbar. Für Beispiele dieser Art ist ein praktikableres Testverfahren erforderlich. Wir betrachten zunächst zwei spezielle Fälle.

1. Ist $Z(s)$ eine ungerade Funktion, dann kann $Z(s)$ nach Satz 3.2 nur dann positiv reell sein, wenn $Z(s)$ Reaktanzzweipolfunktion ist. In diesem Fall können also die Methoden von Abschnitt 2.1.1 angewendet werden.

2. Hat $Z(s)$ keine Pole auf der $j\omega$-Achse, dann kann $Z(s)$ nur dann positiv reell sein, wenn es Zweipolfunktion minimaler Reaktanz ist. Bei Zweipolfunktionen mini-

3.3 Prüfung auf positiv reelle Funktion

maler Reaktanz verläuft die Ortskurve innerhalb der endlichen rechten Z-Halbebene. Sie geht nicht durch den Punkt $Z = \infty$. Bei Zweipolen **absolut minimaler Reaktanz** geht die Ortskurve weder durch den Punkt $Z = \infty$ noch durch den Punkt $Z = 0$.

Man untersucht zunächst den Realteil von $Z(s)$ für $s = j\omega$. Bei positiv reellen Funktionen darf dieser Realteil nie negativ werden, vgl. Abb.3.7. Es muß also gelten

$$\operatorname{Re}\{Z(j\omega)\} \geq 0 \quad \text{für alle } \omega \:. \tag{3.35}$$

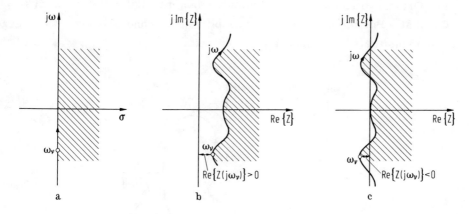

Abb.3.7. Zur Prüfung auf positiv reelle Funktion. a) s-Ebene; b) positiv reelle Funktion; c) nicht positiv reelle Funktion.

Diese Bedingung läßt sich verhältnismäßig leicht überprüfen. Die Aufgabe reduziert sich im wesentlichen auf die Überprüfung der Nullstellen von $\operatorname{Re}\{Z(j\omega)\}$. Wie die Abb.3.8 zeigt, sind reelle Nullstellen ungerader Ordnung ein hinreichendes Kriterium dafür, daß die Bedingung von Gl.(3.35) verletzt wird. Reelle Nullstellen gerader Ordnung und komplexe Nullstellen sind hingegen erlaubt.

Ist die Bedingung von Gl.(3.35) erfüllt, dann verläuft zwar die Ortskurve vollständig innerhalb der rechten Z-Halbebene. Es ist aber dann noch möglich, daß sich die rech-

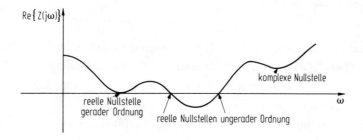

Abb.3.8. Veranschaulichung der Auswirkung der verschiedenen Nullstellentypen von $\operatorname{Re}\{Z(j\omega)\}$ auf die Bedingung von Gl.(3.35).

te s-Halbebene nicht wie in Abb.3.4 innerhalb der Ortskurve abbildet, sondern außerhalb derselben wie das in Abb.3.9 gezeigt ist. In diesem Fall gibt es also für gewisse Punkte s der rechten s-Halbebene Werte von $Z(s)$ mit negativem Realteil, was bei einer positiv reellen Funktion nicht erlaubt ist. Zur Entscheidung der Frage, ob sich die rechte s-Halbebene innerhalb oder außerhalb der Ortskurve abbildet, kann man den Punkt $Z = \infty$ betrachten. Wird $Z = \infty$ für Werte von s mit positivem Realteil, dann bildet sich die rechte s-Halbebene außerhalb der Ortskurve ab. Wird hingegen $Z = \infty$ nur für Werte von s mit negativem Realteil, dann bildet sich die rechte s-Halbebene innerhalb der Ortskurve ab. Da bei Zweipolfunktionen minimaler Reaktanz $Z(s) = P(s)/Q(s)$ alle Polstellen durch die Nullstellen des Nennerpolynoms $Q(s)$ gegeben sind, muß also $Q(s)$ ein Hurwitzpolynom sein.

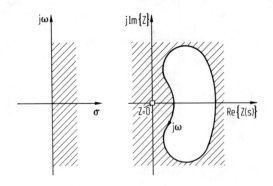

Abb.3.9. Abbildungsbeispiel einer nicht positiv reellen Funktion $Z(s)$, bei der $\operatorname{Re}\{Z(j\omega)\} > 0$ ist für alle ω.

Stellt man dieselben Betrachtungen für den Punkt $Z = 0$ an, dann ergibt sich, daß das Zählerpolynom $P(s)$ ein modifiziertes Hurwitzpolynom mit höchstens einfachen Nullstellen auf der $j\omega$-Achse sein muß. Beim Zweipol absolut minimaler Reaktanz müssen $P(s)$ und $Q(s)$ Hurwitzpolynome sein.

Fortan wollen wir Zweipolfunktionen minimaler Reaktanz durch $Z_M(s)$ und Zweipolfunktionen absolut minimaler Reaktanz durch $Z_r(s)$ kennzeichnen. Zusammenfassend gilt nach dem oben Gesagten

> Satz 3.6
> Die notwendigen und hinreichenden Bedingungen dafür, daß die Funktion $Z(s) = P(s)/Q(s)$ eine Zweipolfunktion minimaler Reaktanz $Z_M(s)$ {bzw. Zweipolfunktion absolut minimaler Reaktanz $Z_r(s)$} ist, lauten
> a) $\operatorname{Re}\{Z(j\omega)\} \geq 0$ für alle ω
> b) $Q(s)$ {bzw. sowohl $P(s)$ als auch $Q(s)$} ist Hurwitzpolynom.

Die Überprüfung einer allgemeinen Zweipolfunktion, die weder ungerade noch auf der $j\omega$-Achse pol- und nullstellenfrei ist, läßt sich auf die beschriebenen Spezialfäl-

3.3 Prüfung auf positiv reelle Funktion

le 1. und 2. zurückführen. Eine allgemeine positiv reelle Funktion $Z(s)$ kann nämlich Pole nur auf der $j\omega$-Achse und in der offenen linken s-Halbebene haben, d.h. man kann durch Partialbruchzerlegung oder nach dem in Abschnitt 2.1.2, Gl.(2.49)ff. beschriebenen Abspaltverfahren die positiv reelle Funktion $Z(s)$ zerlegen in

$$Z(s) = Z_{LC}(s) + Z_M(s) , \quad (3.36)$$

wobei

$$Z_{LC} = \frac{k_0}{s} + \sum_{\nu=1}^{n} \frac{2k_\nu s}{s^2 + \omega_\nu^2} + k_\infty s \quad (3.37)$$

alle Pole auf der $j\omega$-Achse und nur diese enthält und $Z_M(s)$ eine Restfunktion ist, die keine Pole auf der $j\omega$-Achse, sondern ausschließlich Pole in der offenen linken s-Halbebene enthält.

Wichtig ist jetzt der folgende

> **Satz 3.7**
> Jede positiv reelle Funktion $Z(s)$, die Pole auf der $j\omega$-Achse besitzt, läßt sich zerlegen in die Summe $Z(s) = Z_{LC}(s) + Z_M(s)$, wobei $Z_{LC}(s)$ eine Reaktanzzweipolfunktion und $Z_M(s)$ eine Zweipolfunktion minimaler Reaktanz ist.

Die Gültigkeit von Satz 3.7 ergibt sich wie folgt: Da nach Abschnitt 3.2 Punkt γ) alle Pole auf der $j\omega$-Achse einfach sein und positive Residuen haben müssen, und $Z(s)$ eine reelle Funktion ist, folgt mit Satz 2.1, daß $Z_{LC}(s)$ Reaktanzzweipolfunktion ist. Abgesehen von den Polstellen auf der $j\omega$-Achse ist

$$\text{Re}\{Z_{LC}(j\omega)\} = 0 \quad \text{für alle } \omega . \quad (3.38)$$

An den Polstellen selbst wird auch der Realteil unendlich, d.h. sein Verlauf hat bei den Polfrequenzen diracstoßartige Nadeln. Sehen wir wieder von den Polen auf der $j\omega$-Achse ab, dann gilt wegen Gl.(3.36) und Gl.(3.38)

$$\text{Re}\{Z_M(j\omega)\} = \text{Re}\{Z(j\omega)\} \geq 0 . \quad (3.39)$$

$\text{Re}\{Z_M(j\omega)\}$ ist gebrochen rational und, da Z_M keine Pole auf der $j\omega$-Achse hat, auch stetig. Die Ortskurve der Funktion $Z_M(s)$ verläuft also ausschließlich innerhalb der endlichen rechten Z-Halbebene. Sie geht nicht durch den Punkt $Z = \infty$. Innerhalb des von der Ortskurve eingeschlossenen Gebietes ist natürlich $\text{Re}\{Z_M(s)\} > 0$. Andererseits muß $Z_M(s)$ in der rechten s-Halbebene polfrei sein, da auch $Z_{LC}(s)$ und voraussetzungsgemäß $Z(s)$ dort polfrei sind. Das heißt aber, daß das Gebiet innerhalb der Ortskurve das Abbild der rechten s-Halbebene ist und das Gebiet außerhalb der Ortskurve, welches auch den Punkt $Z = \infty$ enthält, das Abbild der linken s-Halbebene ist. Für $\sigma > 0$ ist also $\text{Re}\{Z_M(s)\} > 0$, womit Satz 3.7 bewiesen ist.

Gehen wir jetzt zurück zu Gl.(3.36). Unter der Hypothese, daß $Z(s)$ positiv reell ist, ist nach Abspalten von $Z_{LC}(s)$ auch die Restfunktion $Z_M(s)$ positiv reell, aber ohne Pole auf der $j\omega$-Achse. $Z_M(s)$ kann aber noch Nullstellen auf der $j\omega$-Achse haben. Ist das der Fall, dann geht man zur reziproken Funktion $Y_M(s) = 1/Z_M(s)$ über und spaltet von dieser die Pole auf der $j\omega$-Achse ab. Die dadurch entstehende Restfunktion $Y_3(s)$ muß nach Satz 3.7 wieder positiv reell sein. Nun untersucht man $Y_3(s)$ auf Nullstellen auf der $j\omega$-Achse usw. So gelangt man schließlich zu einer Restfunktion $Z_r(s)$, die keine Pole und Nullstellen auf der $j\omega$-Achse besitzt, also Zweipolfunktion absolut minimaler Reaktanz ist, die nach Satz 3.6 überprüft werden kann. Die abgespaltenen Glieder mit Polen auf der $j\omega$-Achse müssen Reaktanzzweipolfunktionen sein.

Zusammenfassend lautet das Prüfverfahren für allgemeine positiv reelle Funktionen $Z(s)$

1. Man spalte von $Z(s)$ und $1/Z(s)$ alle Pole auf der $j\omega$-Achse ab und prüfe, ob die abgespaltenen Pole einfach sind und positive Residuen haben.

2. Man prüfe die übrigbleibende Restfunktion mit Satz 3.6.

Beide Bedingungen müssen bei einer positiv reellen Funktion erfüllt sein. Bei obiger Zusammenfassung wurde als selbstverständlich vorausgesetzt, daß alle Koeffizienten reell sind.

Beispiel:

$$Z(s) = \frac{P(s)}{Q(s)} = \frac{(s+2)^2}{(s+10)^2} = \frac{s^2 + 4s + 4}{s^2 + 20s + 100} = \frac{g_1(s) + u_1(s)}{g_2(s) + u_2(s)}. \quad (3.40)$$

$Z(s)$ hat weder Pole noch Nullstellen auf der $j\omega$-Achse. Man kann daher gleich Satz 3.6 anwenden. Für $s = j\omega$ ist der Realteil $\text{Re}\{Z(j\omega)\}$ gleich dem geraden Teil $\text{Gr}\{Z(j\omega)\}$, vgl. Gl.(2.9) und Gl.(2.11)

$$\text{Re}\{Z(j\omega)\} = \text{Gr}\{Z(j\omega)\} = \left.\frac{g_1(s)g_2(s) - u_1(s)u_2(s)}{g_2^2(s) - u_2^2(s)}\right|_{s=j\omega} =$$

$$= \left.\frac{(s^2+4)(s^2+100) - 80s^2}{(s^2+100)^2 - 400s^2}\right|_{s=j\omega} = \frac{\omega^4 - 24\omega^2 + 400}{(100 - \omega^2)^2 + 400\omega^2}.$$

Der Nenner des Realteils ist stets nichtnegativ. Die Nullstellen des Zählers liegen bei

$$\omega_{1,2}^2 = 12 \pm \sqrt{144 - 400} = 12 \pm j16.$$

Sie sind komplex, da die Wurzel aus einer komplexen Zahl ebenfalls komplex ist. Es ist also

$$\text{Re}\{Z(j\omega)\} > 0 \text{ für alle } \omega.$$

Da $P(s)$ Hurwitzpolynom ist (doppelte Nullstelle bei $s = -2$), ist Satz 3.6 erfüllt. Somit ist die Funktion $Z(s)$ in Gl.(3.40) positiv reell.

3.3 Prüfung auf positiv reelle Funktion

Bei der Überprüfung komplizierter Funktionen $Z(s)$ treten verschiedene Teilprobleme auf. Ein erstes Teilproblem ist die Frage, ob die gegebene Funktion sich kürzen läßt oder nicht. Es läßt sich zum Beispiel die folgende Funktion

$$Z(s) = \frac{6s^5 + 3s^4 + 4s^3 + 5s^2 + s + 6}{3s^5 + 6s^4 + 2s^3 + s^2 + 5s + 3} = \frac{(3s^3 - s + 3)(2s^2 + s + 2)}{(3s^3 - s + 3)(s^2 + 2s + 1)} \quad (3.41)$$

kürzen durch $(3s^3 - s + 3)$. Die Methode, wie man allgemein den gemeinsamen Teiler findet, liefert der Euklidische Algorithmus. Dieser besteht in einer Kettenbruchentwicklung der Funktion $Z(s)$. Endet die Kettenbruchentwicklung vorzeitig, dann ist der gemeinsame Teiler gleich dem letzten von Null verschiedenen Rest. Zur besseren Erläuterung wird dies am Beispiel von Gl.(3.41) ausgeführt.

$$\underline{(6s^5 + 3s^4 + 4s^3 + 5s^2 + s + 6)} : (3s^5 + 6s^4 + 2s^3 + s^2 + 5s + 3) = 2$$
$$-9s^4 \qquad + 3s^2 - 9s$$

$$\underline{(3s^5 + 6s^4 + 2s^3 + s^2 + 5s + 3)} : (-9s^4 + 3s^2 - 9s) = -\frac{1}{3}s - \frac{2}{3}$$
$$\underline{6s^4 + 3s^3 - 2s^2 + 5s + 3}$$
$$3s^3 \qquad - s + 3$$

$$(-9s^4 + 3s^2 - 9s) : (3s^3 - s + 3) = -3s \; .$$

Der Kettenbruch endet also, bevor sämtliche Potenzen von s abgearbeitet sind. Der letzte von Null verschiedene Rest ist $(3s^3 - s + 3)$. Daß dies der gemeinsame Teiler von $Z(s)$ sein muß, erkennt man am vollständig ausgeschriebenen Kettenbruch

$$Z(s) = 2 + \cfrac{1}{(-\frac{1}{3}s - \frac{2}{3}) + \cfrac{1}{-3s}} = \frac{2s^2 + s + 2}{s^2 + 2s + 1} \; . \quad (3.42)$$

Ein zweites Teilproblem ist das Auffinden von Nullstellen auf der $j\omega$-Achse bei einem reellen Polynom $P(s) = g(s) + u(s)$. Ein konjugiert komplexes Nullstellenpaar bei $s = \pm j\omega_0$ ergibt einen geraden Faktor $(s^2 + \omega_0^2)$, der sowohl im geraden Teil $g(s)$ als auch im ungeraden Teil $u(s)$ des Polynoms $P(s)$ enthalten sein muß.

$$Z(s) = g(s) + u(s) = (s^2 + \omega_0^2) Z_1(s) = (s^2 + \omega_0^2) g_1(s) + (s^2 + \omega_0^2) u_1(s) \; .$$

Wendet man also auf den Quotienten $g(s)/u(s)$ den Euklidischen Algorithmus an, dann ergibt sich der gemeinsame Teiler $(s^2 + \omega_0^2)$ automatisch als letzter von Null verschiedener Rest.

Wenn bei einer Funktion $Z(s)$ sowohl das Zählerpolynom als auch das Nennerpolynom keine Nullstellen auf der $j\omega$-Achse haben, dann erfolgt die Prüfung auf positiv reelle Funktion mit Satz 3.6. Die dabei fällige Überprüfung, ob ein Polynom $P(s) = g(s) + u(s)$ Hurwitzpolynom ist, kann zweckmäßigerweise mit Satz 2.2 erfolgen, wonach der Quotient aus $g(s)$ und $u(s)$ Reaktanzzweipolfunktion sein muß. Damit Letzteres der Fall ist, muß sich der Quotient $g(s)/u(s)$ auf die Form von Gl.(2.62) bringen lassen. Auch dies zeigt die wichtige Bedeutung der Kettenbruchentwicklung in der Netzwerktheorie. Zur Überprüfung der Bedingungen a) in Satz 3.6 ist die Frage nach der Existenz reeller Nullstellen wichtig. Diese Frage läßt sich mit Hilfe eines Satzes von Sturm entscheiden. Dieser Satz, auf den hier nicht näher eingegangen sei, wird z.B. in [12] beschrieben.

Nach der Diskussion verschiedener Teilprobleme, die bei der Überprüfung komplizierter Beispiele für $Z(s)$ auftreten können, wollen wir nun das Beispiel von Gl.(3.34) wieder aufgreifen.

$$Z(s) = \frac{P(s)}{Q(s)} = \frac{4s^5 + 12s^4 + 9s^3 + 18s^2 + 2s + 2}{4s^4 + 4s^3 + 5s^2 + 4s + 1} \quad . \tag{3.34}$$

Zunächst kann der Pol bei $s = \infty$, dessen Residuum $k_\infty = \lim_{s \to \infty} Z(s)\frac{1}{s} = 1$ ist, abgespalten werden. Das liefert

$$Z_1(s) = Z(s) - k_\infty s = \ldots = \frac{8s^4 + 4s^3 + 14s^2 + s + 2}{4s^4 + 4s^3 + 5s^2 + 4s + 1} = \frac{P_1(s)}{Q(s)} \quad .$$

Eine an dieser Stelle zweckmäßigerweise vorgenommene Anwendung des Euklidischen Algorithmus zeigt, daß $Z_1(s)$ sich nicht kürzen läßt.

Nun wird untersucht, ob das Zählerpolynom $P_1(s)$ Hurwitzpolynom ist.

$$P_1(s) = g_1(s) + u_1(s) = 8s^4 + 4s^3 + 14s^2 + s + 2 \;,$$

$$\frac{g_1(s)}{u_1(s)} = \frac{8s^4 + 14s^2 + 2}{4s^3 + s} = \ldots = 2s + \cfrac{1}{\frac{1}{3}s + \cfrac{1}{36s + \cfrac{1}{\frac{1}{6}s}}} \;.$$

$P_1(s)$ ist offenbar ein Hurwitzpolynom.

Nun wird untersucht, ob das Nennerpolynom $Q(s)$ Hurwitzpolynom ist

$$Q(s) = g(s) + u(s) = 4s^4 + 4s^3 + 5s^2 + 4s + 1 \;.$$

Die Kettenbruchentwicklung von $g(s)/u(s)$ endet hier vorzeitig

$$\frac{g(s)}{u(s)} = \ldots = \frac{(s^2 + 1)(4s^2 + 1)}{(s^2 + 1)\, 4s} \;.$$

Somit gilt $Q(s) = (s^2 + 1)(4s^2 + 4s + 1)$. Hier wurde also ein Pol auf der $j\omega$-Achse gefunden. Das zugehörige Residuum lautet

$$2k_1 = \lim_{s^2 \to -1} Z_1(s) \cdot \frac{s^2 + 1}{s} = \ldots = 1 \;.$$

Die Abspaltung dieses Polgliedes liefert

$$Z_2(s) = Z_1(s) - \frac{2k_1 s}{s^2 + 1} = \ldots = \frac{2(4s^2 + 1)}{4s^2 + 4s + 1} = \frac{1}{Y_2(s)} \;.$$

3.3 Prüfung auf positiv reelle Funktion

Wie nun unmittelbar zu sehen ist, hat auch $Y_2(s)$ einen Pol auf der $j\omega$-Achse. Sein Residuum errechnet sich zu

$$2k_2 = \lim_{s^2 \to -\frac{1}{4}} Y_2(s) \cdot \frac{s^2 + \frac{1}{4}}{s} = \ldots = \frac{1}{2} \;.$$

Die Abspaltung dieses Polgliedes liefert

$$Y_3(s) = Y_2(s) - \frac{2k_2 s}{s^2 + \frac{1}{4}} = \ldots = \frac{1}{2} \;.$$

Die hier übriggebliebene Zweipolfunktion minimaler Reaktanz ist ein ohmscher Widerstand der Größe $R = 2$. Da ferner alle abgespaltenen Pole auf der $j\omega$-Achse positive Residuen haben, ist die Funktion $Z(s)$ von Gl.(3.34) positiv reell. In diesem Beispiel kam die Überprüfung von $Z(s)$ auf positiv reelle Funktion einer Zweipolrealisierung gleich, die auf die Schaltung in Abb.3.10 führt.

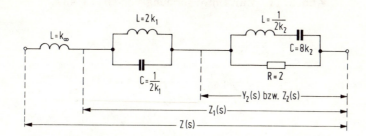

Abb.3.10. Eine Schaltungsrealisierung für Gl.(3.34).

Die soweit erläuterten Methoden lassen sich unmittelbar auf eine Vielzahl von Funktionen $Z(s)$ anwenden. Wie steht es aber z.B. im folgenden Beispiel?

$$Z(s) = \frac{P(s)}{Q(s)} = \left(\frac{s + 10}{s + 11}\right)^{10} . \qquad (3.43)$$

$P(s)$ und $Q(s)$ sind hier offenbar Hurwitzpolynome. Wenn $Z(s)$ positiv reell ist, dann muß es eine Zweipolfunktion minimaler Reaktanz sein. Da in Gl.(3.43) die Ausmultiplikation von Zähler und Nenner umständlich ist, setzen wir

$$s + 10 = |s + 10| \cdot e^{j\alpha(s)},$$
$$s + 11 = |s + 11| \cdot e^{j\beta(s)}.$$

Damit wird

$$Z(s) = |Z(s)| \cdot e^{j\varphi(s)} = \left|\frac{s + 10}{s + 11}\right|^{10} \cdot e^{j\{10\alpha(s) - 10\beta(s)\}}$$

und

$$\operatorname{Re}\{Z(j\omega)\} = |Z(j\omega)| \cos \varphi(j\omega) = \left|\frac{j\omega + 10}{j\omega + 11}\right|^{10} \cdot \cos\{10\alpha(j\omega) - 10\beta(j\omega)\} \geq 0 \;?$$

Der Betrag $|Z(j\omega)|$ ist stets nichtnegativ. Damit nun der Realteil nicht negativ wird, ist es verboten, daß der Kosinus negativ wird, d.h. es muß

$$|\alpha(j\omega) - \beta(j\omega)| = |\varepsilon(j\omega)| \leq 9° \quad \text{für alle } \omega$$

sein. Nach Abb.3.11 gilt

$$\alpha = \arctan \frac{\omega}{10}, \quad \beta = \arctan \frac{\omega}{11}.$$

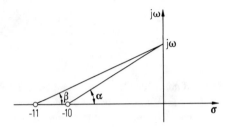

Abb.3.11. Zur Untersuchung von Gl.(3.43).

Die Winkeldifferenz $\varepsilon = \alpha - \beta$ hat ihr Maximum für

$$\frac{d\varepsilon}{d\omega} = \frac{1}{1 + \frac{\omega^2}{100}} \cdot \frac{1}{10} - \frac{1}{1 + \frac{\omega^2}{121}} \cdot \frac{1}{11} \stackrel{!}{=} 0$$

oder

$$\frac{10}{100 + \omega^2} = \frac{11}{121 + \omega^2} \wedge \omega^2 = 110, \quad \omega \approx 10,49.$$

Das ergibt die Winkel $\alpha \approx 46°20'$, $\beta \approx 43°40'$ und die maximale Winkeldifferenz $\varepsilon_{max} = 2°40'$. Da $|\varepsilon_{max}| < 9°$ ist, bleibt der Realteil stets nichtnegativ, womit $Z(s)$ positiv reell ist.

3.4 Syntheseverfahren für passive Zweipole

In diesem Abschnitt wird gezeigt, wie man zu jeder beliebigen positiv reellen Funktion $Z(s)$ eine Schaltung aus nur passiven Elementen findet, die $Z(s)$ als Eingangsimpedanz realisiert. Das erste Verfahren, welches dies leistet, stammt von O. Brune [8]. Im Laufe der Entwicklung der Netzwerktheorie sind noch weitere Verfahren von verschiedenen Autoren entwickelt worden, so u.a. von Bott und Duffin, Miyata, Darlington und Unbehauen. Das Kernstück aller Verfahren liegt in der Synthese von Zweipolfunktionen absolut minimaler Reaktanz. Hat nämlich eine positiv reelle Funktion Pole und Nullstellen auf der $j\omega$-Achse, so lassen sich mit Satz 3.7 die Polglieder auf der $j\omega$-Achse von $Z(s)$ und $1/Z(s)$ abspalten und mit den in Kapitel 2 beschriebenen Methoden realisieren, vgl. auch Abb.3.10.

3.4 Syntheseverfahren für passive Zweipole

3.4.1 Das Verfahren von Brune

Ausgangspunkt ist eine beliebige Zweipolfunktion absolut minimaler Reaktanz, $Z_r(s)$, also eine positiv reelle Funktion, die weder Pole noch Nullstellen auf der $j\omega$-Achse besitzt. Abb.3.4c zeigt eine typische Ortskurve einer solchen Funktion. Die Realisierung der Schaltung geschieht nun in folgenden Schritten:

1. Im ersten Schritt wird das absolute Minimum R_m des Realteils von $Z_r(j\omega)$ bestimmt

$$R_m = \text{Min}\left[\text{Re}\{Z_r(j\omega)\}\right] \geq 0 \ . \tag{3.44}$$

Dieses Minimum R_m, welches bei der nichtnegativen Frequenz ω_m liegen möge, ist stets nichtnegativ. Es kann vorkommen, daß es mehrere Frequenzen ω_m gibt, bei denen der Realteil das gleiche absolute Minimum hat.

Wir bilden nun

$$Z_1(s) = Z_r(s) - R_m \ . \tag{3.45}$$

Durch diese Operation wird die Ortskurve soweit nach links verschoben, daß sie bei ω_m die imaginäre Z-Achse berührt. Die Restfunktion $Z_1(s)$ bleibt dadurch positiv reell. Die schaltungsmäßige Zerlegung entsprechend Gl.(3.45) zeigt Abb.3.12.

Abb.3.12. Erster Schritt des Brune-Verfahrens für $Z(s)$: Extraktion eines ohmschen Widerstandes R_m.

2. Da bei $s = j\omega_m$ der Realteil von $Z_1(s)$ gleich Null ist, ist $Z_1(s)$ dort imaginär oder Null, d.h.

$$Z_1(j\omega_m) = jX \quad \text{mit} \quad X \gtreqless 0 \ . \tag{3.46}$$

Für den Fall, daß $0 < \omega_m < \infty$ und $X \leq 0$ ist, setzen wir

$$j\omega_m L_1 = jX \quad \text{bzw.} \tag{3.47}$$

$$L_1 = \frac{X}{\omega_m} \leq 0 \tag{3.48}$$

und bilden

$$Z_2(s) = Z_1(s) - sL_1 \ . \qquad (3.49)$$

Falls es mehrere ω_m gibt, kann in Gl.(3.48) irgendein ω_m gewählt werden. Die Gl. (3.49) ergibt die Schaltung in Abb. 3.13. In dieser ist die Induktivität L_1 zunächst

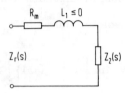

Abb.3.13. Zweiter Schritt des Brune-Verfahrens für $X \leqslant 0$: Abspaltung einer Induktivität $L_1 \leqslant 0$.

nicht realisierbar (abgesehen vom Fall $L_1 = 0$). Die Restfunktion $Z_2(s)$ ist aber positiv reell, da in Gl.(3.49) $Z_1(s)$ positiv reell ist und $-L_1 \geqslant 0$ ist. An der Stelle $s = j\omega_m$ ist nun sowohl der Realteil als auch der Imaginärteil von $Z_2(s)$ gleich Null, d.h. die Funktion $Y_2(s) = 1/Z_2(s)$ hat dort einen Pol, der ein positives Residuum haben muß, da mit $Z_2(s)$ auch $Y_2(s)$ positiv reell ist.

Die Fälle $X > 0$ und $\omega_m = 0$ sowie $\omega_m = \infty$ werden später gesondert behandelt.

3. Im dritten Schritt wird der Pol bei ω_m von $Y_2(s)$ abgespalten. Sein Residuum berechnet sich entsprechend Gl.(2.51) zu

$$2k_1 = \lim_{s^2 \to -\omega_m^2} Y_2(s) \frac{s^2 + \omega_m^2}{s} \ . \qquad (3.50)$$

Die Abspaltung des konjugiert komplexen Polpaars ergibt

$$Y_3(s) = Y_2(s) - \frac{2k_1 s}{s^2 + \omega_m^2} = \frac{1}{Z_3(s)} \ .$$

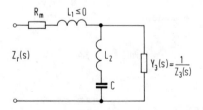

Abb.3.14. Dritter Schritt des Brune-Verfahrens für $X \leqslant 0$: Abspaltung eines Serienschwingkreises.

3.4 Syntheseverfahren für passive Zweipole

Das abgespaltene Polpaar ist durch eine Serienschaltung einer Induktivität L_2 und einer Kapazität C realisierbar. Die bisherige Schaltungsentwicklung führt also auf Abb.3.14, worin L_2 und C positiv sind, und $Z_3(s)$ positiv reell ist (nach Satz 3.7).

4. Wegen Gl.(3.49) hat $Z_2(s)$ einen Pol bei $s = \infty$ bekommen. Dieser Pol ist bisher nicht abgebaut worden. Folglich hat auch $Z_3(s)$ noch einen Pol bei $s = \infty$, dessen Residuum positiv sein muß, da $Z_3(s)$ positiv reell ist.

$$k_\infty = \lim_{s \to \infty} Z_3(s) \frac{1}{s} = L_3 \ . \tag{3.52}$$

Es wird jetzt

$$Z_4(s) = Z_3(s) - sL_3 \tag{3.53}$$

gebildet. Die zugehörige Schaltung zeigt Abb.3.15. Die Restfunktion $Z_4(s)$ ist wieder positiv reell.

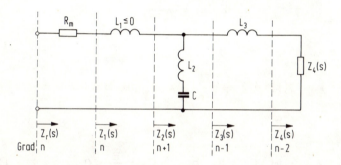

Abb.3.15. Darstellung eines vollständigen Brunezyklus für die Realisierung von $Z(s)$ bei $X \leqslant 0$.

Die Schritte 1 bis 4 stellen einen vollständigen B r u n e z y k l u s dar. Am Ende eines solchen Zyklus ergibt sich eine positiv reelle Restfunktion $Z_4(s)$, die um den Grad 2 niedriger ist als die Ausgangsfunktion. Auf die Restfunktion $Z_4(s)$ kann der Brunezyklus beginnend mit Schritt 1 erneut angewendet und solange wiederholt werden, bis die Funktion vollständig abgebaut ist. Problematisch ist einstweilen noch die negative Induktivität L_1. Da $Z_1(s)$ voraussetzungsgemäß keinen Pol bei $s = \infty$ hat, gilt nach Gl.(3.49)

$$Z_2(s) \Big|_{s \to \infty} \cong -sL_1 \ . \tag{3.54}$$

Andererseits ergibt sich aus Abb.3.15 und der Tatsache, daß $Z_4(s)$ keinen Pol bei $s = \infty$ hat

$$Z_2(s)\Big|_{s\to\infty} \cong \frac{sL_2\,sL_3}{sL_2 + sL_3} = s\,\frac{1}{\frac{1}{L_2}+\frac{1}{L_3}}\ . \tag{3.55}$$

Aus Gl.(3.54) und Gl.(3.55) folgt

$$\frac{1}{L_1} + \frac{1}{L_2} + \frac{1}{L_3} = 0\ . \tag{3.56}$$

Eine sternartige Zusammenschaltung von Induktivitäten, bei der die Bedingung von Gl.(3.56) zutrifft, kann durch eine äquivalente Schaltung aus positiven gekoppelten Induktivitäten ersetzt werden, wie später gezeigt wird.

Wir holen jetzt den Fall nach, daß in Gl.(3.46) der Imaginärteil $X > 0$ ist. Anstelle von Schritt 2 folgt nun der Schritt

2a. Für $0 < \omega_m < \infty$ und $X > 0$ gehen wir zur reziproken Funktion über

$$Y_1(s) = \frac{1}{Z_1(s)} \tag{3.57}$$

bzw.

$$Y_1(j\omega_m) = \frac{1}{jX} = -j\frac{1}{X} = jB \quad \text{mit}\ B < 0\ . \tag{3.58}$$

Wir setzen jetzt

$$j\omega_m C_1 = jB \quad \text{bzw.}\quad C_1 = \frac{B}{\omega_m} < 0 \tag{3.59}(3.60)$$

und bilden

$$Y_2(s) = Y_1(s) - sC_1\ . \tag{3.61}$$

Statt der Schaltung in Abb.3.13 ergibt sich mit Gl.(3.58) nun die Schaltung in Abb. 3.16. Die Restfunktion $Y_2(s)$ ist wegen $-C_1 > 0$ positiv reell. An der Stelle $s = j\omega_m$ hat sie eine Nullstelle, d.h. $1/Y_2(s) = Z_2(s)$ hat dort einen Pol. Dieser kann im

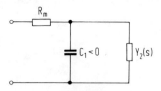

Abb.3.16. Zweiter Schritt des Brune-Verfahrens für $X > 0$: Abspaltung einer Kapazität $C_1 < 0$.

3.4 Syntheseverfahren für passive Zweipole

Schritt 3a als Parallelkreis abgespalten werden, wodurch die Restfunktion $Z_3(s)$ bzw. $Y_3(s)$ entsteht. Ferner hat wegen Gl.(3.58) $Y_2(s)$ einen Pol bei $s = \infty$, weshalb auch die Restfunktion $Y_3(s)$ dort einen Pol haben muß. Der Abbau dieses Pols liefert schließlich die zu Abb.3.15 korrespondierende Schaltung in Abb.3.17, in der $Z_4(s)$

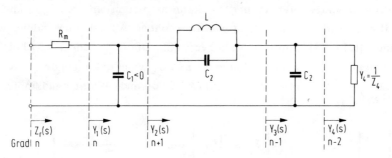

Abb.3.17. Darstellung eines vollständigen Brunezyklus für die Realisierung von $Z(s)$ bei $X > 0$.

wieder positiv reell ist. Zwischen den Kapazitäten C_1, C_2 und C_3, von denen C_1 negativ ist, gilt nun die folgende zu Gl.(3.56) analoge Beziehung

$$\frac{1}{C_1} + \frac{1}{C_2} + \frac{1}{C_3} = 0 \ . \tag{3.62}$$

Im folgenden wird gezeigt, daß sowohl für die Schaltung in Abb.3.17, in der C_1 negativ ist, als auch für die Schaltung in Abb.3.15, in der L_1 negativ ist, eine realisier-

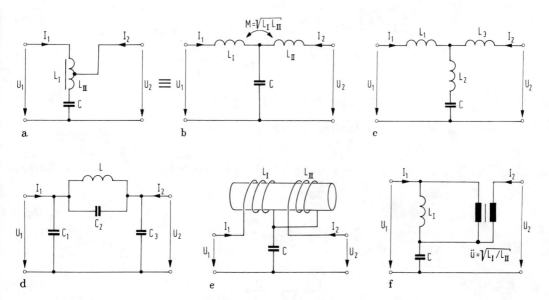

Abb.3.18. Zur Realisierung einer Induktivitäts-Sternschaltung mit einer negativen Induktivität und einer Kapazitäts-Dreieckschaltung mit einer negativen Kapazität durch ein gekoppeltes Induktivitätenpaar.

bare äquivalente Schaltung mit einem passiven fest gekoppelten Induktivitätenpaar existiert. Dazu betrachten wir Abb.3.18. Die Teil-Abbildungen a und b zeigen zwei äquivalente Schaltungen mit zwei fest gekoppelten Induktivitäten L_I und L_{II}. Die Abb. e dient zur Kennzeichnung des Wicklungssinnes der Spulen. Statt der zwei festgekoppelten Induktivitäten L_I und L_{II} kann man auch eine einzige Induktivität zusammen mit einem idealen Übertrager entsprechend Abb. f verwenden, wie aus Abb.1.11 und Gl.(1.44) unmittelbar hervorgeht. Die Schaltungen in Abbildung c und d sind äquivalent zu denen in Abbildung a bzw. b, wenn die zugehörigen Vierpolmatrizen gleich sind. Für Abbildung b ergibt sich folgende Widerstandsmatrix (Nullzustand, vgl. Gl.1.45)

$$\begin{bmatrix} U_1(s) \\ U_2(s) \end{bmatrix} = \begin{bmatrix} Z_{11b} & Z_{12b} \\ Z_{21b} & Z_{22b} \end{bmatrix} \begin{bmatrix} I_1(s) \\ I_2(s) \end{bmatrix} = \begin{bmatrix} sL_I + \frac{1}{sC} & \frac{1}{sC} + sM \\ \frac{1}{sC} + sM & sL_{II} + \frac{1}{sC} \end{bmatrix} \begin{bmatrix} I_1(s) \\ I_2(s) \end{bmatrix}. \tag{3.63}$$

Für Abbildung 3.18c ergibt sich als Widerstandmatrix

$$\begin{bmatrix} U_1(s) \\ U_2(s) \end{bmatrix} = \begin{bmatrix} Z_{11c} & Z_{12c} \\ Z_{21c} & Z_{22c} \end{bmatrix} \begin{bmatrix} I_1(s) \\ I_2(s) \end{bmatrix} = \begin{bmatrix} sL_1 + sL_2 + \frac{1}{sC} & sL_2 + \frac{1}{sC} \\ sL_2 + \frac{1}{sC} & sL_3 + sL_2 + \frac{1}{sC} \end{bmatrix} \begin{bmatrix} I_1(s) \\ I_2(s) \end{bmatrix}. \tag{3.64}$$

Damit die Widerstandsmatrizen gleich sind, muß gelten

$$Z_{11b} \stackrel{!}{=} Z_{11c} \quad \text{bzw.} \quad L_I = L_1 + L_2, \tag{3.65}$$

$$Z_{12b} = Z_{21b} \stackrel{!}{=} Z_{12c} = Z_{21c} \quad \text{bzw.} \quad M = L_2, \tag{3.66}$$

$$Z_{22b} = Z_{22c} \quad \text{bzw.} \quad L_{II} = L_2 + L_3. \tag{3.67}$$

Für eine feste Kopplung in Abbildung 3.18b gilt

$$L_2 = M = \sqrt{L_I L_{II}} = \sqrt{(L_1 + L_2)(L_2 + L_3)}, \tag{3.68}$$

d.h.

$$L_2^2 = L_1 L_2 + L_1 L_3 + L_2 L_3 + L_2^2 \tag{3.69}$$

oder

$$\frac{1}{L_1} + \frac{1}{L_2} + \frac{1}{L_3} = 0. \tag{3.70}$$

Gl.(3.70) ist aber identisch mit Gl.(3.56).

3.4 Syntheseverfahren für passive Zweipole

Zur Berechnung der Elemente der Widerstandsmatrix der Schaltung in Abbildung 3.18d stellt man zweckmäßigerweise zunächst die Leitwertsmatrix [Y] auf und ermittelt dann deren Kehrmatrix $[Z] = [Y]^{-1}$, vgl. Tab.1.2. Auf diese Weise ergeben sich nach einer etwas längeren Rechnung, die hier übergangen sei,

$$Z_{11d}(s) = \frac{Y_{22}}{\Delta Y} = \frac{s^2 L(C_2 + C_3) + 1}{s^3(C_1 C_2 + C_1 C_3 + C_2 C_3)L + s(C_1 + C_3)} \quad , \tag{3.71}$$

$$Z_{12d}(s) = Z_{21d}(s) = \frac{-Y_{12}}{\Delta Y} = \frac{s^2 L C_2 + 1}{s^3(C_1 C_2 + C_1 C_3 + C_2 C_3)L + s(C_1 + C_3)} \quad , \tag{3.72}$$

$$Z_{22d}(s) = \frac{Y_{11}}{\Delta Y} = \frac{s^2 L(C_1 + C_2) + 1}{s^3(C_1 C_2 + C_1 C_3 + C_2 C_3)L + s(C_1 + C_3)} \quad . \tag{3.73}$$

Damit die Widerstandsmatrizen der Abbildungen 3.18b und 3.18d übereinstimmen, muß für alle s

$$Z_{11b} = Z_{11d} \, , \quad Z_{12b} = Z_{12d} \, , \quad Z_{22b} = Z_{22d} \tag{3.74}$$

sein. Daraus folgt

$$C_1 C_2 + C_1 C_3 + C_2 C_3 = 0 \quad , \tag{3.75}$$

$$C_1 + C_3 = C \quad , \tag{3.76}$$

$$L_I = L \frac{C_2 + C_3}{C} \quad , \tag{3.77}$$

$$L_{II} = L \frac{C_1 + C_2}{C} \quad . \tag{3.78}$$

Gl.(3.75) ergibt die bereits bekannte Bedingung von Gl.(3.62). Ist also die Schaltung in Abbildung (c) oder (d) gegeben, dann findet man für die äquivalente Schaltung in Abbildung (b) bzw. (a) aus den Gln.(3.65) bis (3.67) bzw. aus den Gln. (3.76) bis Gl.(3.78)

$$L_I = L_1 + L_2 = L \frac{C_2 + C_3}{C_1 + C_3} \quad , \tag{3.79}$$

$$L_{II} = L_2 + L_3 = L \frac{C_1 + C_2}{C_1 + C_3} \quad , \tag{3.80}$$

$$M = L_2 = L \frac{C_2}{C_1 + C_3} \quad , \qquad (3.81)$$

$$C = C_1 + C_3 \; . \qquad (3.82)$$

Wegen Gl.(3.70) und Gl.(3.75) ist sichergestellt, daß L_I, L_{II} und C positiv ausfallen.

Wenn $L_1 > 0$ ist, dann bedeutet das nach Schritt 2a bzw. nach Gl.(3.58) und Gl.(3.60), daß $C_1 < 0$ ist, was wiederum $C_2 > 0$, $L > 0$ und $C_3 > 0$ ergibt. Aus Letzterem folgt aber für die Schaltung in Abbildung (c) mit Gl.(3.75) und Gl.(3.82), daß $C > 0$ und mit Gl.(3.81), daß $L_2 > 0$ ist. Hieraus können wir nachträglich den Rückschluß ziehen, daß im Fall $X > 0$ in Gl.(3.46) es nicht nötig gewesen wäre, mit Schritt 2a zur reziproken Funktion $Y_2(s)$ überzugehen. Man hätte auch mit Gl.(3.49) eine positive Induktivität L_1 abspalten können. Der im anschließenden Schritt 3 abgespaltene Serienkreis würde auch dann in jedem Fall eine positive Induktivität L_2 und eine positive Kapazität C erhalten. Negativ wäre statt L_1 dann die im Schritt 4 abgespaltene Induktivität L_3 geworden. Für den Spulenstern mit negativem L_3 gilt ebenfalls Gl.(3.56). Auch in diesem Fall ergibt sich eine realisierbare äquivalente Schaltung mit einem passiven und fest gekoppelten Induktivitätenpaar, deren Elemente sich mit Gl.(3.79) bis Gl.(3.82) berechnen lassen.

Schließlich sind noch die Fälle nachzutragen, daß das absolute Minimum des Realteils in Schritt 2 entweder bei $\omega_m = 0$ oder bei $\omega_m = \infty$ auftritt. Da bei $s = j\omega$ der Imaginärteil von $Z(j\omega)$ nur vom ungeraden Teil $Un\{Z(s)\}$ herrühren kann, vgl. Gl.(2.12), folgt, daß auch der Imaginärteil $X(j\omega)$ in Gl.(3.46) eine ungerade Funktion sein muß, d.h. daß $X(0)$ nur Null oder Unendlich sein kann. Da die Möglichkeit $X = \infty$ ausscheidet, weil $Z(s)$ voraussetzungsgemäß keinen Pol auf der $j\omega$-Achse hat, bleibt nur noch die Möglichkeit $X = 0$ übrig.

Betrachten wir zunächst den Fall $\omega_m = 0$, also $Z_1(0) = 0$. Die reziproke Funktion $Y_1(s)$ hat also einen Pol bei $s = 0$. Sein Residuum muß positiv sein, weil $Z_1(s)$ positiv reell ist. Die Abspaltung des Pols ergibt die Schaltung in Abb.3.19. Die Restfunktion $Y_2(s)$ ist positiv reell.

Für den Fall $\omega_m = \infty$ erhalten wir $Z_1(\infty) = 0$. Damit hat $Y_1(s)$ einen Pol bei $s = \infty$ mit positivem Residuum. Durch Abspalten dieses Pols erhält man die Schaltung in Abb.3.20, in der $Y_2(s)$ wieder positiv reell ist.

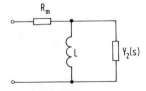

Abb.3.19. Brunezyklus bei $Z_1(0) = 0$.

3.4 Syntheseverfahren für passive Zweipole

Positiv reelle Funktionen 1.Ordnung lassen sich stets entweder in der Form von Abb. 3.19 oder in der Form von Abb.3.20 realisieren.

Zählt man entsprechend Abb.3.18f das festgekoppelte Induktivitätenpaar als zwei Elemente, so benötigt die nach B r u n e gefundene Schaltung genau so viele Elemente, wie die vorgegebene Zweipolfunktion unabhängige Koeffizienten (= Freiheitsgrade) hat. Die gefundene Schaltung ist daher kanonisch.

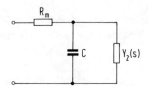

Abb.3.20. Brunezyklus bei $Z_1(\infty) = 0$.

Zum Abschluß sei das Verfahren von B r u n e noch durch ein Zahlenbeispiel verdeutlicht. Gegeben ist die positiv reelle Funktion

$$Z(s) = \frac{s^3 + 4,5s^2 + 3,5s + 2}{0,5s^2 + s + 1} \quad . \tag{3.83}$$

$Z(s)$ hat einen Pol bei $s = \infty$. Das Residuum ist $k_\infty = 2$. Durch Abspalten des Pols ergibt sich

$$Z(s) - k_\infty s = \frac{2,5s^2 + 1,5s + 2}{0,5s^2 + s + 1} = Z_r(s) = \frac{g_1 + u_1}{g_2 + u_2} \quad .$$

$Z_r(s)$ hat weder Pole noch Nullstellen auf der $j\omega$-Achse. Es ist also eine Zweipolfunktion absolut minimaler Reaktanz.

Zur Bestimmung des absoluten Minimums des Realteils bilden wir den geraden Teil (vgl. Gl.(2.11))

$$Gr\{Z_r(s)\} = \frac{g_1(s)\,g_2(s) - u_1(s)\,u_2(s)}{g_2^2(s) - u_2^2(s)} = \frac{1,25s^4 + 2s^2 + 2}{0,25s^4 + 1} \quad .$$

Für $s = j\omega$ ist

$$Re\{Z_r(j\omega)\} = Gr\{Z_r(j\omega)\} = \frac{1,25\omega^4 - 2\omega^2 + 2}{0,25\omega^4 + 1} \quad .$$

Der qualitative Verlauf des Realteils ist in Abb.3.21 dargestellt. Das absolute Minimum liegt bei $\omega_m = 1$

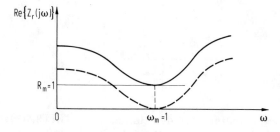

Abb.3.21. Qualitativer Verlauf von $Re\{Z_r(j\omega)\}$ für das Beispiel von Gl.(3.83).

und hat den Wert $\text{Re}\{Z_r(j\omega_m)\} = R_m = 1$.

$$Z_r - R_m = \frac{2s^2 + 0,5s + 1}{0,5s^2 + s + 1} = Z_1 .$$

Bei $s = j\omega_m = j1$ muß $Z_1(s)$ rein imaginär sein

$$Z_1(j1) = \frac{-1 + 0,5j}{0,5 + j} = j1 .$$

Es stellt sich heraus, daß der Imaginärteil positiv ist. Anstatt zu Schritt 2a überzugehen, machen wir von den Überlegungen im Anschluß an Gl.(3.82) Gebrauch, d.h. wir spalten die positive Induktivität

$$L_1 = \frac{Z_1(j\omega_m)}{j\omega_m} = 1$$

ab. Das liefert

$$Z_2(s) = Z_1(s) - sL_1 = \frac{-0,5s^3 + s^2 - 0,5s + 1}{0,5s^2 + s + 1} = \frac{(s^2+1)(-0,5s+1)}{0,5s^2 + s + 1} = \frac{1}{Y_2(s)} .$$

$Y_2(s)$ hat nun einen Pol bei $s = j1$. Sein Residuum ergibt sich zu

$$2k_1 = \lim_{s^2 \to -1} Y_2(s) \frac{s^2 + 1}{s} = \frac{0,5 + j}{(1 - 0,5j)j} = 1 ,$$

also

$$\frac{s}{s^2 + 1} = \frac{1}{sL_2 + \frac{1}{sC}} \quad \text{bzw.} \quad L_2 = 1, \; C = 1 .$$

Die Abspaltung des Polglieds bei $s^2 = -1$ liefert schließlich

$$Y_3(s) = Y_2(s) - \frac{s}{s^2 + 1} = \ldots = \frac{1}{-0,5s + 1} = \frac{1}{sL_3 + R_2} .$$

Die somit entstandene Schaltung zeigt Abb.3.22a. Die Überprüfung von Gl.(3.56) ergibt

$$\frac{1}{L_1} + \frac{1}{L_2} + \frac{1}{L_3} = 1 + 1 - 2 = 0 .$$

Aus Gl.(3.79) und Gl.(3.80) folgt $L_I = L_1 + L_2 = 2$, $L_{II} = L_2 + L_3 = 0,5$. Mit Abb.3.18 folgt nun die realisierbare äquivalente Schaltung in Abb.3.22b.

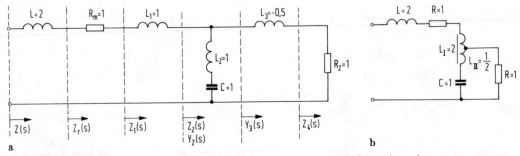

Abb.3.22. Realisierte Schaltung für das Beispiel von Gl.(3.83). a) Schaltung mit einer negativen Induktivität L_3; b) äquivalente Schaltung mit nur positiven Schaltelementen.

3.4.2 Das Verfahren von Bott und Duffin

Mit dem Verfahren von B r u n e wurde gezeigt, daß jede beliebige passive Zweipolfunktion (= positiv reelle Funktion) sich realisieren läßt mit Hilfe von positiven ohmschen Widerständen, Kapazitäten, Induktivitäten und idealen Übertragern, wenn man die gekoppelten Induktivitätenpaare durch Induktivitäten und ideale Übertrager gemäß Abb.3.18f ersetzt. Das nachfolgend beschriebene Verfahren von B o t t und D u f f i n zeigt, daß keineswegs alle genannten Elementetypen notwendig sind, sondern daß man stets ohne Übertrager bzw. gekoppelte Induktivitätenpaare auskommen kann [10]. Ausgangspunkt des Verfahrens ist wieder die Zweipolfunktion absolut minimaler Reaktanz $Z_r(s)$, die weder Pole noch Nullstellen auf der $j\omega$-Achse besitzt. Wie beim Bruneverfahren wird wieder zunächst das absolute Minimum des Realteils $\text{Min}[\text{Re}\{Z(j\omega)\}] = R_m$ aufgesucht und die Funktion (vgl. Gl.(3.45))

$$Z_1(s) = Z_r(s) - R_m \qquad (3.87)$$

gebildet. Das absolute Minimum liege bei $s = j\omega_m$. Da der Fall $\omega_m = 0$ trivial ist, vgl. Abschnitt 3.3.1, setzen wir im weiteren voraus, daß $\omega_m > 0$ sei. Bei $s = j\omega_m$ ist $Z_1(s)$ rein imaginär, d.h.

$$Z_1(j\omega_m) = jX \; . \qquad (3.88)$$

Der Fall $X = 0$ ist wieder trivial. Im folgenden braucht nur der Fall $X > 0$ zu interessieren, denn für $X < 0$ kann man statt $Z_1(s)$ die reziproke Funktion $Y_1(s) = 1/Z_1(s)$ betrachten.

Grundlage des Verfahrens von B o t t und D u f f i n ist die Funktion

$$R(s) = \frac{k Z_1(s) - s Z_1(k)}{k Z_1(k) - s Z_1(s)} \; , \qquad (3.89)$$

in der die reelle und positive Zahl k sich berechnet aus der Gleichung

$$k Z_1(j\omega_m) = j\omega_m Z_1(k) \; . \qquad (3.90)$$

Es wird behauptet, daß

a) stets eine reelle und positive Lösung für k existiert. Damit hat $R(s)$ ein Nullstellenpaar bei $s = \pm j\omega_m$, zumal dann dort der Nenner von Gl.(3.89) reell und positiv wird.

b) $R(s)$ positiv reell ist.

Beweis

Zu a) Voraussetzungsgemäß ist

$$\frac{Z_1(j\omega_m)}{j\omega_m} = \frac{X}{\omega_m} = a \qquad (3.91)$$

reell und positiv. Ebenso ist $Z_1(0)$ reell und positiv, da der triviale Fall $\omega_m = 0$ ausgeschlossen war. Folglich wird längs der σ-Achse der Ausdruck $Z_1(\sigma) - a\sigma$ für große Werte von σ irgendwann einmal negativ, zumal $Z_1(\sigma)$ längs der positiven σ-Achse beschränkt bleibt, da $Z_1(s)$ positiv reell ist. Folglich gibt es auch sicher eine Nullstelle $\sigma = k$ für den Ausdruck $Z_1(\sigma) - a\sigma$. Damit ist die erste Aussage bewiesen.

Zu b) Zum Beweis der zweiten Aussage wird Gl.(3.89) auf die Form von Gl.(3.25) gebracht. Nach einer zwar etwas längeren aber elementaren Umrechnung erhalten wir

$$R(s) = \frac{1 - \dfrac{1 - Z_1(s)/Z_1(k)}{1 + Z_1(s)/Z_1(k)} \cdot \dfrac{k+s}{k-s}}{1 + \dfrac{1 - Z_1(s)/Z_1(k)}{1 + Z_1(s)/Z_1(k)} \cdot \dfrac{k+s}{k-s}} = \frac{1 - f(s)}{1 + f(s)} \quad , \qquad (3.92)$$

also

$$f(s) = \frac{1 - \dfrac{Z_1(s)}{Z_1(k)}}{1 + \dfrac{Z_1(s)}{Z_1(k)}} \cdot \frac{k+s}{k-s} \quad . \qquad (3.93)$$

Wie mit Gl.(3.26) und Gl.(3.27) gezeigt wurde, ist $R(s)$ positiv reell, wenn $f(s)$ in der abgeschlossenen rechten s-Halbebene polfrei ist, und $|f(j\omega)| \leq 1$ ist.

Der Ausdruck $1 + Z_1(s)/Z_1(k)$ hat in der rechten abgeschlossenen s-Halbebene keine Nullstellen, da $Z_1(s)$ positiv reell ist, und k eine reelle positive Zahl ist. Für $s = k$ wird $1 - Z_1(s)/Z_1(k) = 0$, weshalb sich der Ausdruck $k - s$ wegkürzt. Damit ist $f(s)$ in der abgeschlossenen rechten s-Halbebene polfrei.

Für $s = j\omega$ ist der Betrag des Faktors $(k+s)/(k-s)$ gleich Eins. Der restliche Teil der Funktion $f(s)$ entspricht Gl.(3.24), da $Z_1(k)$ eine reelle positive Zahl ist. Folglich ist nach Satz 3.3 auch der restliche Teil und damit die gesamte Funktion $f(s)$ für $s = j\omega$ dem Betrag nach kleiner oder gleich Eins. Damit ist auch die zweite Aussage bewiesen.

Zur Schaltungsrealisierung nach B o t t und D u f f i n wird jetzt Gl.(3.89) nach $Z_1(s)$ aufgelöst. Das ergibt

3.4 Syntheseverfahren für passive Zweipole

$$Z_1(s) = \frac{k\,Z_1(k)\,R(s) + s\,Z_1(k)}{k + s\,R(s)}$$

$$= \frac{1}{\dfrac{1}{Z_1(k)\,R(s)} + \dfrac{s}{k\,Z_1(k)}} + \frac{1}{\dfrac{k}{s\,Z_1(k)} + \dfrac{R(s)}{Z_1(k)}} \qquad (3.94)$$

$$\overset{!}{=} \frac{1}{\dfrac{1}{Z_2(s)} + sC_1} + \frac{1}{\dfrac{1}{sL_1} + \dfrac{1}{Z_3(s)}} \; . \qquad (3.95)$$

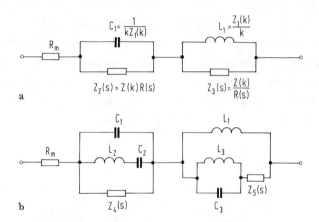

Abb.3.23. Grundsätzliche Schaltungsstruktur für das Verfahren von Bott und Duffin. a) Schaltung gemäß Gl.(3.95); b) ausführlichere Schaltung gemäß Gl.(3.98) und Gl.(3.99).

Gl.(3.95) führt mit Berücksichtigung des in Gl.(3.87) abgespaltenen Widerstandes R_m unmittelbar auf Abb.3.23a. Da die Funktion $R(s)$ positiv reell ist und eine Nullstelle auf der $j\omega$-Achse bei $s = j\omega_m$ hat, haben die Funktionen

$$\frac{1}{Z_2(s)} = \frac{1}{Z_1(k)\,R(s)} \qquad (3.96)$$

und

$$Z_3(s) = \frac{Z_1(k)}{R(s)} \qquad (3.97)$$

dort einen Pol. Die Abspaltung der Pole liefert

$$\frac{1}{Z_4(s)} = \frac{1}{Z_2(s)} - \frac{2k_1 s}{s^2 + \omega_m^2} = \frac{1}{Z_2(s)} - \frac{\dfrac{1}{L_2}\,s}{s^2 + \dfrac{1}{L_2 C_2}} \; , \qquad (3.98)$$

$$Z_5(s) = Z_3(s) - \frac{2k_2 s}{s^2 + \omega_m^2} = Z_3(s) - \frac{\frac{1}{C_3}s}{s^2 + \frac{1}{L_3 C_3}} , \qquad (3.99)$$

was wiederum unmittelbar auf die Schaltung in Abb.3.23b führt.

Die Restfunktionen $Z_4(s)$ und $Z_5(s)$ müssen positiv reell sein. Sie haben eine um Zwei niedrigere Ordnung als die Funktion $R(s)$, die nach Gl.(3.89) von derselben Ordnung ist wie die Ausgangsfunktion $Z_1(s)$. Damit ist der erste Zyklus im Verfahren von Bott und Duffin beendet. Auf die Restfunktionen $Z_4(s)$ und $Z_5(s)$ kann derselbe Prozeß erneut angewendet werden. Dabei erhält man vier Restfunktionen, die jeweils eine um die Zahl Vier niedrigere Ordnung haben als die Ausgangsfunktion $Z_1(s)$. Durch wiederholte Anwendung des Bott-Duffin-Zyklus kann also jede positive reelle Funktion durch eine übertragerfreie Schaltung realisiert werden. Der Preis für die übertragerfreie Realisierung liegt in der exponentiell anwachsenden Anzahl von Restfunktionen, was eine sehr aufwendige Schaltung ergibt. Es existieren Modifikationen zum Bott-Duffin-Verfahren, durch welche bei jedem Zyklus eine Induktivität oder Kapazität eingespart werden kann [10, 12].

Beispiel:

Gegeben sei die positiv reelle Funktion von Gl.(3.83), die bereits zur Illustration des Bruneverfahrens benutzt worden ist. Nach Abspaltung des Pols bei $s = \infty$ ergab sich die folgende Zweipolfunktion absolut minimaler Reaktanz

$$Z_r(s) = \frac{2,5s^2 + 1,5s + 2}{0,5s^2 + s + 1} . \qquad (3.100)$$

Wie bereits gezeigt wurde, liegt das absolute Minimum des Realteils längs der $j\omega$-Achse bei $\omega_m = 1$ und hat den Wert $R_m = 1$, so daß sich

$$Z_1 = Z_r - R_m = \frac{2s^2 + 0,5s + 1}{0,5s^2 + s + 1}$$

ergibt. Mit $Z_1(j\omega_m) = Z_1(j1) = j$ errechnet sich nun die Zahl k als reelle positive Lösung der Gl.(3.90).

$$k Z_1(j\omega_m) = j\omega_m Z_1(k) ,$$
$$k(0,5k^2 + k + 1) = 2k^2 + 0,5k + 1 .$$

Die Lösung ist $k = 2$, $Z_1(k) = 2$. Mit Abb.3.23a folgt damit $C_1 = 1/4$, $L_1 = 1$.

Als nächstes wird die Funktion $R(s)$ nach Gl.(3.89) berechnet.

$$R(s) = \frac{2Z_1(s) - 2s}{4 - sZ_1(s)} = \frac{-s^3 + 2s^2 - s + 2}{-2s^3 + 1,5s^2 + 3s + 4} = \frac{(s^2 + 1)(2 - s)}{(2s^2 + 2,5s + 2)(2 - s)} .$$

Mit Gl.(3.96) und Gl.(3.98) folgt

$$\frac{1}{Z_2(s)} = \frac{1}{Z_1(k) R(s)} = \frac{s^2 + 1,25s + 1}{s^2 + 1} , \quad 2k_1 = \lim_{s \to j} \frac{1}{Z_2(s)} \cdot \frac{s^2 + 1}{s} = 1,25 ,$$

3.4 Syntheseverfahren für passive Zweipole

$$\frac{1}{Z_4(s)} = \frac{1}{Z_2(s)} - \frac{2k_1 s}{s^2 + \omega_m^2} \equiv 1 , \qquad L_2 = 0,8 , \qquad C_2 = 1,25 .$$

Mit Gl.(3.97) und Gl.(3.99) folgt

$$Z_3(s) = \frac{Z_1(k)}{\cdot R(s)} = \frac{4s^2 + 5s + 4}{s^2 + 1} , \qquad 2k_2 = \lim_{s \to j} Z_3(s) \cdot \frac{s^2 + 1}{s} = 5 ,$$

$$Z_5(s) = Z_3(s) - \frac{2k_2 s}{s^2 + \omega_m^2} \equiv 4 , \qquad C_3 = 0,2 , \qquad L_3 = 5 .$$

Die Restfunktionen $Z_4(s)$ und $Z_5(s)$ sind ohmsche Widerstände. Abb.3.24 zeigt die Schaltung für $Z_r(s)$.

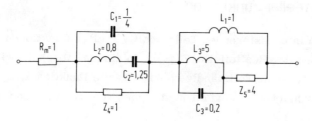

Abb.3.24. Schaltungsrealisierung nach Bott und Duffin für das Beispiel von Gl.(3.100).

3.4.3 Kurzer Überblick über weitere Verfahren

Sowohl das Verfahren von Brune als auch das Verfahren von Bott und Duffin läuft darauf hinaus, die gegebene positiv reelle Funktion durch Abspalten realisierbarer Teilfunktionen so zu verändern, daß eine Funktion entsteht, die ein Polpaar auf der jω-Achse hat. Die Reduktion der Ordnung geschieht dann durch Abspalten des Polpaars auf der jω-Achse.

Ein in dieser Hinsicht anderes Verfahren ist das von Unbehauen. Die Methode von Unbehauen geht vom geraden Teil $Gr\{Z_r(s)\}$ der Zweipolfunktion absolut minimaler Reaktanz $Z_r(s)$ aus. Wie im nächsten Abschnitt 3.5 noch gezeigt werden wird, enthält bei einer Zweipolfunktion minimaler Reaktanz bereits der gerade Teil alle Information über die Funktion $Z_r(s)$, d.h. man kann von $Gr\{Z_r(s)\}$ auf $Z_r(s)$ schließen. Die Reduktion der Ordnung geschieht bei der Methode von Unbehauen durch Polabspaltung von $Gr\{Z_r(s)\}$. Wie das Verfahren von Brune, so führt auch das von Unbehauen im allgemeinen auf Schaltungen mit Übertragern. Eine ausführliche Beschreibung findet man in [10].

Ein anderes Verfahren, welches ebenfalls vom geraden Teil $Gr\{Z_r(s)\}$ ausgeht und überdies auf übertragerfreie Schaltungen führt, ist das von Miyata. Allerdings ist dieses Verfahren noch einigen Einschränkungen unterworfen, weshalb es nicht auf beliebige positiv reelle Funktionen anwendbar ist. Eine ausführliche Darstellung der Methode von Miyata sowie einiger Abwandlungen derselben wird in [12] gegeben.

Schließlich sei noch die Methode von Darlington erwähnt, welche nebst Ergänzungen ebenfalls in [12] beschrieben wird. Die Methode von Darlington zeichnet sich dadurch aus, daß bei ihr nur ein einziger ohmscher Widerstand verwendet wird. Dieser bildet den ausgangsseitigen Abschluß eines Vierpols, der sich aus Induktivitäten, Kapazitäten und Übertragern zusammensetzt. Die Eingangsimpedanz des Vierpols stellt die zu realisierende positiv reelle Funktion dar.

3.5 Teile positiv reeller Funktionen

Die am häufigsten interessierenden Teile positiv reeller Funktionen $Z(s)$ sind der Betrag $|Z(j\omega)|$ und der Realteil $\mathrm{Re}\{Z(j\omega)\}$. In diesem Abschnitt wird gezeigt, wie aus jedem dieser Teile die vollständige positiv reelle Funktion $Z(s)$ gewonnen werden kann. Die beschriebenen Verfahren stammen von Brune und Gewertz.

3.5.1 Bestimmung von $Z(s)$ aus $|Z(j\omega)|$

Im folgenden sei zunächst angenommen, daß zu der gegebenen Funktion $|Z(j\omega)|$ eine positiv reelle Funktion $Z(s)$ existiert, aus der sich umgekehrt für $s = j\omega$ und Betragsbildung wieder die gegebene Funktion $|Z(j\omega)|$ ergibt. Zum Auffinden von $Z(s) = P(s)/Q(s)$ geht man von der Beziehung

$$|Z(j\omega)|^2 = Z(j\omega)\, Z(-j\omega) = \frac{P(j\omega)\, P(-j\omega)}{Q(j\omega)\, Q(-j\omega)} \qquad (3.101)$$

aus und setzt darin $j\omega = s$. Das bedeutet eine analytische Fortsetzung der auf der $j\omega$-Achse gegebenen Funktion ins Komplexe.

$$|Z(s)|^2 \Big|_{s=j\omega} = \frac{P(s)\, P(-s)}{Q(s)\, Q(-s)} \Big|_{s=j\omega} = \frac{M(s)}{N(s)} . \qquad (3.102)$$

Das Zählerpolynom $M(s)$ der gegebenen Funktion $|Z(s)|^2$ muß also in geeigneter Weise in ein Produkt $P(s)\, P(-s)$ aufgespalten werden. Dazu werden zunächst alle Nullstellen s_i von $M(s)$ aufgesucht und das Polynom als Produkt von Linearfaktoren geschrieben.

$$M(s) = A\,(s-s_1)\,(s-s_2)\, \ldots \,(s-s_n) . \qquad (3.103)$$

A ist ein konstanter reeller Faktor. Damit $M(s)$ in $P(s)$ und $P(-s)$ aufspaltbar ist, muß zu jedem Faktor $(s - s_i)$ ein Faktor $(-s - s_i)$ existieren, d.h. sämtliche Null-

3.5 Teile positiv reeller Funktionen

stellen müssen quadrantsymmetrisch liegen, da ja alle Koeffizienten reell sind. Nullstellen auf der jω-Achse müssen doppelt sein, siehe Abb.3.25.

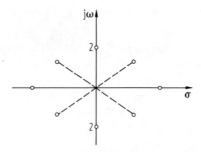

Abb.3.25. Beispiel einer quadrantsymmetrischen Nullstellenkonfiguration.

Nun kann man sämtliche Nullstellen der offenen linken s-Halbebene P(s) und sämtliche Nullstellen der offenen rechten s-Halbebene P(-s) zuordnen, denn Z(s) darf ja nach Abschnitt 3.2 Eigenschaft γ keine Nullstellen in der offenen rechten s-Halbebene besitzen. Von den doppelten Nullstellen auf der jω-Achse ordnet man jeweils eine P(s) und die andere P(-s) zu. Der Faktor A wird in $\sqrt{A} \cdot \sqrt{A}$ aufgespalten. Mit dem Nennerpolynom M(s) verfährt man in gleicher Weise wie mit dem Zählerpolynom N(s).

Zur Illustration des beschriebenen Verfahrens behandeln wir jetzt folgendes

Beispiel:

$$|Z(j\omega)|^2 = \frac{4\omega^4 + 4\omega^2 + 9}{4\omega^4 + 1} \quad . \tag{3.104}$$

Wir setzen jω = s und erhalten

$$|Z(s)|^2 = \frac{4s^4 - 4s^2 + 9}{4s^4 + 1} = \frac{M(s)}{N(s)} \quad . \tag{3.105}$$

Die Nullstellen von M(s) ergeben sich als Lösung von $4s^4 - 4s^2 + 9 = 0$ zu

$$s_i = \pm\left(1 \pm j\frac{1}{\sqrt{2}}\right); \quad i = 1, 2, 3, 4 .$$

Damit lautet das Zählerpolynom

$$M(s) = P(s) \cdot P(-s) = 2\left(s + 1 + j\frac{1}{\sqrt{2}}\right)\left(s + 1 - j\frac{1}{\sqrt{2}}\right)2\left(-s + 1 - j\frac{1}{\sqrt{2}}\right)\left(-s + 1 + j\frac{1}{\sqrt{2}}\right) .$$

Also

$$P(s) = 2\left(s + 1 + j\frac{1}{\sqrt{2}}\right)\left(s + 1 - j\frac{1}{\sqrt{2}}\right) = 2s^2 + 4s + 3 .$$

Die Nullstellen von $N(s)$ folgen aus $4s^4 + 1 = 0$ zu

$$s_i = \pm \left(\frac{1}{2} \pm j\frac{1}{2}\right); \quad i = 1, 2, 3, 4.$$

Mit Berücksichtigung des konstanten Faktors folgt daraus

$$Q(s) = 2\left(s + \frac{1}{2} + j\frac{1}{2}\right)\left(s + \frac{1}{2} - j\frac{1}{2}\right) = 2s^2 + 2s + 1.$$

Somit ist

$$Z(s) = \frac{P(s)}{Q(s)} = \frac{2s^2 + 4s + 3}{2s^2 + 2s + 1}.$$

Damit zu einer gegebenen Funktion $|Z(j\omega)|$ eine positiv reelle Funktion $Z(s)$ gehört, muß die analytisch fortgesetzte Funktion $|Z(s)|^2$ folgende notwendigen Eigenschaften besitzen:

a) Sie muß eine gerade Funktion in s sein.

b) $|Z(j\omega)|^2 \geq 0$ für alle ω.

c) Alle Nullstellen und Pole auf der $j\omega$-Achse müssen doppelt sein.

d) Alle Nullstellen und Pole, die nicht auf der $j\omega$-Achse liegen, müssen quadrantsymmetrisch liegen.

e) Der Grad von $N(s)$ und der Grad von $M(s)$ sind entweder gleich oder sie unterscheiden sich um 2.

Diese Eigenschaften sind notwendig, jedoch nicht hinreichend. Sie folgen aus den in Abschnitt 3.2 genannten Eigenschaften positiv reeller Funktionen $Z(s)$ sowie aus Gl.(3.102). Ist eine Funktion $|Z(j\omega)|$ bzw. $|Z(s)|^2$ gegeben, von der nicht von vornherein bekannt ist, ob dazu eine positiv reelle Funktion $Z(s)$ existiert, so kann zunächst überprüft werden, ob die oben genannten notwendigen Bedingungen erfüllt sind. Ist das der Fall, dann kann mit dem angegebenen Verfahren $Z(s)$ gefunden werden, welches dann noch seinerseits auf positiv reelle Funktion zu überprüfen ist.

3.5.2 Bestimmung von $Z(s)$ aus $\text{Re}\{Z(j\omega)\}$

Für $s = j\omega$ stimmen nach Gl.(1.68) der Realteil und der gerade Teil von $Z(s)$ überein. Aus dem Realteil $\text{Re}\{Z(j\omega)\}$ erhält man daher mit $j\omega = s$ den geraden Teil - vgl. Gl. (2.11) -

$$\text{Gr}\{Z(s)\} = \frac{g_1(s)g_2(s) - u_1(s)u_2(s)}{g_2^2(s) - u_2^2(s)} = \frac{M(s)}{N(s)}, \qquad (3.106)$$

dessen Zählerpolynom $M(s)$, und dessen Nennerpolynom $N(s)$ sei.

3.5 Teile positiv reeller Funktionen

Wann zu einer gegebenen Funktion $Gr\{Z(s)\}$ eine zugehörige positiv reelle Funktion $Z(s) = P(s)/Q(s) = (g_1(s) + u_1(s))/(g_2(s) + u_2(s))$ gefunden werden kann, regelt der folgende

> **Satz 3.8**
>
> Notwendig und hinreichend dafür, daß zu $Gr\{Z(s)\}$ eine positiv reelle Funktion $Z(s)$ existiert, sind folgende Eigenschaften:
>
> a) $Gr\{Z(s)\}$ ist eine gerade Funktion in s mit reellen Koeffizienten.
>
> b) $Gr\{Z(s)\}$ hat keine Pole auf der jω-Achse einschließlich $s = 0$ und $s = \infty$.
>
> c) Alle Pole von $Gr\{Z(s)\}$ liegen quadrantsymmetrisch.
>
> d) Nullstellen von $Gr\{Z(s)\}$ auf der jω-Achse haben geradzahlige Vielfachheit.

Wir wollen zunächst die Notwendigkeit dieser Bedingungen beweisen. Bedingung a) ist eine triviale Forderung. Bedingung b) folgt aus der Partialbruchzerlegung einer positiv reellen Funktion $Z(s)$ entsprechend Gl.(3.36) und Gl.(3.37). Wie Gl.(3.37) zeigt, liefern Pole von $Z(s)$ auf der jω-Achse nur ungerade Anteile. Bedingung c) folgt aus dem Nenner $(g_2^2 - u_2^2) = (g_2 + u_2)(g_2 - u_2) = Q(s)Q(-s)$ in Gl.(3.106). Wenn $Q(s)$ bei $s = s_0$ eine Nullstelle besitzt, hat $Q(-s)$ bei $s = -s_0$ eine Nullstelle. Die Bedingung d) schließlich folgt aus Gl.(3.35) und Abb.3.25.

Daß die Bedingungen auch hinreichend sind, wird nun gezeigt anhand der Beschreibung, wie man aus $Gr\{Z(s)\}$, welches Satz 3.8 genügt, eine positiv reelle Funktion $Z(s)$ gewinnt.

Man beginnt damit, daß man sämtliche Nullstellen des Nenners $N(s)$ aufsucht. Die in der linken s-Halbebene liegenden Nullstellen werden $Q(s)$, die in der rechten s-Halbebene liegenden Nullstellen werden $Q(-s)$ zugeordnet. Damit wäre das Nennerpolynom $Q(s) = g_2(s) + u_2(s)$ der Funktion $Z(s) = P(s)/Q(s)$ bestimmt.

Zur Bestimmung des Zählerpolynoms $P(s) = g_1(s) + u_1(s)$ wird ein Ansatz mit unbekannten positiven Koeffizienten a_i gemacht:

$$P(s) = g_1(s) + u_1(s) = a_0 + a_1 s + a_2 s^2 + \ldots + a_n s^n . \qquad (3.107)$$

Dabei wird der Grad

$$n = Grad\{P(s)\} = Grad\{Q(s)\} \qquad (3.108)$$

gewählt. Nun berechnet man

$$(3.109)$$
$$M(s) = g_1(s)g_2(s) - u_1(s)u_2(s) = g_2(s)(a_0 + a_2 s^2 + \ldots) - u_2(s)(a_1 s + a_3 s^3 + \ldots)$$

und führt einen Koeffizientenvergleich mit $M(s)$ durch und bestimmt damit die unbekannten positiven Koeffizienten a_i.

Bildet man von der so gefundenen Funktion $Z(s) = P(s)/Q(s)$ den geraden Teil, dann kommt offenbar wieder die ursprüngliche Funktion $Gr\{Z(s)\} = M(s)/N(s)$ heraus. Die gefundene Funktion $Z(s)$ ist aber auch positiv reell, da ihr Nennerpolynom $Q(s)$ ein Hurwitzpolynom ist, und wegen Voraussetzung d) und der positiven Koeffizienten a_i der Realteil $Re\{Z(j\omega)\} \geq 0$ ist. Beides zusammen ist hinreichend, da dann die Ortskurve von $Z(s)$ vollständig innerhalb der rechten Z-Halbebene verläuft, vgl. Abb.3.4, und die rechte s-Halbebene sich innerhalb der Ortskurve abbildet.

Die so gefundene Funktion $Z(s) = P(s)/Q(s)$ besitzt keine Pole auf der $j\omega$-Achse. Folglich ist die allgemeine Lösung

$$Z(s) = \frac{P(s)}{Q(s)} + Z_{LC}(s) , \qquad (3.110)$$

wobei Z_{LC} eine beliebige Reaktanzfunktion ist, die ja zum Realteil nichts beiträgt. Zur Verdeutlichung des beschriebenen Verfahrens betrachten wir folgendes

Beispiel:
$$Re\{Z(j\omega)\} = \frac{32\omega^4 + 2}{16\omega^4 + 8\omega^2 + 1} . \qquad (3.111)$$

Mit $j\omega = s$ und Gl.(3.106) folgt

$$Gr\{Z(s)\} = \frac{M(s)}{N(s)} = \frac{32s^4 + 2}{16s^4 - 8s^2 + 1} . \qquad (3.112)$$

Wie man nachprüfen kann, genügt Gl.(3.112) den Bedingungen von Satz 3.8.

Als erstes werden die Nullstellen des Nennerpolynoms $N(s)$ bestimmt. Die Rechnung liefert zwei doppelte Nullstellen bei

$$s_i = \pm \frac{1}{2} .$$

Folglich ist, mit Berücksichtigung des Faktors 16, der Nenner von $Z(s) = \frac{P(s)}{Q(s)}$

$$Q(s) = 4(s + \tfrac{1}{2})(s + \tfrac{1}{2}) = 4s^2 + 4s + 1 = g_2(s) + u_2(s) .$$

Für das Zählerpolynom machen wir den Ansatz

$$P(s) = g_1(s) + u_1(s) = a_0 + a_1 s + a_2 s^2 .$$

Damit errechnet sich

$$M(s) = g_1 g_2 - u_1 u_2 = (a_2 s^2 + a_0)(4s^2 + 1) - a_1 s \cdot 4s \stackrel{!}{=} 32s^4 + 2$$

$$32 = 4a_2 \quad \wedge \quad a_2 = 8$$
$$2 = a_0$$
$$0 = 4a_0 + a_2 - 4a_1 \quad \wedge \quad a_1 = 4 .$$

Folglich lautet die allgemeine Lösung

$$Z(s) = \frac{P(s)}{Q(s)} + Z_{LC}(s) = \frac{8s^2 + 4s + 2}{4s^2 + 4s + 1} + \frac{k_0}{s} + \sum_{\nu} \frac{2k_{\nu} s}{s^2 + \omega_{\nu}^2} + k_{\infty} s , \qquad k_0, k_{\nu}, k_{\infty} \geq 0 .$$

4. Allgemeine Vierpoleigenschaften und spezielle Vierpoltypen

Dieses vierte Kapitel soll einige allgemeine Zusammenhänge aus der Vierpoltheorie behandeln, welche eine gemeinsame Grundlage bilden für die späteren Kapitel über die Synthese verschiedener Vierpolklassen.

4.1 Der Umkehrungssatz der Vierpoltheorie

Für verschiedene Vierpolklassen bildet die Aussage des Umkehrungssatzes eine notwendige Realisierbarkeitsbedingung. Er lautet

> Satz 4.1 (Umkehrungssatz)
>
> Ein Vierpol, der ausschließlich aus linearen zweipoligen und linearen reziproken vierpoligen Elementen aufgebaut ist, ist selbst auch reziprok.

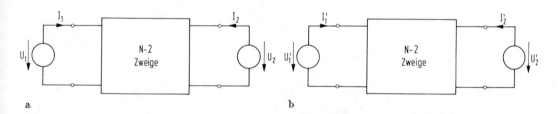

Abb. 4.1. Zum Beweis des Umkehrungssatzes (Satz 4.1). Die Abbildungen a und b zeigen denselben Vierpol an unterschiedlichen Spannungsquellen U_i und U_i', $i = 1, 2$.

Den Beweis führen wir mit Hilfe des Satzes von Tellegen [1]. Abb. 4.1a und Abb. 4.1b zeigen beidemal denselben Vierpol. Lediglich die angeschalteten Spannungsquellen $U_i(s)$ und $U_i'(s)$, $i = 1, 2$ sollen verschieden sein. Nach Gl.(1.59) gilt

$$U_1(s)I_1'(s) + U_2(s)I_2'(s) = \sum_{\nu=3}^{N} U_\nu(s) I_\nu'(s) , \qquad (4.1)$$

4. Allgemeine Vierpoleigenschaften und spezielle Vierpoltypen

$$U_1'(s)I_1(s) + U_2'(s)I_2(s) = \sum_{\nu=3}^{N} U_\nu'(s)I_\nu(s) \ . \tag{4.2}$$

N stellt die Gesamtzahl der Zweige dar. Von dieser sind N-2 Zweige im Vierpol enthalten. Die restlichen beiden Zweige bilden die äußeren Spannungsquellen, bei denen Strom- und Spannungspfeile nicht die gleiche Richtung haben. Die Produkte auf der linken Seite von Gl.(4.1) und Gl.(4.2) erhalten daher ein positives Vorzeichen.

Der Vierpol in Abb.4.1 soll ausschließlich lineare und reziproke Elemente enthalten, also ohmsche Widerstände, Induktivitäten, Kapazitäten und ideale Übertrager.

Für die ohmschen Widerstände R_ν gilt

$$U_\nu I_\nu' = U_\nu \frac{U_\nu'}{R_\nu} = U' \frac{U_\nu}{R_\nu} = U_\nu' I_\nu \ , \tag{4.3}$$

also

$$U_\nu(s)I_\nu'(s) = U_\nu'(s)I_\nu(s) \ . \tag{4.4}$$

Gl.(4.4) gilt auch für Induktivitäten L_ν und Kapazitäten C_ν, wie man aus Gl.(4.3) leicht erkennen kann.

Für ideale Übertrager gilt, vgl. Gl.(1.41)

$$\left.\begin{array}{r} U_\nu = \ddot{u}U_\chi \\ I_\nu' = -\frac{1}{\ddot{u}}I_\chi' \end{array}\right\} \quad \text{also} \quad U_\nu I_\nu' + U_\chi I_\chi' = 0 \ , \tag{4.5}$$

oder

$$\left.\begin{array}{r} U_\nu' = \ddot{u}U_\chi' \\ I_\nu = -\frac{1}{\ddot{u}}I_\chi \end{array}\right\} \quad \text{also} \quad U_\nu' I_\nu + U_\chi' I_\chi = 0 \ . \tag{4.6}$$

Aus Gl.(4.3) bis Gl.(4.6) resultiert die Gleichheit der rechten Seiten von Gl.(4.1) und Gl.(4.2). Somit sind auch die linken Seiten gleich, d.h.

$$U_1(s)I_1'(s) + U_2(s)I_2'(s) = U_1'(s)I_1(s) + U_2'(s)I_2(s) \ . \tag{4.7}$$

Ersetzt man jetzt die Quellen U_2 und U_1' durch Leerläufe, also $I_2(s) \equiv I_1'(s) \equiv 0$, dann folgt

4.2 Übertragungseigenschaften von Vierpolen

$$U_2(s)I_2'(s) = U_1'(s)I_1(s)$$

oder

$$\left.\frac{U_2(s)}{I_1(s)}\right|_{I_2(s)\equiv 0} = Z_{21}(s) = \left.\frac{U_1'(s)}{I_2'(s)}\right|_{I_1'(s)\equiv 0} = Z_{12}(s) \;. \tag{4.8}$$

Die übrigen Reziprozitätsbedingungen $Y_{12} = Y_{21}$ und $\Delta A = 1$ [vgl. Gl.(1.29)] ergeben sich ebenfalls aus Gl.(4.7) durch entsprechendes Ersetzen der Quellen. Damit ist Satz 4.1. bewiesen.

4.2 Übertragungseigenschaften von Vierpolen

Im folgenden sollen die Übertragungseigenschaften nur in der Richtung

$$\text{Eingangsklemmen (1) - (2)} \to \text{Ausgangsklemmen (3) - (4)}$$

interessieren, nicht aber in der umgekehrten Richtung. Klemmennumerierung sowie Spannungs- und Strompfeilrichtungen beziehen sich auf Abb.4.2. Die Abbildungen (a) und (b) sind äquivalent, wenn man

$$I_0 = \frac{U_0}{R_1} \tag{4.9}$$

wählt. Benutzt man zur Beschreibung des Vierpols die Matrix [Z] oder [Y], dann ist der Ausgangsstrom $I_A = -I_2$, benutzt man die Matrix [A], dann ist $I_A = I_2$.

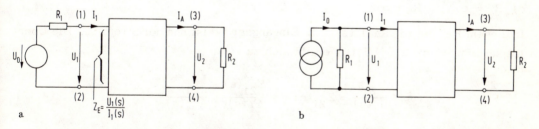

Abb.4.2. Zur Erläuterung der Vierpol-Übertragungseigenschaften (s. Text).

4.2.1 Übertragungseigenschaften und Vierpolmatrixelemente

Dieser Abschnitt gibt eine Zusammenstellung der verschiedenen Übertragungsfunktionen und Übertragungsimpedanzen eines Vierpols. Die zur Übertragungsfunktion reziproke Funktion wird als Wirkungsfunktion, die zur Übertragungsimpedanz reziproke Funktion wird als Übertragungsadmittanz bezeichnet. Alle diese Funktionen sollen nun durch die Elemente der Matrizen [Z], [Y] und [A] ausgedrückt werden.

Es lassen sich vier Beschaltungsfälle eines Vierpols unterscheiden, nämlich der unbeschaltete Fall, der eingangsseitig beschaltete Fall, der ausgangsseitig beschaltete Fall und der zweiseitig beschaltete Fall.

Unbeschalteter Fall

Im unbeschalteten Fall sind die Widerstände R_1 und R_2 entweder Null oder Unendlich. Dabei gibt es vier Unterfälle:

a) $R_1 = 0$, $R_2 = \infty$

In diesem Fall ist $I_2(s) \equiv 0$. Die Spannungs-Wirkungsfunktion U_2/U_1 berechnet sich nach Gl.(1.21) bis Gl.(1.23) zu

$$\frac{U_2(s)}{U_1(s)} = \frac{Z_{21}(s)}{Z_{11}(s)} = -\frac{Y_{21}(s)}{Y_{22}(s)} = \frac{1}{A_{11}(s)} \cdot \qquad (4.10)$$

Die reziproke Wirkungsfunktion $U_1(s)/U_2(s)$ heißt Spannungs-Übertragungsfunktion.

b) $R_1 = 0$, $R_2 = 0$

In diesem Fall ist $U_2(s) \equiv 0$. Die Übertragungsadmittanz $I_A(s)/U_1(s)$ errechnet sich anhand der Vierpolgleichungen zu

$$\frac{I_A(s)}{U_1(s)} = -\frac{Z_{21}(s)}{\Delta Z(s)} = Y_{21}(s) = -\frac{1}{A_{12}(s)} \cdot \qquad (4.11)$$

c) $R_1 = \infty$, $R_2 = \infty$

In diesem Fall ist wieder $I_2(s) \equiv 0$. Eingangsgröße ist nun der Strom I_1. Die Übertragungsimpedanz $U_2(s)/I_1(s)$ ergibt sich zu

$$\frac{U_2(s)}{I_1(s)} = Z_{21}(s) = -\frac{Y_{21}(s)}{\Delta Y(s)} = \frac{1}{A_{21}(s)} \qquad (4.12)$$

d) $R_1 = \infty$, $R_2 = 0$

Hier ist wieder $U_2(s) \equiv 0$. Die Stromwirkungsfunktion $I_A(s)/I_1(s)$ berechnet sich zu

$$\frac{I_A(s)}{I_1(s)} = -\frac{Z_{21}(s)}{Z_{22}(s)} = \frac{Y_{21}(s)}{Y_{11}(s)} = -\frac{1}{A_{22}(s)} \cdot \qquad (4.13)$$

4.2 Übertragungseigenschaften von Vierpolen

Im unbeschalteten Fall hängen alle Übertragungsfunktionen offenbar nur von einem Element der [A]-Matrix ab.

Eingangsseitig beschalteter Fall

Im eingangsseitig beschalteten Fall werden die Eingangsspannung U_1 oder der Eingangsstrom I_1 einer Quelle entnommen, die einen endlichen, von Null verschiedenen, Innenwiderstand R_1 besitzt. Die Quelle kann man sich entweder als Spannungsquelle mit der Leerlaufspannung U_0 oder als Stromquelle mit dem Kurzschlußstrom I_0 vorstellen.

U_0 und I_0 sind durch Gl.(4.9) miteinander verknüpft. Da der Widerstand R_2 entweder Null oder Unendlich ist, gibt es zwei Fälle:

a) $R_2 = \infty$

Hier ist $I_2(s) \equiv 0$. Die Spannungs-Wirkungsfunktion errechnet sich aus den Vierpolgleichungen zu

$$H_{Eu}(s) = \frac{U_2(s)}{U_0(s)} = \frac{U_2(s)}{R_1 I_0(s)} = \frac{Z_{21}}{Z_{11}+R_1} = -\frac{Y_{21}}{Y_{22}+\Delta Y R_1} = \frac{1}{A_{11}+A_{21}R_1} \quad (4.14)$$

b) $R_2 = 0$

Hier ist $U_2(s) \equiv 0$. Die Strom-Wirkungsfunktion errechnet sich nun zu

$$H_{Ei}(s) = \frac{I_A(s)}{I_0(s)} = \frac{R_1 I_A(s)}{U_0(s)} = \frac{Z_{21}R_1}{\Delta Z + Z_{22}R_1} = -\frac{Y_{21}R_1}{1+Y_{11}R_1} = \frac{R_1}{A_{12}+A_{22}R_1} \quad (4.15)$$

Ausgangsseitig beschalteter Fall

Im ausgangsseitig beschalteten Fall hat der Widerstand R_2 einen endlichen, von Null verschiedenen, Wert. Ausgangsstrom I_A und Ausgangsspannung U_2 sind nun verknüpft durch

$$I_A = \frac{U_2}{R_2}. \quad (4.16)$$

Da der Widerstand R_1 entweder Null oder Unendlich ist, gibt es wieder zwei Fälle.

a) $R_1 = 0$

Eingangsgröße ist die Spannung U_1. Die Spannungs-Wirkungsfunktion errechnet sich zu

$$H_{Au}(s) = \frac{U_2(s)}{U_1(s)} = \frac{R_2 I_A(s)}{U_1(s)} = \frac{Z_{12}R_2}{\Delta Z + Z_{11}R_2} = -\frac{Y_{12}R_2}{1+Y_{22}R_2} = \frac{R_2}{A_{12}+A_{11}R_2}. \quad (4.17)$$

b) $R_1 = \infty$

Eingangsgröße ist nun der Strom I_1. Die Strom-Wirkungsfunktion ergibt sich zu

$$H_{Ai}(s) = \frac{I_A(s)}{I_1(s)} = \frac{U_2(s)}{I_1(s)R_2} = \frac{Z_{12}}{Z_{22}+R_2} = -\frac{Y_{12}}{Y_{11}+\Delta Y R_2} = \frac{1}{A_{22}+A_{21}R_2} \quad . \quad (4.18)$$

Sowohl im eingangsseitig beschalteten Fall als auch im ausgangsseitig beschalteten Fall, d.h. allgemein bei einseitiger Beschaltung, hängen alle Wirkungsfunktionen offenbar nur von zwei Elementen der [A]-Matrix ab. Man kann sie daher in einfacher Weise aus den Wirkungsfunktionen des unbeschalteten Falles zusammensetzen.

Zweiseitig beschalteter Fall

Im zweiseitig beschalteten Fall haben beide Widerstände R_1 und R_2 einen endlichen, von Null verschiedenen, Wert. Man definiert in diesem Fall die folgenden Wirkungsfunktionen

$$H_u(s) = \frac{U_2}{\frac{1}{2}U_0} = \frac{1}{\frac{1}{2}\left(\frac{U_1}{U_2}+\frac{I_1}{U_2}R_1\right)} = \frac{2Z_{21}}{\frac{\Delta Z}{R_2}+Z_{11}+Z_{22}\frac{R_1}{R_2}+R_1} =$$

(4.19)

$$= \frac{-2Y_{21}}{\Delta Y R_1 + Y_{11}\frac{R_1}{R_2}+Y_{22}+\frac{1}{R_2}} = \frac{2}{A_{11}+\frac{A_{12}}{R_2}+A_{21}+A_{22}\frac{R_1}{R_2}} \quad ,$$

$$H_i(s) = \frac{I_A}{\frac{1}{2}I_0} = \frac{U_2}{\frac{1}{2}U_0}\frac{R_1}{R_2} = H_u(s)\frac{R_1}{R_2} \quad (4.20)$$

und die sogenannte Betriebswirkungsfunktion

$$H_B(s) = \sqrt{H_u(s)H_i(s)} = \frac{U_2}{\frac{1}{2}U_0}\sqrt{\frac{R_1}{R_2}} = \frac{I_A}{\frac{1}{2}I_0}\sqrt{\frac{R_2}{R_1}} = \frac{2Z_{21}}{\frac{\Delta Z}{\sqrt{R_1R_2}}+Z_{11}\sqrt{\frac{R_2}{R_1}}+Z_{22}\sqrt{\frac{R_1}{R_2}}+\sqrt{R_1R_2}}$$

$$= \frac{-2Y_{21}}{\Delta Y\sqrt{R_1R_2}+Y_{11}\sqrt{\frac{R_1}{R_2}}+Y_{22}\sqrt{\frac{R_2}{R_1}}+\frac{1}{\sqrt{R_1R_2}}} = \frac{2}{A_{11}\sqrt{\frac{R_2}{R_1}}+\frac{A_{12}}{\sqrt{R_1R_2}}+A_{21}\sqrt{R_1R_2}+A_{22}\sqrt{\frac{R_1}{R_2}}}$$

(4.21)

e Wirkungsfunktionen von allen vier
ei reziproken Vierpolen (mit $Z_{12} =$
nen von Gl.(4.10) bis Gl.(4.21) dort
n haben. Diese Nullstellen bezeichnet

kungsfunktion unabhängig davon ist,
en Übersetzungsverhältnisses ü vor-
üU$_2$ und $\tilde{R}_2 = ü^2 R_2$. Damit folgt

$$\sqrt{\frac{R_1}{ü^2 R_2}} = H_B(s) . \qquad (4.22)$$

rennungslinie gezeichnete Anordnung,
Widerstand R_1 und dem idealen Über-
setzt werden durch eine Serienschaltung

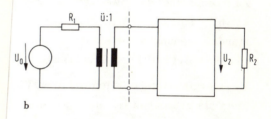

b

der Betriebswirkungsfunktion von
ger.

nem Widerstand $\tilde{R}_1 = R_1/ü^2$. Die Be-
sich damit zu

$$\cdots \frac{2ü}{\frac{1}{2}U_0} \cdots \frac{1}{\frac{1}{2}U_0} \sqrt{\frac{R_1/ü^2}{R_2}} = H_B(s) . \qquad (4.23)$$

Es kommt also stets dieselbe Betriebswirkungsfunktion heraus, ob man einen idealen Übertrager nachschaltet oder nicht, oder vorschaltet oder nicht. Dies gilt nicht beim einseitig beschalteten Vierpol.

Für $R_1 = R_2 = R$ ergibt sich $H_B(s) = H_i(s) = H_u(s)$. Für den Betrag der Wirkungsfunktion bei $s = j\omega$ erhalten wir aus Gl.(4.21)

$$H_B(j\omega) = +\sqrt{\frac{|U_2(j\omega) I_A(j\omega)|}{\frac{1}{4}|U_0(j\omega) I_0(j\omega)|}} = +\sqrt{\frac{P_2}{P_{1max}}} \quad . \qquad (4.24)$$

P_2 ist die im ohmschen Widerstand R_2 umgesetzte Leistung. P_{1max} ist diejenige Leistung, die von der Quelle mit dem Innenwiderstand R_1 maximal nach außen hin abgegeben werden kann, was dann der Fall ist, wenn der an ihren Klemmen angeschlossene Belastungswiderstand ebenfalls gleich R_1 ist.

4.2.2 Pol-Nullstellenkonfigurationen der Wirkungsfunktion H(s) bei stabilen Vierpolen, Allpässen und Mindestphasenvierpolen

Im vorangegangenen Abschnitt haben sämtliche Funktionen zur Charakterisierung der Übertragungseigenschaften eines Vierpols die Form

$$\frac{\mathcal{L}[\text{Nullzustands-Ausgangsgröße}]}{\mathcal{L}[\text{Eingangsgröße}]} = H(s) . \qquad (4.25)$$

$\mathcal{L}[\ ]$ bezeichnet die jeweilige Laplacetransformierte. Die Bezeichnung "Nullzustand" soll daran erinnern, daß zur Berechnung der Funktion $H(s)$ die Nullzustandsbeziehungen der speichernden Schaltelemente verwendet wurden, siehe Gl. (1.18), Gl.(1.19) und Gl.(1.45).

$H(s)$ ergibt sich bei allen linearen Vierpolen aus konzentrierten Schaltelementen stets als gebrochen rationale Funktion

$$H(s) = \frac{P(s)}{Q(s)} = A \frac{(s-s_{01}) \cdot (s-s_{02}) \cdot \ldots \cdot (s-s_{0m})}{(s-s_{x1}) \cdot (s-s_{x2}) \cdot \ldots \cdot (s-s_{xn})} = |H(s)| \cdot e^{j\varphi(s)} . \quad (4.26)$$

s_{0i} sind die Nullstellen des Zählerpolynoms $P(s)$ und s_{xj} die Nullstellen des Nennerpolynoms $Q(s)$. Erstere sind zugleich Nullstellen von $H(s)$ (sogenannte Wirkungsnullstellen), letztere sind Pole von $H(s)$. Hat das Nennerpolynom $Q(s)$ einen um k höheren (niedrigeren) Grad als das Zählerpolynom $P(s)$, dann hat $H(s)$ zusätzlich noch eine k-fache Wirkungsnullstelle (k-fachen Pol) bei $s = \infty$.

Setzt man

$$s - s_{0i} = |s - s_{0i}| e^{j\alpha_i(s)} \quad ; \quad s - s_{xk} = |s - s_{xk}| e^{j\beta_k(s)} , \qquad (4.27)$$

$$i = 1, 2, \ldots, m; \quad k = 1, 2, \ldots, n,$$

dann ergibt sich für den Betrag

4.2 Übertragungseigenschaften von Vierpolen

$$|H(s)| = A \frac{|s-s_{01}| \cdot |s-s_{02}| \cdot \ldots \cdot |s-s_{0m}|}{|s-s_{x1}| \cdot |s-s_{x2}| \cdot \ldots \cdot |s-s_{xn}|} \quad (4.28)$$

und für den Winkel

$$\varphi(s) = \alpha_1(s) + \alpha_2(s) + \ldots + \alpha_m(s) - \beta_1(s) - \beta_2(s) - \ldots - \beta_n(s) . \quad (4.29)$$

Bevor wir die allgemeinen Gleichungen Gl.(4.28) und Gl.(4.29) diskutieren, betrachten wir zuvor das folgende spezielle Beispiel

$$H(s) = |H(s)| e^{j\varphi(s)} = \frac{s-s_0}{(s-s_{x1})(s-s_{x2})} = \frac{|s-s_0|}{|s-s_{x1}| |s-s_{x2}|} e^{j(\alpha - \beta_1 - \beta_2)} \quad (4.30)$$

mit der zugehörigen Abb.4.4a; $|s-s_0|$ ist also gleich der Strecke (Abstand) vom Punkt s_0 bis zum gewählten variablen Punkt s. α ist der Winkel, den diese Strecke mit der Horizontalen bildet. Entsprechend sind $|s-s_{x1}|$ und $|s-s_{x2}|$ die Strecken von den Punkten s_{x1} und s_{x2} zum gewählten Punkt s, und β_1 und β_2 sind die Winkel dieser Strecken mit der Horizontalen. Gl.(4.30) lehrt also, daß der Betrag $|H(s)|$ gleich ist der Nullstellenstrecke $|s-s_0|$ zum betrachteten Punkt s, dividiert durch das Produkt der Polstellenstrecken $|s-s_{x1}|$ und $|s-s_{x2}|$ zum betrachteten Punkt s. Abb.4.4b zeigt den Verlauf des Betrages $|H(j\omega)|$, der sich ergibt, wenn der variable Punkt s sich längs der $j\omega$-Achse von $s = 0$ bis $s \to j\infty$ bewegt. Wie Gl.(4.30) weiter zeigt, ist der Winkel $\varphi(s)$ gleich dem Nullstellenwinkel α minus den beiden Polwinkeln β_1 und β_2. Alle Winkel werden im Gegenuhrzeigersinn von der Horizontalen entsprechend Abb.4.4a gemessen. In Abb.4.4c ist der Verlauf von $\varphi(j\omega)$ für alle Punkte s auf der $j\omega$-Achse dargestellt. Dabei ist $\varphi(0) = 0$ festgesetzt worden. Auf

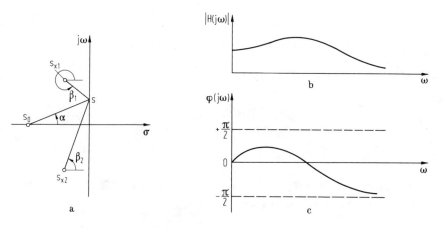

Abb.4.4. Bestimmung von Betrag $|H(j\omega)|$ (Abb.b) und Winkel $\varphi(j\omega)$ (Abb.c) aus der Pol-Nullstellenkonfiguration (Abb.a).

diese Weise wird die Funktion $\varphi(j\omega)$, die einerseits wegen des Vorzeichens nur bis auf ganzzahlige Vielfache von π festliegt und andererseits eine ungerade Funktion sein muß, im Nullpunkt stetig.

Der Vergleich des speziellen Beispiels mit Gl.(4.28) und Gl.(4.29) ergibt, daß der Betrag $|H(j\omega)|$ allgemein bis auf den konstanten Faktor A gleich ist dem Produkt aller Nullstellenstrecken dividiert durch das Produkt aller Polstellenstrecken zum laufenden Frequenzpunkt auf der $j\omega$-Achse. Der Winkel $\varphi(j\omega)$ ist allgemein gleich der Summe aller Nullstellenwinkel minus der Summe aller Polstellenwinkel. Wegen der Unbestimmtheit bis auf ganzzahlige Vielfache von π setzt man $\varphi(0) = 0$.

Das Ziel der nun folgenden Überlegungen besteht darin, Aussagen über mögliche und nichtmögliche Lagen von Polen und Nullstellen zu machen. Zunächst kann festgestellt werden, daß komplexe Pole und Nullstellen wegen der reellen Polynome $Q(s)$ und $P(s)$ nur als konjugiert komplexe Polpaare und konjugiert komplexe Nullstellenpaare auftreten können. Weitere Aussagen lassen sich machen, wenn man Stabilität vorschreibt. Dazu betrachten wir $H(s)$ in der Form

$$H(s) = \frac{P(s)}{Q(s)} = \frac{a_m s^m + \ldots + a_1 s + a_0}{b_n s^n + \ldots + b_1 s + b_0}. \qquad (4.31)$$

Bezeichnet man die Zeitfunktion der Ausgangsgröße mit $p(t)$ und die Zeitfunktion der Eingangsgröße mit $q(t)$, dann entspricht Gl.(4.31) der folgenden Differentialgleichung im Zeitbereich

$$b_n \frac{d^n p}{dt^n} + \ldots + b_1 \frac{dp}{dt} + b_0 p = a_m \frac{d^m q}{dt^m} + \ldots + a_1 \frac{dq}{dt} + a_0 q, \qquad (4.32)$$

denn aus Gl.(4.32) folgt durch Anwendung des Differentiationssatzes der Laplacetransformation im Nullzustand wieder Gl.(4.31).

Setzt man jetzt die Eingangsgröße $q(t) \equiv 0$, dann ist

$$b_n \frac{d^n p}{dt^n} + \ldots + b_1 \frac{dp}{dt} + b_0 = 0 \qquad (4.33)$$

die Differentialgleichung für die **Eigenschwingungen** der Ausgangsgröße $p(t)$. Zu ihrer Lösung macht man den Ansatz

$$p(t) = k e^{\lambda t}. \qquad (4.34)$$

4.2 Übertragungseigenschaften von Vierpolen

Setzt man Gl.(4.34) in Gl.(4.33) ein, dann ergibt sich die charakteristische Gleichung

$$b_n \lambda^n + \ldots + b_1 \lambda + b_0 = q(\lambda) = 0, \qquad (4.35)$$

deren Lösungen $\lambda_1, \lambda_2, \ldots, \lambda_i, \ldots, \lambda_n$ die Nullstellen des Nennerpolynoms $Q(s) = 0$ sind. Sind alle λ_i verschieden, dann lautet die Lösung

$$p(t) = k_1 e^{\lambda_1 t} + k_2 e^{\lambda_2 t} + \ldots + k_n e^{\lambda_n t}. \qquad (4.36)$$

Bei einer r-fachen Nullstelle $\lambda_1 = \lambda_2 = \ldots = \lambda_r$ der charakteristischen Gleichung (4.35) lautet die Lösung

$$p(t) = (k_{11} + k_{12} t + \ldots + k_{1r} t^{r-1}) e^{\lambda_1 t} + k_{r+1} e^{\lambda_{r+1} t} + \ldots + k_n e^{\lambda_n t}. \qquad (4.37)$$

Die konstanten Faktoren k_i und k_{ij} kann man bestimmen, wenn sämtliche Anfangswerte zum Zeitpunkt $t = 0$ gegeben sind, also $p(t = 0), \ldots, d^{n-1}p/dt^{n-1} (t = 0)$. Für die nachfolgenden Stabilitätsbetrachtungen ist es jedoch nicht erforderlich, ihre Werte zu kennen. Die Definition der Stabilität besagt, daß die Eigenschwingung der Ausgangsgröße $p(t)$ beschränkt sein muß, d.h. daß man stets eine endliche obere Grenze M so angeben kann, daß

$$|p(t)| \leq M \quad \text{für} \quad t \geq 0. \qquad (4.38)$$

Aus Gl.(4.36) und Gl.(4.37) ist zu ersehen, daß dazu notwendigerweise alle **Eigenwerte** λ_i, d.h. also alle Nullstellen des Polynoms $Q(s)$ einen nichtpositiven Realteil haben müssen. Nullstellen von $Q(s)$ auf der $j\omega$-Achse müssen überdies einfach sein, denn bereits eine doppelte Nullstelle auf der imaginären Achse ergibt gemäß Gl.(4.37) einen Eigenschwingungsanteil, der proportional $t e^{j\omega_i t}$ über alle Schranken hinaus wächst. Daher muß also das Nennerpolynom $Q(s)$ in Gl.(4.31) ein modifiziertes Hurwitzpolynom mit höchstens einfachen Nullstellen auf der $j\omega$-Achse sein. Für das Zählerpolynom $P(s)$ gilt diese Einschränkung nicht. Nullstellen von $P(s)$ dürfen auch in der rechten s-Halbebene vorkommen.

> **Satz 4.2**
>
> Bei jedem stabilen Vierpol muß das Nennerpolynom $Q(s)$ der Funktion
>
> $$H(s) = \frac{P(s)}{Q(s)} = \frac{\mathscr{L}[\text{Nullzustands-Ausgangsgröße}]}{\mathscr{L}[\text{Eingangsgröße}]} \qquad (4.39)$$
>
> ein modifiziertes Hurwitzpolynom mit höchstens einfachen Nullstellen auf der $j\omega$-Achse sein.

Bei speziellen Vierpoltypen ergeben sich weitere Einschränkungen für die möglichen Pol- und Nullstellenlagen. Wir betrachten als erstes Beispiel den sogenannten Allpaß. Ein **Allpaß** ist definiert als ein Vierpol, bei dem die Dämpfung $a(\omega)$ = const. und damit der Betrag $|H(j\omega)|$ = const. ist für alle ω. Die Konstante darf auch gleich Null sein. Die Phase $b(\omega)$ soll jedoch nicht identisch verschwinden. Zum Auffinden der Pol-Nullstellenkonfiguration von Allpässen bilden wir

$$|H(j\omega)| = \frac{|P(j\omega)|}{|Q(j\omega)|} = +\sqrt{\frac{\mathrm{Re}^2\{P(j\omega)\} + \mathrm{Im}^2\{P(j\omega)\}}{\mathrm{Re}^2\{Q(j\omega)\} + \mathrm{Im}^2\{Q(j\omega)\}}} = +A \text{ für alle } \omega . \quad (4.40)$$

Setzt man $P(s)$ und $Q(s)$ als teilerfremd voraus, dann folgt aus Gl.(4.40)

$$\begin{aligned}\mathrm{Re}\{P(j\omega)\} &= \pm A\,\mathrm{Re}\{Q(j\omega)\} \\ \mathrm{Im}\{P(j\omega)\} &= \mp A\,\mathrm{Im}\{Q(j\omega)\} .\end{aligned} \quad (4.41)$$

Das wiederum bedeutet

$$H(s) = \pm A \frac{Q(-s)}{Q(s)} . \quad (4.42)$$

Umgekehrt führt Gl.(4.42) mit $s = j\omega$ auf Gl.(4.40). Auf der $j\omega$-Achse würden $Q(s)$ und $Q(-s)$ dieselben konjugiert komplexen Nullstellenpaare haben, die sich wegkürzen. Folglich gilt

> **Satz 4.3**
>
> Ein Vierpol ist Allpaß dann und nur dann, wenn $H(s)$ die Form von Gl.(4.42) hat, und $Q(s)$ ein Hurwitzpolynom ist.

Hat $Q(s)$ eine Nullstelle bei s_x, dann hat in Gl.(4.42) $Q(-s)$ eine Nullstelle bei $s_0 = -s_x$. Durch Pole und Nullstellen ausgedrückt lautet Gl.(4.42)

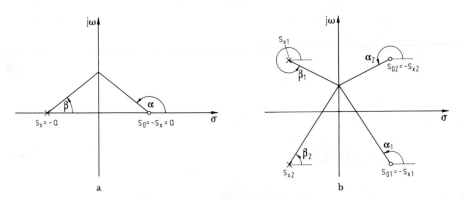

Abb.4.5. Pol-Nullstellenkonfiguration des Allpasses. a) 1. Ordnung b) 2. Ordnung.

4.2 Übertragungseigenschaften von Vierpolen

$$H(s) = \pm A \frac{(s+s_{x1})(s+s_{x2}) \cdot \ldots \cdot (s+s_{xn})}{(s-s_{x1})(s-s_{x2}) \cdot \ldots \cdot (s-s_{xn})} \ . \qquad (4.43)$$

Abb. 4.5 zeigt die Pol-Nullstellenkonfigurationen der Allpässe 1. und 2. Ordnung. Allpässe höherer Ordnung haben ebenfalls quadrantsymmetrische Pol-Nullstellenkonfigurationen. Aus den beiden Abbildungen ist zu ersehen, daß, wenn sich der Punkt s längs der jω-Achse von $s = 0$ bis $s \to j\infty$ bewegt, die Nullstellenwinkel α_i monoton abnehmen, während die Polwinkel β_i monoton zunehmen. Dies gilt ganz allgemein für Allpässe beliebiger Ordnung. Mit Gl. (4.29) und Gl. (1.75) bedeutet das, daß die Phase $b(\omega)$ beim Allpaß eine monoton ansteigende Funktion ist.

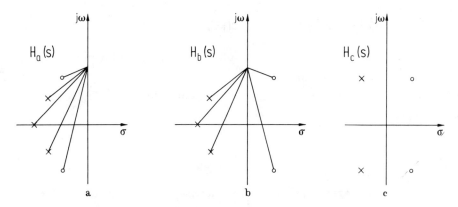

Abb. 4.6. Pol-Nullstellenkonfigurationen dreier Wirkungsfunktionen $H_a(s)$, $H_b(s)$ und $H_c(s)$. Wegen der gleichen Strecken ist $|H_a(j\omega)| = |H_b(j\omega)|$. Ferner ist $H_b(s) = H_a(s) H_c(s)$.

Wir betrachten jetzt Abb. 4.6, welche die Pol-Nullstellenkonfigurationen verschiedener Funktionen $H(s)$ darstellt. Den konstanten Faktor A [vgl. Gl. (4.26)] wollen wir in allen Fällen gleich Eins setzen. Da nach Gl. (4.28) der Betrag und damit die Dämpfung $a(\omega)$ nur von den Pol- und Nullstellenstrecken abhängt, ergeben die Teil-Abbildungen a) und b) offenbar den gleichen Dämpfungsverlauf. Lediglich die Phase $b(\omega)$ ist in beiden Fällen a) und b) verschieden. Nun kann man sich die zu Abb. 4.6b gehörende Funktion $H_b(s)$ entstanden denken aus dem Produkt der zu den Teil-Abbildungen a) und c) gehörenden Funktionen $H_a(s)$ und $H_c(s)$, also

$$H_b(s) = H_a(s) H_c(s) \ . \qquad (4.44)$$

Da $H_c(s)$ zu einem Allpaß gehört, müssen H_a und H_b natürlich gleichen Dämpfungsverlauf besitzen. Da ferner der Allpaß einen monoton ansteigenden und wegen $b(0) = 0$ für $\omega > 0$ positiven Phasenverlauf hat, ist die zu Abb. 4.6c gehörende Phase $b_c(\omega)$ für $\omega > 0$ stets größer als die zu a) gehörende Phase $b_a(\omega)$:

$$b_c(\omega) > b_a(\omega) \quad \text{für} \quad \omega > 0 \:. \tag{4.45}$$

Der zu Abb.4.6a gehörende Vierpol wird daher **Mindestphasenvierpol** und der zu Abb.4.6b gehörende Vierpol **Nichtmindestphasenvierpol** oder allpaßhaltiger Vierpol genannt. Entsprechend bezeichnet man ganz allgemein einen Vierpol, der Pole und Nullstellen ausschließlich in der linken s-Halbebene besitzt, als Mindestphasenvierpol. Vierpole, bei denen $H(s)$ Nullstellen auch in der rechten s-Halbebene hat, bezeichnet man als allpaßhaltig. Jeder allpaßhaltige Vierpol läßt sich in einen Mindestphasenvierpol und einen Allpaß zerlegen.

4.3 Eigenschaften spezieller Vierpolschaltungsstrukturen

Für die Vierpolsynthese sind einige spezielle Schaltungsstrukturen von besonderem Interesse. Zu diesen gehören die Vierpole mit durchgehender Masseverbindung, von denen besonders die Abzweigschaltungen sehr wichtig sind. Ferner verdienen noch die Brückenschaltungen besondere Beachtung.

4.3.1 Eigenschaften von Vierpolen mit durchgehender Masseverbindung

Bei Vierpolen mit durchgehender Masseverbindung haben Eingangs- und Ausgangsklemmenpaar eine Klemme gemeinsam. Solche Vierpole könnte man auch als **Dreipole** bezeichnen, Abb.4.7. Ein spezieller Vierpol mit durchgehender Masseverbindung ist die in Abb.4.8 dargestellte **Abzweigschaltung**. Sind die Schaltele-

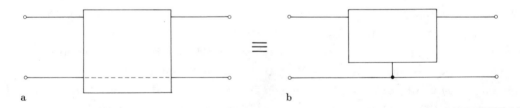

Abb.4.7. Vierpol mit durchgehender Masseverbindung.

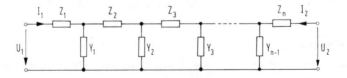

Abb.4.8. Allgemeine Struktur der Abzweigschaltung.

4.3 Eigenschaften spezieller Vierpolschaltungsstrukturen

mente dieses Vierpols passive Zweipole, die nicht miteinander durch Gegeninduktivitäten oder sonstwie gekoppelt sind, dann lassen sich die Nullstellen der Funktion H(s) in Gl.(4.25), also die Wirkungsnullstellen, in einfacher Weise feststellen. Die Ausgangsgröße ist nämlich nur dann gleich Null bei nicht verschwindender Eingangsgröße, wenn entweder wenigstens eine Längsimpedanz Z_i oder eine Queradmittanz Y_j unendlich wird. Das heißt, daß die Nullstellen von H(s) nur dort liegen, wo $Z_i(s)$ oder $Y_j(s)$ Pole haben. Bei passiven Zweipolen liegen aber alle Pole und Nullstellen nach Abschnitt 3.2 in der linken s-Halbebene. Somit gilt

> <u>Satz 4.4</u>
>
> Eine Abzweigschaltung aus nicht gekoppelten passiven Zweipolen ist stets ein Mindestphasenvierpol.

Wir wenden uns nun dem allgemeinen Vierpol mit durchgehender Masseverbindung in Abb.4.7 zu. Es sei vorausgesetzt, daß dieser ausschließlich aus kopplungsfreien und passiven Elementen zusammengesetzt ist und eine [Y]-Matrix besitzt. Nach Satz 4.1 muß dann $Y_{12}(s) = Y_{21}(s)$ sein.

Zur Bestimmung weiterer Eigenschaften wollen wir das Verfahren der sogenannten Stern/n-Eck-Umwandlung [18] benutzen. Mit dieser Umwandlung ist es möglich, den in Abb.4.9a gezeigten Stern mit dem inneren Knotenpunkt 0 und den äußeren Anschlußklemmen 1,2,...,n durch das in Abb.4.9b gezeigte äquivalente n-Eck zu ersetzen.

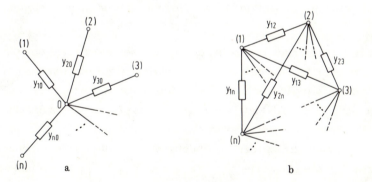

Abb.4.9. Stern/n-Eck-Umwandlung. a) allgemeine Sternschaltung b) allgemeine n-Eckschaltung.

Beide Netzwerke verhalten sich von ihren äußeren Klemmen 1,2,...,n her gesehen identisch. Bei dem n-Eck ist jede äußere Klemme mit jeder anderen durch eine Admittanz y_{ik} verbunden. Bei jeder Stern/n-Eck-Umwandlung verschwindet ein innerer Knotenpunkt. Diese Umwandlung läßt sich stets dann durchführen, wenn die Admittanzen des Sterns nicht durch Gegeninduktivitäten oder sonstwie miteinander gekoppelt sind. Bei koppelfreien Sternadmittanzen y_{k0} ergeben sich die Admittanzen des n-Ecks ($\nu \neq \mu$) zu

$$y_{\nu\mu} = \frac{y_{\nu 0} y_{\mu 0}}{\sum_{\chi=1}^{n} y_{\chi 0}} \quad . \tag{4.46}$$

Die Herleitung von Gl.(4.46), die zweckmäßigerweise mit Hilfe der Knotenanalyse erfolgt, ist zwar elementar, aber etwas langwierig. Sie wird hier aus Platzgründen überschlagen. Die umgekehrte Umwandlung eines n-Ecks in einen Stern ist nur in Sonderfällen möglich.

Bei passiven Zweipolen treten nach Abschnitt 3.2, Punkt δ) nur positive Koeffizienten auf. Bei der Stern/n-Eck-Umwandlung entstehen nach Gl.(4.46) Leitwerte $y_{\nu\mu}$ mit positiven Koeffizienten, wenn die Leitwerte des Sterns y_{k0} positive Koeffizienten haben. Wendet man auf einen Vierpol nach Abb.4.7 aus nichtgekoppelten passiven Elementen die Stern/n-Eck-Umwandlung auf alle internen Knoten an, dann entsteht schließlich ein Vierpol von der in Abb.4.10 gezeigten Form. In diesem Vierpol sind die

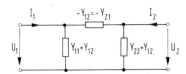

Abb.4.10. Allgemeine Darstellung eines Vierpols mit den Matrixelementen Y_{ik}.

letztlich resultierenden drei Zweipole im allgemeinen zwar nicht einzeln realisierbar, sie werden aber alle durch rationale Funktionen mit positiven Koeffizienten beschrieben. Andererseits lassen sich diese letztlich resultierenden drei Zweipole durch die Elemente der [Y]-Matrix ausdrücken. So findet man z.B. durch Berechnung von I_1/U_2 für $U_1 = 0$, daß der verbleibende Zweipol im Längszweig den Leitwert $-Y_{12}$ haben muß. Entsprechend findet man, daß die übrigbleibenden Zweipole in den Querzweigen die Leitwerte $Y_{11} + Y_{12}$ und $Y_{22} + Y_{12}$ haben müssen. Somit ergeben sich also $Y_{11} + Y_{12}$, $Y_{22} + Y_{12}$ und $-Y_{12}$ und damit auch Y_{11} und Y_{22} als rationale Funktionen mit reellen positiven Koeffizienten. Das hat zur Folge, daß bei einem Vierpol nach Abb.4.7 alle Wirkungsnullstellen sich als Lösungen von Polynomen mit nur positiven Koeffizienten ergeben, vgl.Gl.(4.10) bis Gl.(4.21). Ähnliche Überlegungen zeigen, daß auch die Funktionen Z_{12}, $Z_{11} - Z_{12}$ und $Z_{22} - Z_{12}$ unter den genannten Voraussetzungen rationale Funktionen mit reellen positiven Koeffizienten sein müssen.

Wir untersuchen als nächstes die möglichen Nullstellenlagen eines Polynoms vom Grad n mit nur positiven Koeffizienten a_χ

4.3 Eigenschaften spezieller Vierpolschaltungsstrukturen

$$P(s) = a_0 + a_1 s + \ldots + a_n s^n = \sum_{\chi=1}^{n} a_\chi s^\chi . \qquad (4.47)$$

Dieses Polynom kann sicher keine Nullstelle auf der positiven σ-Achse haben, da für $s = +\sigma$ alle Glieder $a_i \sigma^i$ positiv ausfallen. Der Grenzfall einer Nullstelle auf der nichtnegativen σ-Achse ist bei $s = 0$. Dieser Fall tritt ein für $a_0 = 0$.

Es kann aber auch keine Nullstelle von $P(s)$ unmittelbar neben der positiven σ-Achse vorkommen. Um das zu zeigen, setzen wir

$$s = \rho e^{j\varepsilon}; \quad \rho > 0, \quad \varepsilon > 0, \qquad (4.48)$$

siehe Abb. 4.11a. Das Glied mit der höchsten Potenz von s ergibt dann

$$a_n s^n = a_n \rho^n e^{jn\varepsilon}, \qquad (4.49)$$

siehe Abb. 4.11b. Wählt man ε genügend klein, dann ist der Imaginärteil von $a_n s^n$ positiv. Die Imaginärteile aller übrigen Glieder $a_\chi s^\chi$ sind damit ebenfalls positiv. Da eine Summe aus Gliedern mit nur positiven Imaginärteilen nicht verschwinden kann, kann $P(s)$ auch keine Nullstellen unmittelbar neben der positiven σ-Achse haben.

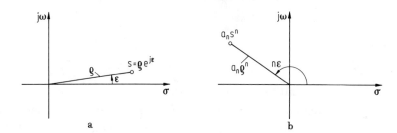

Abb. 4.11. Untersuchung der möglichen Nullstellenlagen eines Polynoms mit positiven Koeffizienten (s. Text).

$P(s)$ kann erst dann eine Nullstelle haben, wenn einige Glieder $a_\chi s^\chi$ auch negativen Imaginärteil erhalten, oder wenn überhaupt kein Imaginärteil auftritt. Dazu ist notwendig, daß in Abb. 4.11b

$$n\varepsilon \geq \pi \qquad (4.50)$$

ist. Das bedeutet, daß der Sektor $\varepsilon < \pi/n$ in Abb. 4.12 sicher nullstellenfrei ist. Auf dem Grenzstrahl $\varepsilon = \pi/n$ ergeben sich Nullstellen, wenn $a_1 = a_2 = \ldots = a_{n-1} = 0$ ist. Setzt man in Gl. (4.48) $\varepsilon < 0$, dann ergeben sich nur Glieder mit negativem Imaginärteil, wenn $|\varepsilon|$ genügend klein ist.

Zusammenfassend gilt also der folgende

> <u>Satz 4.5</u>
>
> Bei einem Vierpol der Ordnung n, der eine durchgehende Masseverbindung hat (Abb.4.7) und ausschließlich aus kopplungsfreien, passiven Zweipolen zusammengesetzt ist, sind alle Wirkungsfunktionen $H(s)$ von Gl.(4.10) bis Gl. (4.21) in der rechten s-Halbebene in einem Sektor mit dem Öffnungswinkel $\pm\pi/n$ um die positive σ-Achse nullstellenfrei (Abb.4.12).

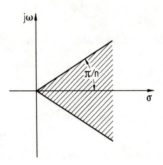

Abb.4.12. Nullstellenfreier Sektor der Wirkungsfunktion $H(s)$ bei einem Vierpol der Ordnung n aus kopplungsfreien passiven Elementen.

Bei der Ordnung n = 2 ist nach Satz 4.5 also die gesamte rechte s-Halbebene nullstellenfrei. Ein solcher Vierpol ist damit stets allpaßfrei.

In engem Zusammenhang mit Satz 4.5 steht eine erstmals von F i a l k o w und G e r s t [20] gefundene Koeffizientenbedingung für Matrixelemente der [Y]-Matrix. Wie durch Anwendung der Stern/n-Eck-Transformation gefunden wurde, sind $-Y_{12}(s)$, $Y_{11}(s) + Y_{12}(s)$ sowie $Y_{22}(s) + Y_{12}(s)$ rationale Funktionen mit positiven Koeffizienten. Ist $q(s)$ der kleinste gemeinsame Nenner, dann lassen sich diese Funktionen wie folgt ausdrücken:

$$-Y_{12}(s) = \frac{a_0 + a_1 s + a_2 s^2 + \ldots}{q(s)} \;, \qquad (4.51)$$

$$Y_{11}(s) + Y_{12}(s) = \frac{(b_0 - a_0) + (b_1 - a_1)s + (b_2 - a_2)s^2 + \ldots}{q(s)} \;, \qquad (4.52)$$

$$Y_{22}(s) + Y_{12}(s) = \frac{(c_0 - a_0) + (c_1 - a_1)s + (c_2 - a_2)s^2 + \ldots}{q(s)} \;. \qquad (4.53)$$

4.3 Eigenschaften spezieller Vierpolschaltungsstrukturen

Da alle Koeffizienten positiv sein müssen, folgt für einen Vierpol, der eine durchgehende Masseverbindung hat und ausschließlich aus kopplungsfreien passiven Zweipolen zusammengesetzt ist, die Fialkow-Gerst-Bedingung

$$a_i \geq 0, \quad b_i \geq a_i, \quad c_i \geq a_i, \quad i = 0, 1, 2, \ldots \quad (4.54)$$

4.3.2 Eigenschaften von Brückenschaltungen

Abb.4.13 zeigt zwei gleichwertige Darstellungen eines Vierpols in allgemeiner Brückenschaltung. Die Widerstandsmatrix errechnet sich zu

$$[Z] = \begin{bmatrix} Z_{11} & Z_{12} \\ Z_{21} & Z_{22} \end{bmatrix} = \frac{1}{Z_1+Z_2+Z_3+Z_4} \begin{bmatrix} (Z_1+Z_2)(Z_3+Z_4) & Z_2Z_4 - Z_1Z_3 \\ Z_2Z_4 - Z_1Z_3 & (Z_1+Z_4)(Z_2+Z_3) \end{bmatrix}. \quad (4.55)$$

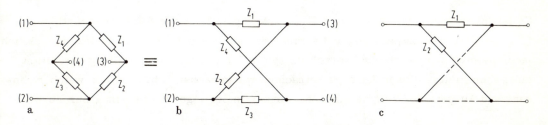

Abb.4.13. Brückenschaltung. a) und b) äquivalente Darstellungen der allgemeinen Brückenschaltung; c) vereinfachte Darstellung der symmetrischen Brückenschaltung. Bei dieser ist $Z_1 = Z_3$ und $Z_2 = Z_4$.

Die Brückenschaltung ist offenbar reziprok, vgl. Satz 4.1. Wie Gl.(4.55) zeigt, kann $Z_{12}(s)$ und damit auch $H(s)$ [vgl. Gl.(4.10) bis Gl.(4.21)] Nullstellen in der rechten s-Halbebene haben. Ein Beispiel dafür ist $Z_2 = Z_4 = s$, $Z_1 = Z_3 = 1/s$. In diesem Fall liegen die Nullstellen bei $s = \pm 1$.

Besondere Bedeutung haben die **symmetrischen** Brückenschaltungen. Bei diesen ist nach Gl.(1.30) $Z_{11} = Z_{22}$. Damit folgt aus Gl.(4.55)

$$Z_1 = Z_3, \quad Z_2 = Z_4 \quad (4.56)$$

und

$$[Z] = \begin{bmatrix} Z_{11} & Z_{12} \\ Z_{12} & Z_{11} \end{bmatrix} = \frac{1}{2} \begin{bmatrix} Z_2 + Z_1 & Z_2 - Z_1 \\ Z_2 - Z_1 & Z_2 + Z_1 \end{bmatrix}. \quad (4.57)$$

Bei der symmetrischen Brückenschaltung errechnet sich die Determinante zu $\Delta Z = Z_1 Z_2$. Folglich bestimmt sich mit Tab.1.2 und mit

$$Y_1 = \frac{1}{Z_1}, \qquad Y_2 = \frac{1}{Z_2} \tag{4.58}$$

die Leitwertsmatrix zu

$$[Y] = \begin{bmatrix} Y_{11} & Y_{12} \\ Y_{12} & Y_{11} \end{bmatrix} = \frac{1}{2} \begin{bmatrix} Y_2 + Y_1 & Y_2 - Y_1 \\ Y_2 - Y_1 & Y_2 + Y_1 \end{bmatrix}. \tag{4.59}$$

Bei gegebener Widerstandsmatrix [Z] bzw. Leitwertsmatrix [Y] findet man umgekehrt

$$\begin{aligned} Z_1 &= Z_{11} - Z_{12} & \text{bzw.} & & Y_1 &= Y_{11} - Y_{12}, \\ Z_2 &= Z_{11} + Z_{12} & \text{bzw.} & & Y_2 &= Y_{11} + Y_{12}. \end{aligned} \tag{4.60}$$

Es ist interessant, daß $Z_1(s)$ und $Z_2(s)$ stets positiv reelle Funktionen sind, wenn [Z] die Matrix eines passiven und symmetrischen Vierpols ist. Das bedeutet, daß sich jeder passive symmetrische Vierpol als symmetrische Brückenschaltung darstellen läßt. Zum Beweis dieser Aussage betrachten wir zunächst Abb.4.14a, in welcher Eingang und Ausgang des symmetrischen Vierpols in Serie geschaltet sind. Zur Vermei-

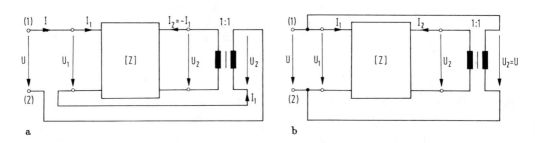

Abb.4.14. Zum Beweis von Satz 4.6, daß sich jeder passive und symmetrische Vierpol als Brückenschaltung realisieren läßt (s. Text).

dung eines Kurzschlusses von Bauelementen ist ähnlich wie in Abb.1.15b ein idealer Übertrager gemäß Gl.(1.41) mit ü = 1 zwischengeschaltet. Es ergibt sich

$$I = I_1 = -I_2, \tag{4.61}$$

$$U = U_1 - U_2. \tag{4.62}$$

Unter Verwendung der Widerstandsgleichungen des reziproken und symmetrischen Vierpols

4.3 Eigenschaften spezieller Vierpolschaltungsstrukturen

$$U_1 = Z_{11}I_1 + Z_{12}I_2,$$
$$U_2 = Z_{12}I_1 + Z_{11}I_2 \tag{4.63}$$

ergibt sich aus den Gln.(4.61), (4.62) und (4.60)

$$U = 2(Z_{11} - Z_{12})I = 2Z_1 I. \tag{4.64}$$

Damit folgt für den Eingangswiderstand Z_2 zwischen den Klemmen (1) und (2)

$$Z_s = \frac{U}{I} = 2(Z_{11} - Z_{12}) = 2Z_1. \tag{4.65}$$

Bei einem passiven Vierpol muß dieser Eingangswiderstand $Z_s(s)$ positiv reell sein, womit also auch $Z_1(s)$ positiv reell sein muß.

Als nächstes betrachten wir Abb.4.14b, in welcher Ein- und Ausgang unter Zwischenschaltung eines idealen Übertragers mit ü = 1 parallel geschaltet sind. Hierfür ergibt sich

$$U = U_1 = U_2, \tag{4.66}$$
$$I = I_1 + I_2. \tag{4.67}$$

Unter Verwendung der Leitwertsgleichungen des reziproken symmetrischen Vierpols

$$I_1 = Y_{11}U_1 + Y_{12}U_2,$$
$$I_2 = Y_{12}U_1 + Y_{11}U_2 \tag{4.68}$$

ergibt sich aus den Gln.(4.66), (4.67) und (4.60)

$$I = 2(Y_{11} + Y_{12})U = 2Y_2 U. \tag{4.69}$$

Damit folgt für den Eingangswiderstand Z_p zwischen den Klemmen (1) und (2) in Abb.4.14b

$$Z_p = \frac{U}{I} = \frac{1}{2Y_2} = \frac{1}{2}Z_2. \tag{4.70}$$

Da bei einem passiven Vierpol $Z_p(s)$ positiv reell sein muß, ist somit auch $Z_2(s)$ positiv reell, was zu zeigen war.

Entsprechende Überlegungen lassen sich anstellen, wenn man statt des symmetrischen passiven den symmetrischen LC- oder symmetrischen RC- oder symmetrischen RL-Vierpol zugrundelegt. Also gilt zusammengefaßt der folgende

Satz 4.6

Jeder symmetrische passive Vierpol {bzw. symmetrische LC-, RC-, RL-Vierpol} läßt sich als symmetrische Brückenschaltung entsprechend Abb. 4.13c darstellen mit realisierbaren passiven Zweipolen {bzw. LC-, RC-, RL-Zweipolen} $Z_1(s)$ und $Z_2(s)$.

Ein zu Satz 4.6 ähnlicher Zusammenhang existiert für struktursymmetrische Vierpole, die nicht notwendigerweise passiv sein müssen. Ein Vierpol ist struktursymmetrisch, wenn bei Vertauschen von Eingangs- und Ausgangsklemmen die Struktur, d.h. die Anordnung und Größe der Schaltelemente, unverändert bleibt. Zwei Beispiele struktursymmetrischer Vierpole zeigt Abb. 4.15. Wie man sieht, kann man jeden struktursymmetrischen Vierpol durch eine senkrechte Symmetrielinie in zwei spiegelbildlich gleiche Teile zerlegen. Würde die Symmetrielinie ein Element schneiden, dann hat man dieses entweder als Serienschaltung zweier Längselemente (siehe Z_3 in Abb. 4.15a) oder als Parallelschaltung zweier Querelemente (siehe Z_5 in Abb. 4.15a)

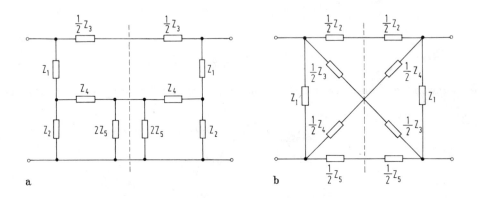

Abb. 4.15. Beispiele struktursymmetrischer Vierpole. a) Vierpol ohne sich kreuzende Zweige; b) Vierpol mit sich kreuzenden Zweigen.

darzustellen. Ausschließen wollen wir für unsere Belange Schaltungen mit sich kreuzenden Zweigen wie in Abb. 4.15b. Solche werden in [21] behandelt. Beim hier interessierenden einfacheren Fall gilt der Symmetriesatz von A.C. Bartlett:

Satz 4.7

Bei struktursymmetrischen Vierpolen ohne sich kreuzende Zweige findet man stets eine äquivalente symmetrische Brückenschaltung dadurch, daß man den Vierpol durch eine Symmetrielinie in der Mitte aufteilt. Den Brückenzweipol Z_1 bzw. Z_2 erhält man als Eingangswiderstand einer Hälfte, indem man die freien Enden in der Mitte kurzschließt bzw. offen läßt.

4.3 Eigenschaften spezieller Vierpolschaltungsstrukturen

Bevor wir Satz 4.7 beweisen, sei zuvor dessen Aussage am Beispiel von Abb.4.16 verdeutlicht. Der Kurzschluß der freien Enden in Abb.4.16b ergibt den Zweipol Z_1 in Abb.4.16c, der Leerlauf den Zweipol Z_2 in Abb.4.16d. Beide Zweipole liefern die symmetrische Brückenschaltung in Abb.4.16e.

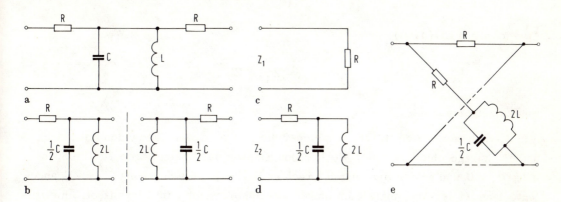

Abb.4.16. Zur Erläuterung des Symmetriesatzes von Bartlett. a) struktursymmetrischer Vierpol ohne sich kreuzende Zweige; b) Aufteilung in zwei spiegelbildlich gleiche Teile; c) Bestimmung von Z_1; d) Bestimmung von Z_2; e) äquivalente symmetrische Brückenschaltung.

Zum Beweis von Satz 4.7 betrachten wir zunächst Abb.4.17a. Die beiden gleichen Hälften H_1 und H_2 des als struktursymmetrisch vorausgesetzten Vierpols sind durch eine nicht näher gekennzeichnete Anzahl von Leitungen verbunden. Wird nun an Eingang und Ausgang die gleiche Spannung U angelegt, dann sind wegen der Symmetrie auch die Ströme I_1 und I_2 gleich und damit die Verbindungsleitungen in der Mitte

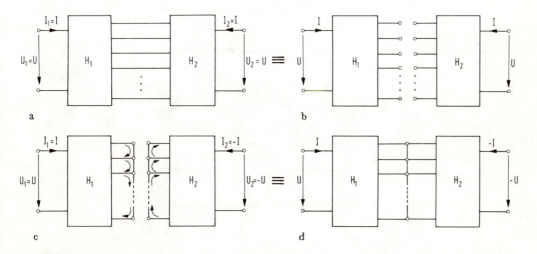

Abb.4.17. Zum Beweis des Symmetriesatzes von Bartlett in der Form von Satz 4.7 (s. Text).

stromlos. Man kann also die Verbindungsleitungen unterbrechen, ohne daß sich an den Strömen in den beiden Hälften etwas ändert, Abb.4.17b. Mit den Vierpolgleichungen Gl.(4.63) gilt wegen $I_1 = I_2 = I$

$$U = (Z_{11} + Z_{12})I \ . \tag{4.71}$$

Also folgt mit Gl.(4.60)

$$\frac{U}{I} = Z_{11} + Z_{12} = Z_2 \ , \tag{4.72}$$

was zu zeigen war.

Nun betrachten wir Abb.4.17c, in welcher die offenen Enden der beiden Hälften H_1 und H_2 kurzgeschlossen sind. Wird an den Eingang der linken Hälfte H_1 die Spannung $U_1 = U$ und an den Ausgang der rechten Hälfte H_2 die Spannung $U_2 = -U$ angelegt, dann ist der Ausgangsstrom entgegengerichtet gleich zum Eingangsstrom. Desgleichen sind dann die in den Kurzschlußverbindungen der linken und rechten Hälfte fließenden Ströme zueinander entgegengerichtet gleich. Verbindet man jetzt wieder die aufgetrennten Verbindungsleitungen, wie das in Abb.4.17c gezeigt ist, dann sind die senkrechten Kurzschlußverbindungen stromlos und können demnach auch fortgelassen werden. Mit den Vierpolgleichungen Gl.(4.63) gilt also wegen $I_1 = -I_2 = I$

$$U = (Z_{11} - Z_{12})I \ . \tag{4.73}$$

Folglich gilt mit Gl.(4.60)

$$\frac{U}{I} = Z_{11} - Z_{12} = Z_1 \ , \tag{4.74}$$

was ebenfalls zu zeigen war. Damit ist Satz 4.7 bewiesen.

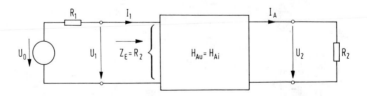

Abb.4.18. Vierpol konstanten Eingangswiderstands.

Von besonderem Interesse sind solche symmetrischen passiven Vierpole, bei denen (Abb.4.18)

4.3 Eigenschaften spezieller Vierpolschaltungsstrukturen

$$H_{Au}(s) = \frac{U_2(s)}{U_1(s)} = H_{Ai}(s) = \frac{I_A(s)}{I_1(s)} \qquad (4.75)$$

ist, vgl. Gl.(4.17) und Gl.(4.18). Sind diese ausgangsseitig mit dem Widerstand R_2 abgeschlossen, dann ergibt sich nach Gl.(4.75) für die Eingangsimpedanz

$$Z_E(s) = \frac{U_1(s)}{I_1(s)} = \frac{H_{Ai}(s)}{H_{Au}(s)} \frac{U_2(s)}{I_A(s)} = R_2 \; . \qquad (4.76)$$

Solche Vierpole haben also die konstante Eingansimpedanz $Z_E(s) = R_2$.

Diese zusätzliche Einschränkung hat zur Folge, daß die Zweipole Z_1 und Z_2 der äquivalenten Brückenschaltung (Satz 4.6) nicht mehr unabhängig voneinander sind. Durch Einsetzen der Brückenimpedanzen $Z_{11} = Z_{22} = \frac{1}{2}(Z_2 + Z_1)$, $\Delta Z = Z_1 Z_2$ in die Gleichungen für H_{Au} und H_{Ai} [Gln.(4.27) und (4.18)] folgt mit Gl.(4.75)

$$H_{Au} = \frac{Z_{12}}{\frac{Z_1 Z_2}{R_2} + \frac{1}{2}(Z_2 + Z_1)} = H_{Ai} = \frac{Z_{12}}{\frac{1}{2}(Z_2 + Z_1) + R_2} \; . \qquad (4.77)$$

Der Nennervergleich liefert

$$Z_1(s) Z_2(s) = R_2^2 \; . \qquad (4.78)$$

Die Brückenzweipole $Z_1(s)$ und $Z_2(s)$ müssen jetzt also zueinander **dual** sein, wobei die Dualitätsinvariante gleich dem Abschlußwiderstand R_2 ist. Setzt man $Z_{12} = \frac{1}{2}(Z_2 - Z_1)$ sowie $Z_2 = R_2^2/Z_1$ in Gl.(4.77) ein, dann folgt

$$H_{Au}(s) = \frac{U_2(s)}{U_1(s)} = \frac{\frac{1}{2}\left(\frac{R_2^2}{Z_1} - Z_1\right)}{\frac{1}{2}\left(\frac{R_2^2}{Z_1} + Z_1\right) + R_2} = \ldots = \frac{R_2 - Z_1}{R_2 + Z_1} \; . \qquad (4.79)$$

Da der Eingangswiderstand $Z_E = R_2$ ist, läßt sich auch die Betriebswirkungsfunktion $H_B(s)$ leicht angeben. Mit Abb.4.18 und Gl.(4.21) folgt:

$$H_B(s) = \frac{U_2}{\frac{1}{2}U_0} \sqrt{\frac{R_1}{R_2}} = \frac{U_2}{U_1} \frac{U_1}{\frac{1}{2}U_0} \sqrt{\frac{R_1}{R_2}} = H_{Au} \frac{2R_2}{R_1 + R_2} \sqrt{\frac{R_1}{R_2}} \; . \qquad (4.80)$$

Zum Abschluß seien noch einige häufig benutzte Äquivalenzen der symmetrischen Brückenschaltung behandelt. Abb.4.19b zeigt eine, einen idealen Übertrager enthaltende, äquivalente Schaltung. Der Nachweis der Äquivalenz erfolgt mit Abb. 4.19c. Die Maschenanalyse liefert

$$U_1 = U_{Tr} + \frac{1}{2} Z_2 I_1 + \frac{1}{2} Z_2 I_2 , \qquad (4.81)$$

$$U_2 = - U_{Tr} + \frac{1}{2} Z_2 I_1 + \frac{1}{2} Z_2 I_2 , \qquad (4.82)$$

$$2 U_{Tr} = 2 Z_1 I_3 . \qquad (4.83)$$

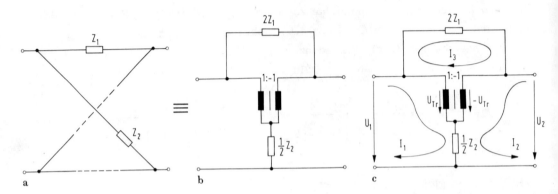

Abb. 4.19. a) Symmetrische Brückenschaltung; b) zur symmetrischen Brückenschaltung äquivalente Schaltung mit einem idealen Übertrager; c) zum Nachweis der Äquivalenz von Abb. a) und Abb. b).

Für die Ströme gilt nach Gl. (1.41) mit ü = -1

$$I_1 - I_3 = -\frac{1}{ü} (I_2 + I_3) = I_2 + I_3 \qquad (4.84)$$

oder

$$I_3 = \frac{1}{2} (I_1 - I_2) . \qquad (4.85)$$

Gl. (4.83) und Gl. (4.85) in Gl. (4.81) und Gl. (4.82) eingesetzt, liefern

$$U_1 = \frac{1}{2} Z_1 I_1 - \frac{1}{2} Z_1 I_2 + \frac{1}{2} Z_2 I_1 + \frac{1}{2} Z_2 I_2 , \qquad (4.86)$$

$$U_2 = -\frac{1}{2} Z_1 I_1 + \frac{1}{2} Z_1 I_2 + \frac{1}{2} Z_2 I_1 + \frac{1}{2} Z_2 I_2 . \qquad (4.87)$$

In Matrixform geschrieben lauten die letzten beiden Gleichungen

4.3 Eigenschaften spezieller Vierpolschaltungsstrukturen

$$\begin{bmatrix} U_1 \\ U_2 \end{bmatrix} = \frac{1}{2} \begin{bmatrix} Z_2 + Z_1 & Z_2 - Z_1 \\ Z_2 - Z_1 & Z_2 + Z_1 \end{bmatrix} \begin{bmatrix} I_1 \\ I_2 \end{bmatrix}. \qquad (4.88)$$

Das ist aber die [Z]-Matrix von Gl.(4.57). Somit ist die Äquivalenz in Abb.4.19a und b verifiziert.

Weitere äquivalente Schaltungen zur symmetrischen Brückenschaltung gewinnt man aus der Umkehrung des Symmetriesatzes von Bartlett. Wir wollen dieses Verfahren am Beispiel einer RC-Brücke 2.Ordnung vorführen. (Die Äquivalenz bleibt unverändert, wenn man R durch L ersetzt).

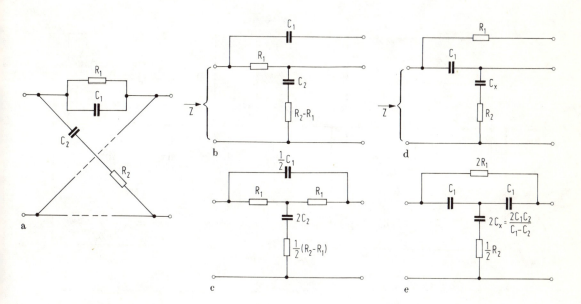

Abb.4.20. Gewinnung äquivalenter struktursymmetrischer Schaltungen mit Hilfe des Symmetriesatzes von Bartlett. a) eine symmetrische Brückenschaltung; b) eine mögliche Hälfte eines struktursymmetrischen Vierpols, die auf Abb. a) führt; c) vollständige struktursymmetrische Schaltung für Abb. b); d) eine andere mögliche Hälfte eines struktursymmetrischen Vierpols, die auf Abb. a) führt; e) vollständige struktursymmetrische Schaltung für Abb. d).

Gegeben sei die Schaltung in Abb.4.20a. Man kann sich diese Brückenschaltung entstanden denken aus der in Abb.4.20b gezeigten linken Hälfte der struktursymmetrischen Schaltung von Abb.4.20c. Schließt man nämlich die offenen rechten Enden in Abb.4.20b kurz, dann wird $Z = Z_1$. Bei Leerlauf der offenen rechten Enden hingegen ergibt sich $Z = Z_2$. Damit die äquivalente Schaltung keine negativen Elemente hat, muß $R_2 \geq R_1$ sein.

Andererseits kann man sich die Brückenschaltung in Abb.4.20a auch aus der in Abb.4.20d gezeigten linken Hälfte der struktursymmetrischen Schaltung von Abb.

4.20e entstanden denken. In diesem Fall muß die Serienschaltung der Kapazitäten C_1 und C_x die Kapazität C_2 ergeben, d.h.

$$\frac{1}{C_2} = \frac{1}{C_1} + \frac{1}{C_x} \qquad \text{oder} \qquad C_x = \frac{C_1 C_2}{C_1 - C_2} \,. \tag{4.89}$$

Hier muß also $C_1 \geqslant C_2$ sein. Bei $C_1 = C_2$ ist C_x durch einen Kurzschluß zu ersetzen.

Eine weitere Möglichkeit des Auffindens einer äquivalenten Schaltung besteht darin, daß man die Brückenschaltung von Abb. 4.20a zunächst in eine Parallelschaltung

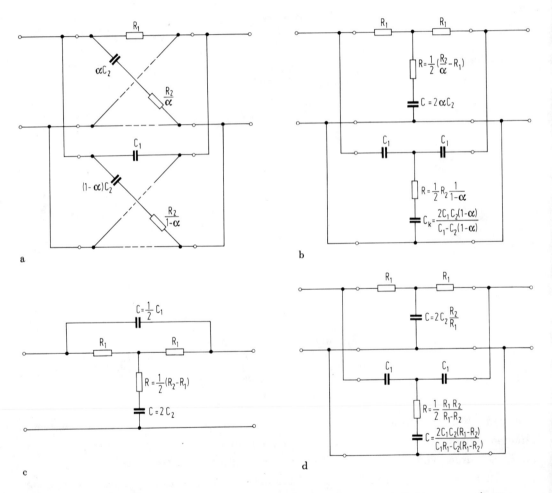

Abb. 4.21. Weitere Möglichkeit zur Auffindung äquivalenter Schaltungen. a) Zerlegung der Brückenschaltung von Abb. 4.20 in eine Parallelschaltung zweier Brücken; b) durch eine Umwandlung der parallelgeschalteten Brücken gemäß Abb. 4.20 gewonnene äquivalente Schaltung; c) vereinfachte Schaltung von Abb. a) für $\alpha = 1$; d) durch eine andere Umwandlung der parallelgeschalteten Brücken in Abb. a) gemäß Abb. 4.20 gewonnene äquivalente Schaltung.

4.3 Eigenschaften spezieller Vierpolschaltungsstrukturen

zweier symmetrischer Brücken zerlegt, wie das in Abb. 4.21a gezeigt ist. Die Zerlegung des Querzweiges erfolgt dabei gemäß

$$\frac{1}{Z_2(s)} = \frac{1}{R_2 + \frac{1}{sC_2}} = \frac{\alpha}{R_2 + \frac{1}{sC_2}} + \frac{1-\alpha}{R_2 + \frac{1}{sC_2}} \quad , \quad 0 \leq \alpha \leq 1 \ . \quad (4.90)$$

Die parallel geschalteten Brücken können nun einzeln entsprechend Abb. 4.20 umgewandelt werden, was die Schaltung in Abb. 4.21b ergibt. Damit die obere T-Schaltung keine negativen Elemente bekommt, muß $0 \leq \alpha \leq R_2/R_1$ sein. Damit die untere T-Schaltung keine negativen Elemente hat, muß $1 \geq \alpha \geq 1 - C_1/C_2$ sein. Somit gilt

$$1 - \frac{C_1}{C_2} \leq \alpha \leq \frac{R_2}{R_1} \ . \quad (4.91)$$

Die untere Grenze der Ungleichung darf natürlich nicht größer sein als die obere, weshalb

$$1 \leq \frac{R_2}{R_1} + \frac{C_1}{C_2} \quad (4.92)$$

sein muß. Ist Gl. (4.92) mit dem Kleinerzeichen erfüllt, dann gibt es unendlich viele äquivalente Schaltungen. Wählt man z.B. $\alpha = 1 - C_1/C_2$, d.h. $1 - \alpha = C_1/C_2$, dann hat man in Abb. 4.21b die Kapazität C_k durch einen Kurzschluß zu ersetzen, d.h. man kommt mit drei Kapazitäten aus.

Ist $R_2 \geq R_1$, dann ist Gl. (4.92) immer erfüllt. Man kann dann $\alpha = 1$ setzen, wodurch sich aus Abb. 4.21b die verhältnismäßig einfache Schaltung von Abb. 4.21c ergibt. Setzt man $\alpha = R_2/R_1$, dann ergibt sich aus Abb. 4.21b die Schaltung von Abb. 4.21d. Diese Schaltung hat keine negativen Elemente, wenn $R_2 \leq R_1$, und wenn Gl. (4.92) erfüllt ist. Man kann also die Schaltungen von Abb. 4.21c und d alternativ verwenden, je nachdem, ob $R_2 \geq R_1$ oder $R_2 < R_1$ ist. Sie leisten zusammen dasselbe wie Abb. 4.21b.

4.3.3 Fastsymmetrische Vierpole

Im vorausgegangenen Abschnitt wurde gezeigt, daß sich jeder symmetrische passive Vierpol als symmetrische Brückenschaltung mit realisierbaren, passiven Zweipolen darstellen läßt. Ein ähnlicher Zusammenhang gilt mit gewissen Einschränkungen für eine spezielle Klasse unsymmetrischer passiver Vierpole, die hier als fastsymmetrische Vierpole bezeichnet seien.

Wie bei den struktursymmetrischen Vierpolen handelt es sich bei den fastsymmetrischen Vierpolen um solche mit einem symmetrischen Graphen. Man kann also einen

144   4. Allgemeine Vierpoleigenschaften und spezielle Vierpoltypen

fastsymmetrischen Vierpol durch eine Symmetrielinie in zwei spiegelbildlich gleiche Teile zerlegen. Im Gegensatz zu den struktursymmetrischen Vierpolen sind aber jetzt die spiegelbildlich zueinander liegenden Elemente nicht gleich, sondern um einen konstanten positiven Faktor a* voneinander verschieden. Genauer: der Scheinwiderstand jedes Elementes auf der rechten Seite ist um den Faktor a* größer als der des entsprechenden Elementes auf der linken Seite. Gegeninduktivitäten und sonstige koppelnde Elemente wollen wir ausschließen [12].

Wir können jetzt wieder wie in Abb.4.17 den fastsymmetrischen Vierpol durch die Symmetrielinie in zwei Hälften aufteilen, siehe Abb.4.22a. Legt man an Eingang und

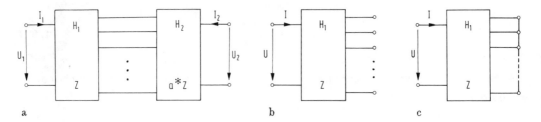

Abb.4.22. Zur Umwandlung fastsymmetrischer Schaltungen (s. Text).

Ausgang die Spannung U, dann fließt durch die Eingangsklemmen der Strom $I_1 = I$ und durch die Ausgangsklemmen der Strom $I_2 = I/a^*$. Der Unterschied im Impedanzniveau auf beiden Seiten ändert nichts an den Spannungsteilerverhältnissen. Er verkleinert lediglich alle Ströme um den Faktor $1/a^*$ auf der rechten Seite. Wir erhalten also aus den Widerstandsgleichungen des reziproken Vierpols Gl.(1.24), Gl.(1.29)

$$U = (Z_{11} + \frac{1}{a^*} Z_{12}) I = (Z_{12} + \frac{1}{a^*} Z_{22}) I \ . \qquad (4.93)$$

Da in diesem Fall die Verbindungsdrähte zwischen beiden Hälften stromlos sind, können sie unterbrochen werden, ohne daß sich etwas ändert. Aus Gl.(4.93) folgt daher für den Eingangswiderstand der linken Hälfte bei unterbrochenen Verbindungsdrähten, Abb.4.22b

$$Z_2 = \frac{U}{I} = Z_{11} + \frac{1}{a^*} Z_{12} = Z_{12} + \frac{1}{a^*} Z_{22} \ . \qquad (4.94)$$

Legt man aber an den Eingang die Spannung U und an den Ausgang die Spannung $-a^*U$, dann ist der Eingangsstrom $I_1 = I$ und der Ausgangsstrom $I_2 = -I$. Durch alle spiegelbildlich gelegenen Elemente fließt nun jeweils der gleiche Strom in entgegengesetzter Richtung. Aus den Widerstandsgleichungen folgt jetzt

$$U = (Z_{11} - Z_{12}) I = (Z_{22} - Z_{12}) \frac{1}{a^*} I \ . \qquad (4.95)$$

4.3 Eigenschaften spezieller Vierpolschaltungsstrukturen

Ein Kurzschluß aller Verbindungsdrähte würde in diesem Fall nichts ändern, weil die Kurzschlüsse stromlos blieben. Somit ergibt sich für den Eingangswiderstand der linken Hälfte bei kurzgeschlossenen Verbindungsdrähten (Abb.4.22c) aus Gl.(4.95)

$$Z_1 = Z_{11} - Z_{12} = \frac{1}{a^*}(Z_{22} - Z_{12}) . \qquad (4.96)$$

Wie bei Gl.(4.60) und Gl.(4.61), so folgt auch hier durch eine analoge Überlegung anhand von Abb.4.14, daß Z_1 und Z_2 positiv reell sein müssen, wenn der fastsymmetrische Vierpol passiv ist. Aus Gl.(4.94) und Gl.(4.96) errechnet sich

$$a^* = \frac{Z_{22} - Z_{12}}{Z_{11} - Z_{12}} . \qquad (4.97)$$

Sind die Matrixelemente eines reziproken passiven Vierpols in der Weise gegeben, daß Gl.(4.97) eine reelle positive Konstante ergibt, dann gelingt häufig eine Schaltungsrealisierung folgendermaßen: Man berechnet zuerst nach Gl.(4.96) und Gl.(4.94) die Brückenimpedanzen Z_1 und Z_2 und realisiert die zugehörige Brückenschaltung. Dann wandelt man die Brücke in eine struktursymmetrische und übertragerfreie Schaltung um (dieser Schritt gelingt nicht immer). Darauf trennt man die struktursymmetrische Schaltung durch eine Symmetrielinie in zwei Hälften auf und multipliziert sämtliche Impedanzen der rechten Hälfte mit dem Faktor a^*.

Ein Beispiel soll diesen Prozeß erläutern. Gegeben seien

$$\begin{aligned}Z_{11}(s) &= k + \frac{k_0}{s} + \frac{\frac{k_{12}}{a}}{s+\sigma} , \\ Z_{22}(s) &= k + \frac{k_0}{s} + \frac{k_{12}a}{s+\sigma}, \\ Z_{12}(s) &= k + \frac{k_0}{s} + \frac{k_{12}}{s+\sigma} .\end{aligned} \qquad (4.98)$$

k, k_0, k_{12}, a und σ sind positive Konstanten. Warum man Z-Parameter in dieser Weise vorgeben kann, wird später in Kapitel 7 erläutert. Für unsere hier zu lösende Aufgabe interessiert das aber nicht.

Nach Gl.(4.97) ist

$$a^* = \frac{Z_{22} - Z_{12}}{Z_{11} - Z_{12}} = \frac{k_{12}(a+1)}{k_{12}(\frac{1}{a}+1)} = a .$$

Die Brückenwiderstände Z_1 und Z_2 berechnen sich nach Gl.(4.96) und Gl.(4.94) zu

$$Z_1 = \frac{k_{12}(\frac{1}{a}+1)}{s+\sigma} , \quad \text{d.h.} \quad R_1 = \frac{k_{12}(1+a)}{a\sigma} , \quad C_1 = \frac{a}{k_{12}(1+a)} \qquad (4.99)$$

und

$$Z_2 = \left(k + \frac{k_0}{s}\right)\left(\frac{1}{a}+1\right) , \quad \text{d.h.} \quad R_2 = \frac{k(1+a)}{a} , \quad C_2 = \frac{a}{k_0(1+a)} . \qquad (4.100)$$

146 4. Allgemeine Vierpoleigenschaften und spezielle Vierpoltypen

Die zu Z_1 und Z_2 gehörenden Schaltungen zeigen Abb.4.23a und b. Es ergibt sich also eine Brückenschaltung gemäß Abb.4.20a, die sich durch Umkehrung des Symmetriesatzes von Bartlett in eine struktursymmetrische Schaltung umwandeln läßt, wie in Abb.4.20 und Abb.4.21 demonstriert wurde. Voraussetzung dazu ist, daß Gl.(4.92) erfüllt ist. Benutzen wir Abb.4.21c und d, dann ergeben sich nach Auftrennung in zwei Hälften und Multiplikation der rechten Hälfte mit a* = a die Schaltungen von Abb.4.23c und 4.23d für $R_2 \geq R_1$ und $R_1 \geq R_2$. In diesen Schaltungen lassen sich natürlich noch die parallel liegenden Elemente in den Querzweigen sowie die in Serie liegenden Kapazitäten zusammenfassen. Falls Gl.(4.92) nicht erfüllt ist, kommen in Abb.4.23c oder d auch negative Elemente vor. Auf dieses Beispiel von Gl.(4.98) und Abb.4.23 werden wir später in Abschnitt 7.4.2 noch zurückkommen.

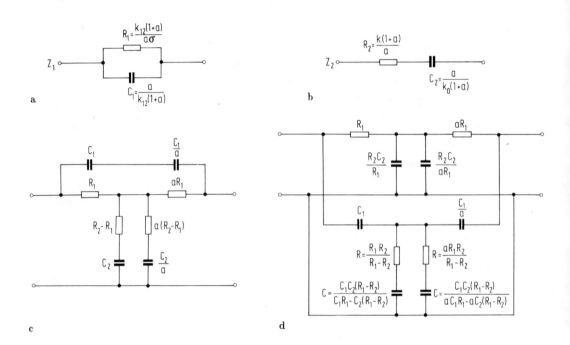

Abb.4.23. Konstruktion eines fastsymmetrischen Vierpols für die vorgegebenen Matrixelemente von Gl.(4.98), (s.Text).

Führt man die eingangs angestellten Überlegungen mit den Elementen der Leitwertsmatrix [Y] durch, wobei wieder alle Scheinwiderstände der rechten Hälfte in Abb. 4.22a um den Faktor a* größer sind als die entsprechenden spiegelbildlich auf der linken Seite liegenden, dann ergibt sich für den Eingangsleitwert der linken Hälfte bei unterbrochenen Verbindungsdrähten (Abb.4.22b)

$$Y_2 = \frac{I}{U} = Y_{11} + Y_{12} = a^*(Y_{12} + Y_{22}) \qquad (4.101)$$

und für den Eingangsleitwert der linken Hälfte bei kurzgeschlossenen Verbindungsdrähten (Abb.4.22c)

4.3 Eigenschaften spezieller Vierpolschaltungsstrukturen

$$Y_1 = \frac{I}{U} = Y_{11} - a^*Y_{12} = -Y_{12} + a^*Y_{22} \,. \tag{4.102}$$

Statt Gl. (4.97) erhalten wir

$$a^* = \frac{Y_{11} + Y_{12}}{Y_{22} + Y_{12}} \,. \tag{4.103}$$

5. Synthese passiver LC-Vierpole

Die Beherrschung der Synthese passiver LC-Vierpole ist von großer praktischer Bedeutung. Wie sich später zeigen wird, kann man mit LC-Vierpolen bereits jeden Dämpfungsverlauf realisieren, der überhaupt mit passiven Vierpolen realisierbar ist. Unter passiven LC-Vierpolen wollen wir solche Vierpole verstehen, die ausschließlich aus passiven Reaktanzen zusammengesetzt sind. Das bedeutet, daß alle Kapazitäten und Induktivitäten positiv sind und daß bei gekoppelten Induktivitätenpaaren $M^2 < L_1 L_2$ ist, vergl. Gl.(1.48).

5.1 Notwendige und hinreichende Realisierbarkeitsbedingungen für LC-Vierpolmatrizen

5.1.1 Bedingungen für die [Z]- und [Y]-Matrix

Wir beginnen mit der Herleitung der Realisierbarkeitsbedingungen für die Widerstandsmatrix eines passiven LC-Vierpols

$$[Z] = \begin{bmatrix} Z_{11} & Z_{12} \\ Z_{21} & Z_{22} \end{bmatrix}. \tag{5.1}$$

Nach Satz 4.1 muß jeder passive LC-Vierpol auch reziprok sein, d.h. es ist

$$Z_{21}(s) = Z_{12}(s). \tag{5.2}$$

Die Funktionen

$$Z_{11}(s) = \left. \frac{U_1(s)}{I_1(s)} \right|_{I_2(s) \equiv 0} \tag{5.3}$$

und

5.1 Realisierbarkeitsbedingungen für LC-Vierpolmatrizen

$$Z_{22}(s) = \left.\frac{U_2(s)}{I_2(s)}\right|_{I_1(s) \equiv 0} \tag{5.4}$$

müssen Reaktanzzweipolfunktionen entsprechend Satz 2.1 sein und sich z.B. in der Form von Gl.(2.36) darstellen lassen.

Es bleibt zu klären, welche Eigenschaften die Funktion $Z_{12}(s)$ hat. Dazu betrachten wir Abb.5.1. Diese zeigt einen LC-Vierpol, der eingangsseitig mit der Spannungsquelle $U_e(s)$ und ausgangsseitig mit der Spannungsquelle $U_a(s)$ gespeist wird. Wenden wir auf diese Schaltungsanordnung den Satz von T e l l e g e n in der Form von

Abb.5.1. Zur Bestimmung der Eigenschaften des passiven LC-Vierpol.

Gl.(1.91) an, dann erhalten wir, nachdem gekoppelte Induktivitätenpaare entsprechend Abb.1.11 durch kopplungsfreie Induktivitäten und ideale Übertrager ersetzt worden sind

$$sT_z(s) + \frac{V_z(s)}{s} + U_e I_e^* + U_a I_a^* = 0. \tag{5.5}$$

Führt man nun statt der Spannungen und Ströme am Eingang und Ausgang die entsprechenden Vierpolklemmenspannungen und -ströme ein, dann heißt es

$$sT_z(s) + \frac{V_z(s)}{s} = I_1^* U_1 + I_2^* U_2. \tag{5.6}$$

Die rechte Seite von Gl.(5.6) kann man als Skalarprodukt zweier Vektoren auffassen

$$I_1^* U_1 + I_2^* U_2 = \underline{\begin{bmatrix} I_1^* & I_2^* \end{bmatrix}} \cdot \begin{bmatrix} U_1 \\ U_2 \end{bmatrix}. \tag{5.7}$$

Für den Spaltenvektor der Klemmenspannungen gilt aber

$$\begin{bmatrix} U_1 \\ U_2 \end{bmatrix} = \begin{bmatrix} Z_{11} & Z_{12} \\ Z_{12} & Z_{22} \end{bmatrix} \begin{bmatrix} I_1 \\ I_2 \end{bmatrix}, \tag{5.8}$$

5. Synthese passiver LC-Vierpole

so daß

$$\begin{bmatrix} I_1^* & I_2^* \end{bmatrix} \begin{bmatrix} U_2 \\ U_1 \end{bmatrix} = \begin{bmatrix} I_1^* & I_2^* \end{bmatrix} \begin{bmatrix} Z_{11} & Z_{12} \\ Z_{12} & Z_{22} \end{bmatrix} \begin{bmatrix} I_1 \\ I_2 \end{bmatrix} = \underline{I}^* [Z] \underline{I}, \quad (5.9)$$

also mit Gl. (5.6)

$$sT_z + \frac{V_z(s)}{s} = \underline{I}^* [Z] \underline{I}. \quad (5.10)$$

In Gl. (5.9) und Gl. (5.10) stellt $\underline{I}$ die Kurzform des Spaltenvektors mit den Komponenten I_1 und I_2 und $\underline{I}^*$ die Kurzform des Zeilenvektors mit den Komponenten I_1^* und I_2^* dar. Durch Ausmultiplizieren des Ausdrucks auf der rechten Seite von Gl. (5.10) ergibt sich

$$sT_z(s) + \frac{V_z(s)}{s} = Z_{11}|I_1|^2 + Z_{12} I_2 I_1^* + Z_{12} I_1 I_2^* + Z_{22}|I_2|^2. \quad (5.11)$$

Setzen wir jetzt

$$I_k(s) = a_k(s) + jb_k(s), \quad k = 1, 2, \quad (5.12)$$

wobei a_k und b_k reell sind, dann ist

$$sT_z(s) + \frac{V_z(s)}{s} = Z_{11}|I_1|^2 + Z_{22}|I_2|^2 + Z_{12}\{(a_1 - jb_1)(a_2 + jb_2) +$$
$$+ (a_1 + jb_1)(a_2 - jb_2)\} \quad (5.13)$$
$$= Z_{11}|I_1|^2 + Z_{22}|I_2|^2 + Z_{12} \cdot 2\{a_1 a_2 + b_1 b_2\}.$$

Der Ausdruck auf der linken Seite von Gl. (5.13) ist bereits in Abschnitt 2.1.1 untersucht worden. Es handelt sich um eine reelle ungerade rationale Funktion, deren Realteil in der rechten s-Halbebene positiv, in der linken s-Halbebene negativ und auf der jω-Achse mit Ausnahme der - ausschließlich auf dieser Achse gelegenen - Polstellen gleich Null ist. Eine derartige Funktion wird aber durch Gl. (2.36) dargestellt.

Damit kann Gl. (5.13) auch folgendermaßen geschrieben werden:

$$\frac{k_0}{s} + \sum_{\nu=1}^{n} \frac{2k_\nu s}{s^2 + \omega_\nu^2} + k_\infty s = Z_{11}(s)|I_1|^2 + Z_{22}(s)|I_2|^2 + Z_{12}(s) 2(a_1 a_2 + b_1 b_2)$$
$$(5.14)$$

$$\text{mit} \quad k_0, k_\nu, k_\infty \geq 0.$$

5.1 Realisierbarkeitsbedingungen für LC-Vierpolmatrizen

Die Ausdrücke $|I_1|^2$ und $|I_2|^2$ sind reell und nichtnegativ für alle s. Der Ausdruck $(a_1 a_2 + b_1 b_2)$ ist für alle s reell, über sein Vorzeichen kann jedoch nichts ausgesagt werden. Da die Ausdrücke Z_{11} und Z_{22} Reaktanzzweipolfunktionen und damit von derselben Form oder Struktur sind wie die linke Seite von Gl.(5.14), folgt für $Z_{12}(s)$:

a) $Z_{12}(s)$ ist reell für reelle Werte von s,

b) $Z_{12}(s)$ ist imaginär für imaginäre Werte von s.

Aus Aussage a) und b) folgt mit der gleichen Überlegung wie in Abschnitt 2.1.1 Punkt α, daß $Z_{12}(s)$ eine ungerade Funktion in s sein muß.

Die beiden Seiten in Gl.(5.14) müssen von derselben Form oder Struktur sein, gleichgültig wie man in Abb.5.1 die Spannungen U_e und U_a und damit die Ströme I_1 und I_2 bzw. a_k und b_k (k = 1, 2) wählt, und zwar für alle s. Daraus folgt, daß

c) $Z_{12}(s)$ Pole nur dort haben kann, wo auch Z_{11} oder Z_{22} Pole haben, nämlich auf der jω-Achse. Diese Pole von Z_{12} müssen überdies einfach sein.

Damit gilt also

$$Z_{11}(s) = \frac{k_{11}^{(0)}}{s} + \frac{2k_{11}^{(1)}s}{s^2+\omega_1^2} + \frac{2k_{11}^{(2)}s}{s^2+\omega_2^2} + \ldots + k_{11}^{(\infty)}s , \qquad (5.15)$$

$$Z_{22}(s) = \frac{k_{22}^{(0)}}{s} + \frac{2k_{22}^{(1)}s}{s^2+\omega_1^2} + \frac{2k_{22}^{(2)}s}{s^2+\omega_2^2} + \ldots + k_{22}^{(\infty)}s , \qquad (5.16)$$

$$Z_{12}(s) = \frac{k_{12}^{(0)}}{s} + \frac{2k_{12}^{(1)}s}{s^2+\omega_1^2} + \frac{2k_{12}^{(2)}s}{s^2+\omega_2^2} + \ldots + k_{12}^{(\infty)}s , \qquad (5.17)$$

$$\text{mit } k_{11} \geq 0, \quad k_{22} \geq 0, \quad k_{12} = \text{reell} . \qquad (5.18)$$

Die Widerstandsmatrix läßt sich nun wie folgt schreiben:

$$[Z] = \frac{1}{s}[K^{(0)}] + \sum_{\nu=1}^{n} \frac{2s}{s^2+\omega_\nu^2} [K^{(\nu)}] + s[K^{(\infty)}] . \qquad (5.19)$$

Darin lauten die Residuenmatrizen ausführlich

$$[K^{(0)}] = \begin{bmatrix} k_{11}^{(0)} & k_{12}^{(0)} \\ k_{12}^{(0)} & k_{22}^{(0)} \end{bmatrix}; \quad [K^{(\nu)}] = \begin{bmatrix} k_{11}^{(\nu)} & k_{12}^{(\nu)} \\ k_{12}^{(\nu)} & k_{22}^{(\nu)} \end{bmatrix}; \quad [K^{(\infty)}] = \begin{bmatrix} k_{11}^{(\infty)} & k_{12}^{(\infty)} \\ k_{12}^{(\infty)} & k_{22}^{(\infty)} \end{bmatrix} \qquad (5.20)$$

Man nennt eine quadratische Matrix mit n Zeilen und n Spalten symmetrisch, wenn man die ν-te Zeile und die ν-te Spalte ($\nu = 1, 2, \ldots, n$) miteinander vertauschen kann, ohne daß sich die Matrix ändert. Die Residuenmatrizen sind also symmetrisch. Setzt man Gl.(5.19) und Gl.(2.36) in Gl.(5.10) ein, dann ergibt sich

$$\frac{k_0}{s} + \sum_{\nu=1}^{n} \frac{2k_\nu s}{s^2 + \omega_\nu^2} + k_\infty s = \underline{I}^* [Z] \underline{I}]$$

$$= \frac{1}{s} \underline{I}^* [K^{(0)}] \underline{I}] + \sum_{\nu=1}^{n} \frac{2s}{s^2 + \omega_\nu^2} \underline{I}^* [K^{(\nu)}] \underline{I}] + s \underline{I}^* [K^{(\infty)}] \underline{I}] .$$

(5.21)

In Gl.(5.21) müssen sich die linke und die rechte Seite für alle Werte von s entsprechen.

$$k_0 \geqslant 0 \quad \text{ergibt} \quad \underline{I}^* [K^{(0)}] \underline{I}] \geqslant 0 , \tag{5.22}$$

$$k_\nu \geqslant 0 \quad \text{ergibt} \quad \underline{I}^* [K^{(\nu)}] \underline{I}] \geqslant 0 , \tag{5.23}$$

$$k_\infty \geqslant 0 \quad \text{ergibt} \quad \underline{I}^* [K^{(\infty)}] \underline{I}] \geqslant 0 , \tag{5.24}$$

für beliebige Spaltenvektoren $\underline{I}]$ und Zeilenvektoren $\underline{I}^*$ mit konjugiert komplexen Komponenten.

Ist bei einer symmetrischen Matrix [K] mit reellen Elementen der Ausdruck

$$\underline{I}^* [K] \underline{I}] \geqslant 0 \tag{5.25}$$

für beliebige $\underline{I}]$ und zugehörige $\underline{I}^*$, dann nennt man eine solche Matrix **positiv semidefinit**. Demnach sind also die Residuenmatrizen $[K^{(0)}]$, $[K^{(\nu)}]$ und $[K^{(\infty)}]$ positiv semidefinit.

Wir wollen nun untersuchen, was die Eigenschaft "positiv semidefinit" im Fall einer quadratischen 2×2 Matrix bedeutet. Dazu bilden wir

$$\underline{I}^* [K] \underline{I}] = \underline{I_1^* \ I_2^*} \begin{bmatrix} k_{11} & k_{12} \\ k_{12} & k_{22} \end{bmatrix} \begin{bmatrix} I_1 \\ I_2 \end{bmatrix}$$

(5.26)

$$= k_{11} I_1 I_1^* + k_{12} (I_1^* I_2 + I_1 I_2^*) + k_{22} I_2 I_2^* \geqslant 0 .$$

Setzt man wieder $I_k = a_k + jb_k$, $I_k^* = a_k - jb_k$, $k = 1, 2$, dann folgt

5.1 Realisierbarkeitsbedingungen für LC-Vierpolmatrizen

$$\underline{I}^* [K] \underline{I} = k_{11}(a_1^2 + b_1^2) + k_{12}(2a_1 a_2 + 2b_1 b_2) + k_{22}(a_2^2 + b_2^2) =$$

$$= k_{11} a_1^2 + 2k_{12} a_1 a_2 + k_{22} a_2^2 + k_{11} b_1^2 + 2k_{12} b_1 b_2 + k_{22} b_2^2 \geq 0$$

für alle reellen Werte von a_1, a_2, b_1, b_2. (5.27)

Da die a_k und b_k unabhängig voneinander gewählt werden können, ist zur Erfüllung von Gl.(5.27) notwendig und hinreichend

$$k_{11} a_1^2 + 2k_{12} a_1 a_2 + k_{22} a_2^2 \geq 0 \quad \text{für alle reellen } a_1 \text{ und } a_2. \quad (5.28)$$

Wir vergleichen nun Gl.(5.28) mit dem folgenden Ausdruck

$$(\sqrt{k_{11}} a_1 - \sqrt{k_{22}} a_2)^2 = k_{11} a_1^2 - 2\sqrt{k_{11} k_{22}} a_1 a_2 + k_{22} a_2^2 \geq 0, \quad (5.29)$$

der wegen des vollständigen Quadrates auf jeden Fall nichtnegativ ist. Der Vergleich liefert, daß auch Gl.(5.28) und damit Gl.(5.26) erfüllt ist, wenn

$$-2\sqrt{k_{11} k_{22}} \leq |2k_{12}| \quad (5.30)$$

oder

$$k_{11} k_{22} \geq k_{12}^2. \quad (5.31)$$

Wir haben damit als notwendige Realisierbarkeitsbedingungen für einen passiven LC-Vierpol gefunden, daß die Elemente der Matrix [Z] in der Form von Gl.(5.15), Gl.(5.16) und Gl.(5.17) darstellbar sein müssen, wobei Gl.(5.18) und Gl.(5.31) erfüllt sein müssen. Wie sich später in Abschnitt 5.2 zeigen wird, sind diese Bedingungen auch hinreichend.

Es gilt damit

> **Satz 5.1 (Reaktanzsatz von Cauer)**
>
> Notwendig und hinreichend für die Realisierbarkeit einer Widerstandsmatrix [Z] durch einen passiven LC-Vierpol ist, daß die Matrix symmetrisch ist und ihre Elemente sich in der folgenden Form darstellen lassen
>
> $$Z_{11} = \frac{k_{11}^{(0)}}{s} + \sum_{\nu=1}^{n} \frac{2k_{11}^{(\nu)} s}{s^2 + \omega_\nu^2} + k_{11}^{(\infty)} s,$$
>
> $$Z_{22} = \frac{k_{22}^{(0)}}{s} + \sum_{\nu=1}^{n} \frac{2k_{22}^{(\nu)} s}{s^2 + \omega_\nu^2} + k_{22}^{(\infty)} s,$$

$$Z_{12} = \frac{k_{12}^{(0)}}{s} + \sum_{\nu=1}^{n} \frac{2k_{12}^{(\nu)} s}{s^2 + \omega_\nu^2} + k_{12}^{(\infty)} s = Z_{21}(s) ,$$

mit $\quad k_{11}^{(\mu)} \geq 0, \quad k_{22}^{(\mu)} \geq 0$

$\left. \begin{array}{l} \\ k_{11}^{(\mu)} k_{22}^{(\mu)} - (k_{12}^{(\mu)})^2 \geq 0 \end{array} \right\} \quad \mu = 0, \nu, \infty .$

Die Residuenbedingung $k_{11} k_{22} - k_{12}^2 \geq 0$ besagt, daß Z_{12} keinen Pol haben kann, der nicht zugleich auch in Z_{11} und in Z_{22} vorhanden ist. Wird die Residuenbedingung mit dem Gleichheitszeichen erfüllt, dann bezeichnet man den betreffenden Pol als kompakt.

Zur Illustration von Satz 5.1 betrachten wir folgende
Beispiele:

a)
$$[Z] = \begin{bmatrix} \frac{3s}{s^2+1} & \frac{s}{s^2+2} \\ \frac{s}{s^2+2} & \frac{2s}{s^2+2} \end{bmatrix} .$$

Diese Matrix ist nicht Widerstandsmatrix eines passiven LC-Vierpols, denn $Z_{12}(s)$ hat einen Pol bei $s^2 = -2$. Da dieser Pol aber nicht in $Z_{11}(s)$ enthalten ist, wird die Residuenbedingung verletzt.

b)
$$[Z] = \frac{1}{s(s^2+1)(s^2+3)} \begin{bmatrix} s^6 + 5s^4 + 6s^2 + 1 & 1 \\ 1 & s^4 + 3s^2 + 1 \end{bmatrix} . \tag{5.32}$$

Die Partialbruchentwicklung der Matrixelemente ergibt nach einiger Rechnung

$$Z_{11}(s) = \frac{\frac{1}{3}}{s} + \frac{\frac{1}{2}s}{s^2+1} + \frac{\frac{1}{6}s}{s^2+3} + s ,$$

$$Z_{22}(s) = \frac{\frac{1}{3}}{s} + \frac{\frac{1}{2}s}{s^2+1} + \frac{\frac{1}{6}s}{s^2+3} ,$$

$$Z_{12}(s) = \frac{\frac{1}{3}}{s} + \frac{-\frac{1}{2}s}{s^2+1} + \frac{\frac{1}{6}s}{s^2+3} .$$

$Z_{12}(s)$ hat nur solche Pole, die sowohl in $Z_{11}(s)$ als auch in $Z_{22}(s)$ vorhanden sind. $Z_{11}(s)$ und $Z_{22}(s)$ sind nach Satz 2.1 bzw. nach Gl.(2.36) Reaktanzzweipolfunktionen. Die Residuenbedingung ergibt

$$k_{11}^{(0)} k_{22}^{(0)} - (k_{12}^{(0)})^2 = \frac{1}{9} - \frac{1}{9} = 0 ,$$

$$k_{11}^{(1)} k_{22}^{(1)} - (k_{12}^{(1)})^2 = \frac{1}{4} - \frac{1}{4} = 0 ,$$

5.1 Realisierbarkeitsbedingungen für LC-Vierpolmatrizen

$$k_{11}^{(3)} k_{22}^{(3)} - (k_{12}^{(3)})^2 = \tfrac{1}{36} - \tfrac{1}{36} = 0 ,$$

$$k_{11}^{(\infty)} k_{22}^{(\infty)} - (k_{12}^{(\infty)})^2 = 1 \cdot 0 - 0 = 0 .$$

Alle Residuenbedingungen werden offenbar erfüllt. Damit ist die Matrix [Z] von Gl.(5.32) Widerstandsmatrix eines passiven LC-Vierpols.

Die Herleitung der Realisierbarkeitsbedingungen für die Leitwertsmatrix [Y] eines passiven LC-Vierpols erfolgt analog zur Herleitung der Realisierbarkeitsbedingungen für die Widerstandsmatrix [Z]. Ausgangspunkt ist wieder Abb.5.1, auf welche man nun den Satz von Tellegen in der Form von Gl.(1.92) anwendet. Dann drückt man die Vierpolklemmenströme mittels der Leitwertsmatrix [Y] durch die Klemmenspannungen aus usw. Es ergibt sich schließlich, daß die Matrix [Y] symmetrisch sein muß und ihre Elemente sich in der Form

$$Y_{11}(s) = \frac{k_{11}^{(0)}}{s} + \sum_{\nu=1}^{n} \frac{2k_{11}^{(\nu)} s}{s^2+\omega_\nu^2} + k_{11}^{(\infty)} s ,$$

$$Y_{22}(s) = \frac{k_{22}^{(0)}}{s} + \sum_{\nu=1}^{n} \frac{2k_{22}^{(\nu)} s}{s^2+\omega_\nu^2} + k_{22}^{(\infty)} s ,$$

$$Y_{12}(s) = \frac{k_{12}^{(0)}}{s} + \sum_{\nu=1}^{n} \frac{2k_{12}^{(\nu)} s}{s^2+\omega_\nu^2} + k_{12}^{(\infty)} s = Y_{21}(s) , \qquad (5.33)$$

$$\text{mit} \quad \left. \begin{array}{l} k_{11}^{(\mu)} \geq 0 , \quad k_{22}^{(\mu)} \geq 0 \\ k_{11}^{(\mu)} k_{22}^{(\mu)} - (k_{12}^{(\mu)})^2 \geq 0 \end{array} \right\} \quad \mu = 0, \nu, \infty .$$

darstellen lassen müssen. Das System Gl.(5.33) ist notwendig und hinreichend, vgl. den letzten Absatz von Abschnitt 5.2. Dieses sowie Satz 5.1. wurde erstmals von Cauer bewiesen [16].

5.1.2 Bedingungen für die [A]-Matrix

Die Realisierbarkeitsbedingungen für die [A]-Matrix wurden erstmals von H. Piloty gefunden [22]. Sie werden ausgedrückt durch den folgenden

> Satz 5.2
>
> Notwendig und hinreichend dafür, daß die Matrix [A] Kettenmatrix eines passiven Reaktanzvierpols (= LC-Vierpols) ist, sind die folgenden Bedingungen:

1. Die Matrixelemente $A_{11}(s)$ und $A_{22}(s)$ sind gerade, die Matrixelemente $A_{12}(s)$ und $A_{21}(s)$ sind ungerade rationale Funktionen von s mit reellen Koeffizienten.

2. Die Matrixdeterminante ist $\Delta A(s) \equiv 1$.

3. Mindestens drei und damit alle vier der folgenden Quotienten oder deren Kehrwerte

$$\frac{A_{21}(s)}{A_{11}(s)}, \frac{A_{21}(s)}{A_{22}(s)}, \frac{A_{12}(s)}{A_{11}(s)}, \frac{A_{12}(s)}{A_{22}(s)}$$

sind Reaktanzzweipolfunktionen gemäß Satz 2.1. Zugelassen als Reaktanzzweipolfunktion ist auch der Wert identisch Null. Tritt aber eine solche verschwindende Reaktanzzweipolfunktion auf, so müssen A_{11} und A_{22} zueinander reziproke reelle Konstanten sein.

Bevor wir Satz 5.2 beweisen, wollen wir seinen Inhalt anhand zweier Beispiele erläutern.

a)
$$[A] = \begin{bmatrix} \frac{2(s^2+0,7)}{s^2+9} & \frac{s^2+0,4}{s} \\ \frac{s}{s^2+1} & \frac{s^2+9}{s^2+1} \end{bmatrix}.$$

In diesem Beispiel sind

1. $A_{11}(s)$ und $A_{22}(s)$ gerade, $A_{12}(s)$ und $A_{21}(s)$ ungerade rationale Funktionen in s.

2. $\Delta A = A_{11}A_{22} - A_{12}A_{21} = \frac{2s^2+1,4}{s^2+1} - \frac{s^2+0,4}{s^2+1} = 1$.

3. $\frac{A_{21}}{A_{11}} = \frac{s(s^2+9)}{2(s^2+0,7)(s^2+1)}$.

A_{21}/A_{11} ist nicht Reaktanzzweipolfunktion, da Pole und Nullstellen sich nicht abwechseln. Folglich ist $[A]$ nicht Kettenmatrix eines Reaktanzvierpols.

b)
$$[A] = \begin{bmatrix} s^6+5s^4+6s^2+1 & s^5+4s^3+3s \\ s^5+4s^3+3s & s^4+3s^2+1 \end{bmatrix}. \quad (5.34)$$

In diesem zweiten Beispiel sind

1. $A_{11}(s)$ und $A_{22}(s)$ gerade, $A_{12}(s)$ und $A_{21}(s)$ ungerade rationale Funktionen in s.

2. $\Delta A = (s^6+5s^4+6s^2+1)(s^4+3s^2+1) - (s^5+4s^3+3s)^2 = \ldots = 1$.

3. $\frac{A_{11}}{A_{21}} = \frac{A_{11}}{A_{12}} = \frac{s^6+5s^4+6s^2+1}{s^5+4s^3+3s} = \ldots = \frac{\frac{1}{3}}{s} + \frac{\frac{1}{2}s}{s^2+1} + \frac{\frac{1}{6}s}{s^2+3} + s$,

$\frac{A_{22}}{A_{12}} = \frac{A_{22}}{A_{21}} = \frac{s^4+3s^2+1}{s^5+4s^3+3s} = \ldots = \frac{\frac{1}{3}}{s} + \frac{\frac{1}{2}s}{s^2+1} + \frac{\frac{1}{6}s}{s^2+3}$.

5.1 Realisierbarkeitsbedingungen für LC-Vierpolmatrizen

Diesmal sind alle Bedingungen erfüllt. Folglich ist die zweite Matrix Reaktanzkettenmatrix eines Reaktanzvierpols.

Zu bemerken ist schließlich noch, daß auch der ideale Übertrager nach Gl. (1.41) im Sinne von Satz 5.2 noch zu den passiven Reaktanzvierpolen zählt.

Wir kommen nun zum Beweis von Satz 5.2. Zunächst soll die Notwendigkeit der Bedingungen gezeigt werden. Aus Tab. 1.2 folgt

$$A_{11} = \frac{Z_{11}}{Z_{21}}, \quad A_{22} = \frac{Z_{22}}{Z_{21}}; \quad A_{21} = \frac{1}{Z_{21}}, \quad A_{12} = \frac{\Delta Z}{Z_{21}}. \quad (5.35)$$

Da Z_{11}, Z_{22} und Z_{21} ungerade Funktionen sind, ergeben sich A_{11} und A_{22} als gerade Funktionen und A_{21} als ungerade Funktion. Da $\Delta Z = Z_{11} Z_{22} - Z_{21}^2$ eine gerade Funktion ist, ist A_{12} eine ungerade Funktion.

Die zweite Bedingung $\Delta A \equiv 1$ gilt nach Satz 4.1 bzw. Gl. (1.29) für jeden reziproken Vierpol und damit auch für den passiven LC-Vierpol. Der erste Teil der dritten Bedingung folgt notwendigerweise daraus, daß die Quotienten benachbarter Elemente der [A]-Matrix Leerlauf- und Kurzschlußwiderstände des Reaktanzvierpols an den Ein- und Ausgangsklemmen darstellen. Aus Tab. 1.2 folgt unmittelbar

$$\frac{A_{11}}{A_{21}} = Z_{11}; \quad \frac{A_{22}}{A_{21}} = Z_{22}; \quad \frac{A_{12}}{A_{22}} = \frac{1}{Y_{11}}; \quad \frac{A_{12}}{A_{11}} = \frac{1}{Y_{22}}. \quad (5.36)$$

Wir haben schließlich noch den zweiten Teil der dritten Bedingung zu beweisen, wonach z.B. der Fall

$$[A] = \begin{bmatrix} \dfrac{s^2+1}{s^2+2} & 0 \\ & \\ 0 & \dfrac{s^2+2}{s^2+1} \end{bmatrix} \quad (5.37)$$

unzulässig ist. Würde nämlich dieser Fall möglich sein, dann wäre

$$\left. \frac{U_1}{U_2} \right|_{I_2 = \text{beliebig}} = \frac{s^2+1}{s^2+2},$$

$$\left. \frac{I_1}{I_2} \right|_{U_2 = \text{beliebig}} = \frac{s^2+2}{s^2+1}.$$

Das wiederum würde gemäß Gl. (4.31) bis Gl. (4.33) für $u_1(t) \equiv 0$ die folgende Differentialgleichung für die Eigenschwingung von $u_2(t)$ ergeben:

$$\frac{d^2 u_2}{dt^2} + u_2 = 0 \qquad \text{für beliebiges} \quad i_2(t). \tag{5.38}$$

Für $i_1(t) \equiv 0$ würde das die folgende Differentialgleichung für die Eigenschwingung von $i_2(t)$ ergeben:

$$\frac{d^2 i_2}{dt^2} + 2i_2 = 0 \qquad \text{für beliebiges} \quad u_2(t). \tag{5.39}$$

In beiden Fällen könnte wegen der beliebig wählbaren Funktionen $i_2(t)$ und $u_2(t)$ dem Vierpol beliebige Energie entnommen werden, was physikalisch unmöglich ist. Wenn also entweder $A_{12} \equiv 0$ oder $A_{21} \equiv 0$ oder $A_{12} \equiv A_{21} \equiv 0$ ist, kann die [A]-Matrix nur einen idealen Übertrager nach Gl. (1.41) darstellen. Damit ist gezeigt, daß alle Bedingungen von Satz 5.2 notwendig sind.

Als nächstes wird gezeigt, daß die Bedingungen von Satz 5.2 auch hinreichend sind. Dazu beschreiten wir nicht den Beweisgang von Piloty, sondern zeigen, daß umgekehrt Satz 5.1 aus Satz 5.2 folgt. Nach Tab. 1.2 ist

$$[Z] = \begin{bmatrix} Z_{11} & Z_{12} \\ Z_{21} & Z_{22} \end{bmatrix} = \begin{bmatrix} \dfrac{A_{11}}{A_{21}} & \dfrac{\Delta A}{A_{21}} \\ \dfrac{1}{A_{21}} & \dfrac{A_{22}}{A_{21}} \end{bmatrix}. \tag{5.40}$$

Wir wollen zunächst voraussetzen, daß A_{21} nicht identisch Null ist. Da nach Satz 5.2 die Elemente A_{11} und A_{22} gerade, die Elemente A_{12} und A_{21} ungerade Funktionen sind und $\Delta A \equiv 1$ ist, ergibt sich, daß die [Z]-Matrix symmetrisch ist ($Z_{21} = Z_{12}$), und daß alle ihre Elemente ungerade Funktionen sein müssen.

Nach Bedingung 3 von Satz 5.2 müssen die Quotienten $A_{11}/A_{21} = Z_{11}$ und $A_{22}/A_{21} = Z_{22}$ Reaktanzzweipolfunktionen sein. Sie müssen sich nach Satz 2.1 in der Form von Gl. (2.36), also so wie in Satz 5.1, darstellen lassen. Bedingung 3 fordert ferner, daß auch die Quotienten - vgl. Tab. 1.2 -

$$\frac{A_{12}}{A_{11}} = \frac{\Delta Z}{Z_{11}} \qquad \text{und} \qquad \frac{A_{12}}{A_{22}} = \frac{\Delta Z}{Z_{22}} \tag{5.41} \ (5.42)$$

Reaktanzzweipolfunktionen sind. Da Z_{11} und Z_{22} bereits solche sind, heißt dies, daß

$$\Delta Z = Z_{11} Z_{22} - Z_{12}^2 \stackrel{!}{=} \text{Produkt zweier Reaktanzzweipolfunktionen} \tag{5.43}$$

5.1 Realisierbarkeitsbedingungen für LC-Vierpolmatrizen

sein muß. Aus Gl.(5.41) und Gl.(5.42) folgt übrigens die Bemerkung in Bedingung 3, wonach auch der vierte Quotient benachbarter Elemente der [A]-Matrix Reaktanzzweipolfunktion ist, wenn das die anderen drei sind.

Zur Auswertung von Gl.(5.43) betrachten wir die allgemeinen Reaktanzzweipolfunktionen

$$Z_\alpha = \frac{k_\alpha^{(0)}}{s} + \sum_{\nu=1}^{n} \frac{2k_\alpha^{(\nu)}s}{s^2+\omega_\nu^2} + k_\alpha^{(\infty)}s , \qquad (5.44)$$

$$Z_\beta = \frac{k_\beta^{(0)}}{s} + \sum_{\mu=1}^{m} \frac{2k_\beta^{(\mu)}s}{s^2+\omega_\mu^2} + k_\beta^{(\infty)}s , \qquad (5.45)$$

$$k_\alpha^{(\nu)}, \; k_\beta^{(\mu)}, \; k_\gamma^{(0)}, \; k_\gamma^{(\infty)} \geq 0 , \quad \gamma = \alpha, \beta .$$

Ihr Produkt lautet

$$Z_\alpha Z_\beta = \frac{k_\alpha^{(0)}k_\beta^{(0)}}{s^2} + k_\alpha^{(\infty)}k_\beta^{(0)} + k_\alpha^{(0)}k_\beta^{(\infty)} + k_\alpha^{(\infty)}k_\beta^{(\infty)}s^2 +$$

$$+ (k_\beta^{(0)} + k_\beta^{(\infty)}s^2) \sum_{\nu=1}^{n} \frac{2k_\alpha^{(\nu)}}{s^2+\omega_\nu^2} + (k_\alpha^{(0)} + k_\alpha^{(\infty)}s^2) \sum_{\mu=1}^{m} \frac{2k_\beta^{(\mu)}}{s^2+\omega_\mu^2} +$$

$$+ \sum_{\nu=1}^{n} \frac{2k_\alpha^{(\nu)}s}{s^2+\omega_\nu^2} \sum_{\mu=1}^{m} \frac{2k_\beta^{(\mu)}s}{s^2+\omega_\mu^2} . \qquad (5.46)$$

Jedes Produkt zweier Reaktanzzweipolfunktionen, insbesondere also auch Gl.(5.43), muß sich auf diese Form bringen lassen, in der nur nichtnegative Glieder auftreten. Folglich darf Z_{12} nur solche Pole haben, die gleichzeitig sowohl in Z_{11} als auch in Z_{22} vorkommen, weil anderenfalls ΔZ Glieder negativen Vorzeichens bekäme. Da Z_{11} und Z_{22} sich bereits als Reaktanzzweipolfunktionen ergeben haben, können wir ansetzen

$$Z_{11} = \frac{k_{11}^{(0)}}{s} + \sum_{\nu=1}^{p} \frac{2k_{11}^{(\nu)}s}{s^2+\omega_\nu^2} + k_{11}^{(\infty)}s , \qquad (5.47)$$

$$Z_{22} = \frac{k_{22}^{(0)}}{s} + \sum_{\nu=1}^{q} \frac{2k_{22}^{(\nu)}s}{s^2+\omega_\nu^2} + k_{22}^{(\infty)}s , \qquad (5.48)$$

$$Z_{12} = \frac{k_{12}^{(0)}}{s} + \sum_{\nu=1}^{r} \frac{2k_{12}^{(\nu)} s}{s^2 + \omega_\nu^2} + k_{12}^{(\infty)} s \,. \tag{5.49}$$

$$k_{11}^{(\mu)}, \, k_{22}^{(\mu)} \geq 0 \,, \qquad k_{12}^{(\mu)} = \text{reell} \,, \qquad \mu = 0, \nu, \infty \,.$$

Zur Berechnung von ΔZ nach Gl.(5.43) bilden wir zunächst das Produkt $Z_{11} Z_{22}$, indem wir in Gl.(5.46) $\alpha = 11$ und $\beta = 22$ setzen. Anschließend bilden wir das Quadrat $Z_{12} Z_{12}$, indem wir $\alpha = \beta = 12$ setzen. Damit die Differenz beider Produkte $\Delta Z = Z_{11} Z_{22} - Z_{12}^2$ die Form von Gl.(5.46) mit nichtnegativen Gliedern annimmt, muß notwendigerweise gelten

$$k_{11}^{(0)} k_{22}^{(0)} - (k_{12}^{(0)})^2 \geq 0 \,, \tag{5.50}$$

$$k_{11}^{(\infty)} k_{22}^{(\infty)} - (k_{12}^{(\infty)})^2 \geq 0 \,, \tag{5.51}$$

$$k_{11}^{(\nu)} k_{22}^{(\nu)} - (k_{12}^{(\nu)})^2 \geq 0 \,. \tag{5.52}$$

Somit folgt also die Residuenbedingung in Satz 5.1 aus der Bedingung 3 in Satz 5.2. Hiermit ist das Hinreichen der Bedingungen in Satz 5.2 und, da sich deren Notwendigkeit bereits ergeben hatte, dieser Satz vollständig bewiesen.

Trifft die im Anschluß an Gl.(5.40) gemachte Voraussetzung nicht zu, ist also $A_{21} \equiv 0$, dann darf - abgesehen vom trivialen Fall des idealen Übertragers Gl.(1.41) - A_{12} nicht identisch Null sein. In diesem Fall kann man analog zeigen, daß Satz 5.2 auf die Aussage von Gl.(5.33) führt.

Schließlich sei hier noch festgestellt, daß die Determinante ΔZ nur einfache Pole hat, wenn alle Residuenbedingungen Gl.(5.50), Gl.(5.51) und Gl.(5.52) mit dem Gleichheitszeichen erfüllt werden, weil dann nur noch die Kreuzprodukte von $Z_{11} Z_{22}$ übrigbleiben. ΔZ hat nur Pole auf der $j\omega$-Achse, und zwar solche, die auch in Z_{11} und Z_{22} vorkommen.

5.2 Synthese passiver LC-Vierpole mit vorgeschriebener [Z]-Matrix durch Partialbruchschaltungen

Mit der nun folgenden Beschreibung einer von W. C a u e r stammenden Synthesemethode [16] wird der Nachweis erbracht, daß die Bedingungen von Satz 5.1 und damit die von Satz 5.2 tatsächlich hinreichend sind.

Ausgangspunkt des Verfahrens sind die Partialbruchentwicklungen der Matrixelemente Z_{ik} entsprechend Satz 5.1:

5.2 Synthese passiver LC-Vierpole mit vorgeschriebener [Z]-Matrix

$$Z_{11} = \frac{k_{11}^{(0)}}{s} + \sum_{\nu=1}^{n} \frac{2k_{11}^{(\nu)} s}{s^2 + \omega_\nu^2} + k_{11}^{(\infty)} s \;,$$

$$Z_{22} = \frac{k_{22}^{(0)}}{s} + \sum_{\nu=1}^{n} \frac{2k_{22}^{(\nu)} s}{s^2 + \omega_\nu^2} + k_{22}^{(\infty)} s \;, \qquad (5.53)$$

$$Z_{12} = \frac{k_{12}^{(0)}}{s} + \sum_{\nu=1}^{n} \frac{2k_{12}^{(\nu)} s}{s^2 + \omega_\nu^2} + k_{12}^{(\infty)} s$$

mit (wenn man die hochgestellten Indices wegläßt)

$$k_{11} k_{22} - k_{12}^2 \geq 0 \;. \qquad (5.54)$$

Alle Pole von Z_{12} müssen wegen Gl. (5.54) sowohl in Z_{11} als auch in Z_{22} vorhanden sein. Umgekehrt können aber Z_{11} und/oder Z_{22} Pole haben, die nicht in Z_{12} enthalten sind, nämlich, wenn die betreffenden Residuen k_{11} und/oder k_{22} von Null verschieden sind, während das betreffende Residuum $k_{12} = 0$ ist. Hat Z_{11} bzw. Z_{22} einen Pol, der nicht in Z_{12} enthalten ist, dann bezeichnet man diesen Pol als privaten Pol von Z_{11} bzw. Z_{22}. Z_{11} und Z_{22} können denselben privaten Pol haben. Bezeichnet man sämtliche privaten Polglieder von Z_{11} mit Z_1 und sämtliche privaten Polglieder von Z_{22} mit Z_2, dann erhält man

$$Z_{11} = Z_1 + Z'_{11} \;, \qquad (5.55)$$

$$Z_{22} = Z_2 + Z'_{22} \;. \qquad (5.56)$$

Nun sind sämtliche Pole von Z'_{11} auch Pole von Z'_{22} und Z_{12}. Die privaten Polglieder stellen Reaktanzfunktionen Z_1 und Z_2 dar. Da Z_{11} nach Gl. (1.21) die Impedanz zwischen den Vierpoleingangsklemmen ist bei Leerlauf am Vierpolausgang, kann man Z_1 gemäß Abb. 5.2 durch Serienschaltung zum Eingang eines Vierpols mit den Matrix-

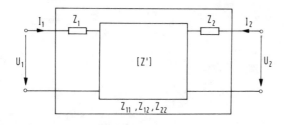

Abb. 5.2. Berücksichtigung der privaten Pole von Z_{11} durch Z_1 und von Z_{22} durch Z_2.

elementen Z'_{11}, Z'_{22} und Z_{12} berücksichtigen. Entsprechendes gilt für Z_2. Damit ist die Syntheseaufgabe reduziert auf das Finden einer Schaltung mit den Matrixelementen Z'_{11}, Z'_{22} und Z_{12}, welche die Bedingungen von Satz 5.1 erfüllen, aber keine privaten Pole enthalten.

Um nicht die Schreibweise durch Mitführen von Strichen zu belasten, wird im weiteren das Nichtvorhandensein privater Pole vorausgesetzt. Der nächste Schritt besteht in der folgenden Zerlegung der [Z]-Matrix

$$[Z] = [Z^{(0)}] + \sum_{\nu=1}^{n} [Z^{(\nu)}] + [Z^{(\infty)}], \tag{5.57}$$

wobei gemäß Gl.(5.19) die Teilmatrizen

$$[Z^{(0)}] = \frac{1}{s} \begin{bmatrix} k_{11}^{(0)} & k_{12}^{(0)} \\ k_{12}^{(0)} & k_{22}^{(0)} \end{bmatrix} = \begin{bmatrix} Z_{11}^{(0)} & Z_{12}^{(0)} \\ Z_{12}^{(0)} & Z_{22}^{(0)} \end{bmatrix}, \tag{5.58}$$

$$[Z^{(\nu)}] = \frac{2s}{s^2+\omega_\nu^2} \begin{bmatrix} k_{11}^{(\nu)} & k_{12}^{(\nu)} \\ k_{12}^{(\nu)} & k_{22}^{(\nu)} \end{bmatrix} = \begin{bmatrix} Z_{11}^{(\nu)} & Z_{12}^{(\nu)} \\ Z_{12}^{(\nu)} & Z_{22}^{(\nu)} \end{bmatrix}, \tag{5.59}$$

$$[Z^{(\infty)}] = s \begin{bmatrix} k_{11}^{(\infty)} & k_{12}^{(\infty)} \\ k_{12}^{(\infty)} & k_{22}^{(\infty)} \end{bmatrix} = \begin{bmatrix} Z_{11}^{(\infty)} & Z_{12}^{(\infty)} \\ Z_{12}^{(\infty)} & Z_{22}^{(\infty)} \end{bmatrix} \tag{5.60}$$

bedeuten. Die Zerlegung gemäß Gl.(5.57) entspricht nach Gl.(1.62) und Abb.1.14a einer Serienschaltung von Vierpolen mit den Matrizen $[Z^{(0)}]$, $[Z^{(\nu)}]$ und $[Z^{(\infty)}]$, wie sie in Abb.5.3 dargestellt ist.

Zur Realisierung der einzelnen Teilmatrizen $[Z^{(\,)}]$ betrachten wir Abb.5.4. Die Analyse der dort abgebildeten Schaltung liefert für deren Matrixelemente Z_{ij}

$$Z_{11}^{(\,)} = Z_a^{(\,)} + Z_c^{(\,)}, \tag{5.61}$$

$$Z_{22}^{(\,)} = a^2 Z_b^{(\,)} + a^2 Z_c^{(\,)}, \tag{5.62}$$

$$Z_{12}^{(\,)} = a Z_c^{(\,)}. \tag{5.63}$$

Aufgelöst nach $Z_a^{(\,)}$, $Z_b^{(\,)}$ und $Z_c^{(\,)}$ erhalten wir

$$Z_a^{(\,)} = Z_{11}^{(\,)} - \frac{1}{a} Z_{12}^{(\,)}, \tag{5.64}$$

$$Z_b^{(\,)} = \frac{1}{a^2} Z_{22}^{(\,)} - \frac{1}{a} Z_{12}^{(\,)}, \tag{5.65}$$

5.2 Synthese passiver LC-Vierpole mit vorgeschriebener [Z]-Matrix

$$Z_c^{()} = \frac{1}{a} Z_{12}^{()} . \tag{5.66}$$

Da unsere $Z_{ij}^{()}$ nur entweder von der Form von Gl.(5.58), Gl.(5.59) oder von Gl.(5.60) sind, ergibt sich eine realisierbare Funktion für $Z_c^{()}$ stets dann, wenn

$$\frac{1}{a} k_{12}^{()} \geq 0 \tag{5.67}$$

ist. Das ist sichergestellt, wenn wir

$$\text{sign}\{a\} = \text{sign}\{k_{12}^{()}\} \tag{5.68}$$

wählen. sign{ } bedeutet das Vorzeichen der in der geschweiften Klammer stehenden Größe.

Abb.5.3. Serienschaltung von Vierpolen.

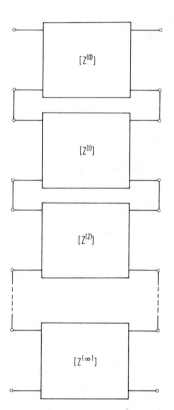

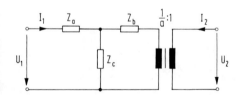

Abb.5.4. Grundschaltung zur Realisierung der Teilmatrizen.

Nach Gl.(5.64) und Gl.(5.58) bis Gl.(5.60) ergibt sich eine realisierbare Funktion für $Z_a^{()}$ stets dann, wenn

$$k_{11}^{()} - \frac{1}{a} k_{12}^{()} \geq 0 . \tag{5.69}$$

Mit Gl.(5.67) folgt aus Gl.(5.69) als Bedingung für a

$$|a| \geq \frac{|k_{12}^{()}|}{k_{11}^{()}} . \qquad (5.70)$$

Schließlich fragen wir noch, unter welcher Bedingung sich für $Z_b^{()}$ stets eine realisierbare Funktion ergibt. Das ist nach Gl.(5.65) und Gl.(5.58) bis Gl.(5.60) offenbar der Fall, wenn

$$\frac{1}{a^2} k_{22}^{()} - \frac{1}{a} k_{12}^{()} \geq 0 , \qquad (5.71)$$

woraus wiederum wegen Gl.(5.67) als Bedingung für a folgt

$$|a| \leq \frac{k_{22}^{()}}{|k_{12}^{()}|} . \qquad (5.72)$$

Gl.(5.70) und Gl.(5.72) ergeben zusammen

$$\frac{|k_{12}^{()}|}{k_{11}^{()}} \leq |a| \leq \frac{k_{22}^{()}}{|k_{12}^{()}|} \qquad (5.73)$$

oder

$$k_{11}^{()} k_{22}^{()} \geq (k_{12}^{()})^2 . \qquad (5.74)$$

Gl.(5.74) ist aber identisch mit der Residuenbedingung Gl.(5.54). Damit ist gezeigt, daß die Teilmatrizen in Gl.(5.57) durch Vierpole der in Abb.5.4 gezeigten Struktur realisiert werden können.

Im einzelnen ergibt sich aus Gl.(5.64) bis Gl.(5.66) bei der Realisierung der Teilmatrizen in Gl.(5.57) folgendes:

a) Mit der Matrix $[Z^{(0)}]$ in Gl.(5.58) folgt für

$$Z_a^{(0)} = \frac{1}{s}\left(k_{11}^{(0)} - \frac{k_{12}^{(0)}}{a_0}\right) , \qquad (5.75)$$

$$Z_b^{(0)} = \frac{1}{s}\left(\frac{k_{22}^{(0)}}{a_0^2} - \frac{k_{12}^{(0)}}{a_0}\right) , \qquad (5.76)$$

$$Z_c^{(0)} = \frac{1}{s} \frac{k_{12}^{(0)}}{a_0} . \qquad (5.77)$$

Die zugehörige Schaltung zeigt Abb.5.5a. Der Wert von a_0 ist so zu wählen, daß Gl.(5.68) und Gl.(5.73) erfüllt werden.

5.2 Synthese passiver LC-Vierpole mit vorgeschriebener [Z]-Matrix

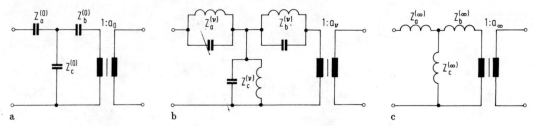

Abb.5.5. Schaltung zur Realisierung a) der Teilmatrix $[Z^{(0)}]$; b) der Teilmatrix $[Z^{(\nu)}]$; c) der Teilmatrix $[Z^{(\infty)}]$.

b) Mit der Matrix $[Z^{(\nu)}]$ in Gl.(5.59) folgt

$$Z_a^{(\nu)} = \frac{2s}{s^2+\omega_\nu^2}\left(k_{11}^{(\nu)} - \frac{k_{12}^{(\nu)}}{a_\nu}\right), \tag{5.78}$$

$$Z_b^{(\nu)} = \frac{2s}{s^2+\omega_\nu^2}\left(\frac{k_{22}^{(\nu)}}{a_\nu^2} - \frac{k_{12}^{(\nu)}}{a_\nu}\right), \tag{5.79}$$

$$Z_c^{(\nu)} = \frac{2s}{s^2+\omega_\nu^2}\frac{k_{12}^{(\nu)}}{a_\nu}. \tag{5.80}$$

Hier ergeben die Impedanzen $Z_a^{(\nu)}$, $Z_b^{(\nu)}$ und $Z_c^{(\nu)}$ jeweils Parallelschwingkreise, Abb.5.5b. a_ν ist in Übereinstimmung mit Gl.(5.73) und Gl.(5.68) zu wählen.

c) Mit der Matrix $[Z^{(\infty)}]$ in Gl.(5.60) folgt schließlich

$$Z_a^{(\infty)} = s\left(k_{11}^{(\infty)} - \frac{k_{12}^{(\infty)}}{a_\infty}\right), \tag{5.81}$$

$$Z_b^{(\infty)} = s\left(\frac{k_{22}^{(\infty)}}{a_\infty^2} - \frac{k_{12}^{(\infty)}}{a_\infty}\right), \tag{5.82}$$

$$Z_c^{(\infty)} = s\frac{k_{12}^{(\infty)}}{a_\infty}. \tag{5.83}$$

Die zugehörigen Schaltelemente sind nun Induktivitäten, siehe Abb.5.5c. a_∞ ist wieder entsprechend Gl.(5.73) und Gl.(5.68) zu wählen.

Modifikationen dieser Synthesemethode, mit denen sich ideale Übertrager weitgehend vermeiden lassen, sind u.a. in [12, 13, 16] beschrieben. Das soweit geschilderte Verfahren sei nun erläutert an einem

5. Synthese passiver LC-Vierpole

Beispiel:

$$Z_{11}(s) = \frac{\frac{1}{3}}{s} + \frac{\frac{1}{2}s}{s^2+1} + \frac{\frac{1}{6}s}{s^2+3} + s,$$

$$Z_{22}(s) = \frac{\frac{1}{3}}{s} + \frac{\frac{1}{2}s}{s^2+1} + \frac{\frac{1}{6}s}{s^2+3},\qquad (5.84)$$

$$Z_{12}(s) = \frac{\frac{1}{3}}{s} + \frac{-\frac{1}{2}s}{s^2+1} + \frac{\frac{1}{6}s}{s^2+3}.$$

Wie bereits früher in Gl.(5.32) gezeigt wurde, erfüllt dieser Satz von Matrixelementen die Residuenbedingung und ist deshalb durch eine Schaltung realisierbar.

Wie unmittelbar zu sehen ist, hat Z_{11} einen privaten Pol bei $s = \infty$. Entsprechend Gl.(5.55) läßt sich dieser durch eine Serienreaktanz

$$Z_1 = s$$

berücksichtigen.

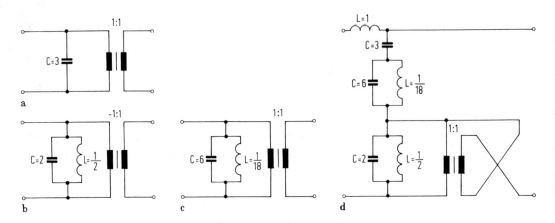

Abb.5.6. Realisierung der Widerstandspartialbruchschaltung für das Beispiel von Gl.(5.84). Schaltung für die Polglieder a) bei $s = 0$; b) bei $s^2 = -1$; c) bei $s^2 = -3$; d) Gesamtschaltung.

Für die Polglieder bei $s = 0$ wählen wir gemäß Gl.(5.68) und Gl.(5.73)

$$a_0 = 1.$$

Damit folgt nach Gl.(5.75) bis Gl.(5.77), vgl. Abb.5.6a

$$Z_a^{(0)} = 0,\quad Z_b^{(0)} = 0;\quad Z_c^{(0)} = \frac{1}{3s}.$$

Für die Polglieder bei $s^2 = -1$ wählen wir gemäß Gl.(5.68) und Gl.(5.73)

$$a_1 = -1.$$

Damit folgt nach Gl.(5.78) bis Gl.(5.80), vgl. Abb.5.6b

5.3 Realisierbarkeitsbedingungen passiver LC-Vierpole

$$Z_a^{(1)} = 0, \quad Z_b^{(1)} = 0, \quad Z_c^{(1)} = \frac{\frac{1}{2}s}{s^2+1} = \frac{1}{2s+\frac{2}{s}}.$$

Für die Polglieder bei $s^2 = -3$ wählen wir gemäß Gl.(5.68) und Gl.(5.73)

$$a_2 = 1.$$

Damit folgt nach Gl.(5.81) bis Gl.(5.83), vgl. Abb.5.6c

$$Z_a^{(2)} = 0, \quad Z_b^{(2)} = 0, \quad Z_c^{(2)} = \frac{\frac{1}{6}s}{s^2+3} = \frac{1}{6s+\frac{18}{s}}.$$

Zusammen mit dem privaten Polglied $Z_1 = s$, das durch eine Induktivität $L = 1$ realisiert wird, ergeben die Abbildungen 5.6a, b, c die fertige Schaltung in Abb.5.6d. Dabei ist von den Möglichkeiten Gebrauch gemacht worden, daß die Reihenfolge bei Serienschaltung beliebig sein darf, Übertrager mit dem Übersetzungsverhältnis 1 : 1 weggelassen werden können, sofern dadurch bei der Serienschaltung keine Kurzschlüsse erzeugt werden und daß ein Übertrager mit negativem Übersetzungsverhältnis identisch ist mit einem Übertrager mit entsprechendem positiven Übersetzungsverhältnis, bei dem ein Klemmenpaar vertauscht, d.h. über Kreuz geschaltet, ist.

Daß die zu Satz 5.1 analoge Aussage von Gl.(5.33) für die [Y]-Matrix ebenfalls hinreichend ist, kann durch eine Leitwertspartialbruchschaltung gezeigt werden. Hierzu wird analog zu Gl.(5.57) die [Y]-Matrix in eine Summe von Teilmatrizen zerlegt, die sich dann einzeln realisieren lassen durch Schaltungen, die im allgemeinen Fall ebenfalls ideale Übertrager enthalten. Die Parallelschaltung dieser Teilvierpole ergibt dann den resultierenden Vierpol der Matrix [Y]. Näheres über diese Methode ist in [16] beschrieben. Wir wollen hier auf eine nähere Beschreibung verzichten, da man jede nichtsinguläre Matrix [Y] invertieren kann in eine äquivalente Widerstandsmatrix [Z]. Ist die Leitwertsmatrix [Y] singulär, dann ergibt sich eine sehr einfache Realisierung, die in Kapitel 7.6 behandelt werden wird.

5.3 Notwendige und hinreichende Realisierbarkeitsbedingungen für vorgegebene Übertragungseigenschaften passiver LC-Vierpole

Die Übertragungseigenschaften zwischen den Eingangs- und Ausgangsklemmen von Vierpolen wurden in Abschnitt 4.2.1 allgemein beschrieben, und zwar durch Wirkungsfunktionen der Form [vgl. Gl.(4.25)]:

$$H(s) = \frac{P(s)}{Q(s)} = \frac{\mathcal{L}[\text{Nullzustands-Ausgangsgröße}]}{\mathcal{L}[\text{Eingangsgröße}]}. \qquad (5.85)$$

$H(s)$ ist stets (gebrochen) rational. Alle Koeffizienten sind reell. Bei stabilen Vierpolen dürfen nach Satz 4.2 Pole von $H(s)$ nur in der abgeschlossenen linken s-Halbebene vorkommen, wobei die auf der $j\omega$-Achse liegenden einfach sein müssen.

Aufgabe dieses Abschnitts ist es festzustellen, welche weiteren Einschränkungen für H(s) existieren, wenn der Vierpol ein passiver LC-Vierpol ist.

Bevor jedoch auf die einzelnen Wirkungsfunktionen in den verschiedenen Beschaltungsfällen eingegangen wird, seien zuvor noch einige Zusammenhänge beschrieben, die speziell bei passiven LC-Vierpolen gelten.

5.3.1 Spezielle Zusammenhänge bei passiven LC-Vierpolen

Für den ausgangsseitig mit dem ohmschen Widerstand R_2 beschalteten LC-Vierpol in Abb.5.7 gilt mit der Abkürzung $N(s)$ für $1/H_{Au}(s)$ nach Gl.(4.17), vgl. auch [56]

$$\frac{1}{H_{Au}(s)} = N(s) = \frac{U_1(s)}{U_2(s)} = \frac{A_{12}(s)}{R_2} + A_{11}(s) \qquad (5.86)$$

und mit der Abkürzung $M(s)$ für $1/H_{Ai}(s)$ nach Gl.(4.18)

$$\frac{1}{H_{Ai}(s)} = M(s) = \frac{I_1(s)}{I_A(s)} = A_{21}(s)R_2 + A_{22}(s) \ . \qquad (5.87)$$

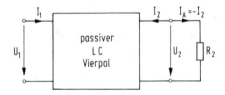

Abb.5.7. Ausgangsseitig beschalteter passiver LC-Vierpol.

$N(s)$ nennt man Spannungsübertragungsfunktion, $M(s)$ Stromübertragungsfunktion. Es ist nun interessant, daß sich beim passiven LC-Vierpol die Kettenmatrix $[A]$ in relativ einfacher Weise durch $N(s)$, $M(s)$ und R_2 ausdrücken läßt. Das liegt daran, daß nach Satz 5.2 $A_{12}(s)$ und $A_{21}(s)$ ungerade und $A_{11}(s)$ und $A_{22}(s)$ gerade Funktionen sind. Wie man leicht sieht, ergibt sich wegen $A_{12}(-s) = -A_{12}(s)$, $A_{21}(-s) = -A_{21}(s)$, $A_{11}(s) = A_{11}(-s)$ und $A_{22}(s) = A_{22}(-s)$ die Beziehung

$$[A] = \begin{bmatrix} A_{11} & A_{12} \\ A_{21} & A_{22} \end{bmatrix} = \frac{1}{2} \begin{bmatrix} N(s) + N(-s) & \{N(s) - N(-s)\}R_2 \\ \{M(s) - M(-s)\}\frac{1}{R_2} & M(s) + M(-s) \end{bmatrix} \ . \qquad (5.88)$$

5.3 Realisierbarkeitsbedingungen passiver LC-Vierpole

Nach Satz 5.2 muß auch beim passiven LC-Vierpol

$$\Delta A = A_{11}A_{22} - A_{12}A_{21} \equiv 1 \tag{5.89}$$

sein. Die Beziehungen von Gl.(5.88) eingesetzt, liefert

$$\tfrac{1}{4}[\{N(s)+N(-s)\}\{M(s)+M(-s)\} - \{N(s)-N(-s)\}\{M(s)-M(-s)\}] \equiv 1. \tag{5.90}$$

Vereinfacht ergibt sich aus Gl.(5.90)

$$\tfrac{1}{2}[N(s)M(-s) + N(-s)M(s)] \equiv 1. \tag{5.91}$$

Stromübertragungsfunktion $M(s)$ und Spannungsübertragungsfunktion $M(s)$ sind also beim passiven LC-Vierpol über Gl.(5.91) miteinander verknüpft. Gl.(5.91) ist unabhängig von R_2.

In ähnlicher Weise könnte man die [A]-Matrix in einfacher Weise auch durch Übertragungsfunktionen des eingangsseitig beschalteten Falls ausdrücken, und zwar mit Hilfe von Gl.(4.14) und Gl.(4.15). Wir wollen uns jedoch gleich dem interessanteren Fall des zweiseitig beschalteten Vierpols in Abb.5.8 zuwenden. Für diesen gilt nach Gl.(4.21) allgemein

$$H_B(s) = \frac{U_2}{\tfrac{1}{2}U_0}\sqrt{\frac{R_1}{R_2}} = \frac{2}{A_{11}\sqrt{\dfrac{R_2}{R_1}} + \dfrac{A_{12}}{\sqrt{R_1 R_2}} + A_{21}\sqrt{R_1 R_2} + A_{22}\sqrt{\dfrac{R_1}{R_2}}}.$$

Der Nenner läßt sich nach Gl.(5.86) und Gl.(5.87) durch die Funktionen $N(s)$ und $M(s)$ ausdrücken, so daß wir für die zu $H_B(s)$ reziproke Funktion, die wir als Betriebsübertragungsfunktion $F(s)$ bezeichnen wollen, erhalten

$$F(s) = \frac{1}{H_B(s)} = \tfrac{1}{2}\left\{N(s)\sqrt{\frac{R_2}{R_1}} + M(s)\sqrt{\frac{R_1}{R_2}}\right\}. \tag{5.92}$$

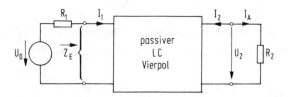

Abb.5.8. Beidseitig beschalteter passiver LC-Vierpol.

Wie sich später bestätigen wird, ist es sehr zweckmäßig, jetzt eine neue Funktion zu definieren und einzuführen, und zwar

$$K(s) = \frac{1}{2}\left\{ N(s)\sqrt{\frac{R_2}{R_1}} - M(s)\sqrt{\frac{R_1}{R_2}} \right\} . \qquad (5.93)$$

Diese zu $F(s)$ sehr ähnliche Funktion $K(s)$ bezeichnet man als **charakteristische Funktion**. Man kann nun die Spannungsübertragungsfunktion $N(s)$ und die Stromübertragungsfunktion $M(s)$ durch $F(s)$ und $K(s)$ ausdrücken. Aus Gl. (5.92) und Gl. (5.93) folgt

$$N(s) = \frac{U_1(s)}{U_2(s)} = \sqrt{\frac{R_1}{R_2}}\left\{ F(s) + K(s) \right\}, \qquad (5.94)$$

$$M(s) = \frac{I_1(s)}{I_A(s)} = \sqrt{\frac{R_2}{R_1}}\left\{ F(s) - K(s) \right\} . \qquad (5.95)$$

Setzt man diese Beziehungen in Gl. (5.91) ein, dann erhält man

$$\frac{1}{2}\left[\{F(s) + K(s)\}\{F(-s) - K(-s)\} + \{F(-s) + K(-s)\}\{F(s) - K(s)\}\right] \equiv 1 ,$$

was nach Vereinfachung auf

$$F(s)F(-s) - K(s)K(-s) \equiv 1 \qquad (5.96)$$

führt. Beim passiven LC-Vierpol sind also $F(s)$ und $K(s)$ gemäß Gl. (5.96) miteinander verknüpft. Speziell für $s = j\omega$ folgt aus Gl. (5.96)

$$|F(j\omega)|^2 - |K(j\omega)|^2 \equiv 1 . \qquad (5.97)$$

Beim zweiseitig beschalteten Vierpol und bei Zugrundelegung von $H_B(s)$ bezeichnet man entsprechend Gl. (1.73) die Dämpfung des Vierpols als Betriebsdämpfung a_B.

$$a_B(\omega) = -\ln|H_B(j\omega)| = \ln|F(j\omega)| . \qquad (5.98)$$

Nach Gl. (5.98) läßt sich die Betriebsdämpfung beim passiven LC-Vierpol nicht nur durch $F(j\omega)$, sondern auch durch $K(j\omega)$ ausdrücken. Es ergibt sich wegen $|K(j\omega)| \geq 0$

$$a_B(\omega) = \frac{1}{2}\ln|F(j\omega)|^2 = \frac{1}{2}\ln\{1 + |K(j\omega)|^2\} \geq 0 . \qquad (5.99)$$

Daraus folgt mit Gl. (5.98), daß beim passiven LC-Vierpol

5.3 Realisierbarkeitsbedingungen passiver LC-Vierpole

$$\frac{1}{|H_B(j\omega)|} = |F(j\omega)| \geq 1 \quad \text{für alle} \quad \omega . \quad (5.100)$$

Für den Quotienten $E(s)$ aus $K(s)$ und $F(s)$ ergibt sich mit Gl.(5.92) und Gl.(5.93)

$$E(s) = \frac{K(s)}{F(s)} = \frac{N\sqrt{\frac{R_2}{R_1}} - M\sqrt{\frac{R_1}{R_2}}}{N\sqrt{\frac{R_2}{R_1}} + M\sqrt{\frac{R_1}{R_2}}} = \frac{\frac{N}{M}R_2 - R_1}{\frac{N}{M}R_2 + R_1} = \frac{Z_E(s) - R_1}{Z_E(s) + R_1} . \quad (5.101)$$

Darin ist $Z_E(s)$ die Eingangsimpedanz des Vierpols, vgl. Abb.5.8. In Angleichung zur Leitungstheorie [23] bezeichnet man $E(s)$ als Reflexionsfaktor am Vierpoleingang.

Für $s = j\omega$ ist

$$|E(j\omega)|^2 = \frac{|K(j\omega)|^2}{|F(j\omega)|^2} = \frac{|F(j\omega)|^2 - 1}{|F(j\omega)|^2} \leq 1 \quad (5.102)$$

oder

$$|F(j\omega)|^2 = \frac{1}{1 - |E(j\omega)|^2} , \quad (5.103)$$

also mit Gl.(5.98)

$$a_B(\omega) = -\frac{1}{2}\ln\{1 - |E(j\omega)|^2\} . \quad (5.104)$$

Beim passiven LC-Vierpol ist die Betriebsdämpfung $a_B(\omega)$ also sowohl durch die Betriebsübertragungsfunktion $F(s)$ als auch durch die charakteristische Funktion $K(s)$ als auch durch den Reflexionsfaktor am Vierpoleingang $E(s)$ und damit nach Gl.(5.101) auch durch die Vierpoleingangsimpedanz $Z_E(s)$ und der eingangsseitigen Beschaltung R_1 vollständig festgelegt. Für die Betriebsphase $b_B(\omega)$, vgl. Gl.(1.75), gelten derartig einschränkende Zusammenhänge nicht.

Der Reflexionsfaktor am Vierpoleingang $E(s)$ wird in der Literatur auch als Echoübertragungsfunktion bezeichnet. Entsprechend definiert man eine Echodämpfung $a_E(\omega)$ zu

$$a_E(\omega) = -\ln|E(j\omega)| = \frac{1}{2}\ln\left(1 + \frac{1}{|K(j\omega)|^2}\right) . \quad (5.105)$$

Aus Gl.(5.99) und Gl.(5.105) ergibt sich die Formel von Feldtkeller

$$e^{-2a_E(\omega)} + e^{-2a_B(\omega)} = 1 . \quad (5.106)$$

Beim Allpaß muß nach Gl.(4.40) $|H(j\omega)|$ für alle ω eine Konstante sein. Damit müssen beim LC-Allpaß nach Gl.(5.98) auch $a_B(\omega)$ und $|F(j\omega)|$ Konstanten sein, und folglich nach Gl.(5.98) auch $|K(j\omega)|$ und nach Gl.(5.104) auch $|E(j\omega)|$.

Betrachten wir insbesondere einen Allpaß mit $a_B(\omega) = 0$ für alle ω, dann ist nach Gl.(5.104) $|E(j\omega)| = 0$ und damit $E(j\omega) = 0$ für alle ω. Das ergibt mit Gl.(5.101) $Z_E(j\omega) = R_1$ für alle ω. Die $j\omega$-Achse bildet den Rand der rechten s-Halbebene, in welcher $Z_E(s)$ regulär, also insbesondere polfrei ist, denn $Z_E(s)$ ist als Eingangsimpedanz eines nur aus passiven Elementen bestehenden Vierpols sicher positiv reell. Nach dem Prinzip vom Maximum (vgl. Abschnitt 3.2) muß auf der $j\omega$-Achse das Maximum und das Minimum des Realteils sein. Folglich muß also bei einem passiven LC-Vierpol mit $a_B(\omega) \equiv 0$

$$Z_E(s) = R_1 \qquad (5.107)$$

sein für alle s.

5.3.2 Realisierbarkeitsbedingungen im unbeschalteten und einseitig beschalteten Fall.

Im unbeschalteten Fall lassen sich zwei Typen von Wirkungsfunktionen unterscheiden. Der erste Typ ist von der Form

$$H_1(s) = \frac{\dfrac{g_{ij}(s)}{h_{ij}(s)}}{\dfrac{g_{kk}(s)}{h_{kk}(s)}} = \frac{P(s)}{Q(s)} \, . \qquad (5.108)$$

Von dieser Form sind die Spannungswirkungsfunktion $U_2(s)/U_1(s)$ von Gl.(4.10) und die Stromwirkungsfunktion $I_A(s)/I_1(s)$ von Gl.(4.13). Der Nenner $g_{kk}(s)/h_{kk}(s)$ ist eine Reaktanzfunktion (Z_{11} bzw. Z_{22}) und der Zähler $g_{ij}(s)/h_{ij}(s)$ ist eine ungerade Funktion (Z_{12} bzw. $-Z_{12}$), die nach Satz 5.1 keine anderen Pole haben darf als die Reaktanzfunktion im Nenner.

Für diesen Typ gilt der folgende

> Satz 5.3
>
> Die notwendigen und hinreichenden Bedingungen für die Realisierbarkeit durch einen unbeschalteten passiven LC-Vierpol lauten:
>
> $H_1(s) = U_2(s)/U_1(s)$ bzw. $H_1(s) = I_A(s)/I_1(s)$ muß
>
> 1. eine gerade rationale Funktion mit reellen Koeffizienten sein,
>
> 2. Pole nur auf der endlichen $j\omega$-Achse haben, die überdies einfach sein müssen,
>
> 3. bei $s = 0$ und $s = \infty$ polfrei sein.

5.3 Realisierbarkeitsbedingungen passiver LC-Vierpole

Die Notwendigkeit der Bedingungen von Satz 5.3 ergibt sich wie folgt:

zu 1. Der Quotient zweier ungerader Funktionen ist eine gerade Funktion.

zu 2. Da g_{ij}/h_{ij} keine anderen Pole haben darf als g_{kk}/h_{kk}, ergeben sich die Pole von $H_1(s)$ ausschließlich aus den Nullstellen von g_{kk}/h_{kk}. Diese müssen aber nach Satz 2.1 einfach sein und ausschließlich auf der $j\omega$-Achse liegen.

zu 3. Bei $s = 0$ haben g_{kk}/h_{kk} und g_{ij}/h_{ij} als ungerade Funktionen entweder eine Nullstelle oder einen Pol. Hat g_{kk}/h_{kk} eine Nullstelle, dann muß nach Satz 5.1 auch g_{ij}/h_{ij} dort eine Nullstelle haben. Beide Nullstellen kürzen sich folglich. Für $s = \infty$ gelten entsprechende Überlegungen.

Es wird nun gezeigt, daß die Bedingungen von Satz 5.3 auch hinreichend sind. Gegeben sei

$$H_1(s) = \frac{P(s)}{Q(s)} = \frac{\frac{P(s)}{f(s)}}{\frac{Q(s)}{f(s)}} \quad . \tag{5.109}$$

Die Nullstellen des Nennerpolynoms $Q(s)$ sind also einfach und liegen alle auf der $j\omega$-Achse. Wir können nun ein beliebiges Polynom $f(s)$ so wählen, daß dessen Nullstellen sich mit den Nullstellen von $Q(s)$ auf der $j\omega$-Achse abwechseln. Dann ist $Q(s)/f(s) = g_{kk}(s)/h_{kk}(s)$, d.h. Z_{11} bzw. Z_{22} Reaktanzzweipolfunktion und $P(s)/f(s) = g_{ij}(s)/h_{ij}(s)$, d.h. Z_{12} hat nur solche Pole, die auch in $g_{kk}(s)/h_{kk}(s)$ vorhanden sind. Es bleibt dann lediglich noch ein $Z_{22}(s)$ bzw. $Z_{11}(s)$ so zu wählen, daß die Residuenbedingung in Satz 5.1 erfüllt ist. Es gibt also unendlich viele Lösungen.

Beispiel:

Gegeben sei

$$\frac{U_2}{U_1} = \frac{P(s)}{Q(s)} = \frac{1-s^2}{1+s^2} = \frac{Z_{12}}{Z_{11}} \quad . \tag{5.110}$$

Gl.(5.110) erfüllt die notwendigen und hinreichenden Bedingungen. Wir wollen nun eine zugehörige und nach Satz 5.1 realisierbare [Z]-Matrix finden. Dazu wählen wir $f(s) = s$. Das ergibt

$$Z_{11} = \frac{Q(s)}{f(s)} = \frac{1+s^2}{s} = \frac{1}{s} + s \; ; \quad Z_{12} = \frac{P(s)}{f(s)} = \frac{1-s^2}{s} = \frac{1}{s} - s \; .$$

Wählen wir nun $Z_{22} = \frac{1}{s} + s$, dann ergeben Z_{11}, Z_{12} und Z_{22} eine realisierbare [Z]-Matrix.

Der zweite Typ von Wirkungsfunktionen beim unbeschalteten passiven LC-Vierpol ist von der Form

$$H_2(s) = \frac{g_{ij}(s)}{h_{ij}(s)} = \frac{P(s)}{Q(s)} \quad . \tag{5.111}$$

Von dieser Form sind die Übertragungsadmittanz $I_A(s)/U_1(s)$ von Gl.(4.11) und die Übertragungsimpedanz $U_2(s)/I_1(s)$ von Gl.(4.12). g_{ij}/h_{ij}, also Y_{21} bzw. Z_{21}, ist nach Satz 5.1 bzw. Gl.(5.33) eine ungerade reelle Funktion, deren Pole ausschließlich auf der jω-Achse liegen und einfach sind. Es gilt daher

> Satz 5.4
>
> Die notwendigen und hinreichenden Bedingungen für die Realisierbarkeit durch einen unbeschalteten passiven LC-Vierpol lauten:
>
> $H_2(s) = I_A(s)/U_1(s)$ bzw. $H_2(s) = U_2(s)/I_1(s)$ muß
>
> 1. ungerade rationale Funktion mit reellen Koeffizienten sein,
>
> 2. Pole nur auf der jω-Achse (einschließlich $s = 0$ und $s = \infty$) haben, die überdies einfach sein müssen.

Wir kommen nun zum einseitig beschalteten LC-Vierpol. Nach Gl.(4.14) bis Gl.(4.17) lassen sich alle diesbezüglichen Wirkungsfunktionen auf die folgende Form bringen:

$$H(s) = \frac{P(s)}{Q(s)} = \frac{\dfrac{g_{ij}(s)}{h_{ij}(s)}}{\dfrac{g_{kk}(s)}{h_{kk}(s)} + 1} \quad , \qquad (5.112)$$

z.B.

$$H_{Eu}(s) = \frac{\dfrac{Z_{21}(s)}{R_1}}{\dfrac{Z_{11}(s)}{R_1} + 1} \quad \text{oder} \quad H_{Ei}(s) = \frac{-Y_{21}(s)R_1}{Y_{11}(s)R_1 + 1} \quad \text{usw.}$$

Alle Wirkungsfunktionen des einseitig beschalteten LC-Vierpols haben im Nenner die Summe Eins plus eine Reaktanzzweipolfunktion $g_{kk}(s)/h_{kk}(s)$, im Zähler steht jedesmal eine ungerade Funktion $g_{ij}(s)/h_{ij}(s)$, welche nur solche Pole besitzt, die auch in der im Nenner stehenden Reaktanzzweipolfunktion vorhanden sind. Wie sich sogleich zeigen wird, reichen diese Kriterien aus. Es gilt

> Satz 5.5
>
> Die notwendigen und hinreichenden Realisierbarkeitsbedingungen für die Wirkungsfunktionen H_{Eu}, H_{Ei}, H_{Au} und H_{Ai} des einseitig beschalteten passiven LC-Vierpols lauten
>
> 1. die Funktionen sind rational und haben reelle Koeffizienten,
>
> 2. das Nennerpolynom $Q(s)$ ist ein Hurwitzpolynom,
>
> 3. der Grad des Zählers Grad $\{P\}$ darf den Grad des Nenners Grad $\{Q\}$ nicht übersteigen, d.h. Grad $\{P(s)\} \leq$ Grad $\{Q(s)\}$,
>
> 4. das Zählerpolynom $P(s)$ ist entweder gerade oder ungerade.

5.3 Realisierbarkeitsbedingungen passiver LC-Vierpole

Wir zeigen zunächst die Notwendigkeit der Bedingungen von Satz 5.5. Die Bedingung 1. ist trivial, die Bedingung 2. folgt aus Satz 2.2, nach welchem die Summe von Zähler- und Nennerpolynom einer Reaktanzzweipolfunktion stets Hurwitzpolynom ist. Zum Beweis von Bedingung 3. fragen wir, was sein müßte, wenn das Zählerpolynom $P(s)$ einen höheren Grad als das Nennerpolynom $Q(s)$ hätte. Das ist offenbar nur dann der Fall, wenn entweder der Ausdruck im Zähler g_{ij}/h_{ij}, d.h. Z_{12} bzw. Y_{12}, einen Pol bei $s = \infty$ hat, während die Reaktanzfunktion im Nenner g_{kk}/h_{kk}, d.h. Z_{22} bzw. Y_{22}, keinen Pol bei $s = \infty$ hat, oder wenn der Nenner bei $s = \infty$ eine Nullstelle hat. Ersteres ist wegen der Residuenbedingung in Satz 5.1 und Gl.(5.33) unmöglich, letzteres ist unmöglich, da eine Reaktanzzweipolfunktion bei $s = \infty$ entweder nur Null oder Unendlich, nicht aber gleich minus Eins sein kann. Bedingung 4. folgt aus der Tatsache, daß in Gl.(5.112) die Polynome $g_{ij}(s)$, $h_{kk}(s)$ und $h_{ij}(s)$ gerade oder ungerade sind, wobei $h_{kk}(s)$ noch durch $h_{ij}(s)$ teilbar sein muß.

Wir kommen nun zum Beweis, daß die Bedingungen von Satz 5.5 auch hinreichend sind. Dabei haben wir die folgenden zwei Fälle zu unterscheiden

$$\frac{P(s)}{Q(s)} = \frac{g_1(s)}{u_2(s) + g_2(s)} = \frac{\dfrac{g_1(s)}{u_2(s)}}{\dfrac{g_2(s)}{u_2(s)} + 1} \quad , \tag{5.113}$$

$$\frac{P(s)}{Q(s)} = \frac{u_1(s)}{u_2(s) + g_2(s)} = \frac{\dfrac{u_1(s)}{g_2(s)}}{\dfrac{u_2(s)}{g_2(s)} + 1} \quad . \tag{5.114}$$

$g_1(s)$ und $g_2(s)$ sind gerade Polynome, $u_1(s)$ und $u_2(s)$ sind ungerade Polynome. Da $Q(s)$ Hurwitzpolynom ist, müssen $g_2(s)/u_2(s)$ und die dazu reziproke Funktion Reaktanzzweipolfunktionen sein. Da der Zählergrad Grad$\{P\}$ den Nennergrad Grad$\{Q\}$ nicht übersteigt, kann $g_1(s)/u_2(s)$ bzw. $u_1(s)/g_2(s)$ keine anderen Pole haben als $g_2(s)/u_2(s)$ bzw. $u_2(s)/g_2(s)$. Damit kann man g_2/u_2 oder u_2/g_2 mit einer der Funktionen Z_{kk} oder Y_{kk} identifizieren und g_1/u_2 oder u_1/g_2 mit Z_{ij} oder Y_{ij}. Das fehlende Matrixelement wählt man so, daß die Residuenbedingung erfüllt ist. Damit ist nachgewiesen, daß die Bedingungen von Satz 5.5 auch hinreichend sind.

Zur näheren Erläuterung dieser Zusammenhänge betrachten wir nun die folgenden drei

Beipiele:

a) $$H_{Au}(s) = \frac{U_2(s)}{U_1(s)} = \frac{-Y_{12}R_2}{Y_{22}R_2+1} = \frac{P(s)}{Q(s)} = \frac{1-s}{1+s} \quad . \tag{5.115}$$

Da nach Satz 5.5 der Zähler $P(s)$ gerade oder ungerade sein muß, erweitern wir zunächst mit $(1+s)$. Das ergibt

$$\frac{P(s)}{Q(s)} = \frac{1-s^2}{s^2+2s+1} = \frac{g_1}{g_2+u_2} \ .$$

Wie man sieht, ist $Q(s) = (s^2+2s+1) = (s+1)^2$ ein Hurwitzpolynom. Der Zählergrad Grad $\{P(s)\}$ ist gleich dem Nennergrad Grad $\{Q(s)\}$, und das Zählerpolynom ist gerade. Damit sind alle Bedingungen von Satz 5.5 erfüllt, womit Gl.(5.115) durch einen ausgangsseitig beschalteten passiven LC-Vierpol realisierbar sein muß.

Wir wollen nun eine zugehörige realisierbare Vierpolmatrix finden. Dazu setzen wir

$$\frac{P(s)}{Q(s)} = \frac{1-s^2}{s^2+2s+1} = \frac{\frac{g_1}{u_2}}{\frac{g_2}{u_2}+1} = \frac{\frac{1-s^2}{2s}}{\frac{s^2+1}{2s}+1} = \frac{-Y_{12}R_2}{Y_{22}R_2+1}$$

und identifizieren

$$Y_{22}R_2 = \frac{s^2+1}{2s} = \frac{1}{2}s + \frac{1}{2s} \ ; \quad -Y_{12}R_2 = \frac{1-s^2}{2s} = -\frac{1}{2}s + \frac{1}{2s} \ .$$

Wählen wir

$$Y_{11}R_2 = \frac{1}{2}s + \frac{1}{2s} \ ,$$

dann ist die Residuenbedingung von Gl.(5.33) erfüllt und die $[Y]$-Matrix lautet

$$[Y] = \frac{1}{R_2} \begin{bmatrix} \frac{s^2+1}{2s} & \frac{s^2-1}{2s} \\ \frac{s^2-1}{2s} & \frac{s^2+1}{2s} \end{bmatrix} \ .$$

b) $$H_{Ei}(s) = \frac{I_A(s)}{I_0(s)} = \frac{P(s)}{Q(s)} = \frac{1+s}{1-s} \ . \tag{5.116}$$

In diesem Beispiel ist das Nennerpolynom $Q(s)$ nicht Hurwitzpolynom, und es läßt sich auch weder durch Kürzen noch durch Erweitern zum Hurwitzpolynom machen. Folglich ist diese Funktion $H_{Ei}(s)$ nicht durch einen passiven LC-Vierpol realisierbar.

c) $$H_{Ai}(s) = \frac{I_A(s)}{I_1(s)} = \frac{P(s)}{Q(s)} = \frac{1}{8s^4+8s^3+8s^2+4s+1} = \frac{g_1}{g_2+u_2} \ . \tag{5.117}$$

Hier ist $Q(s)$ Hurwitzpolynom, denn nach Satz 2.2 ist

$$\frac{g_2}{u_2} = \frac{8s^4+8s^2+1}{8s^3+4s} = \ldots = \frac{\frac{1}{4}}{s} + \frac{\frac{1}{4}s}{s^2+\frac{1}{2}} + s \ .$$

Reaktanzzweipolfunktion. Da $P(s) = 1$ gerade ist und den Grad Null hat, sind alle Bedingungen von Satz 5.5 erfüllt. Folglich ist die Funktion $H_{Ai}(s)$ durch einen passiven LC-Vierpol realisierbar.

Wir wollen nun eine zugehörige Matrix finden. Dazu setzen wir [vgl. Gl.(5.113) und Gl.(4.18)]

$$\frac{P(s)}{Q(s)} = \frac{\frac{g_1}{u_2}}{\frac{g_2}{u_2}+1} = \frac{\frac{Z_{12}(s)}{R_2}}{\frac{Z_{22}(s)}{R_2}+1}$$

5.3 Realisierbarkeitsbedingungen passiver LC-Vierpole

und identifizieren

$$\frac{Z_{22}(s)}{R_2} = \frac{g_2}{u_2} = \frac{\frac{1}{4}}{s} + \frac{\frac{1}{4}s}{s^2+\frac{1}{2}} + s \;, \qquad \frac{Z_{12}(s)}{R_2} = \frac{g_1}{u_2} = \frac{1}{8s(s^2+\frac{1}{2})} = \cdots = \frac{\frac{1}{4}}{s} - \frac{\frac{1}{4}s}{s^2+\frac{1}{2}} \;.$$

Das Matrixelement Z_{11} wählen wir so, daß die Residuenbedingung erfüllt wird, und zwar

$$\frac{Z_{11}(s)}{R_2} = \frac{\frac{1}{4}}{s} + \frac{\frac{1}{4}s}{s^2+\frac{1}{2}} = \frac{4s^2+1}{8s(s^2+\frac{1}{2})} \;.$$

Damit erhalten wir als realisierbare Matrix

$$[Z] = \frac{R_2}{8s(s^2+\frac{1}{2})} \begin{bmatrix} 4s^2+1 & 1 \\ 1 & 8s^4+8s^2+1 \end{bmatrix}.$$

5.3.3 Realisierbarkeitsbedingungen im zweiseitig beschalteten Fall

Für die Betriebswirkungsfunktion $H_B(s)$ von Gl.(4.21) bzw. Gl.(5.92) beweisen wir den folgenden

> **Satz 5.6**
>
> Die notwendigen und hinreichenden Bedingungen für die Realisierbarkeit von $H_B(s) = P(s)/Q(s)$ durch einen passiven LC-Vierpol lauten
>
> 1. $H_B(s)$ ist eine rationale Funktion mit reellen Koeffizienten.
> 2. Das Nennerpolynom $Q(s)$ ist ein Hurwitzpolynom.
> 3. Der Zählergrad Grad$\{P(s)\}$ darf den Nennergrad Grad$\{Q(s)\}$ nicht übersteigen.
> 4. Das Zählerpolynom $P(s)$ ist entweder gerade oder ungerade.
> 5. Bei $s = j\omega$ ist $|H_B(j\omega)| \leq 1$ für alle ω.

Der Inhalt von Satz 5.6 unterscheidet sich von dem von Satz 5.5 nur durch die zusätzliche Bedingung 5. Der Beweis von Satz 5.6 beansprucht etwas mehr Platz. Daher sei der Satz zunächst erläutert mit Hilfe zweier

Beispiele:

a)
$$H_B(s) = \frac{P(s)}{Q(s)} = \frac{1-s}{1+s} \;. \qquad (5.118)$$

Wie im Anschluß an Gl.(5.115) gezeigt wurde, erfüllt $H_B(s)$ die Bedingungen von Satz 5.5 und damit die Bedingungen 1. bis 4. von Satz 5.6. Zur Überprüfung von Bedingung 5. von Satz 5.6 schreiben wir

$$|H_B(j\omega)| = \frac{|1-j\omega|}{|1+j\omega|} = \frac{+\sqrt{1+\omega^2}}{+\sqrt{1+\omega^2}} = 1 \quad \text{für alle } \omega \;.$$

Damit ist auch Bedingung 5. erfüllt. Die gegebene Funktion $H_B(s)$ ist folglich durch einen passiven LC-Vierpol realisierbar.

b)
$$H_B(s) = \frac{P(s)}{Q(s)} = \frac{1}{8s^4 + 8s^3 + 8s^2 + 4s + 1} \; . \tag{5.119}$$

Auch dieses Beispiel erfüllt, wie im Anschluß an Gl. (5.117) gezeigt wurde, die Bedingungen 1. bis 4. von Satz 5.6. Zur Überprüfung von Bedingung 5. schreiben wir

$$\frac{1}{H(j\omega)} = 8\omega^4 - j8\omega^3 - 8\omega^2 + j4\omega + 1 \; ,$$

$$\frac{1}{|H(j\omega)|^2} = (1 - 8\omega^2 + 8\omega^4)^2 + (4\omega - 8\omega^3)^2 = \ldots = 1 + 16\omega^4 - 64\omega^6 + 64\omega^8 \geq 1 \, ?$$

Bedingung 5. ist erfüllt, falls $16\omega^4(1 - 4\omega^2 + 4\omega^4) \geq 0$ oder $(1 - 4\omega^2 + 4\omega^4) \geq 0$ ist. Wir haben also den letztgenannten Ausdruck auf Nullstellen ungerader Ordnung zu untersuchen. Treten solche Nullstellen auf, dann ist Bedingung 5. verletzt, anderenfalls ist sie erfüllt. Die Untersuchung liefert lediglich eine doppelte Nullstelle bei $\omega^2 = 0,5$, jedoch keine Nullstelle ungerader Ordnung. Damit ist Gl. (5.119) durch einen passiven LC-Vierpol realisierbar.

Wir kommen nun zum Beweis von Satz 5.6 und beginnen zunächst mit dem Nachweis, daß die genannten Bedingungen 1. bis 5. notwendig sind. Bedingung 1. muß trivialerweise erfüllt sein. Zum Beweis von Bedingung 2. gehen wir von Gl. (5.92) aus und schreiben mit Gl. (5.86) und Gl. (5.87)

$$\frac{1}{H_{Au}} = N(s) = \frac{U_1}{U_2} = -\frac{h_u(s)}{f_u(s)} \tag{5.120}$$

und

$$\frac{1}{H_{Ai}} = M(s) = \frac{I_1}{I_A} = \frac{h_i(s)}{f_i(s)} \; . \tag{5.121}$$

Nach Satz 5.5 müssen die Polynome $h_u(s)$ und $h_i(s)$ Hurwitzpolynome und $f_u(s)$ und $f_i(s)$ je entweder ein gerades oder ungerades Polynom sein.

Ist $f_0(s)$ der größte gemeinsame Teiler von $f_u(s)$ und $f_i(s)$, dann kann man $f_u(s)$ und $f_i(s)$ folgendermaßen ausdrücken:

$$f_u(s) = d_u(s) \cdot f_0(s) \; , \tag{5.122}$$

$$f_i(s) = d_i(s) \cdot f_0(s) \; , \tag{5.123}$$

wobei $d_u(s)$ und $d_i(s)$ wieder je entweder ein gerades oder ungerades Polynom ist. Auf den kleinsten gemeinsamen Nenner

$$P(s) = d_u(s) \, d_i(s) \, f_0(s) \tag{5.124}$$

5.3 Realisierbarkeitsbedingungen passiver LC-Vierpole

gebracht, lauten nun Gl.(5.120) und Gl.(5.121)

$$N(s) = -\frac{h_u(s)}{f_u(s)} = -\frac{d_i(s)h_u(s)}{P(s)} = -\frac{n(s)}{P(s)} = -\frac{g_n(s)+u_n(s)}{P(s)} \quad , \tag{5.125}$$

$$M(s) = \frac{h_i(s)}{f_i(s)} = \frac{d_u(s)h_i(s)}{P(s)} = \frac{m(s)}{P(s)} = \frac{g_m(s)+u_m(s)}{P(s)} \quad . \tag{5.126}$$

Das gemeinsame Nennerpolynom $P(s)$ ist dabei wieder entweder gerade oder ungerade. $g_n(s)$ bzw. $g_m(s)$ kennzeichnet den geraden Anteil des Polynoms $n(s)$ bzw. $m(s)$ und $u_n(s)$ bzw. $u_m(s)$ kennzeichnet den ungeraden Anteil von $n(s)$ bzw. $m(s)$.

Mit diesen Bezeichnungen lautet die Kettenmatrix Gl.(5.88)

$$[A] = \frac{1}{2}\begin{bmatrix} N(s)+N(-s) & \{N(s)-N(-s)\}R_2 \\ \{M(s)-M(-s)\}\frac{1}{R_2} & M(s)+M(-s) \end{bmatrix} = \frac{1}{P(s)}\begin{bmatrix} -g_n(s) & -u_n(s)R_2 \\ \frac{u_m(s)}{R_2} & g_m(s) \end{bmatrix} . \tag{5.127}$$

Bei einer Reaktanzkettenmatrix müssen nach Satz 5.2 die Quotienten benachbarter Matrixelemente Reaktanzzweipolfunktionen sein, und wegen der konstanten positiven Faktoren R_1 und R_2 auch die Funktionen

$$\frac{A_{12}}{A_{22}R_1} = -\frac{u_n(s)}{g_m(s)}\frac{R_2}{R_1} \quad , \tag{5.128}$$

$$\frac{A_{21}R_2}{A_{22}} = \frac{u_m(s)}{g_m(s)} \quad , \tag{5.129}$$

$$\frac{A_{12}}{A_{11}R_2} = \frac{u_n(s)}{g_n(s)} \quad , \tag{5.130}$$

$$\frac{A_{21}R_1}{A_{11}} = -\frac{u_m(s)}{g_n(s)}\frac{R_1}{R_2} \quad . \tag{5.131}$$

Da die Summe zweier Reaktanzzweipolfunktionen stets wieder eine Reaktanzzweipolfunktion ergibt, sind auch die folgenden Funktionen solche:

$$\frac{A_{12}}{A_{22}R_1} + \frac{A_{21}R_2}{A_{22}} = \frac{A_{12}+A_{21}R_1R_2}{A_{22}R_1} = \frac{u_m(s)R_1 - u_n(s)R_2}{g_m(s)R_1} \quad , \tag{5.132}$$

$$\frac{A_{12}}{A_{11}R_2} + \frac{A_{21}R_1}{A_{11}} = \frac{A_{12}+A_{21}R_1R_2}{A_{11}R_2} = \frac{u_m(s)R_1 - u_n(s)R_2}{-g_n(s)R_2} \quad . \tag{5.133}$$

Ebenso muß die Summe der Reziprokwerte zweier Reaktanzzweipolfunktionen selbst wieder Reaktanzzweipolfunktion sein, also auch die Funktion

$$\frac{A_{11}R_2 + A_{22}R_1}{A_{12} + A_{21}R_1R_2} \cdot \frac{\frac{1}{\sqrt{R_1R_2}}}{\frac{1}{\sqrt{R_1R_2}}} = \frac{A_{11}\sqrt{\frac{R_2}{R_1}} + A_{22}\sqrt{\frac{R_1}{R_2}}}{\frac{A_{12}}{\sqrt{R_1R_2}} + A_{21}\sqrt{R_1R_2}} = \frac{g_m\sqrt{\frac{R_1}{R_2}} - g_n\sqrt{\frac{R_2}{R_1}}}{u_m\sqrt{\frac{R_1}{R_2}} - u_n\sqrt{\frac{R_2}{R_1}}} \quad , \quad (5.134)$$

womit nach Satz 2.2 der Ausdruck [vgl. Gl.(5.125), Gl.(5.126)]

$$\frac{1}{2}Q(s) = g_m\sqrt{\frac{R_1}{R_2}} - g_n\sqrt{\frac{R_2}{R_1}} + u_m\sqrt{\frac{R_1}{R_2}} - u_n\sqrt{\frac{R_2}{R_1}} = -n(s)\sqrt{\frac{R_2}{R_1}} + m(s)\sqrt{\frac{R_1}{R_2}}$$

(5.135)

ein Hurwitzpolynom sein muß. Die Betriebswirkungsfunktion Gl.(5.92) ergibt sich folglich zu

$$H_B(s) = \frac{2}{N(s)\sqrt{\frac{R_2}{R_1}} + M(s)\sqrt{\frac{R_1}{R_2}}} = \frac{2P(s)}{-n(s)\sqrt{\frac{R_2}{R_1}} + m(s)\sqrt{\frac{R_1}{R_2}}} = \frac{P(s)}{Q(s)} \quad . \quad (5.136)$$

Damit ist gezeigt, daß $Q(s)$ ein Hurwitzpolynom und $P(s)$ ein gerades oder ungerades Polynom ist, womit die Bedingungen 2. und 4. von Satz 5.6 als notwendig nachgewiesen wurden.

Die Notwendigkeit von Bedingung 3., nämlich

$$\text{Grad}\{P(s)\} \leq \text{Grad}\{Q(s)\}, \quad (5.137)$$

folgt nun unmittelbar aus Satz 5.5 für $H_{Au}(s) = 1/N(s) = P(s)/n(s)$ und $H_{Ai}(s) = 1/M(s) = P(s)/m(s)$. Nach Satz 5.5 gilt für letztere

$$\text{Grad}\{P(s)\} \leq \text{Grad}\{n(s)\} \quad \text{und} \quad \text{Grad}\{P(s)\} \leq \text{Grad}\{m(s)\} \quad . \quad (5.138)$$

Aus dem Vergleich mit Gl.(5.136) folgt damit notwendigerweise Gl.(5.137). Die Notwendigkeit der 5. und letzten Bedingung von Satz 5.6 schließlich war bereits mit Gl. (5.100) gezeigt worden.

Wir kommen nun zum Nachweis, daß die Bedingungen von Satz 5.6 hinreichend sind. Dazu wollen wir zeigen, daß wir zu jeder Funktion $H_B(s) = P(s)/Q(s)$ mit den in Satz 5.6 genannten Eigenschaften eine Reaktanzkettenmatrix [A] konstruieren können, welche den Realisierbarkeitsbedingungen für Reaktanzkettenmatrizen (Satz 5.2) genügt. Wegen der einfacheren Schreibweise benutzen wir dafür die reziproke Funktion [vgl. Gl.(5.92)]

5.3 Realisierbarkeitsbedingungen passiver LC-Vierpole

$$F(s) = \frac{1}{H_B(s)} = \frac{Q(s)}{P(s)} \ . \qquad (5.139)$$

Zunächst bestimmen wir mit der gegebenen Funktion F(s) nach Gl.(5.96) eine zugehörige charakteristische Funktion K(s)

$$K(s)K(-s) = F(s)F(-s) - 1 = \frac{Q(s)Q(-s)}{\pm P^2(s)} - 1 \ . \qquad (5.140)$$

Das Pluszeichen von $P^2(s)$ gilt dann, wenn P(s) eine gerade, das Minuszeichen dann, wenn P(s) eine ungerade Funktion ist. Die rechte Seite von Gl.(5.140) ist eine gerade Funktion mit einem geraden Zählerpolynom und einem geraden Nennerpolynom. Daher müssen sowohl deren Nullstellen als auch deren Pole quadrantsymmetrisch liegen, denn bei einer geraden Funktion kann s durch -s ersetzt werden, ohne daß sich etwas ändert. Wenn also eine Nullstelle bzw. ein Pol bei s_0 bzw. bei s_x vorhanden ist, so muß auch eine Nullstelle bzw. ein Pol bei $-s_0$ bzw. bei $-s_x$ vorhanden sein. Wegen der reellen Koeffizienten müssen komplexe Nullstellen und Pole in konjugiert komplexen Paaren auftreten. Abb.5.9a zeigt ein Beispiel einer quadrantsymmetrischen Nullstellenkonfiguration. Abb.5.9b zeigt, wie man deren Nullstellen den Funktionen K(s) und K(-s) zuordnen kann. Im allgemeinen gibt es dabei mehrere Möglichkeiten. Für die Pole gilt Entsprechendes.

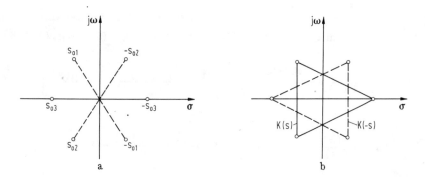

Abb.5.9. Zur Bestimmung von K(s) gemäß Gl.(5.140). a) quadrantsymmetrische Nullstellenanordnung von Abb. a) zu K(s) und K(-s).

Nullstellen und Pole auf der jω-Achse lassen sich nur dann K(s) und K(-s) zuordnen, wenn sie doppelt oder allgemein von geradzahliger Vielfachheit sind. Bei den Polen von Gl.(5.140) ist das wegen $P^2(s)$ offenbar stets der Fall. Dasselbe trifft aber auch bei den Nullstellen zu, denn mit s = jω und Bedingung 5. von Satz 5.6 ist

$$\frac{Q(j\omega)Q(-j\omega)}{P(j\omega)P(-j\omega)} - 1 = \left|\frac{Q(j\omega)}{P(j\omega)}\right|^2 - 1 = \frac{1}{|H_B(j\omega)|^2} - 1 \geq 0 \ . \qquad (5.141)$$

Diese Aussage wird in Abb. 5.10 veranschaulicht. Damit ist es stets möglich, bei gegebenem F(s) wenigstens eine Lösung für die charakteristische Funktion K(s) zu finden, die rational ist und reelle Koeffizienten hat. Aus

$$F(s) = \frac{Q(s)}{P(s)} = \frac{G(s) + U(s)}{P(s)} \qquad (5.142)$$

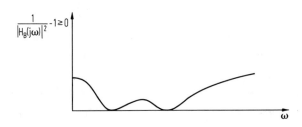

Abb. 5.10. Veranschaulichung, daß $F(s)F(-s)-1 = 1/H(s)H(-s)-1$ nur Nullstellen gerader Ordnung auf der $j\omega$-Achse haben kann.

mit dem geraden Teil G(s) und dem ungeraden Teil U(s) des Zählerpolynoms Q(s) und der gefundenen charakteristischen Funktion

$$K(s) = \frac{g(s) + u(s)}{P(s)}, \qquad (5.143)$$

in der g(s) den geraden und u(s) den ungeraden Teil des Zählerpolynoms von K(s) beschreibt, finden wir mit Gl. (5.94), Gl. (5.95) und Gl. (5.125), Gl. (5.126)

$$N(s) = -\frac{n(s)}{P(s)} = -\frac{g_n + u_n}{P} = \sqrt{\frac{R_1}{R_2}} \left\{ \frac{G(s) + g(s) + U(s) + u(s)}{P(s)} \right\}, \qquad (5.144)$$

$$M(s) = \frac{m(s)}{P(s)} = \frac{g_m + u_m}{P} = \sqrt{\frac{R_2}{R_1}} \left\{ \frac{G(s) - g(s) + U(s) - u(s)}{P(s)} \right\}, \qquad (5.145)$$

und

$$N(-s) = -\frac{n(-s)}{\pm P(s)} = -\frac{g_n - u_n}{\pm P} = \sqrt{\frac{R_1}{R_2}} \left\{ \frac{G(s) + g(s) - U(s) - u(s)}{\pm P(s)} \right\}, \qquad (5.146)$$

$$M(-s) = \frac{m(-s)}{\pm P(-s)} = \frac{g_m - u_m}{\pm P} = \sqrt{\frac{R_2}{R_1}} \left\{ \frac{G(s) - g(s) - U(s) + u(s)}{\pm P(s)} \right\}, \qquad (5.147)$$

wobei wieder vor P das Pluszeichen gilt, wenn P(s) gerade, und das Minuszeichen, wenn P(s) ungerade ist.

Mit Gl. (5.127) ergibt sich nun die Kettenmatrix zu:

5.3 Realisierbarkeitsbedingungen passiver LC-Vierpole

a) für $P(s) =$ gerade

$$[A] = \frac{1}{P(s)} \begin{bmatrix} \{G(s)+g(s)\}\sqrt{\frac{R_1}{R_2}} & \{U(s)+u(s)\}\sqrt{R_1 R_2} \\ \{U(s)-u(s)\}\frac{1}{\sqrt{R_1 R_2}} & \{G(s)-g(s)\}\sqrt{\frac{R_2}{R_1}} \end{bmatrix} = \frac{1}{P(s)} \begin{bmatrix} -g_n(s) & -u_n(s)R_2 \\ \frac{u_m(s)}{R_2} & g_m(s) \end{bmatrix},$$

(5.148)

b) für $P(s) =$ ungerade

$$[A] = \frac{1}{P(s)} \begin{bmatrix} \{U(s)+u(s)\}\sqrt{\frac{R_1}{R_2}} & \{G(s)+g(s)\}\sqrt{R_1 R_2} \\ \{G(s)-g(s)\}\frac{1}{\sqrt{R_1 R_2}} & \{U(s)-u(s)\}\sqrt{\frac{R_2}{R_1}} \end{bmatrix} = \frac{1}{P(s)} \begin{bmatrix} -u_n(s) & -g_n(s)R_2 \\ \frac{g_m(s)}{R_2} & u_m(s) \end{bmatrix}.$$

(5.149)

Wie Gl(5.148) und Gl.(5.149) zeigen, ergeben sich also stets $A_{11}(s)$ und $A_{22}(s)$ als gerade und $A_{12}(s)$ und $A_{21}(s)$ als ungerade rationale Funktionen, womit die Bedingung 1. von Satz 5.2 erfüllt ist.

Bedingung 2. von Satz 5.2 muß ebenfalls erfüllt sein, denn Gl.(5.96) zur Bestimmung von K(s) war in Abschnitt 5.3.1 ja von der Bedingung $\Delta A \equiv 1$ ausgehend hergeleitet worden, vgl. Gl.(5.89) ff.

Es bleibt jetzt noch zu zeigen, daß auch Bedingung 3. von Satz 5.2 erfüllt wird, d.h. daß die Quotienten benachbarter Matrixelemente A_{ii}/A_{ik} Reaktanzzweipolfunktionen sind. Wir benutzen dazu Satz 3.5. Nach diesem Satz gilt folgendes: Ist

$$Z(s) = \frac{-g_n(s)-u_n(s)}{g_m(s)+u_m(s)} \cdot \frac{R_2}{R_1} = -\frac{n(s)R_2}{m(s)R_1} = \frac{N(s)R_2}{M(s)R_1}$$

(5.150)

positiv reell, dann sind

$$\frac{g_n(s)}{u_n(s)}, \quad \frac{g_m(s)}{u_m(s)}, \quad -\frac{g_m(s)R_1}{u_n(s)R_2} \quad \text{und} \quad -\frac{g_n(s)R_2}{u_m(s)R_1}.$$

(5.151)

Reaktanzzweipolfunktionen und damit auch alle Quotienten benachbarter Matrixelemente in Gl.(5.148) und Gl.(5.149).

Wir wollen nun zeigen, daß $-nR_2/mR_1$ tatsächlich positiv reell ist. Dazu wiederum verwenden wir Satz 3.3 und bilden die Lineartransformierte [vgl. Gl.(5.101)].

$$f(s) = \frac{1-Z(s)}{1+Z(s)} = \frac{1+\frac{n(s)}{m(s)}\frac{R_2}{R_1}}{1-\frac{n(s)}{m(s)}\frac{R_2}{R_1}} = \frac{1-\frac{N(s)R_2}{M(s)R_1}}{1+\frac{N(s)R_2}{M(s)R_1}} = -E(s).$$

(5.152)

Nun ist nach Satz 3.3 $Z(s) = -nR_2/mR_1$ positiv reell, wenn $f(s)$ in der abgeschlossenen rechten s-Halbebene polfrei und

$$|f(j\omega)| = |-E(j\omega)| \leq 1 \qquad (5.153)$$

ist.

Nach Gl.(5.102) trifft die zweite Bedingung [Gl.(5.153)] zu. Es trifft aber auch die erste Bedingung zu, nämlich daß $f(s)$ in der abgeschlossenen rechten s-Halbebene polfrei ist. Nach Erweiterung mit $m(s)\sqrt{R_1/R_2}$ ergibt sich nämlich

$$f(s) = \frac{n(s)\sqrt{\frac{R_2}{R_1}} + m(s)\sqrt{\frac{R_1}{R_2}}}{-n(s)\sqrt{\frac{R_2}{R_1}} + m(s)\sqrt{\frac{R_1}{R_2}}} = \frac{\ldots}{Q(s)} \quad . \qquad (5.154)$$

Im Nenner von $f(s)$ steht [vgl. Gl.(5.136)] das gegebene Polynom $Q(s)$, das nach Voraussetzung ein Hurwitzpolynom ist. Das Zählerpolynom von $f(s)$ kann keinen höheren Grad als das Nennerpolynom haben, weshalb auch bei $s = \infty$ kein Pol vorhanden ist.

Somit ist gezeigt, daß die Bedingungen von Satz 5.6 auch hinreichend sind.

Die Wirkungsfunktion H_u bzw. H_i nach Gl.(4.19) bzw. Gl.(4.20) ergibt sich aus der Betriebswirkungsfunktion H_B durch Multiplikation mit dem Faktor $\sqrt{R_2/R_1}$ bzw. $\sqrt{R_1/R_2}$. Für die Realisierbarkeit der Funktionen H_u und H_i gilt daher mit Ausnahme von Bedingung 5. der Satz 5.6. Statt der 5.Bedingung gilt $|H_u(j\omega)| \leq \sqrt{R_2/R_1}$ bzw. $|H_i(j\omega)| \leq \sqrt{R_1/R_2}$.

5.3.4 Bestimmung der [A]-Matrix aus der Betriebsübertragungsfunktion oder der charakteristischen Funktion beim LC-Vierpol

Das grundsätzliche Verfahren wurde im vorangegangenen Abschnitt mit dem Beweis der Hinlänglichkeit von Satz 5.6 bereits angegeben. In diesem Abschnitt soll nun die Bestimmung der Kettenmatrix [A] aus der gegebenen Betriebsübertragungsfunktion anhand von Beispielen praktisch demonstriert werden.

Gegeben sei die Funktion [vgl. Gl.(5.142)]

$$H_B(s) = \frac{P(s)}{Q(s)} = \frac{1}{8s^4 + 8s^3 + 8s^2 + 4s + 1} = \frac{1}{F(s)} = \frac{1}{G(s) + U(s)} \quad . \qquad (5.155)$$

Wie im Anschluß an Gl.(5.119) bereits gezeigt wurde, erfüllt diese Funktion die Bedingungen von Satz 5.6. Es muß sich also wenigstens eine realisierbare Matrix [A] finden lassen.

5.3 Realisierbarkeitsbedingungen passiver LC-Vierpole

Zunächst bestimmen wir eine charakteristische Funktion $K(s)$. Nach Gl.(5.96) ist

$$K(s)K(-s) = F(s)F(-s) - 1 = G^2(s) - U^2(s) - 1 = 64s^8 + 64s^4 + 1 + 128s^6 + 16s^4 + 16s^2$$
$$- 64s^4 - 1 - 64s^6 \quad\quad - 16s^2$$
$$= 64s^8 + 64s^6 + 16s^4 , \quad\quad (5.156)$$
$$K(s)K(-s) = 16s^4(4s^4 + 4s^2 + 1) .$$

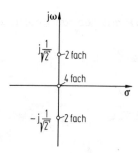

Abb.5.11. Bestimmung der Nullstellen von $K(s)$ für das Beispiel von Gl.(5.156).

Sämtliche Nullstellen von $K(s)K(-s)$ liegen auf der $j\omega$-Achse, und zwar bei $s = 0$ (vierfach) und bei $s = \pm j/\sqrt{2}$ (je zweifach), siehe Abb.5.11. Soll die Aufspaltung von Gl.(5.156) in $K(s)$ und $K(-s)$ reelle Koeffizienten für $K(s)$ liefern, dann gibt es hier nur eine Lösung, nämlich

$$K(s) = K(-s) = 8s^2(s^2 + \frac{1}{2}) = 8s^4 + 4s^2 = g(s) . \quad\quad (5.157)$$

$K(s) = g(s)$ ergibt sich hier als gerade Funktion. Mit $G(s) = 8s^4 + 8s^2 + 1$, $U(s) = 8s^3 + 4s$ und $P(s) = 1$ folgt nach Gl.(5.148) die Kettenmatrix zu

$$[A] = \begin{bmatrix} (16s^4 + 12s^2 + 1)\sqrt{\dfrac{R_1}{R_2}} & (8s^3 + 4s)\sqrt{R_1 R_2} \\ (8s^3 + 4s)\sqrt{R_1 R_2} & (4s^2 + 1)\sqrt{\dfrac{R_2}{R_1}} \end{bmatrix} . \quad\quad (5.158)$$

Beim nun folgenden zweiten Beispiel gibt es mehrere Lösungen für die charakteristische Funktion $K(s)$. Gegeben sei

$$H_B(s) = \frac{s(s^2 + 2)}{s^3 + 3s + \sqrt{2}\, s^2 + \sqrt{2}} = \frac{P(s)}{G(s) + U(s)} = \frac{1}{F(s)} . \quad\quad (5.159)$$

Wie man nachprüfen kann, erfüllt auch Gl.(5.159) die Bedingungen von Satz 5.6. Nach Gl.(5.96) ist

$$K(s)\,K(-s) = \frac{G^2(s) - U^2(s)}{-P^2(s)} - 1 = \frac{-s^6 - 4s^4 - 5s^2 + 2}{-s^2(s^2+2)^2} - 1 =$$

(5.160)

$$= \frac{-s^2 + 2}{-s^2(s^2+2)^2} = \frac{(\sqrt{2}+s)(\sqrt{2}-s)}{-s^2(s^2+2)^2}\,.$$

Die möglichen Lösungen für $K(s)$ mit reellen Koeffizienten sind

$$K_1(s) = \frac{s+\sqrt{2}}{s(s^2+2)} \quad;\quad K_2(s) = \frac{\sqrt{2}-s}{s(s^2+2)}\,;$$

$$K_3(s) = \frac{-s-\sqrt{2}}{s(s^2+2)} \quad;\quad K_4(s) = \frac{-\sqrt{2}+s}{s(s^2+2)}\,.$$

Entsprechend der vier Lösungen für $K(s)$ gibt es auch vier verschiedene Kettenmatrizen, die sich nun nach Gl.(5.149) berechnen, da $P(s)$ ungerade ist. Sie lauten für $R_2 = R_1 = 1$:

$$[A]_1 = \frac{1}{s(s^2+2)}\begin{bmatrix} s^3+4s & \sqrt{2}s^2+2\sqrt{2} \\ \sqrt{2}s^2 & s^3+2s \end{bmatrix}\,;\quad [A]_2 = \frac{1}{s(s^2+2)}\begin{bmatrix} s^3+2s & \sqrt{2}s^2+2\sqrt{2} \\ \sqrt{2}s^2 & s^3+4s \end{bmatrix}\,;$$

$$[A]_3 = \frac{1}{s(s^2+2)}\begin{bmatrix} s^3+2s & \sqrt{2}s^2 \\ \sqrt{2}s^2+2\sqrt{2} & s^3+4s \end{bmatrix}\,;\quad [A]_4 = \frac{1}{s(s^2+2)}\begin{bmatrix} s^3+4s & \sqrt{2}s^2 \\ \sqrt{2}s^2+2\sqrt{2} & s^3+2s \end{bmatrix}\,.$$

Die Betriebsübertragungsfunktion $F(s)$ und damit die Betriebsdämpfung $a_B(\omega)$ [vgl. Gl.(5.98)] und folglich nach Gl.(5.104) auch $|E(j\omega)|$ ist bei allen vier Vierpolen gleich. Für komplexe Werte von s sind nach Gl.(5.101) bei den vier Vierpolen die Reflexionsfaktoren $E(s)$ jedoch verschieden. Im obigen Beispiel ist (nach Umpolung der Ausgangsklemmen) $[A]_3$ dual zu $[A]_1$ und $[A]_4$ dual zu $[A]_2$ [vgl. Gl.(1.32)].

Ist für einen LC-Vierpol lediglich die Betriebsdämpfung $a_B(\omega)$ vorgeschrieben, so ist es nicht nötig, von der Betriebsübertragungsfunktion $H_B(s)$ auszugehen, die den sehr einschränkenden Bedingungen von Satz 5.6 genügen muß. Nach Gl.(5.99) ist bei LC-Vierpolen die Betriebsdämpfung $a_B(\omega)$ auch durch die charakteristische Funktion $K(s)$ festgelegt. An $K(s)$ sind keine anderen Bedingungen zu stellen als die, daß $K(s)$ eine rationale Funktion mit reellen Koeffizienten ist, denn durch entsprechendes Erweitern läßt sich deren Nennerpolynom $P(s)$ stets gerade oder ungerade machen.

5.3 Realisierbarkeitsbedingungen passiver LC-Vierpole

Dann heißt es mit Gl.(5.140)

$$F(s) \cdot F(-s) = \frac{\{G(s)+U(s)\}\{G(s)-U(s)\}}{\pm P^2(s)} =$$

$$= K(s) \cdot K(-s) + 1 = \frac{\{g(s)+u(s)\}\{g(s)-u(s)\}}{\pm P^2(s)} + 1 \;.$$

(5.161)

Das Pluszeichen vor $P(s)$ gilt bei geradem, das Minuszeichen bei ungeradem $P(s)$. Wegen der Eins auf der rechten Seite ist $F(j\omega)\,F(-j\omega) = |F(j\omega)|^2 \geq 1$ für alle ω. Daher sind Nullstellen von $F(s)$ auf der $j\omega$-Achse nicht möglich. Da die rechte Seite von Gl.(5.161) gerade ist, liegen alle Nullstellen von $F(s)$ quadrantsymmetrisch. Der Ausdruck $F(s)\cdot F(-s)$ muß sich also stets so zerlegen lassen, daß das Zählerpolynom ein Hurwitzpolynom ist. Wegen der Eins auf der rechten Seite kann der Grad des Zählerpolynoms von $F(s)$ niemals kleiner als der Grad des Nennerpolynoms sein. Damit kann also aus jeder rationalen Funktion mit reellen Koeffizienten eine Funktion $F(s) = 1/H_B(s)$ gewonnen werden, die den Bedingungen von Satz 5.6 genügt.

Als Beispiel sei nun vorgeschrieben die Funktion

$$K(s) = -s^3 = u(s) \;. \tag{5.162}$$

Mit Gl.(5.161) ergibt sich nun

$$F(s)\,F(-s) = 1 + K(s)\,K(-s) = 1 - s^6 \;. \tag{5.163}$$

Die Nullstellen von $F(s)\,F(-s)$ liegen, wie Abb.5.12 zeigt und wie später in Abschnitt 6.1 noch ausführlich erläutert werden wird, auf dem Einheitskreis der komplexen s-Ebene, und zwar ausgehend von $s = \pm 1$ in Abständen von 60°. Die Null-

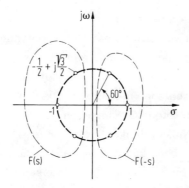

Abb.5.12. Bestimmung der Nullstellen von $F(s)$ für das Beispiel von Gl.(5.162).

stellen in der linken s-Halbebene sind nun der Funktion $F(s)$, die Nullstellen in der rechten s-Halbebene $F(-s)$ zuzuordnen. $F(s)$ ist damit eindeutig bestimmt und lautet

$$F(s) = (s+1)(s+0,5-j\frac{\sqrt{3}}{2})(s+0,5+j\frac{\sqrt{3}}{2}) =$$
$$= s^3 + 2s^2 + 2s + 1 = G(s) + U(s).$$
(5.164)

Da $P(s) = 1$ gerade ist, ergibt sich mit Gl.(5.148) die Kettenmatrix zu

$$[A] = \begin{bmatrix} (2s^2+1)\sqrt{\dfrac{R_1}{R_2}} & 2s\sqrt{R_1 R_2} \\ (2s^3+2s)\dfrac{1}{\sqrt{R_1 R_2}} & (2s^2+1)\sqrt{\dfrac{R_2}{R_1}} \end{bmatrix}.$$
(5.165)

Schreibt man $K(s)$ vor, dann ergibt sich stets eine und nur eine Lösung für die Kettenmatrix $[A]$. Ist $K(s)$ gerade, dann ist $u(s) \equiv 0$, falls $P(s)$ gerade ist, und $g(s) \equiv 0$, falls $P(s)$ ungerade ist.

5.4 Spezielle Realisierungsmethoden für vorgeschriebene Wirkungsfunktionen

Die Verwirklichung vorgeschriebener Wirkungsfunktionen kann dadurch erfolgen, daß man zunächst aus der Wirkungsfunktion eine Vierpolmatrix berechnet und anschließend aus der Vierpolmatrix die Schaltung des Vierpols gewinnt, die dann noch entsprechend beschaltet werden muß. Bei Wirkungsfunktionen unbeschalteter und einseitig beschalteter Vierpole, bei denen nur ein oder zwei Matrixelemente vorgeschrieben sind, ist ein direkter Weg ohne den Umweg über die Vierpolmatrix zweckmäßiger.

Bevor auf spezielle Synthesemethoden eingegangen wird, seien zuvor noch einige Eigenschaften der mit LC-Vierpolen realisierbaren Wirkungsfunktionen diskutiert. Nach Satz 5.3 bis 5.6 sind bei allen passiven LC-Vierpolen die Wirkungsnullstellen den gleichen Einschränkungen unterworfen. Da das Zählerpolynom $P(s)$ der Wirkungsfunktion $H(s) = P(s)/Q(s)$ stets entweder nur gerade oder ungerade sein darf, müssen alle Wirkungsnullstellen quadrantsymmetrisch oder auf der $j\omega$-Achse liegen. Hinsichtlich der Pole gibt es Unterschiede, die von der Beschaltungsart abhängen. Bei einseitig und zweiseitig beschalteten LC-Vierpolen, bei denen sich keine unterschiedlichen Möglichkeiten für die Pol-Nullstellenkonfiguration ergeben, können sich Pole und Nullstellen in der linken s-Halbebene kürzen, so daß die Quadrantsymmetrie nicht immer offensichtlich ist. Das gilt insbesondere bei Allpässen (Abb.5.13). Wegen der Quadrantsymmetrie können mit LC-Vierpolen nur solche Mindestphasensysteme realisiert werden, deren Wirkungsnullstellen alle auf der $j\omega$-Achse liegen.

5.4 Spezielle Realisierungsmethoden für vorgeschriebene Wirkungsfunktionen

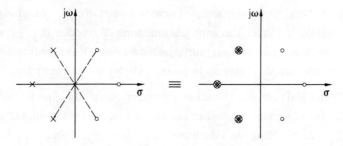

Abb.5.13. Sonderfall einer Pol-Nullstellenkonfiguration für H(s), bei dem sich die Nullstellen der linken s-Halbebene mit dort gelegenen Polen wegkürzen.

5.4.1 Synthese von Wirkungsfunktionen unbeschalteter und einseitig beschalteter LC-Vierpole durch Abzweigschaltungen

Nach Satz 4.4 sind alle Abzweigschaltungen der Struktur von Abb.4.8 Mindestphasenvierpole. In diesem Abschnitt soll gezeigt werden, wie man umgekehrt jedes mit einem unbeschalteten oder einseitig beschalteten LC-Vierpol verwirklichbare Mindestphasennetzwerk durch wenigstens eine unbeschaltete oder einseitig beschaltete LC-Abzweigschaltung realisieren kann. Wir beginnen gleich mit dem einseitig beschalteten Fall, da dieser den unbeschalteten Fall mit einschließt, und zwar mit der speziellen Funktion, vgl. Gl.(4.14)

$$H_{Eu}(s) = \frac{U_2}{U_0} = \frac{Z_{21}(s)}{Z_{11}(s)+R_1} . \qquad (5.166)$$

Zur Verwirklichung dieser Wirkungsfunktion müssen die Funktionen $Z_{11}(s)$ und $Z_{12}(s) = Z_{21}(s)$ gleichzeitig realisiert werden. $Z_{22}(s)$ darf im Rahmen von Satz 5.1 beliebig sein. Wie Abb.5.14 zeigt, ist $Z_{11}(s)$ nicht nur die Leerlaufeingangsimpedanz des Vierpols, sondern wegen des vorausgesetzten ausgangsseitigen Leerlaufs ($R_2 = \infty$) auch zugleich die im Betrieb auftretende Vierpoleingangsimpedanz. Das würde nicht zutreffen, wenn R_2 endlich wäre.

Bei den anderen Wirkungsfunktionen $H_{Ei}(s)$, $H_{Au}(s)$ und $H_{Ai}(s)$ des einseitig beschalteten LC-Vierpols ist die Situation gleichartig. Wie die Gln.(4.15, 4.16 und 4.17) zeigen, müssen jedesmal zwei Matrixelemente gleichzeitig realisiert werden,

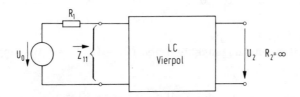

Abb.5.14. Zur Realisierung von $H_{Eu}(s) = U_2(s)/U_0(s)$.

und zwar die Übertragungsimpedanz Z_{12} (bzw. -admittanz Y_{12}) und eine Leerlaufimpedanz Z_{11} oder Z_{22} (bzw. Kurzschlußadmittanz Y_{11} oder Y_{22}), wobei - und das ist wichtig - die betreffende Leerlaufimpedanz (bzw. Kurzschlußadmittanz) zugleich die im Betriebsfall auftretende Impedanz (bzw. Admittanz) ist.

Beim ungeschalteten Fall ist die Situation entweder ebenfalls gleich, nämlich bei Gl.(4.10) und Gl.(4.13), oder einfacher, nämlich bei Gl.(4.11) und Gl.(4.12), wo nur Z_{12} oder Y_{12} zu realisieren ist, wobei Z_{11} und Z_{22} bzw. Y_{11} und Y_{22} im Rahmen von Satz 5.1 bzw. Gl.(5.33) beliebig sein dürfen. In diesem Fall kann man eine passende Funktion Z_{11} oder Y_{11} frei wählen, vgl. den Text bei Gl.(5.109).

Da nach Satz 5.1 bzw. Gl.(5.33) bei einer praktisch realisierten LC-Schaltung Z_{12} (bzw. Y_{12}) keine anderen Pole haben kann als Z_{11} und Z_{22} (bzw. Y_{11} und Y_{22}), ist beim Realisierungsprozeß von Z_{11} oder Z_{22} (bzw. Y_{11} oder Y_{22}) lediglich darauf zu achten, daß die Nullstellen von Z_{12} (bzw. Y_{12}), d.h. die Wirkungsnullstellen verwirklicht werden. Die Wirkungsfunktion der so gewonnen Schaltung kann sich von der vorgegebenen Wirkungsfunktion nur noch durch einen konstanten Faktor unterscheiden, da die Nullstellen ein Polynom bis auf einen konstanten Faktor festlegen. Der konstante Faktor kann beim unbeschalteten oder einseitig beschalteten Vierpol erforderlichenfalls durch einen nachgeschalteten idealen Übertrager auf den vorgeschriebenen Wert gebracht werden.

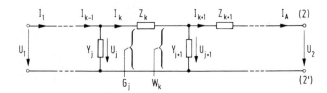

Abb.5.15. Zur Erzeugung von Wirkungsnullstellen mit einer Abzweigschaltung.

Wir kommen nun zur speziellen Realisierung durch eine Abzweigschaltung. Abb.5.15 zeigt einen Ausschnitt und die Klemmen einer Abzweigschaltung. Sie hat eine Wirkungsnullstelle dort, wo

1. bei nicht kurzgeschlossenen Ausgangsklemmen (2) - (2') die Ausgangsspannung $U_2 = 0$ ist bei $U_1 \neq 0$ oder $I_1 \neq 0$

oder

2. bei nicht leerlaufenden Ausgangsklemmen (2) - (2') der Ausgangsstrom $I_A = 0$ ist bei $U_1 \neq 0$ oder $I_1 \neq 0$.

Wie die Schaltung zeigt, ist das der Fall, wenn entweder

$$Z_k(s) = \infty \quad \text{und} \quad W_k(s) \neq \infty \qquad (5.167)$$

5.4 Spezielle Realisierungsmethoden für vorgeschriebene Wirkungsfunktionen

ist, oder wenn

$$Y_j(s) = \infty \quad \text{und} \quad G_j(s) \neq \infty \qquad (5.168)$$

ist für ein beliebiges k oder j. Im ersten Fall der unendlichen Längsimpedanz Z_k wird der rechts von Z_k liegende Teil der Abzweigschaltung durch einen Leerlauf vom links liegenden Teil abgetrennt. Im zweiten Fall der unendlichen Queradmittanz Y_j wird der rechts von Y_j liegende Teil der Abzweigschaltung durch einen Kurzschluß vom links liegenden Teil abgeschnürt.

Wichtig ist die Berechnung der Zusatzbedingungen $W_k(s) \neq \infty$ und $G_j(s) \neq \infty$. Ist nämlich bei $Z_k(s) = \infty$ zugleich auch $W_k(s) = \infty$, dann ist

$$\frac{U_{j+1}}{U_j} = \frac{W_k}{W_k + Z_k} \neq 0 , \qquad (5.169)$$

und $Z_k(s) = \infty$ produziert dann keine Wirkungsnullstelle. Um dies zu beweisen, setzen wir allgemein

$$W_k(s) = \frac{k_0}{s} + \sum_{\nu=1}^{n} \frac{2k_\nu s}{s^2 + \omega_\nu^2} + k_\infty s , \qquad (5.170)$$

denn $W_k(s)$ muß ja eine Reaktanzzweipolfunktion sein. Ist also bei $Z_k(s) = \infty$ auch $W_k(s) = \infty$, dann haben $W_k(s)$ und $W_k(s) + Z_k(s)$ dieselben Pole, also

$$W_k(s) + Z_k(s) = \frac{k_0'}{s} \sum_{\nu=1}^{n} \frac{2k_\nu' s}{s^2 + \omega_\nu^2} + k_\infty' s , \qquad (5.171)$$

womit gilt:

$$\frac{U_{j+1}}{U_j}(0) = \lim_{s \to 0} \frac{W_k(s)}{W_k(s) + Z_k(s)} = \frac{k_0}{k_0'} \neq 0 , \qquad (5.172)$$

$$\frac{U_{j+1}}{U_j}(j\omega_\nu) = \lim_{s^2 \to -\omega_\nu^2} \frac{W_k(s)}{W_k(s) + Z_k(s)} = \frac{k_\nu}{k_\nu'} \neq 0 , \qquad (5.173)$$

$$\frac{U_{j+1}}{U_j}(\infty) = \lim_{s \to \infty} \frac{W_k(s)}{W_k(s) + Z_k(s)} = \frac{k_\infty}{k_\infty'} \neq 0 . \qquad (5.174)$$

Spaltet man von einer Reaktanzzweipolfunktion $F(s) = Z_k(s) + W_k(s)$ einen Teil $Z_k(s)$ so ab, daß die Restfunktion $W_k(s)$ dieselben Pole wie die ursprüngliche Funktion $F(s) = Z_k(s) + W_k(s)$ hat, dann spricht man von einem T e i l a b b a u. Im Gegensatz dazu bezeichnet man eine Abspaltung als V o l l a b b a u eines oder mehrerer Pole, wenn die

Restfunktion $W_k(s)$ einen oder mehrere Pole weniger besitzt als die ursprüngliche Funktion $F(s)$. Beim Vollabbau ist bei der Polfrequenz von Z_k

$$\frac{U_{j+1}}{U_j} = \frac{W_k}{W_k + Z_k} = \frac{\text{endlich}}{\text{unendlich}} = 0 . \qquad (5.175)$$

Ist bei $Y_j(s) = \infty$ auch $G_j(s) = \infty$, dann gilt

$$\frac{I_k}{I_{k-1}} = \frac{G_j}{G_j + Y_j} \neq 0 , \qquad (5.176)$$

was in entsprechender Weise wie bei Gl.(5.169) gezeigt werden kann. Eine Wirkungsnullstelle wird also bei der Abzweigschaltung immer nur dann erzeugt, wenn eine abgespaltene Längsimpedanz Z_k oder eine abgespaltene Queradmittanz Y_j jeweils ein Vollabbau ist. Handelt es sich aber um einen Teilabbau, dann wird keine Wirkungsnullstelle erzeugt.

Das Syntheseverfahren für LC-Abzweigschaltungen bei vorgegebenen Wirkungsnullstellen und vorgegebener Eingangsimpedanz (Z_{11} oder Z_{22} bzw. Y_{11} oder Y_{22}) besteht nun in der Entwicklung der Eingangsimpedanz in eine Abzweigschaltung derart, daß von der Eingangsimpedanz oder der dazu reziproken Funktion Pole nur bei solchen Frequenzen voll abgebaut werden, bei denen zugleich auch Wirkungsnullstellen liegen. Da beide nur auf der $j\omega$-Achse vorkommen, ist das stets möglich. Falls kein Pol und keine Nullstelle der Eingangsimpedanz mit einer Wirkungsnullstelle zusammenfällt, kann man durch Teilabbau eines Pols der Eingangsimpedanz stets eine Nullstelle der Restfunktion dort erzeugen, wo eine Wirkungsnullstelle vorhanden ist. Die reziproke Restfunktion hat dann einen Pol an der betreffenden Stelle, der anschließend voll abgebaut werden kann. Weitere Einzelheiten des Verfahrens lassen sich am besten anhand eines Beispiels erläutern.

Beispiel:

Gegeben sei [13]

$$H_{Eu} = \frac{U_2}{U_0} = \frac{\frac{Z_{12}}{R_1}}{\frac{Z_{11}}{R_1} + 1} = \frac{(s^2+1)(s^2+4)}{s^4+s^3+34s^2+16s+225} = \frac{g_1(s)}{g_2(s)+u_2(s)} . \qquad (5.177)$$

Für $R_1 = 1$ gewinnen wir hieraus nach der Methode von Abschnitt 5.3.2 Gl.(5.113)

$$Z_{12} = \frac{g_1(s)}{u_2(s)} = \frac{(s^2+1)(s^2+4)}{s(s^2+16)} , \qquad (5.178)$$

$$Z_{11} = \frac{g_2(s)}{u_2(s)} = \frac{s^4+34s^2+225}{s(s^2+16)} = \frac{(s^2+9)(s^2+25)}{s(s^2+16)} . \qquad (5.179)$$

5.4 Spezielle Realisierungsmethoden für vorgeschriebene Wirkungsfunktionen 193

Die Wirkungsnullstellen liegen alle auf der $j\omega$-Achse, und zwar bei $s = \pm j$ und bei $s = \pm j2$. Sie sind in Abb.5.16 auf der obersten Linie, welche die positive ω-Achse darstellt, eingetragen. Auf der zweiten Zeile sind die Pol-Nullstellenkonfiguration und der qualitative Verlauf von $Z_{11}(j\omega)$ eingezeichnet.

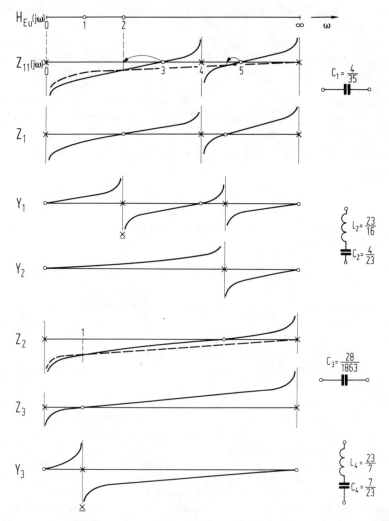

Abb.5.16. Vierpolsynthese für das Beispiel von Gl.(5.177) durch eine Abzweigschaltung. Die Nullstellenverschiebungen erfolgen durch Teilabbauten, die Realisierung der Wirkungsnullstellen durch Vollabbauten von Polen.

Nach der obigen Synthesevorschrift dürfen bei der Entwicklung von $Z_{11}(s)$ Pol-Vollabbauten nur bei $s = \pm j$ und bei $s = \pm j2$ vorgenommen werden. Da $Z_{11}(s)$ aber an diesen Stellen weder Pole noch Nullstellen hat, erzeugen wir nun mit Hilfe eines Teilabbaus zunächst bei $s = \pm j2$ eine Nullstelle. Dazu berechnen wir den Wert, den Z_{11} an der Stelle $s = +j2$ hat. Es ergibt sich aus Gl.(5.179)

$$Z_{11}(j2) = \frac{5 \cdot 21}{j2 \cdot 12} = \frac{35}{j8} \; .$$

Wir nehmen nun einen Teilabbau des Pols von Z_{11} bei $s = 0$ vor, indem wir eine Längskapazität C_1 abspalten, die gerade so groß ist, daß

$$\left.\frac{1}{sC_1}\right|_{s=j2} = Z_{11}(s)\bigg|_{s=j2} = \frac{35}{j8} \;, \quad \text{also} \quad C_1 = \frac{4}{35}$$

ist. Wie die gestrichelte Kurve für $1/C_1(j\omega)$ in der zweiten Zeile von Abb. 5.16 zeigt, muß nach Abspalten dieser Kapazität C_1 die verbleibende Restfunktion, die wir Z_1 nennen wollen, bei $s = j2$ die gewünschte Nullstelle haben. Wie wir sehen, werden durch Teilabbauten lediglich die Nullstellen verschoben. Die Pole behalten ihre Lage bei.

$$Z_1(s) = Z_{11}(s) - \frac{1}{sC_1} = \frac{(s^2+9)(s^2+25)}{s(s^2+16)} - \frac{35}{4s} = \ldots = \frac{(s^2+4)(4s^2+85)}{4s(s^2+16)} = \frac{1}{Y_1(s)} \;.$$

Die reziproke Restfunktion $Y_1(s)$ hat jetzt bei $s = \pm j2$ einen Pol. Durch Vollabbau dieses Pols erhält die Schaltung an dieser Stelle eine Wirkungsnullstelle. In der obersten Zeile von Abb. 5.16 kann dann diese Nullstelle bei $s = j2$ gelöscht werden.

Das Residuum des Pols von Y_1 bei $s = \pm j2$ berechnet sich mit Gl. (2.51) zu

$$k_1 = \frac{1}{2} \lim_{s^2 \to -4} Y_1(s) \frac{s^2+4}{s} = \ldots = \frac{8}{23} \;.$$

Der Vollabbau des Pols von Y_1 bei $s = \pm j2$ ergibt die neue Restfunktion

$$Y_2(s) = Y_1(s) - \frac{2k_1 s}{s^2+4} = \frac{4s(s^2+16)}{(s^2+4)(4s^2+85)} - \frac{\frac{16}{23}s}{s^2+4} = \ldots = \frac{28s}{23(4s^2+85)} = \frac{1}{Z_2(s)} \;.$$

Der abgespaltene Pol entspricht einem Serienschwingkreis mit der Induktivität L_2 und der Kapazität C_2. Diese berechnen sich gemäß

$$\frac{\frac{16}{23}s}{s^2+4} = \frac{1}{\frac{23}{16}s + \frac{23}{4s}} = \frac{1}{L_2 s + \frac{1}{C_2 s}} \quad \text{zu} \quad L_2 = \frac{23}{16}, \quad C_2 = \frac{4}{23} \;.$$

Das nächste Ziel ist der Vollabbau eines Pols an der noch nicht gelöschten Wirkungsnullstelle bei $s = \pm j$. Da $Y_2(s)$ bei $s = \pm j$ weder einen Pol noch eine Nullstelle hat, müssen wir wieder durch Teilabbau eines Pols zunächst eine Nullstelle bei $s = +j$ erzeugen. Durch Teilabbau des Pols von $Y_2(s)$ ist das aber offenbar nicht möglich. Daher gehen wir zur reziproken Restfunktion $Z_2(s)$ über, die einen Pol bei $s = 0$ und bei $s = \infty$ hat. Die Frage ist nun die, welchen Pol wir teilabbauen müssen, um die Nullstelle nach $s = +j$ zu verschieben. Wie man sich anhand der Graphik in Abb. 5.16 überlegen kann (vgl. hierzu Abb. 2.12), wandern durch Teilabbau, oder besser durch Verkleinern eines Polresiduums, die Nullstellen stets in Richtung auf den abgebauten Pol. Wir müssen also hier wieder den Pol bei $s = 0$ teilabbauen, und zwar durch Abspalten einer Kapazität C_3, welche für $s = j\omega$ dem gestrichelt gezeichneten Verlauf entspricht, also gerade so groß ist, daß

$$\left.\frac{1}{sC_3}\right|_{s=j} = Z_2(s)\bigg|_{s=j} = \frac{23 \cdot 81}{j\,28} \;, \quad \text{also} \quad C_3 = \frac{28}{1863}$$

ist. Durch Abspalten der Kapazität C_3 ergibt sich

$$Z_3(s) = Z_2(s) - \frac{1}{sC_3} = \frac{23(4s^2+85)}{28s} - \frac{1863}{28s} = \ldots = \frac{23(s^2+1)}{7s} = \frac{1}{Y_3(s)} \;.$$

Die reziproke Restfunktion $Y_3(s)$ hat also den gewünschten Pol bei $s = \pm j$. Sein Residuum beträgt $k_3 = 7/46$. Dieser Pol vollabgebaut entspricht wieder einem Serienschwingkreis mit der Induktivität L_4 und der Kapazität C_4. Diese berechnen sich gemäß

5.4 Spezielle Realisierungsmethoden für vorgeschriebene Wirkungsfunktionen

$$\frac{\frac{7}{23}s}{s^2+1} = \frac{1}{\frac{23}{7}s + \frac{23}{7s}} = \frac{1}{L_4 s + \frac{1}{C_4 s}} \quad \text{zu} \quad L_4 = \frac{23}{7}, \quad C_4 = \frac{7}{23}.$$

Aus sämtlichen abgespaltenen Elementen ergibt sich die vollständige Schaltung von Abb. 5.17. Da es sich bei der entwickelten Reaktanzzweipolfunktion um eine Impedanz bei ausgangsseitigem Leerlauf handelt, muß das letzte abgespaltene Polglied durch einen Querzweig (hier L_4, C_4) realisiert werden. Die Ausgangsklemmen sind parallel zum letzten Polglied einzuzeichnen. Die Kontrollrechnung zeigt, daß die Schaltung die vorgeschriebene Wirkungsfunktion Gl.(5.177) exakt realisiert. Ein nachzuschaltender idealer Übertrager erübrigt sich folglich.

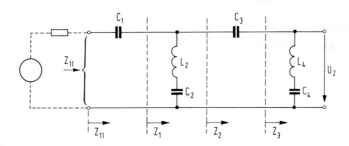

Abb. 5.17. Aus Abb. 5.16 sich ergebende vollständige Schaltung.

Wäre die entwickelte Reaktanzzweipolfunktion eine Impedanz bei ausgangsseitigem Kurzschluß gewesen, so hätte das letzte abgespaltene Polglied im Längszweig liegen müssen (Abb. 5.18a). Entsprechendes gilt, wenn die Entwicklung von Z_{22} oder Y_{22} ausgeht. Dann baut sich die Schaltung von rechts nach links, also vom Ausgang zum Eingang hin auf. Bei der Entwicklung von Z_{22} z.B. ist dann das letzte abgespaltene Polglied ein Querzweig am Eingang, (Abb. 5.18b). Da die Anzahl der Wirkungsnullstellen stets gleich der Anzahl der Pole oder gleich der Anzahl der Nullstellen der Eingangsimpedanz ist, wenn man Nullstellen und Pole, einschließlich derjenigen bei $s = \infty$, entsprechend ihrer Vielfachheit zählt, ist das Verfahren stets genau dann beendet, wenn jede Wirkungsnullstelle durch einen Vollabbau realisiert ist.

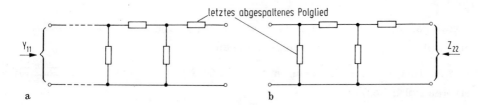

Abb. 5.18. Lage des letzten abgespaltenen Polglieds a) im Längszweig bei Entwicklung einer Kurzschlußimpedanz; b) im Querzweig bei Entwicklung einer Leerlaufimpedanz.

Wie die Beschreibung des Syntheseverfahrens gezeigt hat, gibt es im allgemeinen mehrere Lösungsmöglichkeiten. Man hätte z.B. die Nullstelle von Z_{11} statt nach $s = +j2$ auch nach $s = +j$ verschieben können und von $Y_1(s)$ einen Pol bei $s = \pm j$ abspalten können. Im allgemeinen gibt es um so mehr Lösungsmöglichkeiten, je höher die Ordnungen der gegebenen Funktionen Z_{11} und Z_{12} sind. In den Sonderfällen, daß alle Wirkungsnullstellen bei $s = 0$ oder/und $s = \infty$ liegen, gibt es nur eine Lösung.

5.4.2 Synthese von Wirkungsfunktionen $H_B(s)$ zweiseitig beschalteter LC-Vierpole durch Abzweigschaltungen

In diesem Abschnitt soll gezeigt werden, wie und wann man ein mit einem zweiseitig beschalteten LC-Vierpol verwirklichbares Mindestphasennetzwerk durch eine zweiseitig beschaltete LC-Abzweigschaltung realisieren kann.

Die Wirkungsfunktion des zweiseitig beschalteten Vierpols hängt von allen Elementen der Vierpolmatrix ab. Um die Problematik zu erkennen, betrachten wir den Ausdruck - vgl. Gl.(4.21) -

$$\frac{H_B(s)}{\sqrt{\frac{R_1}{R_2}}} = \frac{U_2}{\frac{1}{2}U_0} = \frac{2 Z_{12}(s)}{\sqrt{\frac{R_1}{R_2}}\left\{\frac{\Delta Z}{\sqrt{R_1 R_2}} + Z_{11}\sqrt{\frac{R_2}{R_1}} + Z_{22}\sqrt{\frac{R_1}{R_2}} + \sqrt{R_1 R_2}\right\}} \quad . \quad (5.180)$$

Bei ausgangsseitigem Leerlauf $(R_2 = \infty)$ sind die Wirkungsnullstellen von Gl.(5.180) die Nullstellen von Z_{12} und die nicht in Z_{12} enthaltenen Pole von Z_{11}, vgl. Gl.(4.14) und Gl.(5.166). Bei ausgangsseitiger Belastung (endliches R_2) kommen an Wirkungsnullstellen noch die nicht in Z_{11} enthaltenen Pole von Z_{22} und ΔZ hinzu. Solche zusätzlichen Pole treten aber nicht auf, wenn Z_{22} keine privaten Pole besitzt, und wenn alle Pole der [Z]-Matrix kompakt liegen, weil dann ΔZ nur einfache Pole hat, die überdies bereits in Z_{11} enthalten sind, vgl. Abschnitt 5.1.2. Wenn man umgekehrt erreicht, daß bei ausgangsseitiger Belastung gegenüber dem Leerlauf keine zusätzlichen Wirkungsnullstellen auftreten, dann kann Z_{22} keinen privaten Pol haben, und die Pole der [Z]-Matrix müssen kompakt liegen.

Bei Abzweigschaltungen läßt sich eine von der Belastung R_2 unabhängige Lage der Wirkungsnullstellen folgendermaßen erreichen:

1. Die Schaltung endet am Ausgang mit einem Querglied. Dadurch kann Z_{22} keinen privaten Pol haben.

2. Bei der Entwicklung von Z_{11} werden Vollabbauten u n d Teilabbauten nur bei solchen Frequenzen vorgenommen, bei denen Wirkungsnullstellen liegen. Durch die ausgangsseitige Belastung R_2 werden nämlich die für $R_2 = \infty$ berechneten Restfunktionen $W_k(s)$ und $G_j(s)$ in die Betriebsrestfunktionen $W_k'(s)$ und $G_j'(s)$ abgeändert siehe Abb.5.19. Die Teilabbauten Z_k (bzw. Y_j) bei der Frequenz ω_ν verursachen deshalb im Betriebsfall $R_2 \neq \infty$ nur dann keine Wirkungsnullstellen bei ω_ν, wenn $W_k'(j\omega_\nu) = \infty$ [bzw. $G_j'(j\omega_\nu) = \infty$] ist. Es ist aber nur dann $W_k(j\omega_\nu) = W_k'(j\omega_\nu) = \infty$ [bzw. $G_j(j\omega_\nu) = G_j'(j\omega_\nu) = \infty$], wenn dem Teilabbau bei ω_ν irgendwann im Laufe

5.4 Spezielle Realisierungsmethoden für vorgeschriebene Wirkungsfunktionen

der weiteren Entwicklung ein Vollabbau bei derselben Frequenz ω_ν folgt. Dann nämlich ist bei der Frequenz ω_ν der Abschlußwiderstand R_2 vom ersten Teilabbau bei ω_ν isoliert und die Betriebsrestfunktion W_k' (bzw. G_j') hat an der Stelle ω_ν einen Pol.

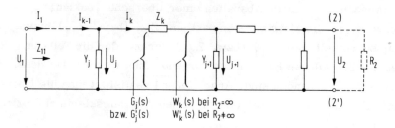

Abb.5.19. Einfluß der ausgangsseitigen Beschaltung auf die Wirkung eines Teilabbaus.

Diese Überlegungen zeigen, daß man unter der Voraussetzung, daß keine Vierpolimpedanz von höherer Ordnung ist als Z_{11}, bei der Synthese so vorgehen kann, daß man zunächst durch Abspalten von Überschußreaktanzen alle Pole der [Z]-Matrix kompakt macht. Anschließend wird dann Z_{11} unter gleichzeitiger Verwirklichung der Wirkungsnullstellen realisiert, wobei auch Teilabbauten nur bei den denjenigen Frequenzen vorgenommen werden, bei denen Wirkungsnullstellen vorhanden sind.

Ist keine Vierpolimpedanz von höherer Ordnung als Z_{22}, dann ergeben sich ähnliche Überlegungen, wenn man von $H_B(s)/\sqrt{R_2/R_1} = 2I_A/I_0$ ausgeht und $R_1 \to \infty$ gehen läßt. Entsprechendes ergibt sich für den Fall, daß Y_{11} oder Y_{22} von höchster Ordnung ist, wenn man statt Gl.(5.180) die Beziehung - vgl. Gl.(4.21) -

$$H_B(s) = \frac{-2Y_{21}}{\Delta Y \sqrt{R_1 R_2} + Y_{11}\sqrt{\frac{R_1}{R_2}} + Y_{22}\sqrt{\frac{R_2}{R_1}} + \frac{1}{\sqrt{R_1 R_2}}} \tag{5.181}$$

zugrundelegt und R_2 oder $R_1 \to 0$ gehen läßt.

Bei der Verwirklichung von Wirkungsfunktionen zweiseitig beschalteter LC-Vierpole berechnet man zweckmäßigerweise zunächst die Vierpolkettenmatrix [A]. Das kann mit der Methode von Abschnitt 5.3.4 geschehen. Die [A]-Matrix werde als Z-kompakt bezeichnet, wenn alle Pole der zugehörigen [Z]-Matrix kompakt sind, und Y-kompakt, wenn alle Pole der zugehörigen [Y]-Matrix kompakt sind. Die Synthese der Wirkungsfunktion (die zugleich eine Synthese der [A]-Matrix bedeutet) durch eine Abzweigschaltung beschreibt dann der folgende

Satz 5.7

Erfüllt die [A]-Matrix die Bedingungen von Satz 5.2, liegen ferner alle Wirkungsnullstellen auf der $j\omega$-Achse einschließlich $s = \infty$, und hat der Quotient höchster Ordnung aus zwei benachbarten Matrixelementen wenigstens einen Pol mit einer Wirkungsnullstelle gemeinsam, dann findet man eine realisierende Abzweigschaltung wie folgt:

a) Ist der Quotient höchster Ordnung die Leerlaufimpedanz Z_{11} (bzw. Z_{22}), dann macht man durch Abspalten einer Überschußreaktanz $Z_{ü}$ von Z_{22} (bzw. Z_{11}) die Matrix Z-kompakt und Z_{22} (bzw. Z_{11}) privatpolfrei. Darauf entwickelt man Z_{11} (bzw. Z_{22}) derart, daß die Teil- und Vollabbauten nur bei solchen Frequenzen vorgenommen werden, bei denen Wirkungsnullstellen vorhanden sind. Anschließend realisiert man die Überschußreaktanz $Z_{ü}$ und schaltet sie in Serie zu den Ausgangsklemmen (bzw. Eingangsklemmen).

b) Ist der Quotient höchster Ordnung die Kurzschlußadmittanz Y_{11} (bzw. Y_{22}), dann macht man durch Abspalten einer Überschußreaktanz $Y_{ü}$ von Y_{22} (bzw. Y_{11}) die Matrix Y-kompakt und Y_{22} (bzw. Y_{11}) privatpolfrei. Darauf entwickelt man Y_{11} (bzw. Y_{22}) derart, daß Teil- und Vollabbauten nur bei solchen Frequenzen vorgenommen werden, bei denen Wirkungsnullstellen vorhanden sind. Anschließend realisiert man die Überschußreaktanz $Y_{ü}$ und schaltet sie zu den Ausgangsklemmen (bzw. Eingangsklemmen) parallel.

Gegen Ende dieses Kapitels wird gezeigt, daß die Wirkungsnullstellen und die Leerlauf- oder Kurzschlußimpedanz höchster Ordnung die betreffende LC-Vierpolmatrix mit kompakten Polen bis auf einen idealen Übertrager vollkommen festlegen. Zuvor sei jedoch die praktische Durchführung des Syntheseverfahrens erläutert an folgenden Beispielen:

1. Gegeben ist die Matrix

$$[A] = \frac{1}{s^2(s^2+1)} \begin{bmatrix} (s^2+2)(s^2+4) & s(s^2+3) \\ 19s(s^2+\frac{40}{19}) & s^2(s^2+15) \end{bmatrix}. \quad (5.182)$$

Aus der Beziehung Gl.(4.21)

$$H_B(s) = \frac{2}{A_{11}\sqrt{\frac{R_2}{R_1}} + \frac{A_{12}}{\sqrt{R_1 R_2}} + A_{21}\sqrt{R_1 R_2} + A_{22}\sqrt{\frac{R_1}{R_2}}}$$

ist ersichtlich, daß für endliche und von Null verschiedene Werte von R_1 und R_2 die Wirkungsnullstellen bei $s = 0$ (doppelt) und bei $s^2 = -1$ liegen, also auf der $j\omega$-Achse. Sie sind in Abb.5.20 in der obersten Zeile eingetragen.

5.4 Spezielle Realisierungsmethoden für vorgeschriebene Wirkungsfunktionen

Die Quotienten $A_{11}/A_{12} = Y_{22}$ und $A_{11}/A_{21} = Z_{11}$ haben die gleiche Ordnung. Die Quotienten A_{22}/A_{12} und A_{22}/A_{21} sind von geringerer Ordnung, da sich in diesen s wegkürzt. Bildet man die Partialbruchentwicklungen der Elemente der zugehörigen [Z]- und [Y]-Matrix, dann stellt man fest, daß in beiden Fällen alle Pole kompakt

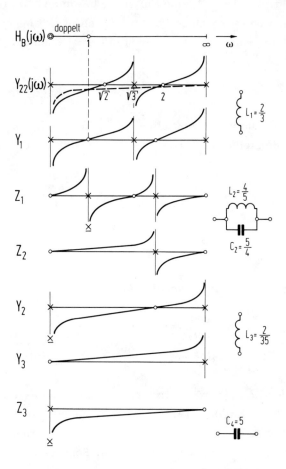

Abb.5.20. Vierpolsynthese für das Beispiel von Gl.(5.182). Sowohl die Voll- als auch die Teilabbauten dürften jetzt nur bei "gedeckten" Polen vorgenommen werden, das ist hier bei $s = 0$ und bei $s = \pm j$.

sind und weder Y_{11} noch Z_{22} einen privaten Pol haben. Man kann daher sowohl Y_{22} als auch Z_{11} entwickeln. Wir entscheiden uns hier der ganzen Zahlen und der bequemeren Rechnung wegen für

$$Y_{22} = \frac{A_{11}}{A_{12}} = \frac{(s^2+2)(s^2+4)}{s(s^2+3)} \quad . \tag{5.183}$$

Die Pole und Nullstellen von $Y_{22}(s)$ sowie der qualitative Verlauf von $Y_{22}(j\omega)$ sind in der zweiten Zeile von Abb.5.20 eingetragen. Die Synthesevorschrift besagt jetzt, daß Pole von $Y_{22}(s)$ und deren Restfunktionen nur bei denjenigen Frequenzen abgebaut werden dürfen, bei denen Wirkungsnullstellen vorhanden sind, also bei $s = 0$ und bei $s = \pm j$. Das gilt nicht nur für Voll-, sondern auch für Teilabbauten. Es ist im vorliegenden Fall zweckmäßig, einen Teilabbau bei $s = 0$ so vorzunehmen, daß die Restfunktion bei $s = j$, d.h. bei $\omega = 1$, eine Nullstelle bekommt. Die reziproke Restfunktion hat dann nämlich bei $s = j$ einen Pol, der abgebaut werden kann. Wir berechnen also zunächst den Wert von $Y_{22}(s)$ an der Stelle $s = j$ nach Gl.(5.183). Es ergibt sich

$$Y_{22}(j) = \ldots = \frac{3}{j2}.$$

Der Teilabbau besteht nun in der Abspaltung einer Induktivität L_1, deren Scheinleitwert bei $s = j$ gerade gleich $Y_{22}(j)$ ist, vgl. die gestrichelte Kurve in der zweiten Zeile von Abb.5.20

$$\left.\frac{1}{sL_1}\right|_{s=j} = \frac{1}{jL_1} \stackrel{!}{=} Y_{22}(j) = \frac{3}{j2}. \tag{5.184}$$

Aus Gl.(5.184) folgt $L_1 = 2/3$.

Die Abspaltung der Induktivität L_1 von der Admittanz Y_{22} ergibt die Restfunktion

$$Y_1 = Y_{22} - \frac{1}{sL_1} = \frac{(s^2+2)(s^2+4)}{s(s^2+3)} - \frac{3}{2s} = \ldots = \frac{(2s^2+7)(s^2+1)}{2s(s^2+3)} = \frac{1}{Z_1}.$$

Wie Abb.5.20 verdeutlicht, werden durch einen Teilabbau die Nullstellenlagen verschoben, während die Polstellenlagen unverändert bleiben. In unserem Beispiel wird die Nullstelle bei $\omega = \sqrt{2}$ an die gewünschte Stelle $\omega = 1$ gebracht. Die reziproke Restfunktion Z_1 hat bei $s = j$ einen abbaufähigen Pol. Sein Residuum k_1 berechnet sich nach Gl.(2.51) zu

$$k_1 = \frac{1}{2} \lim_{s^2 \to -1} Z_1(s) \frac{s^2+1}{s} = \ldots = \frac{2}{5}.$$

Der Vollabbau dieses Pols von Z_1 bei $s = j$ ergibt die neue Restfunktion

$$Z_2 = Z_1 - \frac{2k_1 s}{s^2+1} = \frac{2s(s^2+3)}{(2s^2+7)(s^2+1)} - \frac{\frac{4}{5}s}{s^2+1} = \ldots = \frac{2s}{5(2s^2+7)} = \frac{1}{Y_2}.$$

Der abgespaltene Parallelschwingkreis hat die Induktivität $L_2 = 2k_1 = 4/5$ und die Kapazität $C_2 = 1/2k_1 = 5/4$.

5.4 Spezielle Realisierungsmethoden für vorgeschriebene Wirkungsfunktionen

Die weiteren Polabbauten finden alle bei der Frequenz $s = 0$ statt, denn die Wirkungsnullstelle bei $s = j$ ist durch den dort getätigten Vollabbau bereits realisiert. Einen Pol bei $s = 0$ hat offenbar die Restfunktion Y_2. Das zugehörige Residuum ergibt sich mit Gl.(2.54) zu

$$k_{01} = \lim_{s \to 0} Y_2(s) s = \frac{35}{2}.$$

Der Polabbau von Y_2 bei $s = 0$ ergibt

$$Y_3(s) = Y_2(s) - \frac{k_{01}}{s} = \ldots = 5s = \frac{1}{Z_3}.$$

Der abgebaute Pol bei $s = 0$ entspricht einer Querinduktivität $L_3 = 2/35$. Die verbleibende Restfunktion $Z_3(s)$ hat ebenfalls bei $s = 0$ einen Pol, der wegen der doppelten Wirkungsnullstelle bei $s = 0$ abbaufähig ist. Er entspricht einer Kapazität $C_4 = 5$.

Die resultierende Vierpolschaltung zeigt Abb. 5.21. Sie baute sich von rechts nach links auf, weil die ganze Entwicklung von Y_{22}, also vom Ausgang her vonstatten ging. Das letzte Element C_4 muß in einem Längszweig liegen, da die entwickelte Funktion Y_{22} die Impedanz bei Kurzschluß am Eingang (gestrichelt gezeichnet) ist.

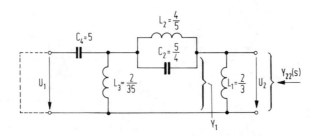

Abb. 5.21. Aus Abb. 5.20 sich ergebende vollständige Schaltung.

Die Induktivität L_1, die sich aus einem Teilabbau ergab, erzeugt keine Wirkungsnullstelle, weil sowohl die Admittanz Y_{22} als auch die Resteingangsadmittanz Y_1 einen Pol bei $s = 0$ haben. Somit kommen für die Signalübertragung vom Ausgang in Richtung auf den Eingang nur eine doppelte Wirkungsstelle bei $s = 0$ (durch L_3 und C_4) und eine Wirkungsnullstelle bei $s = \pm j$ (durch L_2 und C_2) vor. Da der Vierpol reziprok ist (Satz 4.1), muß er auch für die Signalübertragung vom Eingang in Richtung auf den Ausgang dieselben Wirkungsnullstellen haben.

Dieselbe Schaltung hätte sich ergeben, wenn die Matrix

$$\begin{bmatrix} A_{11} \ddot{u} & A_{12} \ddot{u} \\ A_{21} \frac{1}{\ddot{u}} & A_{22} \frac{1}{\ddot{u}} \end{bmatrix} \quad \text{statt} \quad \begin{bmatrix} A_{11} & A_{12} \\ A_{21} & A_{22} \end{bmatrix} \tag{5.185}$$

entwickelt worden wäre, weil sich der konstante Faktor ü in $Y_{22} = A_{11}/A_{12}$ wegkürzt. Die linke Matrix erhält man aus der rechten durch Vorschalten eines idealen Übertragers mit dem Übersetzungsverhältnis ü.

Die Verwirklichung der Betriebswirkungsfunktion $H_B(s)$ erfordert diesen Übertrager nicht, wenn der Widerstand R_1 durch den Widerstand $R_1/ü^2$ ersetzt wird, siehe Abb.4.3b. Will man jedoch die Kettenmatrix selbst realisieren, dann hat man die Schaltung auf die richtige Eingangsadmittanz zu überprüfen. Die Analyse der Schaltung von Abb.5.21 liefert als Kurzschlußeingangsadmittanz

$$Y_{11}^{(ü)} = \ldots = \frac{s(s^2+15)}{s^2+3} = Y_{11} \, .$$

Da $Y_{11}^{(ü)}$ mit $Y_{11} = A_{22}/A_{12}$ der vorgegebenen Matrix übereinstimmt, ist in diesem Fall kein idealer Übertrager erforderlich.

2. Bisweilen kann es nötig werden, daß zur Nullstellenverschiebung zunächst auch negative Induktivitäten oder Kapazitäten abgespalten werden müssen, die dann anschließend ähnlich wie beim Bruneverfahren in Abschnitt 3.4.1 zusammen mit anderen Schaltelementen durch äquivalente Schaltungen mit gekoppelten Induktivitäten ersetzt werden können. Auf einen solchen Fall stoßen wir beim folgenden Beispiel

$$[A] = \frac{1}{s^2+4} \begin{bmatrix} \frac{17}{8}s^2+16 & s(s^2+9) \\ \frac{9}{8}s & s^2+1 \end{bmatrix} . \quad (5.186)$$

Nach Gl.(4.21) liegen die Wirkungsnullstellen bei $s = \pm j2$ und bei $s = \infty$. Sie sind in Abb.5.22 in der obersten Zeile eingetragen.

Die Quotienten höchster Ordnung in Gl.(5.186) sind $A_{11}/A_{12} = Y_{22}$ und $A_{22}/A_{12} = Y_{11}$. Die Berechnung der [Y]-Matrix zeigt, daß deren Pole kompakt liegen und weder Y_{11} noch Y_{22} einen privaten Pol besitzt. Der bequemeren Rechnung wegen entwickeln wir

$$Y_{11} = \frac{1}{Z_1} = \frac{A_{22}}{A_{12}} = \frac{s^2+1}{s(s^2+9)} \, . \quad (5.187)$$

Die Pole und Nullstellen von $Y_{11}(s)$ sowie der qualitative Verlauf von $Y_{11}(j\omega)$ sind in der zweiten Zeile in Abb.5.22 eingetragen. Da keiner der Pole von Y_{11} mit einer Wirkungsnullstelle zusammenfällt, gehen wir im ersten Schritt zur reziproken Funktion Z_1 über, die einen Pol bei $s = \infty$ besitzt. Es ist zweckmäßig, zunächst durch einen Teilabbau die Nullstelle bei $s = j3$ nach $s = j2$ zu verschieben. Dazu muß eine

5.4 Spezielle Realisierungsmethoden für vorgeschriebene Wirkungsfunktionen

Induktivität L_1 abgespalten werden, deren Größe sich aus der Forderung $Z_1(s) = sL_1$ für $s = j2$ bestimmt, also

$$L_1 = \frac{Z_1(j2)}{j2} = \ldots = \frac{-j\frac{10}{3}}{j2} = -\frac{5}{3} .$$

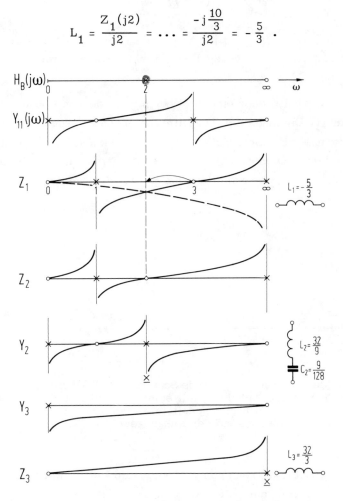

Abb.5.22. Vierpolsynthese für das Beispiel von Gl.(5.186). Die Verschiebung der Nullstelle bei $s = j3$ nach $s = j2$ erfordert die Abspaltung einer negativen Induktivität L_1.

Die Abspaltung der Induktivität L_1 von der Impedanz Z_1 liefert

$$Z_2(s) = Z_1(s) - sL_1 = \frac{s(s^2+9)}{s^2+1} + \frac{5}{3}s = \ldots = \frac{8s(s^2+4)}{3(s^2+1)} = \frac{1}{Y_2} .$$

$Y_2(s)$ hat jetzt einen Pol bei $s = \pm j2$ mit dem Residuum

$$k_2 = \frac{1}{2} \lim_{s^2 \to -4} Y_2(s) \frac{s^2+4}{s} = \ldots = \frac{9}{64} .$$

Der Vollabbau des Pols bei $s = \pm j2$ ergibt

$$Y_3 = Y_2 - \frac{2k_2 s}{s^2+4} = \frac{3(s^2+1)}{8s(s^2+4)} - \frac{\frac{9}{32}s}{s^2+4} = \ldots = \frac{3}{32s} = \frac{1}{Z_3} \; .$$

Induktivität und Kapazität des abgespaltenen Serienkreises berechnen sich zu $L_2 = 1/2k_2 = 32/9$ und $C_2 = 2k_2/4 = 9/128$.

Die Restfunktion Z_3 hat wieder einen Pol bei $s = \infty$, dessen Abbau auf die Induktivität $L_3 = 32/3$ führt. Damit ist der Abspaltprozeß beendet. Die zugehörige Schaltung, die sich nun wegen der Entwicklung von Y_{11} von links nach rechts aufbaut, zeigt Abb. 5.23a. Das letzte Element L_3 muß wieder in einem Längszweig liegen, da die entwickelte Funktion Y_{11} die Admittanz bei Kurzschluß am Ausgang ist.

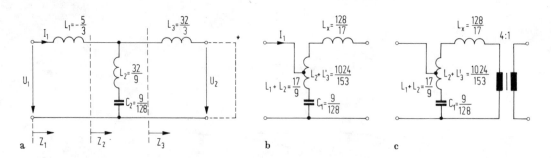

Abb. 5.23. Aus Abb. 5.22 sich ergebende Schaltung. a) Schaltung mit der negativen Induktivität; b) äquivalente Schaltung mit einem gekoppelten Induktivitätenpaar; c) vollständige Schaltung mit nachgeschaltetem Übertrager zur Herstellung des vorgeschriebenen Impedanzniveaus auf der Ausgangsseite.

Die negative Induktivität L_1 kann gemäß Abb. 3.18 beseitigt werden, wenn wir die Induktivität L_3 so in $L_x + L_3'$ aufspalten können, daß

$$L_3 = L_3' + L_x \quad \text{mit} \quad L_3', L_x > 0 \tag{5.188}$$

und

$$\frac{1}{L_1} + \frac{1}{L_2} + \frac{1}{L_3'} = 0 \tag{5.189}$$

ist, vgl. Gl. (3.70). Das bedingt mit Gl. (5.188)

$$\frac{1}{L_1} + \frac{1}{L_2} + \frac{1}{L_3} < 0 \; . \tag{5.190}$$

Für unser obiges Beispiel ist

5.4 Spezielle Realisierungsmethoden für vorgeschriebene Wirkungsfunktionen

$$L_3' = \frac{-L_1 L_2}{L_1 + L_2} = \ldots = \frac{160}{51} \; ,$$

$$L_x = L_3 - L_3' = \ldots = \frac{128}{17} \; ,$$

was mit Gl.(3.65) bis Gl.(3.67) und Abb.3.18 auf die Schaltung in Abb.5.23b führt, die nur positive Elemente enthält.

Hier tritt die Frage auf, ob man stets auf eine positive Induktivität L_x stößt, wenn die Richtung der Nullstellenverschiebung einen Teilabbau mit einer negativen Induktivität L_1 erfordert. Wir wollen nun zeigen, daß das tatsächlich stets der Fall ist, also die Bedingung von Gl.(5.190) immer erfüllt ist. Dazu muß festgestellt werden, daß die Impedanz (hier Z_1), bei welcher der Teilabbau mit L_1 vorzunehmen ist, einen Pol bei $s = \infty$ haben muß, dessen Residuum $k_\infty > 0$ ist (anderenfalls könnte man entweder keinen Pol bei $s = \infty$ teilabbauen oder die Impedanz wäre keine Reaktanzzweipolfunktion). Durch Abspalten einer negativen Induktivität L_1 bleibt die Restfunktion (hier Z_2) eine Reaktanzzweipolfunktion mit einem Pol bei $s = \infty$ und einem Residuum $k_{\infty 1} > k_\infty$. Der anschließend abgespaltene Serienresonanzkreis muß, da es sich um einen Vollabbau bei ω_ν von einer Reaktanzzweipolfunktion handelt, eine Induktivität $L_2 > 0$ haben. Geht man nun davon aus, daß die nächste abgespaltene Induktivität L_3 im Längszweig wieder ein Vollabbau ist, dann hat die danach verbleibende Restfunktion (hier Z_4) keinen Pol bei $s = \infty$. Folglich gilt für die Eingangsimpedanz (hier Z_1) vor dem ersten Teilabbau

$$Z_1(s) \bigg|_{s \to \infty} = sL_1 + \frac{sL_2 \, sL_3}{sL_2 + sL_3} = k_\infty s \; , \qquad k_\infty > 0 \; , \qquad (5.191)$$

also

$$L_1 + \frac{L_2 L_3}{L_2 + L_3} > 0 \qquad (5.192)$$

oder

$$\frac{1}{L_1} + \frac{1}{L_2} + \frac{1}{L_3} < 0 \; . \qquad (5.193)$$

Damit ist die Bedingung von Gl.(5.190) stets erfüllt.

Es kann auch vorkommen, daß ein vorbereitender Teilabbau eine negative Kapazität C_1 erfordert. Auch in diesem Fall kann man mit Hilfe von Abb.3.18 und den Gleichungen Gl.(3.75) bis Gl.(3.78) stets eine äquivalente Schaltung finden, die nur positive Elemente nebst gekoppelten Induktivitäten enthält.

Die Entwicklung der Schaltung in Abb. 5.23a ging von der eingangsseitigen Impedanz $Z_1 = A_{12}/A_{22}$ aus. Offenbar hätte sich diesmal dieselbe Schaltung ergeben, wenn die Matrix

$$\begin{bmatrix} A_{11}\ddot{u} & A_{12}\frac{1}{\ddot{u}} \\ A_{21}\ddot{u} & A_{22}\frac{1}{\ddot{u}} \end{bmatrix} \quad \text{statt} \quad \begin{bmatrix} A_{11} & A_{12} \\ A_{21} & A_{22} \end{bmatrix} \quad (5.194)$$

entwickelt worden wäre, weil sich dann der konstante Faktor ü in Z_1 weggekürzt hätte. Die linke Matrix in Gl. (5.194) ergibt sich aus der rechten durch Nachschalten eines idealen Übertragers mit dem Übersetzungsverhältnis ü.

Wir wollen daher prüfen, welche Ausgangsimpedanz $Z_{22}^{(\ddot{u})}$ die Analyse der Schaltung in Abb. 5.23a oder b liefert. Es ergibt sich

$$Z_{22}^{(\ddot{u})} = \frac{A_{22}}{A_{21}} \cdot \frac{1}{\ddot{u}^2} = \ldots = \frac{\frac{128}{9}}{s} + \frac{128}{9} s \; .$$

Die vorgegebene Matrix Gl. (5.186) fordert hingegen (vgl. Tab. 1.2)

$$Z_{22} = \frac{A_{22}}{A_{21}} = \frac{\frac{8}{9}}{s} + \frac{8}{9} s \; . \quad (5.195)$$

Damit sich das vorgeschriebene Impedanzniveau auf der Ausgangsseite einstellt, muß der Schaltung in Abb. 5.23a bzw. b noch ein idealer Übertrager mit ü = 4 nachgeschaltet werden, wodurch sich der endgültige Vierpol in Abb. 5.23c ergibt. Diese Schaltung in Abb. 5.23c ließe sich mit Hilfe von Abb. 1.11 noch weiter vereinfachen. Darauf sei hier aber verzichtet.

Kommt es nicht darauf an, die Kettenmatrix [A] selbst zu realisieren, sondern nur die durch die Kettenmatrix gegebene Betriebswirkungsfunktion $H_B(s)$, dann kann man den in Abb. 5.23c nachgeschalteten idealen Übertrager bei Ersatz von R_2 durch $R_2 \ddot{u}^2$ auch weglassen.

3. Schließlich sei noch ein Beispiel einer [A]-Matrix vorgeführt, die weder Z-kompakt noch Y-kompakt ist, nämlich

$$[A] = \begin{bmatrix} \dfrac{2s^2+1}{s^2} & \dfrac{3s^2+2}{s(s^2+1)} \\ \\ \dfrac{s^2+1}{s} & 2 \end{bmatrix} \; . \quad (5.196)$$

5.4 Spezielle Realisierungsmethoden für vorgeschriebene Wirkungsfunktionen

Wie man nachprüfen kann, handelt es sich um eine Matrix, welche die Bedingungen von Satz 5.2 erfüllt, und bei der alle Wirkungsnullstellen auf der $j\omega$-Achse liegen. Allerdings sieht man hier sofort, daß der Quotient höchster Ordnung nicht teilerfremd ist. Wir bilden darum mit Tab.1.2 die zugehörigen Z-Parameter

$$Z_{11} = \frac{A_{11}}{A_{21}} = \frac{2s^2+1}{s(s^2+1)} = \frac{1}{s} + \frac{s}{s^2+1},$$

$$Z_{12} = \frac{1}{A_{21}} = \frac{s}{s^2+1}, \qquad (5.197)$$

$$Z_{22} = \frac{A_{22}}{A_{21}} = \frac{2s}{s^2+1}.$$

Die Kompaktheitsbedingung wird offenbar für den Pol bei $s^2 = -1$ verletzt. Spalten wir aber auf der Ausgangsseite die Überschußreaktanz

$$Z_{\ddot{u}} = \frac{s}{s^2+1} \qquad (5.198)$$

ab, dann erhalten wir aus Gl.(5.197) den folgenden kompakten Satz $Z_{ik}^{(k)}$ ohne Privatpol in $Z_{22}^{(k)}$

$$Z_{11}^{(k)} = \frac{1}{s} + \frac{s}{s^2+1} = Z_{11},$$

$$Z_{12}^{(k)} = \frac{s}{s^2+1} = Z_{12}, \qquad (5.199)$$

$$Z_{22}^{(k)} = \frac{s}{s^2+1} = Z_{22} - Z_{\ddot{u}}.$$

Die Realisierung erfolgt jetzt so, daß zunächst der kompakte Teil mit der Matrix $[Z^{(k)}]$ bzw. $[A^{(k)}]$ realisiert wird. Durch Zuschalten von $Z_{\ddot{u}}$ in Serie zu den Ausgangsklemmen gemäß Abb.5.24 ändert sich lediglich $Z_{22}^{(k)}$ in $Z_{22} = Z_{22}^{(k)} + Z_{\ddot{u}}$,

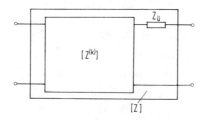

Abb.5.24. Berücksichtigung der Überschußreaktanz $Z_{\ddot{u}}$ von Gl.(5.199).

während die übrigen $Z^{(k)}$-Parameter unverändert bleiben, was nach Gl.(5.199) gefordert wird.

Aus Gl.(5.199) bilden wir zunächst mit Hilfe von Tab.1.2 die zugehörige kompakte Kettenmatrix

$$[A^{(k)}] = \frac{1}{Z_{21}^{(k)}} \begin{bmatrix} Z_{11}^{(k)} & \Delta Z^{(k)} \\ 1 & Z_{22}^{(k)} \end{bmatrix} = \begin{bmatrix} \frac{2s^2+1}{s^2} & \frac{1}{s} \\ \frac{s^2+1}{s} & 1 \end{bmatrix}. \quad (5.200)$$

Während die ursprüngliche Matrix von Gl.(5.196) Wirkungsnullstellen bei $s = 0$ (doppelt), $s = \infty$ und $s = \pm j$ erzeugt, werden durch die kompakte Matrix von Gl.(5.200) nur noch die Wirkungsnullstellen bei $s = 0$ (doppelt) und $s = \infty$ realisiert. Diese sind in der obersten Zeile von Abb.5.25 eingetragen. Die noch fehlende Wirkungsnullstelle bei $s = \pm j$ wird am Schluß durch Zuschalten von $Z_{\ddot{u}}$ verwirklicht.

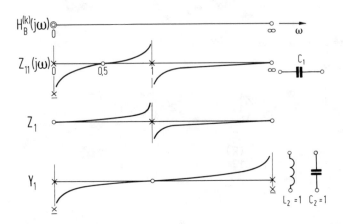

Abb.5.25. Vierpolsynthese für den kompakten Teil von Gl.(5.197).

Die Leerlaufimpedanz höchster Ordnung von Gl.(5.200) ist

$$Z_{11} = \frac{A_{11}}{A_{21}} = \frac{2s^2+1}{s(s^2+1)}. \quad (5.201)$$

Ihre Pol-Nullstellenkonfiguration ist in der zweiten Zeile von Abb.5.25 eingetragen. Gemäß der Lage der Wirkungsnullstellen müssen zwei Vollabbauten bei $s = 0$ und ein Vollabbau bei $s = \infty$ vorgenommen werden. Der erste Vollabbau bei $s = 0$ durch Abspalten der Kapazität $C_1 = 1$ ergibt die Restfunktion

$$Z_1 = Z_{11} - \frac{1}{C_1 s} = \ldots = \frac{s}{s^2+1} = \frac{1}{Y_1}.$$

5.4 Spezielle Realisierungsmethoden für vorgeschriebene Wirkungsfunktionen

Die reziproke Restfunktion Y_1 hat je einen Pol bei $s = 0$ und bei $s = \infty$, die gleichzeitig abgebaut die Induktivität $L_2 = 1$ und die Kapazität $C_2 = 1$ im Querzweig ergeben. Zusammengefaßt ergibt sich für die kompakte Matrix $[A^{(k)}]$ die Schaltung in Abb. 5.26a. Diese Schaltung hat auch von der Ausgangsseite her das von der Matrix $[A^{(k)}]$ geforderte Impedanzniveau. Die endgültige Schaltung mit der ursprünglichen Matrix $[Z]$ bzw. $[A]$ ergibt sich aus Abb. 5.26a durch Zuschalten von $Z_ü$ [siehe Gl.(5.198)] auf der Ausgangsseite. Das Ergebnis zeigt Abb. 5.26b.

Mit den Beispielen von Gl.(5.182), Gl.(5.186) und Gl.(5.196) dürfte das Syntheseverfahren bei vorgegebener Matrix und bei Wirkungsnullstellen auf der $j\omega$-Achse hinreichend beschrieben sein.

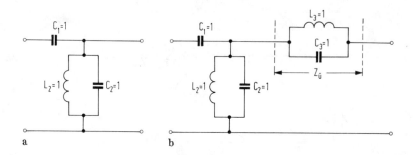

Abb. 5.26. Die resultierende Schaltung für Gl.(5.197). a) Schaltung für den kompakten Teil nach Abb. 5.25; b) Vollständige Schaltung einschließlich der Überschußreaktanz.

Wir kommen nun zu dem im Anschluß an Satz 5.7 angekündigten Nachweis, daß die Wirkungsnullstellen und die Leerlauf- oder Kurzschlußimpedanz höchster Ordnung die betreffende LC-Vierpolmatrix mit kompakten Polen bis auf einen idealen Übertrager festlegen. Dazu schreiben wir die Kettenmatrix des passiven LC-Vierpols in die Form [24]

$$[A] = \frac{1}{g}\begin{bmatrix} g_1 & u_1 \\ u_2 & g_2 \end{bmatrix}. \qquad (5.202)$$

Darin sind g, g_1, g_2 nach Satz 5.2 gerade (ungerade) und u_1, u_2 ungerade (gerade) Polynome. Die Nullstellen des Polynoms g sind Wirkungsnullstellen (sofern man voraussetzt, daß keine Nullstelle von g zugleich auch Nullstelle a l l e r übrigen Polynome ist). Zusätzliche Wirkungsnullstellen ergeben sich bei $s = \infty$, wenn der Grad des Polynoms g geringer ist als der Grad des höchstgradigen Polynoms von g_1, g_2, u_1, u_2. Die Vielfachheit der Wirkungsnullstelle bei $s = \infty$ ist dann gleich der Graddifferenz zwischen g und dem höchstgradigen Polynom von g_1, g_2, u_1, u_2.

Aus der Determinantenbedingung $\Delta A \equiv 1$ und Gl.(5.202) folgt

$$g^2 = g_1 g_2 - u_1 u_2 \ . \tag{5.203}$$

Gl.(5.203) liefert den Schlüssel zur Bestimmung der Kettenmatrix aus den Wirkungsnullstellen und der Leerlauf- oder Kurzschlußimpedanz höchster Ordnung. Die vier möglichen Fälle einer gegebenen Leerlauf- oder Kurzschlußimpedanz ergeben sich aus Gl.(5.202) und Tab.1.2 zu

a) für $Z_{11} = g_1/u_2$

$$\frac{g^2}{g_1 u_2} = \frac{g_2}{u_2} - \frac{u_1}{g_1} = Z_{22} - \frac{1}{Y_{22}} \ , \tag{5.204}$$

b) für $Z_{22} = g_2/u_2$

$$\frac{g^2}{g_2 u_2} = \frac{g_1}{u_2} - \frac{u_1}{g_2} = Z_{11} - \frac{1}{Y_{11}} \ , \tag{5.205}$$

c) für $Y_{11} = g_2/u_1$

$$\frac{g^2}{g_2 u_1} = \frac{g_1}{u_1} - \frac{u_2}{g_2} = Y_{22} - \frac{1}{Z_{22}} \ , \tag{5.206}$$

d) für $Y_{22} = g_1/u_1$

$$\frac{g^2}{g_1 u_1} = \frac{g_2}{u_1} - \frac{u_2}{g_1} = Y_{11} - \frac{1}{Z_{11}} \ . \tag{5.207}$$

Bei gegebener Leerlauf- oder Kurzschlußimpedanz höchster Ordnung und bei gegebenen Wirkungsnullstellen ist also die linke Seite der Gln.(5.204) bis (5.207) bekannt. Sie ist stets eine ungerade Funktion in s, deren Pole einfach sind und ausschließlich auf der $j\omega$-Achse liegen, denn $g_{1,2}$ und $u_{1,2}$ sind Zähler- und Nennerpolynom von Reaktanzzweipolfunktionen (vgl. Satz 2.1), und der Grad von g^2 kann den Grad von $g_{1,2} u_{1,2}$ um maximal Eins übersteigen. Letzteres folgt aus Bedingung 3 in Satz 5.6. Der Extremfall für $H_B(s)$ liegt nämlich vor, wenn sein Zählergrad (der gleich dem Grad von g ist) gleich seinem Nennergrad ist (der gleich dem Grad des höchstgradigen Polynoms von $g_{1,2}$ und $u_{1,2}$ ist. $g_{1,2}$ und $u_{1,2}$ wiederum können sich nur um den Grad Eins unterscheiden, da ihr Quotient eine Reaktanzzweipolfunktion sein muß.)

Die Partialbruchentwicklungen der linken Seiten der Gln.(5.204) bis (5.207) sind also von der Form

$$\frac{g^2}{g_{1,2} u_{1,2}} = \frac{a_0}{s} + \frac{2a_1 s}{s^2 + \omega_1^2} + \frac{2a_2 s}{s^2 + \omega_2^2} + \ldots + a_\infty s \ , \tag{5.208}$$

5.4 Spezielle Realisierungsmethoden für vorgeschriebene Wirkungsfunktionen

wobei die Koeffizienten a_ν positiv und negativ sein können. Da die rechte Seite von Gl.(5.208) eine Differenz zweier Reaktanzzweipolfunktionen sein muß, haben wir im Fall a), d.h. bei gegebenen Funktionen g_1 und u_2, die Glieder mit positiven Koeffizienten der Funktion g_2/u_2 und die Glieder mit negativen Koeffizienten der Funktion $-u_1/g_1$ zuzuordnen, womit die fehlenden Polynome g_2 und u_1 eindeutig bestimmt sind. Entsprechendes folgt aus den übrigen Fällen, wenn ein anderes Funktionenpaar als g_1, u_2 gegeben ist. In der so konstruierten [A]-Matrix sind nach Konstruktion A_{11} und A_{22} gerade, A_{12} und A_{21} ungerade und $\Delta A \equiv 1$. Ferner sind drei Quotienten benachbarter Elemente, nämlich g_1/u_2, g_2/u_2 und u_1/g_1 Reaktanzzweipolfunktionen, womit wegen Satz 5.2 die konstruierte Kettenmatrix realisierbar ist.

Wäre man statt von der Matrix in Gl.(5.202) von der Matrix

$$[A] = \frac{1}{g} \begin{bmatrix} g_1 \ddot{u} & \dfrac{u_1}{\ddot{u}} \\ \\ u_2 \ddot{u} & \dfrac{g_2}{\ddot{u}} \end{bmatrix} \tag{5.209}$$

ausgegangen, dann hätte sich der Faktor $\ddot{u}$ in g_1/u_2 weggekürzt und man hätte für u_1 und u_2 dasselbe Ergebnis bekommen. Dies zeigt, daß die Lösung nur bis auf einen idealen Übertrager bestimmt ist.

Beispiel:

$$Y_{22}(s) = \frac{g_1}{u_1} = \frac{(s^2+2)(s^2+4)}{s(s^2+3)}, \qquad g(s) = s^2(s^2+1). \tag{5.210}$$

Mit Gl.(5.207) finden wir

$$\frac{g_1^2}{g_1 u_1} = \frac{s^4(s^2+1)^2}{s(s^2+2)(s^2+3)(s^2+4)} = \frac{-s}{s^2+2} + \frac{12s}{s^2+3} + \frac{-18s}{s^2+4} + s = \frac{g_2}{u_1} - \frac{u_2}{g_1}, \tag{5.211}$$

also

$$\frac{g_2}{u_1} = \frac{12s}{s^2+3} + s = \frac{s^4 + 15s^2}{s(s^2+3)} \curvearrowright g_2 = s^4 + 15s^2,$$

$$\frac{u_2}{g_1} = \frac{s}{s^2+2} + \frac{18s}{s^2+4} = \frac{19s^3 + 40s}{(s^2+2)(s^2+4)} \curvearrowright u_2 = 19s^3 + 40s.$$

Damit erhalten wir die Kettenmatrix

$$[A] = \frac{1}{g} \begin{bmatrix} g_1 & u_1 \\ \\ u_2 & g_2 \end{bmatrix} = \frac{1}{s^2(s^2+1)} \begin{bmatrix} (s^2+2)(s^2+4) & s(s^2+3) \\ \\ 19s^3+40s & s^4+15s^2 \end{bmatrix}, \tag{5.212}$$

die wir im Anschluß an Gl.(5.182) bereits realisiert haben.

Als nächstes wollen wir zeigen, daß bei einer gegebenen Leerlaufimpedanz $Z_{11} = g_1/u_2$ (bzw. $Z_{22} = g_2/u_2$) und gegebenen Wirkungsnullstellen die nach obiger Methode gefundene [A]-Matrix Z-kompakt ist und überdies Z_{22} (bzw. Z_{11}) keine privaten Pole besitzt. Desgleichen wollen wir zeigen, daß bei einer gegebenen Kurzschlußadmittanz $Y_{11} = g_2/u_1$ (bzw. $Y_{22} = g_1/u_1$) und gegebenen Wirkungsnullstellen die nach obiger Methode gefundene [A]-Matrix Y-kompakt ist, und überdies Y_{22} (bzw. Y_{11}) keine privaten Pole besitzt. Wir beginnen damit, daß $Z_{11} = g_1/u_2$ sowie g gegeben seien. Wir setzen voraus, daß g_1 und u_2 teilerfremd, d.h. nicht kürzbar, sind und g_1 oder u_2 das höchstgradige Polynom der Matrix ist. Aus der Determinantenbedingung Gl.(5.203) und Gl.(5.204) folgt zunächst, daß alle Pole von Z_{22} auch Pole von Z_{11} und Z_{12} sind, und zwar aus folgendem Grund [24]: Ein endlicher Pol von Z_{22} ist Nullstelle von u_2, aber nicht von g_2 (weil sonst Z_{22} dort keinen Pol hätte), und nicht von g_1 (wegen der vorausgesetzten Teilerfremdheit von u_2 und g_1). Wegen Gl.(5.203) kann an dieser Stelle auch g keine Nullstelle haben wegen $g_1 g_2 \neq 0$ und $u_1 u_2 = 0$. Das bedeutet, daß $Z_{12} = g/u_2$ und $Z_{11} = g_1/u_2$ dort einen Pol haben. Hat Z_{22} einen Pol bei $s = \infty$, dann ist der Grad von g_2 um Eins höher als der von u_2. Damit ist in $Z_{11} = g_1/u_2$ nicht das Polynom u_2, sondern das Polynom g_1 das höchstgradige, d.h. Z_{11} hat ebenfalls einen Pol bei $s = \infty$. Ist der höchste Grad gleich n, dann hat $g_1 g_2$ den Grad 2n und $u_1 u_2$ einen geringeren Grad als 2n. Nach Gl.(5.203) muß dann aber auch g^2 den Grad 2n, also g den Grad n haben, weshalb dann auch Z_{12} einen Pol bei $s = \infty$ haben muß. Damit ist gezeigt, daß tatsächlich alle Pole von Z_{22} auch Pole von Z_{12} und Z_{11} sein müssen.

Z_{22} wiederum setzt sich nach Gl.(5.204) aus den positiven Partialbrüchen der Funktion $g^2/(g_1 u_2)$ zusammen. Das sind aber die zu den Nullstellen von u_2, die nicht gleichzeitig Nullstellen von g sind, gehörigen und der zu $s = \infty$ gehörige, falls g den (höchsten) Grad n hat. Wegen $Z_{11} = g_1/u_2$ und $Z_{12} = g/u_2$ verhalten sich bei einem endlichen Pol an der Stelle ω_ν die Residuen wie [vergl. auch Gl.(5.173)]

$$\frac{k_{11}^{(\nu)}}{k_{12}^{(\nu)}} = \frac{g_1(\omega_\nu)}{g(\omega_\nu)} \quad \text{und} \quad \frac{k_{12}^{(\nu)}}{k_{22}^{(\nu)}} = \frac{g(\omega_\nu)}{g^2(\omega_\nu)/g_1(\omega_\nu)} = \frac{g_1(\omega_\nu)}{g(\omega_\nu)} \:. \tag{5.213}$$

Daraus folgt

$$k_{11}^{(\nu)} k_{22}^{(\nu)} = (k_{12}^{(\nu)})^2 \:. \tag{5.214}$$

Für einen Pol bei $s = \infty$ werden die Residuen durch die Koeffizienten γ_1 und γ vor den höchsten Potenzen in s in den Polynomen g_1 und g bestimmt. Hier gilt

$$\frac{k_{11}^{(\infty)}}{k_{12}^{(\infty)}} = \frac{\gamma_1}{\gamma} \quad \text{und} \quad \frac{k_{12}^{(\infty)}}{k_{22}^{(\infty)}} = \frac{\gamma}{\gamma^2/\gamma_1} = \frac{\gamma_1}{\gamma} \:, \tag{5.215}$$

5.4 Spezielle Realisierungsmethoden für vorgeschriebene Wirkungsfunktionen

woraus folgt

$$k_{11}^{(\infty)} k_{22}^{(\infty)} = (k_{12}^{(\infty)})^2 . \tag{5.216}$$

Mit Gl.(5.214) und Gl.(5.216) ist die Kompaktheitsbedingung für alle Pole erfüllt, weshalb die so konstruierte [A]-Matrix wie eingangs behauptet Z-kompakt ist.

Sind $Z_{22} = g_2/u_2$ sowie g gegeben, dann kann man in ähnlicher Weise zunächst zeigen, daß alle Pole von Z_{11} auch Pole von Z_{12} und Z_{22} sein müssen. Anschließend findet man analog zur obigen Überlegung, daß auch für diesen Fall die [A]-Matrix Z-kompakt ist. Im Fall, daß nicht eine Leerlaufimpedanz, sondern eine Kurzschlußadmittanz gegeben ist, ermittelt man alle Parameter der [Y]-Matrix. Dieser Fall ergibt sich aus dem obigen durch Vertauschen von Z_{11} mit Y_{11}, Z_{22} mit Y_{22}, Z_{12} mit $-Y_{12}$, g_2 mit g_1 und u_2 mit u_1. Auf diese Weise findet man, daß die aus einer Kurzschlußadmittanz und den Wirkungsstellen bestimmte [A]-Matrix Y-kompakt ist.

Die obigen Ausführungen haben also ergeben, daß, wenn man einen passiven LC-Vierpol so entwickelt, daß er die vorgeschriebene Leerlaufimpedanz (Kurzschlußimpedanz) höchster Ordnung sowie alle vorgeschriebenen Wirkungsnullstellen der gegebenen Z-kompakten (Y-kompakten) Matrix richtig realisiert, er dann bis auf einen idealen Übertrager auch die zwei übrigen Matrixelemente richtig realisieren muß. Hinzu kommt, daß bei Entwicklung von Z_{11} (Y_{11}) die Funktion Z_{22} (Y_{22}) keine privaten Pole hat und umgekehrt bei Entwicklung von Z_{22} (Y_{22}) die Funktion Z_{11} (Y_{11}) keine privaten Pole hat.

Ein Beispiel für eine nach dem oben beschriebenen Syntheseverfahren nicht durch eine Abzweigschaltung realisierbare Kettenmatrix ist

$$[A] = \frac{1}{s^2+4} \begin{bmatrix} s^2+16 & s \\ 9s & s^2+1 \end{bmatrix} . \tag{5.217}$$

Obwohl diese Matrix die Bedingungen von Satz 5.2 erfüllt, und obwohl alle Wirkungsnullstellen auf der $j\omega$-Achse liegen, können wir sie nicht durch eine Abzweigschaltung realisieren, weil kein Quotient höchster Ordnung einen Pol mit einer Wirkungsnullstelle gemeinsam hat (vgl. Satz 5.7).

5.4.3 Synthese passiver LC-Nichtmindestphasenvierpole

Wie vor Abb.5.13 dargelegt wurde, sind alle LC-Vierpole, die Wirkungsnullstellen auch außerhalb der $j\omega$-Achse besitzen, Nichtmindestphasenvierpole. Nach Satz 4.4 lassen sich grundsätzlich keine Nichtmindestphasenvierpole durch passive Abzweigschaltungen realisieren. Zur Realisierung passiver LC-Nichtmindestphasenvierpole sind daher andere Schaltungsstrukturen notwendig.

Mit Abb.5.27 wird veranschaulicht, daß man eine große Klasse von LC-Nichtmindestphasen-Wirkungsfunktionen (vgl. Abschnitt 4.2.2) durch Kettenschaltung eines LC-Mindestphasenvierpols (1) und eines Allpasses (2) realisieren kann. Das geht ins-

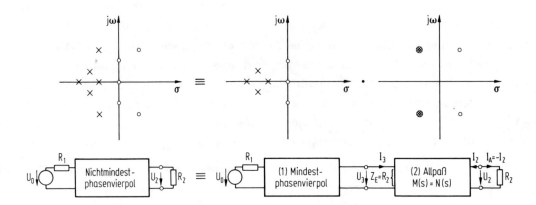

Abb.5.27. Realisierung eines LC-Nichtmindestphasenvierpols durch Kettenschaltung eines LC-Mindestphasenvierpol mit einem LC-Allpaß.

besondere deshalb, weil der LC-Allpaß sich als Vierpol konstanten Eingangswiderstands mit $Z_E = R_2$ realisieren läßt. Der Mindestphasenvierpol (1) erhält dadurch ausgangsseitig die ohmsche Beschaltung R_2. Die Betriebswirkungsfunktion der gesamten Anordnung errechnet sich also zu

$$H_B(s) = \frac{U_2}{\frac{1}{2}U_0}\sqrt{\frac{R_1}{R_2}} = \frac{U_3}{\frac{1}{2}U_0}\sqrt{\frac{R_1}{R_2}}\frac{U_2}{U_3} = H_{B1}(s)\,H_{Au2}(s)\ . \qquad (5.218)$$

$H_{B1}(s)$ ist die Betriebswirkungsfunktion des Mindestphasenvierpols (1), $H_{Au2}(s)$ ist die Spannungswirkungsfunktion des Allpasses (2).

Natürlich gibt es auch noch LC-Nichtmindestphasen-Wirkungsfunktionen, die sich nicht durch eine Kettenschaltung eines LC-Nichtmindestphasenvierpols und eines Allpasses realisieren lassen.

5.4.3.1 Synthese von LC-Allpaßschaltungen

Wegen Abb.5.27 soll der Eingangswiderstand des Allpasses $Z_E = R_2$ konstant sein. Nach Abschnitt 4.3.2 leistet das die symmetrische Brückenschaltung von Abb.4.13c, bei der nach Gl.(4.78) die Determinante der [Z]-Matrix

5.4 Spezielle Realisierungsmethoden für vorgeschriebene Wirkungsfunktionen

$$\Delta Z = R_2^2 = Z_1(s) Z_2(s) \qquad (5.219)$$

ist. $Z_1(s)$ und $Z_2(s)$ sind die Brückenzweipole. Letztere müssen dual zueinander sein.

Die Wirkungsfunktion $H_{Au}(s)$ lautet in diesem Fall gemäß Gl.(4.79)

$$H_{Au}(s) = \frac{R_2 - Z_1(s)}{R_2 + Z_1(s)} \ . \qquad (5.220)$$

Ist die Brückenzweipolfunktion $Z_1(s)$ eine Reaktanzzweipolfunktion, dann ist $Z_1(s)$ nach Satz 2.1 eine ungerade Funktion, d.h. $Z_1(-s) = -Z_1(s)$, und Gl.(5.220) erhält die Form

$$H_{Au}(s) = \frac{R_2 + Z_1(-s)}{R_2 + Z_1(s)} = \frac{Q(-s)}{Q(s)} \ . \qquad (5.221)$$

Diese Form entspricht derjenigen von Gl.(4.42). Damit ist offenbar jede symmetrische Brückenschaltung mit zueinander dualen Reaktanzzweipolen ein Allpaß, der den Abschlußwiderstand R_2 auch als Eingangswiderstand besitzt. Der konstante Faktor A in Gl.(4.42) ergibt sich hier zu Eins, womit die Beträge von Eingangsspannung und Ausgangsspannung gleich sind.

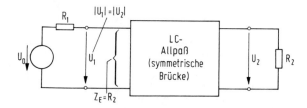

Abb.5.28. Zur Verwendung einer symmetrischen LC-Brückenschaltung als Allpaß.

Im beidseitig beschalteten Fall folgt die Betriebsdämpfung a_B für Abb.5.28 zu

$$a_B(\omega) = \ln\left\{\frac{1}{|H_B(j\omega)|}\right\} = \ln\left\{\frac{U_0}{2U_2}\sqrt{\frac{R_2}{R_1}}\right\} = \ln\left\{\frac{R_1 + R_2}{2R_2}\sqrt{\frac{R_2}{R_1}}\right\}. \quad (5.222)$$

Soll die Betriebsdämpfung $a_B(\omega) \equiv 0$ sein, so muß $R_2 = R_1$ sein.

Die Synthese von Allpässen gestaltet sich nun ziemlich einfach. Beginnen wir mit dem Allpaß 1.Ordnung. Dieser hat die in Abb.4.5a dargestellte Pol-Nullstellenkonfiguration für H_{Au}. Es ist also

$$H_{Au}(s) = -\frac{s + s_x}{s - s_x} = \frac{a - s}{a + s} = \frac{1 - \frac{s}{a}}{1 + \frac{s}{a}}. \quad (5.223)$$

Der Vergleich mit Gl.(5.220) liefert

$$\frac{Z_1(s)}{R_2} = \frac{s}{a} \quad (5.224)$$

oder

$$Z_1(s) = sL \quad \text{mit} \quad L = \frac{R_2}{a}. \quad (5.225)$$

Damit folgt aus Gl.(5.219):

$$Z_2(s) = \frac{R_2^2}{Z_1(s)} = \frac{1}{sC} \quad \text{mit} \quad C = \frac{1}{aR_2}. \quad (5.226)$$

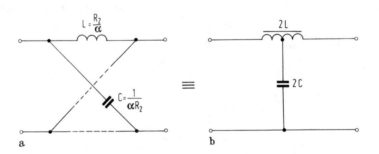

Abb.5.29. Realisierung des LC-Allpaß 1. Ordnung a) durch eine symmetrische Brückenschaltung; b) durch eine erdunsymmetrische Schaltung.

Die zugehörige Schaltung zeigt Abb.5.29, und zwar Abbildung 5.29a die symmetrische Brückenschaltung und Abbildung 5.29b die äquivalente erdunsymmetrische Schaltung, welche sich aufgrund der Äquivalenz in Abb.4.19 ergibt. Der Übertrager in Abb.4.19 kann hier durch Verwendung eines festgekoppelten Induktivitätenpaars, d.h. einer in der Mitte angezapften Induktivität, eingespart werden.

Der Allpaß zweiter Ordnung hat die in Abb.5.30 dargestellte Pol-Nullstellenkonfiguration (vgl. Abb.4.5b). Es ergibt sich also mit

$$s_x = -a + jb, \quad s_x^* = -a - jb; \quad s_x s_x^* = |s_x|^2 = a^2 + b^2 \quad (5.227)$$

für die Spannungswirkungsfunktion

5.4 Spezielle Realisierungsmethoden für vorgeschriebene Wirkungsfunktionen

$$H_{Au}(s) = \frac{s+s_x}{s-s_x} \cdot \frac{s+s_x^*}{s-s_x^*} = \frac{s^2+s(s_x+s_x^*)+s_x s_x^*}{s^2-s(s_x+s_x^*)+s_x s_x^*} =$$

$$= \frac{s^2-2as+|s_x|^2}{s^2+2as+|s_x|^2} = \frac{1-\dfrac{2as}{s^2+|s_x|^2}}{1+\dfrac{2as}{s^2+|s_x|^2}} \ . \tag{5.228}$$

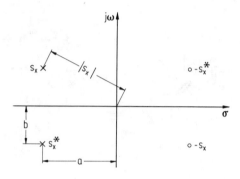

Abb.5.30. Pol-Nullstellenkonfiguration von $H_{Au}(s)$ beim Allpaß 2. Ordnung. s^* ist der konjugiert komplexe Wert zu s.

Der Vergleich mit Gl.(5.220) ergibt jetzt

$$\frac{Z_1(s)}{R_2} = \frac{2as}{s^2+|s_x|^2} \tag{5.229}$$

oder

$$Z_1(s) = \frac{1}{\dfrac{s}{2aR_2}+\dfrac{|s_x|^2}{2aR_2 s}} \stackrel{!}{=} \frac{1}{C_1 s + \dfrac{1}{L_1 s}} \tag{5.230}$$

mit

$$C_1 = \frac{1}{2aR_2} \quad \text{und} \quad L_1 = \frac{2aR_2}{|s_x|^2} \ . \tag{5.231}$$

Damit folgt aus Gl.(5.219) und Gl.(5.229) für

$$Z_2(s) = \frac{R_2^2}{Z_1(s)} = \frac{R_2}{2a}s + \frac{R_2|s_x|^2}{2as} \stackrel{!}{=} L_2 s + \frac{1}{C_2 s} \tag{5.232}$$

mit

$$C_2 = \frac{2a}{R_2|s_x|^2} \quad \text{und} \quad L_2 = \frac{R_2}{2a} \quad . \tag{5.233}$$

Die zugehörige Brückenschaltung zeigt Abb.5.31a. Aus dieser ergibt sich mit Hilfe von Abb.4.19 die erdunsymmetrische Schaltung in Abb.5.31b. In Letzterer ist wieder der ideale Übertrager in die in der Mitte angezapfte Induktivität L_1 einbezogen.

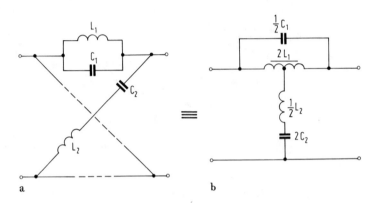

Abb.5.31. Realisierung des LC-Allpaß 2.Ordnung a) durch eine symmetrische Brückenschaltung; b) durch eine erdunsymmetrische Schaltung.

Die Bezeichnungen "Allpaß 1.Ordnung" und "Allpaß 2.Ordnung" sind zwar üblich, aber beim Reaktanzvierpol insofern nicht ganz korrekt, als sie sich auf die gekürzte Form von

$$H_{Au}(s) = \frac{Q(-s)}{Q(s)} = \frac{Q(-s)\,Q(s)}{Q(s)\,Q(s)} = \frac{P(s)}{Q^2(s)}$$

beziehen. In Wirklichkeit muß aber beim Reaktanzvierpol das Zählerpolynom $P(s)$ entweder gerade oder ungerade sein, siehe Satz 5.5. Das bedeutet eine Erweiterung mit $Q(s)$, was wiederum heißt, daß es sich bei den Reaktanzallpässen "1.Ordnung" und "2.Ordnung" in Wirklichkeit um Reaktanzvierpole 2. und 4.Ordnung handelt. In der Tat besitzt auch der "Allpaß 1.Ordnung" zwei, und der "Allpaß 2.Ordnung" vier Reaktanzen. Bei dieser Unterscheidung handelt es sich keineswegs um pure Sophistik. Da nämlich beim Reaktanzallpaß "2.Ordnung" n = 4 ist, muß nach Abb.4.12 und Satz 4.5 nur der Sektor mit dem Öffnungswinkel π/4 nullstellenfrei sein und nicht etwa die gesamte rechte s-Halbebene, wenn man eine Schaltung mit durchgehender Masseverbindung verwenden will. Derartige äquivalente Schaltungen mit durchgehender Masseverbindung lassen sich ohne Schwierigkeit mit der in Abschnitt 4.3.2 und Abb.

5.4 Spezielle Realisierungsmethoden für vorgeschriebene Wirkungsfunktionen

4.20 und 4.21 geschilderten Methode auffinden. Eine umfangreiche Sammlung derartiger äquivalenter Schaltungen für den Allpaß "2.Ordnung" findet man in [25].

Allpässe höherer Ordnung lassen sich durch Kettenschaltungen von Allpässen "1. und 2.Ordnung" zusammensetzen. Das ist dank der jeweiligen Eingangswiderstände $Z_E = R_2$ möglich, siehe Abb.5.32. Bei der Kettenschaltung multiplizieren sich die Wirkungsfunktionen der einzelnen Allpässe zur Gesamtwirkungsfunktion

$$H_{Au}(s) = H_{Au1}(s) \cdot H_{Au2}(s) \cdot \ldots \cdot H_{Aun}(s) \:. \tag{5.234}$$

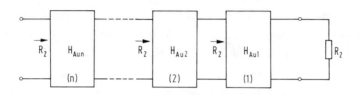

Abb.5.32. Realisierung von Allpässen höherer Ordnung durch Kettenschaltung von Allpässen 1. und 2. Ordnung.

5.4.3.2 Kurzer Überblick über weitere Syntheseverfahren für LC-Vierpole

Für die Realisierung komplexer Wirkungsnullstellen einseitig beschalteter LC-Vierpole ist ein in [10] beschriebenes Verfahren zu nennen, bei dem die komplexe Wirkungsnullstelle durch einen Zyklus des Zweipolsyntheseverfahrens von Unbehauen erzeugt wird. Ein anderes Verfahren, welches auf eine Brückenschaltung führt, geht von der [Z]-Matrix der symmetrischen Brücke Gl.(4.57) aus. Sind z.B. Z_{11} und Z_{12} vorgegeben, so findet man die Brückenreaktanzen Z_2 und Z_1 aus Summe und Differenz von Z_{11} und Z_{12}. Näheres hierüber, insbesondere wie man durch zusätzliche Maßnahmen die Residuenbedingungen erfüllen kann, steht in [12]. Dort ist auch ein anderes Verfahren zur Realisierung komplexer Wirkungsnullstellen beschrieben, mit welchem von der zu entwickelnden Leerlaufimpedanz oder Kurzschlußadmittanz ganze Teilvierpole abgespalten werden, die jeweils ein Quadrupel komplexer Wirkungsnullstellen verwirklichen.

Unter den Verfahren zur Realisierung vollständig vorgeschriebener Matrizen ist vor allem ein von Piloty stammendes zu nennen, das darauf beruht, daß die gegebene Kettenmatrix in ein Produkt von Elementarmatrizen aufgespalten wird, die dann einzeln realisiert werden [22, 26].

6. Approximationen

In der Praxis ist selten die Zweipolfunktion $Z(s)$ oder die Wirkungsfunktion $H(s)$ vollständig gegeben, sondern meist nur ein Teil solcher Funktionen, vgl. Abschnitt 3.5. Oft ist sogar nur ein Toleranzschema etwa nach Abb.6.1 vorgeschrieben, und man hat z.B. einen Dämpfungsverlauf $a(\omega)$ oder eine Teilfunktion $|Z(j\omega)|$ so zu finden, daß einerseits das Toleranzschema eingehalten wird und andererseits sich

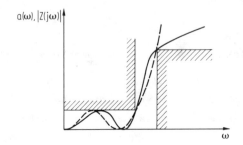

Abb.6.1. Beispiel eines Toleranzschemas. Die schraffierten Bereiche sind verboten.

eine zulässige Funktion $H(s)$ bzw. $Z(s)$ ergibt. Für Zweipole ist diese Aufgabe meist sehr schwierig. Näheres findet man u.a. in [27, 28]. Andere Approximationsaufgaben gehen von einem vorgegebenen Toleranzschema im Zeitbereich aus [12], und wieder andere Aufgaben fordern die gleichzeitige Einhaltung von Toleranzschemata im Zeit- und Frequenzbereich [59, 60]. Wir wollen uns hier nur mit einigen Approximationsproblemen für Vierpole im Frequenzbereich befassen.

6.1 Tiefpaßapproximation durch LC-Potenzfilter

Ein idealer **Tiefpaß** hat die in Abb.6.2a dargestellte Durchlaßcharakteristik. Von der Frequenz $\omega = 0$ bis zu einer oberen Grenzfrequenz ω_0 werden alle Frequenzanteile ungedämpft durchgelassen, während oberhalb von ω_0 alle Anteile vollständig weg-

6.1 Tiefpaßapproximation durch LC-Potenzfilter

gedämpft werden. Die Charakteristik für den zugehörigen Dämpfungsverlauf [vgl. Gl. (1.73)]

$$a(\omega) = -\ln |H(j\omega)| \qquad (6.1)$$

zeigt Abb.6.2b.

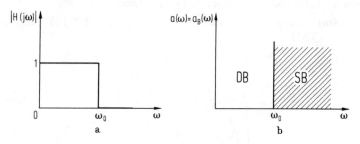

Abb.6.2. Idealer Tiefpaß. a) ideale Durchlaßcharakteristik; b) ideale Dämpfungscharakteristik. DB bedeutet Durchlaß-, SB Sperrbereich.

Setzen wir jetzt voraus, daß die Dämpfung $a(\omega)$ die Betriebsdämpfung $a_B(\omega)$ eines LC-Vierpols sein soll, dann können wir mit Gl.(5.98) und Gl.(5.99) die Dämpfung auch durch die Betriebsübertragungsfunktion $F(j\omega)$ oder die charakteristische Funktion $K(j\omega)$ ausdrücken

$$a_B(\omega) = \frac{1}{2}\ln |F(j\omega)|^2 = \frac{1}{2}\ln\{1 + |K(j\omega)|^2\} \ . \qquad (6.2)$$

Normieren wir die Durchlaßgrenze auf $\omega_0 = 1$, dann können wir die Dämpfung in Abb. 6.2b durch folgenden Ansatz (Potenzansatz) approximieren:

$$|F(j\omega)|^2 = 1 + |K(j\omega)|^2 = 1 + \omega^{2n} = F(j\omega) \cdot F(-j\omega) \ . \qquad (6.3)$$

Dieser Ansatz ergibt die Kurven in Abb.6.3a und b. Je größer die Potenz n gewählt wird, umso besser wird offenbar die Idealkurve approximiert, umso höher ist allerdings auch der Aufwand.

In Abschnitt 5.3.4 hatten wir im Zusammenhang mit Gl.(5.161) festgestellt, daß jede beliebige rationale Funktion $K(s)$ mit reellen Koeffizienten durch einen passiven LC-Vierpol realisierbar ist. Aus diesem Grund muß auch der Ansatz von Gl.(6.3) zum Ziel führen, welches darin besteht, aus dem obigen Ansatz die zugehörige realisierbare Betriebswirkungsfunktion $H_B(s) = 1/F(s)$ zu gewinnen. Dazu setzen wir $s = j\omega$ bzw. $\omega = -js$ und erhalten aus Gl.(6.3)

$$F(s) \cdot F(-s) = 1 + s^{2n} \quad \text{für} \quad n = 2, 4, 6, \ldots ,$$

$$= 1 - s^{2n} \quad \text{für} \quad n = 1, 3, 5, \ldots ,$$

zusammengefaßt also

$$F(s) \cdot F(-s) = 1 + (-1)^n s^{2n} . \qquad (6.4)$$

Die Zerlegung in $F(s)$ und $F(-s)$ erfolgt durch Bestimmung der Nullstellen von $F(s)F(-s)$. Die in der linken s-Halbebene liegenden Nullstellen werden $F(s)$ und die in der rechten s-Halbebene liegenden $F(-s)$ zugeordnet, vgl. Abschnitt 5.3.4. Nach Satz 5.6 muß nämlich das Nennerpolynom von $H_B(s) = 1/F(s)$ ein Hurwitzpolynom sein.

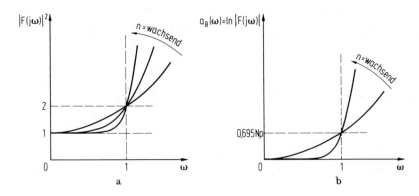

Abb.6.3. Tiefpaßapproximation durch Potenzansatz. a) approximierende Kurven für $|F(j\omega)|^2$; b) approximierende Kurven für $a_B(\omega)$.

Die 2n Nullstellen von Gl.(6.4) ergeben sich zu

$$\left. \begin{array}{ll} \text{für} \quad n = \text{ungerade} : & s_k = e^{jk\pi/n} \\ \text{für} \quad n = \text{gerade} : & s_k = e^{j(2k-1)\pi/2n} \end{array} \right\} \quad k = 1, 2, \ldots, 2n, \qquad (6.5)$$

denn umgekehrt gilt

$$\left. \begin{array}{ll} \text{für} \quad n = \text{ungerade} : & s_k^{2n} = e^{j2k\pi} = 1 \\ \text{für} \quad n = \text{gerade} : & s_k^{2n} = e^{j(2k-1)\pi} = -1 \end{array} \right\} \quad k = 1, 2, \ldots, 2n. \qquad (6.6)$$

Die beiden Ausdrücke in Gl.(6.5) zusammengefaßt ergeben für die Nullstellen

$$s_k = \sigma_k + j\omega_k = e^{j(2k+n-1)\pi/2n} \; ; \quad k = 1, 2, \ldots, 2n \qquad (6.7)$$

oder in Realteil und Imaginärteil zerlegt

6.2 Tiefpaßapproximation durch LC-Tschebyscheffilter

$$\sigma_k = \cos\left\{\frac{2k+n-1}{2n}\pi\right\} = \sin\left\{\frac{2k-1}{n}\cdot\frac{\pi}{2}\right\}$$

$$\omega_k = \sin\left\{\frac{2k+n-1}{2n}\pi\right\} = \cos\left\{\frac{2k-1}{n}\cdot\frac{\pi}{2}\right\},$$

$$k = 1, 2, \ldots, 2n.$$

(6.8)

Wegen $|s_k| = 1$ liegen alle Nullstellen auf dem Einheitskreis, und zwar, wie man aus Gl.(6.7) entnehmen kann, im Abstand $2\pi/2n$. Ist n ungerade, dann ergeben sich Nullstellen bei $s = \pm 1$, ist n gerade, dann gibt es keine Nullstellen auf der reellen Achse. Der Zeiger vom Ursprung zur ersten Nullstelle bildet dann mit der positiven σ-Achse den Winkel $\pi/2n$. In Abb.6.4 sind die Fälle für n = 3 und n = 4 dargestellt.

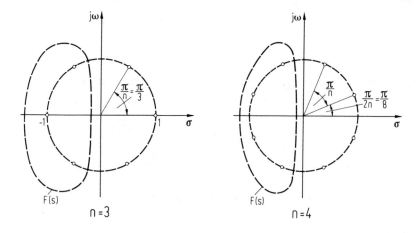

Abb.6.4. Nullstellen von $F(s)F(-s)$ beim Potenzfilter für die Grade n = 3 und n = 4.

Zur Bildung von $F(s)$ hat man jeweils die Nullstellen der linken s-Halbebene zu nehmen. Ein zugehöriges Zahlenbeispiel ist bereits in anderem Zusammenhang in Gl. (5.163) behandelt worden. Wie man leicht einsieht, führt der Potenzansatz nie zu Nullstellen von $F(s)$ auf der jω-Achse.

6.2 Tiefpaßapproximation durch LC-Tschebyscheffilter

Die Approximation des idealen Tiefpasses von Abb.6.2 durch ein Tschebyscheffilter geht von dem folgenden Ansatz aus:

$$|F(j\omega)|^2 = 1 + |K(j\omega)|^2 = 1 + \varepsilon^2 T_n^2(\omega) = F(j\omega)F(-j\omega). \qquad (6.9)$$

In diesem Ansatz ist ε eine reelle Zahl und $T_n(\omega)$ ist das Tschebyscheffpolynom 1. Art von der Ordnung n. Da dieses Polynom für reelle Werte von ω ebenfalls reelle Werte annimmt, führt auch dieser Ansatz wie der von Gl.(6.3) stets zum Ziel.

Bevor wir uns Gl.(6.9) zuwenden, wollen wir uns zunächst eine Vorstellung von den Eigenschaften der Tschebyscheffpolynome verschaffen. Die Definition der Tschebyscheffpolynome 1. Art lautet

$$T_n(\omega) = \begin{cases} \cos(n \arccos \omega) & \text{für } |\omega| \leq 1 \\ \cosh(n \operatorname{Arcosh} \omega) & \text{für } |\omega| \geq 1 \end{cases} \quad (6.10)$$

Daß es sich hierbei tatsächlich um Polynome handelt, werden wir später an der folgenden Rekursionsformel

$$T_n(\omega) = 2\omega T_{n-1}(\omega) - T_{n-2}(\omega) \quad (6.11)$$

erkennen, deren Gültigkeit wir aber zunächst erst beweisen wollen. Für $|\omega| \leq 1$ ergibt sich aus der Definition Gl.(6.10) und aus Gl.(6.11)

$$\cos(n \arccos \omega) = 2\omega \cos\{(n-1) \arccos \omega\} - \cos\{(n-2) \arccos \omega\} . \quad (6.12)$$

Mit der Hilfsformel

$$\cos\alpha + \cos\beta = 2\cos\left\{\frac{\alpha+\beta}{2}\right\} \cos\left\{\frac{\alpha-\beta}{2}\right\} \quad (6.13)$$

folgt aus Gl.(6.12)

$$2\omega \cos\{(n-1)\arccos\omega\} = 2\cos\left\{\frac{n+n-2}{2}\arccos\omega\right\} \cos\left\{\frac{n-n+2}{2}\arccos\omega\right\}$$

$$= 2\cos\{(n-1)\arccos\omega\} \cos(\arccos\omega)$$

$$= 2\omega\cos\{(n-1)\arccos\omega\} , \quad (6.14)$$

womit Gl.(6.11) für $|\omega| \leq 1$ bewiesen ist. Für $|\omega| > 1$ erfolgt der Beweis völlig gleichartig, und zwar mit der zu Gl.(6.13) analogen Hilfsformel

$$\cosh\alpha + \cosh\beta = 2\cosh\left\{\frac{\alpha+\beta}{2}\right\} \cosh\left\{\frac{\alpha-\beta}{2}\right\} . \quad (6.15)$$

Aus Gl.(6.10) folgt nun für

$$n = 0: \quad T_0(\omega) = \begin{cases} \cos 0 \\ \cosh 0 \end{cases} = 1 , \quad (6.16)$$

6.2 Tiefpaßapproximation durch LC-Tschebyscheffilter

$$n = 1: \quad T_1(\omega) = \begin{Bmatrix} \cos(\arccos\omega) \\ \cosh(\operatorname{Ar}\cosh\omega) \end{Bmatrix} = \omega. \quad (6.17)$$

Mit der Rekursionsformel Gl.(6.11) und Gl.(6.16) und Gl.(6.17) ergibt sich nun für

$$n = 2: \quad T_2(\omega) = 2\omega T_1(\omega) - T_0(\omega) = 2\omega^2 - 1, \quad (6.18)$$

$$n = 3: \quad T_3(\omega) = 2\omega T_2(\omega) - T_1(\omega) = 4\omega^3 - 3\omega, \quad (6.19)$$

$$n = 4: \quad T_4(\omega) = \ldots \qquad = 8\omega^4 - 8\omega^2 + 1, \quad (6.20)$$

$$n = 5: \quad T_5(\omega) = \ldots \qquad = 16\omega^5 - 20\omega^3 + 5\omega, \quad (6.21)$$

$$\vdots \quad \text{usw.}$$

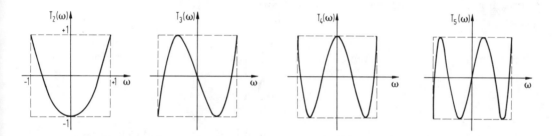

Abb.6.5. Verlauf der Tschebyscheffpolynome $T_2(\omega)$ bis $T_5(\omega)$ im Bereich $-1 \leq \omega \leq +1$.

Man sieht hieran, daß es sich tatsächlich um Polynome handelt. Der Verlauf der Polynome $T_2(\omega)$ bis $T_5(\omega)$ ist in Abb.6.5 dargestellt. Das Interessante an diesen Polynomen ist, daß sie im Bereich $-1 \leq \omega \leq +1$ zwischen den Grenzen $-1 \leq T_n(\omega) \leq +1$ schwanken, während sie für $\omega > 1$ monoton gegen Unendlich gehen. Das folgt unmittelbar aus Gl.(6.10), weil die cos-Funktion nur zwischen den Grenzen ± 1 schwanken kann, während sowohl der Betrag der Ar cosh-Funktion als auch die cosh-Funktion mit wachsendem Argument monoton gegen Unendlich gehen. Selbstverständlich müssen alle Nullstellen von $T_n(\omega)$ im Bereich $-1 < \omega < +1$ liegen. Damit wird also die ideale Tiefpaßkurve von Abb.6.2 in der in Abb.6.6 gezeigten Weise approximiert. Die Anzahl der Höcker im Durchlaßbereich $0 \leq \omega \leq 1$ hängt von der gewählten Ordnung n des Polynoms ab. Je höher die Ordnung n ist, desto mehr Höcker hat man im Durchlaßbereich und desto steiler verläuft die Kurve für $\omega > 1$. Ist n ungerade, dann geht die Dämpfungskurve durch den Ursprung, ist n gerade, dann geht sie durch den Punkt $\omega = 0$, $a_B = +\ln\sqrt{1+\varepsilon^2}$. Nachdem wir uns eine Vorstellung über die durch Gl.(6.9) bewirkte

Approximation verschafft haben, wollen wir nun an die Bestimmung von $H_B(s) = 1/F(s)$ herangehen. Dazu setzen wir wieder $s = j\omega$ bzw. $\omega = -js$ und erhalten aus Gl.(6.9)

$$F(s)\,F(-s) = 1 + \varepsilon^2 T_n^2(-js)\,. \tag{6.22}$$

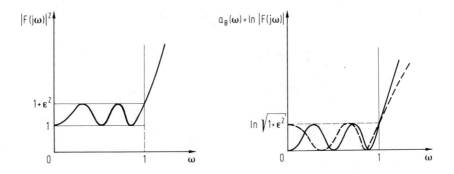

Abb.6.6. Tiefpaßapproximation mit Tschebyscheffpolynomen. a) eine approximierende Kurve für $|F(j\omega)|^2$; b) approximierende Kurven für $a_B(\omega)$.

Zum Aufsuchen der Nullstellen setzen wir $F(s)\,F(-s) = 0$ und bekommen

$$0 = 1 + \varepsilon^2 T_n^2(-js) \quad \text{oder} \quad T_n(-js) = \pm j\frac{1}{\varepsilon}\,. \tag{6.23}$$

Wir machen jetzt die Substitution $-js = \cos w$ mit $w = u + jv$ und erhalten

$$\pm j\frac{1}{\varepsilon} = T_n(\cos w) = \cos\{n \text{ arc } \cos(\cos w)\} = \cos\{n(u + jv)\}\,. \tag{6.24}$$

Mit den Hilfsformeln

$$\begin{aligned}\cos(\alpha + \beta) &= \cos\alpha\,\cos\beta - \sin\alpha\,\sin\beta\,,\\ \cos j\alpha &= \cosh\alpha, \quad \sin j\alpha = j\sinh\alpha\end{aligned} \tag{6.25}$$

ergibt sich

$$\pm j\frac{1}{\varepsilon} = \cos(n\,u)\cosh(n\,v) - j\sin(n\,u)\sinh(n\,v)\,. \tag{6.26}$$

Aus der Gleichheit der Realteile auf beiden Seiten von Gl.(6.26) folgt

$$\cos(n\,u)\cosh(n\,v) = 0\,. \tag{6.27}$$

Da der Hyperbelcosinus für beliebige Werte von v von Null verschieden ist, ergibt sich aus Gl.(6.27) als Lösung für u

6.2 Tiefpaßapproximation durch LC-Tschebyscheffilter

$$u_k = \pm \frac{2k-1}{2n} \pi, \quad k = 1, 2, \ldots, 2n. \tag{6.28}$$

Aus der Gleichheit der Imaginärteile auf beiden Seiten von Gl.(6.26) folgt

$$\sin(n\,u) \sinh(n\,v) = \mp \frac{1}{\varepsilon}. \tag{6.29}$$

An den Lösungspunkten $u = u_k$ [Gl.(6.28)] wird der Sinus in Gl.(6.29) gleich ± 1. Somit ergibt sich als Lösung für v

$$\sinh(n\,v_k) = \pm \frac{1}{\varepsilon}$$

oder

$$v_k = \frac{1}{n} \operatorname{Ar\,sinh}\left(\pm \frac{1}{\varepsilon}\right) = \pm \frac{1}{n} \operatorname{Ar\,sinh} \frac{1}{\varepsilon}. \tag{6.30}$$

Zur Bestimmung der Nullstellen von $F(s)\,F(-s)$ in der s-Ebene machen wir jetzt die Rücksubstitution. Das ergibt

$$s_k = \sigma_k + j\omega_k = j \cos w_k = j \cos(u_k + j\,v_k)$$
$$= j \cos u_k \cosh v_k + \sin u_k \sinh v_k, \tag{6.31}$$

also

$$\sigma_k = \sin u_k \sinh v_k = \pm \sin\left(\frac{2k-1}{2n}\pi\right) \sinh v_k$$

$$\omega_k = \cos u_k \cosh v_k = \cos\left(\frac{2k-1}{2n}\pi\right) \cosh v_k,$$

$$k = 1, 2, \ldots, 2k. \tag{6.32}$$

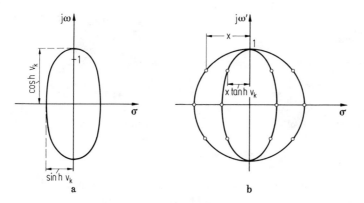

Abb.6.7. Nullstellen von $F(s)\,F(-s)$ beim Tschebyscheffilter. a) Ellipse als geometrischer Ort der Nullstellen; b) Konstruktion der Nullstellen des Tschebyscheffilters aus denen des Potenzfilters.

Die Nullstellen liegen jetzt auf einer Ellipse (Abb. 6.7a), denn aus Gl. (6.32) folgt

$$\frac{\sigma_k^2}{\sinh^2 v_k} + \frac{\omega_k^2}{\cosh^2 v_k} = 1 \ . \qquad (6.33)$$

Führt man normierte Nullstellen s_k' so ein, daß die Ellipse der normierten Nullstellenlagen durch den Punkt $\omega' = 1$ geht, dann muß man

$$s_k' = \frac{s_k}{\cosh v_k} = \sigma_k' + j\omega_k' \qquad (6.34)$$

setzen. Damit erhält man statt Gl. (6.32) die folgenden normierten Nullstellenlagen

$$\sigma_k' = \pm \tanh v_k \sin\left(\frac{2k-1}{2n}\pi\right)$$
$$\omega_k' = \cos\left(\frac{2k-1}{2n}\pi\right), \quad k = 1, 2, \ldots, 2n. \qquad (6.35)$$

Vergleicht man dieses normierte Ergebnis mit dem für die Potenzfilter gewonnen Ergebnis von Gl. (6.8), dann sieht man sofort, daß man die normierten Nullstellen des Tschebyscheffilters dadurch gewinnen kann, daß man die bekannten Abszissen der Nullstellen des Potenzfilters mit $\tanh v_k$ multipliziert, vgl. Abb. 6.7b. Ein Zahlenbeispiel soll dies erläutern:

Gegeben seien in Gl. (6.9) die Ordnung oder der Grad $n = 3$ und $\varepsilon = 0,5$. Wir suchen zunächst die normierten Nullstellen des Tschebyscheffilters und schließlich die realisierbare zugehörige Betriebswirkungsfunktion $H_B(s)$. Die Nullstellen des entsprechenden Potenzfilters vom Grad $n = 3$ liegen bei - vgl. Abb. 5.12 -

$$s_1 = -1$$
$$s_{2,3} = -0,5 \pm j\frac{\sqrt{3}}{2} \ . \qquad (6.36)$$

Aus Gl. (6.30) folgt, wenn wir uns für das positive Vorzeichen entscheiden,

$$v_k = \frac{1}{n} \operatorname{Ar sinh} \frac{1}{\varepsilon} = \frac{1}{3} \operatorname{Ar sinh} 2, \quad \text{d.h.} \quad \sinh 3 v_k = 2 \ .$$

Aus einer Tafel für den hyperbolischen Sinus, z.B. [29], erhalten wir

$$3 v_k \approx 1,44 \quad \text{d.h.} \quad v_k \approx 0,48, \quad \text{also} \ \tanh v_k \approx 0,446 \ , \quad \cosh v_k \approx 1,117 \ . \qquad (6.37)$$

Damit folgt aus Gl. (6.36) für die normierten Nullstellen des Tschebyscheffilters

$$s_1' = -0,446$$
$$s_{2,3}' = -0,223 \pm j\frac{\sqrt{3}}{2} \ . \qquad (6.38)$$

Die entnormierten Nullstellen des Tschebyscheffilters erhalten wir gemäß Gl.(6.34) aus den normierten durch Multiplikation mit $\cosh v_k = 1{,}117$. Das ergibt

$$s_1 = -0{,}446 \cdot 1{,}117 = -0{,}5$$

$$s_{2,3} = \left(-0{,}223 \pm j\tfrac{\sqrt{3}}{2}\right) \cdot 1{,}117 = -0{,}5 \pm j\,0{,}968 \ . \tag{6.39}$$

Mit dem unbestimmten Faktor A erhalten wir jetzt

$$F(s) = A(s - s_1)(s - s_2)(s - s_3) =$$

$$= A(s + 0{,}5)(s + 0{,}25 + j\,0{,}968)(s + 0{,}25 - j\,0{,}968) = \tag{6.40}$$

$$= A(s^3 + s^2 + 1{,}25s + 0{,}5) \ .$$

Wegen der Bedingung $|F(j\omega)| \geqslant 1$ [Gl.(5.100)] wählen wir $A = 2$ und bekommen als zulässige Wirkungsfunktion für das Tschebyscheffilter mit $n = 3$ und $\varepsilon = 0{,}5$

$$H_B(s) = \frac{1}{F(s)} = \frac{1}{2s^3 + 2s^2 + 2{,}5s + 1} \ . \tag{6.41}$$

Aus $H_B(s)$ kann jetzt analog zu Gl.(5.155) zunächst eine zulässige Kettenmatrix [A] berechnet werden und aus dieser wiederum, da alle Wirkungsnullstellen auf der $j\omega$-Achse liegen, nach der Methode von Satz 5.7 ein realisierender Vierpol.

6.3 Tiefpaßapproximation durch LC-Cauerfilter

Mit den Cauerfiltern wird nicht nur der Dämpfungsverlauf im Durchlaßbereich $0 \leqslant \omega \leqslant 1$, sondern auch im Sperrbereich $\omega > 1$ im sogenannten tschebyscheffschen Sinn approximiert. Dies wird erreicht, indem man in der Beziehung

$$|F(j\omega)|^2 = F(j\omega)\,F(-j\omega) = 1 + K(j\omega)\,K(-j\omega) \tag{6.42}$$

die charakteristische Funktion $K(s)$ folgendermaßen ansetzt:

$$K(s) = s \cdot \frac{s^2 + \omega_2^2}{\omega_2^2 s^2 + 1} \cdot \frac{s^2 + \omega_4^2}{\omega_4^2 s^2 + 1} \cdots \frac{s^2 + \omega_{2n}^2}{\omega_{2n}^2 s^2 + 1} \ , \tag{6.43}$$

falls $K(s)$ ungerade, und

$$K(s) = \frac{s^2 + \omega_1^2}{\omega_1^2 s^2 + 1} \cdot \frac{s^2 + \omega_3^2}{\omega_3^2 s^2 + 1} \cdots \frac{s^2 + \omega_{2n-1}^2}{\omega_{2n-1}^2 s^2 + 1} \ , \tag{6.44}$$

falls $K(s)$ gerade ist. Setzt man $s = j\omega$, dann erkennt man, daß sowohl in Gl.(6.43) als auch in Gl.(6.44)

$$K(j\omega) = \frac{1}{K\left(\frac{1}{j\omega}\right)} \tag{6.45}$$

ist. Mit den Ansätzen von Gl.(6.43) und Gl.(6.44) erhält man den Dämpfungsverlauf von Abb.6.8, wenn man die Werte von ω_2, ω_4, ω_6, ... bzw. von ω_1, ω_3, ω_5, ... so wählt, daß die Höcker im Durchlaßbereich alle gleich hoch werden. Die Minima im

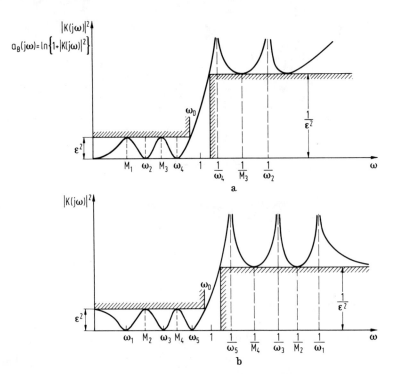

Abb.6.8. Tiefpaßapproximation durch LC-Cauerfilter. a) Approximierende Kurve bei einer ungeraden Funktion K(s); b) approximierende Kurve bei einer geraden Funktion K(s).

Sperrbereich werden dann wegen Gl.(6.45) automatisch ebenfalls alle gleich hoch. Für dieses Problem ist von C a u e r eine geschlossene Lösung angegeben worden. Sie lautet [12]:

Für K(s) = ungerade ergeben sich die Nullstellenlagen ω_ν zu

$$\omega_\nu = \omega_D \, \text{sn}\left\{\frac{\nu B}{2n+1}\right\}, \quad \nu = 0, 2, 4, \ldots, 2n. \tag{6.46}$$

Die Funktion sn() und die Größe B werden weiter unten erläutert. Sind die Nullstellen entsprechend Gl.(6.46) gewählt, dann liegen die Maxima M_ν bei

$$M_\nu = \omega_D \, \text{sn}\left\{\frac{\nu B}{2n+1}\right\}, \quad \nu = 1, 3, 5, \ldots, 2n+1 \tag{6.47}$$

6.3 Tiefpaßapproximation durch LC-Cauerfilter

und die Höhe der Maxima ergibt sich zu

$$|\varepsilon| = \left(M_1 \cdot M_3 \cdot M_5 \ldots M_{2n-1}\right)^2 \cdot \omega_D \,. \tag{6.48}$$

Für $K(s)$ = gerade ergeben sich die Nullstellen ω_ν zu

$$\omega_\nu = \omega_D \, \text{sn}\left\{\frac{\nu B}{2n}\right\}, \quad \nu = 1, 3, 5, \ldots, 2n-1 \,. \tag{6.49}$$

Sind die Nullstellen entsprechend Gl.(6.49) gewählt, dann liegen die Maxima M_ν bei

$$M_\nu = \omega_D \, \text{sn}\left\{\frac{\nu B}{2n}\right\}, \quad \nu = 0, 2, 4, \ldots, 2n \tag{6.50}$$

und die Höhe der Maxima ergibt sich zu

$$|\varepsilon| = \left(\omega_1 \cdot \omega_3 \cdot \omega_5 \ldots \omega_{2n-1}\right)^2 \,. \tag{6.51}$$

Nun zur Erläuterung der Größe B und der Funktion sn(). Die Größe B stellt das vollständige elliptische Integral 1. Gattung dar. Es berechnet sich zu

$$B\left(\omega_D^2\right) = \int_{\varphi=0}^{\varphi=\frac{\pi}{2}} \frac{d\varphi}{\sqrt{1 - \omega_D^4 \sin^2\varphi}} \,. \tag{6.52}$$

Man findet dieses Integral z.B. in [30] tabelliert, und zwar meist in der Form

$$B(k) = B(\sin\alpha) = \int_{\varphi=0}^{\varphi=\frac{\pi}{2}} \frac{d\varphi}{\sqrt{1 - k^2 \sin^2\varphi}} \,. \tag{6.53}$$

Die Größe $k = \sin\alpha = \omega_D^2$ wird dabei als Modul bezeichnet, der Winkel α als Modulwinkel.

Ist die obere Integrationsgrenze in Gl.(6.52) oder Gl.(6.53) nicht gleich $\frac{\pi}{2}$, sondern gleich Φ, dann spricht man vom unvollständigen elliptischen Integral 1. Gattung

$$u\left(\Phi, \omega_D^2\right) = \int_{\varphi=0}^{\Phi} \frac{d\varphi}{\sqrt{1 - \omega_D^4 \sin^2\varphi}} \,. \tag{6.54}$$

Dieses Integral findet man meist in der Form

$$u(\Phi, \sin\alpha) = \int_{\varphi=0}^{\Phi} \frac{d\varphi}{\sqrt{1 - \sin^2\alpha \sin^2\varphi}} \quad . \qquad (6.55)$$

tabelliert. Die elliptischen Integrale treten in der Mathematik u.a. bei der Berechnung von Bogenlängen von Ellipsen auf, woher sie ihre Bezeichnung haben.

Die oben aufgetretene Funktion sn() ist nichts anderes als die Umkehrung des unvollständigen elliptischen Integrals 1. Gattung, bei dem also vorgegeben sind der Wert von u und von $\sin^2\alpha$ und der Wert von Φ oder $\sin\Phi$ zu berechnen ist. Diese Umkehrfunktion wird als **Jakobi-elliptische Funktion** bezeichnet. Man schreibt

$$\sin\Phi = \text{sn}(u, \sin\alpha) \quad . \qquad (6.56)$$

Wir wollen hier den Beweis von **Cauer** nicht nachvollziehen, sondern uns statt dessen mit einem einfachen Zahlenbeispiel begnügen, worin die Anwendung obiger Formeln demonstriert wird.

Zu berechnen sei ein Cauerfilter 3.Ordnung, d.h. mit $2n+1 = 3$ oder $n = 1$, siehe Abb.6.9. Die zugehörige charakteristische Funktion lautet gemäß Gl.(6.43) für $s = j\omega$

$$K(j\omega) = j\omega \frac{-\omega^2 + \omega_2^2}{-\omega^2 \omega_2^2 + 1} = j\omega \frac{\omega_2^2 - \omega^2}{1 - \omega_2^2 \omega^2} \quad . \qquad (6.57)$$

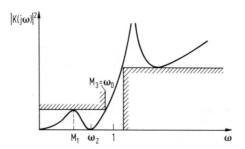

Abb.6.9. Zur Berechnung eines Cauerfilters 3. Ordnung.

Nullstelle, Maximum und Höckerhöhe ergeben sich nach Gl.(6.46) bis Gl.(6.48) zu

$$\omega_2 = \omega_D \,\text{sn}\!\left(\frac{2B}{3}\right), \quad M_1 = \omega_D \,\text{sn}\!\left(\frac{B}{3}\right), \quad M_3 = \omega_D, \quad |\varepsilon| = M_1^2 \,\omega_D \,.$$

Wir wollen nun vorgeben den Modulwinkel zu $\alpha = 60°$. Das ist gleichbedeutend mit der Vorgabe der Durchlaßgrenze ω_D, denn es ist

6.4 Approximation beliebiger Dämpfungsverläufe, Frequenztransformationen   233

$$\omega_D^2 = \sin\alpha = \sin 60° = 0{,}866 \quad \text{oder} \quad \omega_D = 0{,}931 \; .$$

Mit dem Modulwinkel $\alpha = 60°$ finden wir aus einer Funktionstafel, z.B. [30], $B(\sin 60°) = 2{,}1565$. Damit folgt für die Nullstelle

$$\omega_2 = \omega_D \, \text{sn}\left(\frac{2B}{3}\right) = 0{,}931 \, \text{sn}(1{,}4376,\, \sin 60°) = 0{,}931 \sin\Phi \tag{6.58}$$

oder durch Umkehrung

$$1{,}4376 = \int_{\varphi=0}^{\Phi} \frac{d\varphi}{\sqrt{1 - \sin^2 60° \sin^2\varphi}} \; , \tag{6.59}$$

wofür man wieder mit Hilfe einer Funktionstafel findet $\Phi \approx 68°5'$ oder $\sin\Phi \approx 0{,}9277$. Das ergibt mit Gl.(6.58)

$$\omega_2 = 0{,}931 \cdot 0{,}9277 = 0{,}863 \; .$$

In analoger Weise wie ω_2 findet man $M_1 = 0{,}584$ und damit $|\varepsilon| = 0{,}3175$.

Dieses Zahlenbeispiel zeigt, daß die Berechnung von Cauerfiltern mit Funktionentafeln ziemlich mühselig ist. Aus diesem Grund sind schon verhältnismäßig früh Tabellen für die Cauerparameter ω_1, ω_2, ω_3, ... und ε in Abhängigkeit vom Modulwinkel α aufgestellt worden [31]. Wegen der großen praktischen Bedeutung von Cauerfiltern sind später komplette Kataloge erstellt worden, in denen die Rechnung bis zu den Schaltelementen durchgeführt ist, siehe u.a. [32].

6.4 Approximation beliebiger Dämpfungsverläufe, Frequenztransformationen

Prinzipiell läßt sich jeder vorgegebene Betriebsdämpfungsverlauf $a_B^+(\omega)$ beliebig genau durch die Betriebsdämpfung $a_B(\omega)$ eines passiven LC-Vierpols approximieren, sofern die vorgegebene Betriebsdämpfung $a_B^+(\omega)$ nichtnegativ, eindeutig und eine gerade Funktion in ω ist. Dann nämlich ist auch die Funktion

$$f^+(\omega^2) = e^{2a_B^+(\omega)} - 1 \tag{6.60}$$

nichtnegativ, eindeutig und gerade. Nehmen wir an, $f(\omega^2)$ sei eine hinreichend gute Approximation von $f^+(\omega^2)$, dann können wir nach Gl.(6.60) schreiben

$$f(\omega^2) = e^{2a_B(\omega)} - 1 = |K(j\omega)|^2 = K(j\omega)\,K(-j\omega) \tag{6.61}$$

oder

$$f(-s^2) = K(s)\,K(-s) \; . \tag{6.62}$$

Die Nullstellen von $f(-s^2)$ müssen quadrantsymmetrisch liegen, denn wenn eine Nullstelle bei $s = s_0$ vorhanden ist, muß auch bei $s = -s_0$ eine Nullstelle sein. Auf der $j\omega$-Achse können nur Nullstellen geradzahliger Vielfachheit auftreten, wenn $f(\omega^2)$ nichtnegativ ist. Folglich läßt sich $f(-s^2)$ stets so in $K(s)$ und $K(-s)$ zerlegen, daß $K(s)$ eine rationale Funktion mit reellen Koeffizienten ist. Das genügt aber bereits zum Auffinden einer realisierbaren [A]-Matrix eines passiven LC-Vierpols, wie in Abschnitt 5.3.4 im Zusammenhang mit Gl.(5.161) gezeigt wurde.

Bei der Approximation vorgegebener Phasenverläufe $b^+(\omega)$ sind die Verhältnisse nicht so einfach wie bei vorgegebenen Dämpfungsverläufen.

In den Abschnitten 6.1 bis 6.3 wurde ausschließlich der ideale Tiefpaß mit der in Abb.6.2 gezeigten Charakteristik approximiert. Neben dem Tiefpaß spielen in der Praxis noch der Hochpaß, der Bandpaß und die Bandsperre eine bedeutende Rolle. Ihre idealen Dämpfungscharakteristiken sind in Abb.6.10 dargestellt. Der

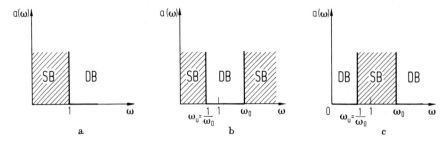

Abb.6.10. Ideale Dämpfungscharakertistik für a) den Hochpaß; b) den Bandpaß; c) die Bandsperre.

Durchlaßbereich ist jeweils mit DB, der Sperrbereich mit SB gekennzeichnet. Wir wollen nun zeigen, daß man für diese Filter keine gesonderten Approximationen benötigt, sondern daß man durch geeignete Frequenztransformationen die Approximation für den idealen Tiefpaß auch auf den Hochpaß, den Bandpaß und die Bandsperre anwenden kann. Dazu denken wir uns für die folgenden Betrachtungen in den Abschnitten 6.1 bis 6.3 die Variable s durch die Bezeichnung s^+ ersetzt, weil wir die Variable s nun für den Hochpaß, den Bandpaß und die Bandsperre verwenden wollen.

Wenden wir uns zunächst dem Hochpaß zu. Setzen wir

$$s^+ = \frac{1}{s}, \qquad (6.63)$$

dann werden offenbar aus allen Tiefpaßfunktionen in den Abschnitten 6.1 bis 6.3 Hochpaßfunktionen. So wird z.B. aus [Gl.(6.41)]

$$H_B(s^+) = \frac{1}{2s^{+3} + 2s^{+2} + 2,5s^+ + 1}$$

6.4 Approximation beliebiger Dämpfungsverläufe, Frequenztransformationen

die Tschebyscheff-Hochpaßfunktion

$$H_B(s) = \frac{1}{\frac{2}{s^3} + \frac{2}{s^2} + \frac{2,5}{s} + 1} = \frac{s^3}{2 + 2s + 2,5s^2 + s^3} \qquad (6.64)$$

usw. In Abb.6.11 ist veranschaulicht, wie durch die Transformation von Gl.(6.63) die $j\omega^+$-Achse in Zeile (a) sich auf die Zeile (b) abbildet. Die positive Hälfte des

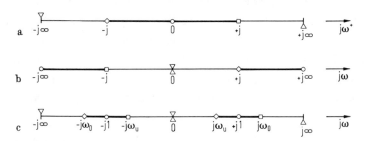

Abb.6.11. Zur Erläuterung der Frequenzachsentransformation. Bei der Tiefpaß/Hochpaß-Transformation wird die ω^+-Achse a) in die ω-Achse b) transformiert. Bei der Tiefpaß/Bandpaß-Transformation wird die ω^+-Achse in die ω-Achse c) transformiert.

Durchlaßbereichs $0 \leq \omega^+ \leq +1$ geht in den Bereich $-\infty \leq \omega \leq -1$ und die negative Hälfte des Durchlaßbereichs $-1 \leq \omega^+ \leq 0$ geht in den Bereich $+1 \leq \omega \leq +\infty$ über.

Nun muß man sich fragen, ob es passieren kann, daß durch die Frequenztransformation die Realisierbarkeit möglicherweise verloren geht. Diese Frage kann generell verneint werden. Das heißt, sofern die Tiefpaßfunktion $H_B(s^+)$ realisierbar ist, muß es auch die durch die Transformation Gl.(6.63) daraus entstandene Hochpaßfunktion $H_B(s)$ sein. Wenn nämlich $H_B(s^+)$ realisierbar ist, dann muß es auch wenigstens eine zugehörige Schaltung geben. Wenn man in dieser Schaltung die folgenden Ersetzungen vornimmt:

$$s^+ L^+ = \frac{1}{sC} \quad \text{mit} \quad \frac{1}{C} = L^+ ,$$
$$s^+ C^+ = \frac{1}{sL} \quad \text{mit} \quad \frac{1}{L} = C^+ , \qquad (6.65)$$

was immer möglich ist, dann wird aus $H_B(s^+)$ die transformierte Funktion $H_B(s)$. Gl.(6.65) gibt also auch an, wie man eine gegebene Tiefpaßschaltung unmittelbar in eine Hochpaßschaltung umwandeln kann.

Man erhält aus einer Tiefpaßfunktion eine Bandpaßfunktion, indem man

$$s^+ = \frac{1}{\omega_o - \omega_u}(s + \frac{1}{s}) \qquad (6.66)$$

setzt, wobei

$$\omega_o = \frac{1}{\omega_u} \; ; \quad \omega_o > 1 \qquad (6.67)$$

ω_u bzw. ω_o ist die untere bzw. obere Grenzfrequenz des Bandpasses, vgl. Abb.6.10b. Das Wesen der Tranformation von Gl.(6.66) und Gl.(6.67) ist in Abb.6.11 Zeile (c) veranschaulicht. Diese Abbildung zeigt, wie sich spezielle Punkte auf der $j\omega$-Achse der s-Ebene in Punkte der $j\omega^+$-Achse der s^+-Ebene abbilden und umgekehrt. So entsprechen z.B. dem Punkt $+j$ der s^+-Ebene die Punkte $-j\omega_u$ und $+j\omega_o$ der s-Ebene usw. Die positive Hälfte des Durchlaßbereichs des Tiefpasses $0 \leq \omega^+ \leq 1$ geht also in den Bereich $\omega_u \leq \omega \leq \omega_o$ über, und die negative Hälfte des Durchlaßbereichs des Tiefpasses $-1 \leq \omega^+ \leq 0$ geht also in den Bereich $-\omega_o \leq \omega \leq -\omega_u$ über. Da beim Tiefpaß die Dämpfungskurve $a_B(\omega^+)$ symmetrisch zum Ursprung sein muß, ergibt sich auch beim Bandpaß eine zum Ursprung symmetrische Dämpfungskurve $a_B(\omega)$.

Die Realisierbarkeit der durch die Transformation entstandenen Bandpaßfunktion ergibt sich durch eine analoge Überlegung wie beim Hochpaß. Man hat jetzt nur die folgenden Ersetzungen vorzunehmen:

$$s^+ L^+ = sL_1 + \frac{1}{sC_1} \quad \text{mit} \quad L_1 = \frac{1}{C_1} = \frac{L^+}{\omega_o - \omega_u} \qquad (6.68)$$

und

$$s^+ C^+ = sC_2 + \frac{1}{sL_2} \quad \text{mit} \quad C_2 = \frac{1}{L_2} = \frac{C^+}{\omega_o - \omega_u} \; . \qquad (6.69)$$

Mit $\omega_o > \omega_u$ ergeben sich stets positive Schaltelemente, womit die aus $H_B(s^+)$ durch Transformation gewonnene Funktion $H_B(s)$ stets realisierbar ist.

Man erhält eine Bandsperre, wenn man die Tiefpaß-Bandpaß-Transformation auf den Hochpaß anwendet.

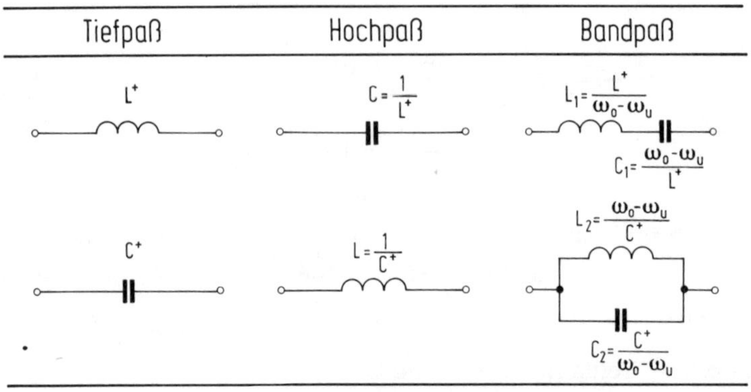

Tiefpaß	Hochpaß	Bandpaß
L^+	$C = \frac{1}{L^+}$	$L_1 = \frac{L^+}{\omega_o - \omega_u}$, $C_1 = \frac{\omega_o - \omega_u}{L^+}$
C^+	$L = \frac{1}{C^+}$	$L_2 = \frac{\omega_o - \omega_u}{C^+}$, $C_2 = \frac{C^+}{\omega_o - \omega_u}$

Abb.6.12. Transformation der Schaltelemente bei der Tiefpaß/Hochpaß- und bei der Tiefpaß/Bandpaß-Transformation.

6.5 Approximation linear ansteigender Phase durch LC-Vierpole

In Abb.6.12 sind die durch die einzelnen Transformationen sich ergebenden Änderungen der Schaltelemente zusammengestellt. Bei einer Tiefpaß-Bandsperre-Transformation würde sich aus einer Induktivität L^+ ein Parallelschwingkreis, und aus einer Kapazität C^+ ein Serienschwingkreis ergeben. Wandelt man mit Hilfe von Abb.6.12 eine Tiefpaßschaltung in eine Bandpaßschaltung um, dann erhält die so entstandene Bandpaßschaltung im allgemeinen mehr Induktivitäten als nötig sind. Wünscht man eine Bandpaßschaltung mit der minimalen Anzahl von Induktivitäten, dann muß man entweder die transformierte Bandpaßfunktion $H_B(s)$ z.B. mit der Methode von Abschnitt 5.4.2 noch einmal neu entwickeln, oder man kann die mit Hilfe von Abb.6.12 erhaltene Bandpaßschaltung durch eine in [33] beschriebene Transformation in eine Schaltung mit minimaler Induktivitätenanzahl transformieren.

6.5 Approximation linear ansteigender Phase durch LC-Vierpole

Die Approximation von Phasenverläufen gestaltet sich insofern schwieriger als die von Dämpfungsverläufen, weil es bei LC-Vierpolen keinen so einfachen Zusammenhang zwischen Phase $b(\omega)$ und charakteristischer Funktion $K(j\omega)$ gibt wie zwischen $K(j\omega)$ und der Dämpfung $a_B(\omega)$.

Nach dem Verschiebungssatz der Laplacetransformation Gl.(1.9) benötigt man zur Bildung eines idealen Laufzeitgliedes der Laufzeit t_0 eine Wirkungsfunktion

$$H(s) = e^{-st_0} = \frac{1}{e^{st_0}} \quad . \qquad (6.70)$$

Das entspricht nach Gl.(1.72) einem linear mit der Frequenz ansteigenden Phasenverlauf (Abb.6.13)

$$b(\omega) = \omega t_0 \quad . \qquad (6.71)$$

Ohne Einschränkung der Allgemeinheit kann man zunächst $t_0 = 1$ setzen. Das ergibt

$$H(s) = \frac{1}{e^s} \approx \frac{P(s)}{Q(s)} \quad . \qquad (6.72)$$

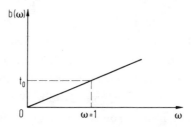

Abb.6.13. Idealer Phasenverlauf eines Verzögerungsgliedes der Laufzeit t_0.

Den Fall $t_0 \neq 1$ kann man daraus durch entsprechende Frequenzentnormierung gewinnen.

Unsere Aufgabe besteht jetzt darin, die transzendente Funktion von Gl.(6.70) durch eine rationale Funktion so zu approximieren, daß sich eine realisierbare, d.h. eine die Bedingungen von Satz 5.5 erfüllende Funktion ergibt.

Der Versuch, die Funktion e^s durch ihre nach dem $(n+1)$-ten Glied abgebrochene Maclaurin-Reihe

$$e^s \approx 1 + \frac{s}{1!} + \frac{s^2}{2!} + \ldots + \frac{s^n}{n!} \qquad (6.73)$$

zu approximieren, führt nur in Sonderfällen zum Erfolg, weil das so gebildete Nennerpolynom $Q(s)$ in Gl.(6.72) nicht immer ein Hurwitzpolynom ist. Wie man nachprüfen kann, ergibt sich zwar für $n = 4$ ein Hurwitzpolynom, für $n = 5$ ist jedoch $Q(s)$ nicht mehr Hurwitzpolynom.

Entwickelt man jedoch den Quotienten der Maclaurin-Reihen von $\cosh s$ und $\sinh s$ in einen Kettenbruch, dann erhält man

$$\operatorname{ctgh} s = \frac{\cosh s}{\sinh s} = \frac{1 + \frac{s^2}{2!} + \frac{s^4}{4!} + \ldots}{\frac{s}{1!} + \frac{s^3}{3!} + \frac{s^5}{5!} + \ldots} =$$

$$= \frac{1}{s} + \cfrac{1}{\frac{3}{s} + \cfrac{1}{\frac{5}{s} + \cfrac{1}{\frac{7}{s} + \cfrac{\ddots}{\ldots + \frac{1}{(2n-1)/s}}}}} = \frac{g_n(s)}{u_n(s)}. \qquad (6.74)$$

Der Vergleich von Gl.(6.74) mit Gl.(2.65) zeigt, daß der nach $(2n-1)/s$ abgebrochene Kettenbruch eine Reaktanzzweipolfunktion $Z(s) = g_n(s)/u_n(s)$ von der Ordnung n sein muß. Nach Satz 2.2 ist folglich (wenn der Index n die Ordnung kennzeichnet)

$$e^s \approx (\cosh s + \sinh s)_n = g_n(s) + u_n(s) = Q_n(s) \qquad (6.75)$$

stets ein Hurwitzpolynom. Es ist also nicht dasselbe, ob man die Maclaurin-Reihe von e^s nach dem $(n+1)$-ten Glied abbricht [Gl.(6.73)], oder ob man den Kettenbruch von Gl.(6.74) nach dem Glied $(2n-1)/s$ abbricht. Beides führt auf ein die Funktion e^s approximierendes Polynom vom Grad n. Während aber im ersten Fall nicht unbedingt ein Hurwitzpolynom herauskommt, ergibt sich im letzten Fall stets ein Hurwitzpolynom, obleich für $n \to \infty$ beide Polynome gleich sein müssen.

6.5 Approximation linear ansteigender Phase durch LC-Vierpole

Da der Zähler stets eine reelle Zahl ist, ergibt sich durch Abbrechen des Kettenbruchs von Gl.(6.74) stets eine approximierende Funktion für $H(s)$, die alle Bedingungen von Satz 5.5 erfüllt. So ergibt sich beispielsweise für $n = 5$

$$\frac{g_5(s)}{u_5(s)} = \frac{1}{s} + \cfrac{1}{\frac{3}{s} + \cfrac{1}{\frac{5}{s} + \cfrac{1}{\frac{7}{s} + \cfrac{1}{\frac{9}{s}}}}} = \ldots = \frac{15s^4 + 420s^2 + 945}{s^5 + 105s^3 + 945s} \quad . \tag{6.76}$$

Daraus folgt, wenn das konstante Glied zu 1 gesetzt wird,

$$e^s \approx g_5(s) + u_5(s) = 1 + s + \frac{4}{9}s^2 + \frac{1}{9}s^3 + \frac{1}{63}s^4 + \frac{1}{945}s^5 \quad . \tag{6.77}$$

Gl.(6.73) hingegen hätte für $n = 5$ ergeben

$$e^s \approx 1 + s + \frac{1}{2}s^2 + \frac{1}{6}s^3 + \frac{1}{24}s^4 + \frac{1}{120}s^5 \quad . \tag{(6.78)}$$

Mit Gl.(6.77) bzw. Gl.(6.76) und Gl.(6.72) folgt für die Wirkungsfunktion

$$H(s) = \frac{945}{s^5 + 15s^4 + 105s^3 + 420s^2 + 945s + 945} \tag{6.79}$$

Es läßt sich zeigen, daß Gl.(6.79) nicht nur Satz 5.5, sondern auch Satz 5.6 erfüllt.

Die so entstandenen Filter bezeichnet man auch als Besselfilter.

7. Synthese allgemeiner passiver Vierpole

In diesem Kapitel werden RC- und RLC-Vierpole behandelt. RC-Netzwerke haben in den letzten Jahren große Bedeutung erreicht, weil sie zusammen mit aktiven Elementen theoretisch auch alles das verwirklichen können, was mit LC-Netzwerken möglich ist. LC-Netzwerke haben im Gegensatz zu aktiven RC-Netzwerken den Nachteil, daß sie sich nicht in miniaturisierter Bauweise herstellen lassen.

7.1 Notwendige und hinreichende Realisierbarkeitsbedingungen für RC-Vierpolmatrizen [Z], [Y] und [A]

Wir beginnen mit der [Z]-Matrix

$$[Z] = \begin{bmatrix} Z_{11} & Z_{12} \\ Z_{21} & Z_{22} \end{bmatrix}. \qquad (7.1)$$

Die Realisierbarkeitsbedingungen für diese Matrix lassen sich in analoger Weise wie die Bedingungen für die [Z]-Matrix des LC-Vierpols herleiten, vgl. Abschnitt 5.1.1. Auch für die Widerstandsmatrix des RC-Vierpols gilt die Reziprozitätsforderung von Satz 4.1, d.h. es muß $Z_{21} = Z_{12}$ sein. Ferner müssen Z_{11} und Z_{22} jetzt RC-Zweipolfunktionen sein, also Satz 2.3 erfüllen bzw. sich in der Form von Gl.(2.103) darstellen lassen.

Zur Klärung der Frage, welche Eigenschaften $Z_{12}(s)$ haben muß, wenden wir auf den RC-Vierpol in Abb.7.1, der nur aus positiven ohmschen Widerständen R und positiven Kapazitäten C zusammengesetzt ist, den Satz von Tellegen in der Form von Gl. (1.91) an. Das ergibt

$$F_z(s) + \frac{V_z(s)}{s} + U_e I_e^* + U_a I_a^* = 0. \qquad (7.2)$$

7.1 Realisierbarkeitsbedingungen für RC-Vierpolmatrizen [Z], [Y] und [A]

Die Funktion $F_z(s)$ berücksichtigt alle ohmschen Widerstände [vgl. Gl.(1.79)] und die Funktion $V_z(s)/s$ alle Kapazitäten (vgl. Gl.(1.83). $F_z(s)$ und $V_z(s)$ sind nach Gl.(1.93) und Gl.(1.95) für jedes s reell und nichtnegativ.

Führt man statt U_e, I_e, U_a und I_a die Klemmenspannungen und -ströme U_1, I_1, U_2, I_2 ein, dann erhält man in **analoger** Weise wie in Gl.(5.6) bis Gl.(5.10)

$$F_z(s) + \frac{V_z(s)}{s} = \underline{I}^* [Z] \underline{I} \, , \qquad (7.3)$$

wobei jetzt [Z] die Widerstandsmatrix des RC-Vierpols ist. $\underline{I}^*$ und $\underline{I}$ sind wieder der konjugiert komplexe Zeilenvektor und der Spaltenvektor der Vierpolklemmenströme.

Der Ausdruck auf der linken Seite von Gl.(7.3) ist bereits in Abschnitt 2.2.1 untersucht worden, vgl. Gl.(2.91). Es handelt sich um eine reelle rationale Funktion, die sich in der Form von Gl.(2.103) darstellen lassen muß. Die rechte Seite von Gl.(7.3) wurde im Anschluß an Gl.(5.10) berechnet. Folglich gilt

$$\frac{k_0}{s} + \sum_{\nu=1}^{n} \frac{k_\nu}{s + \sigma_\nu} + k_\infty = Z_{11}(s)|I_1|^2 + Z_{22}(s)|I_2|^2 + 2Z_{12}(s)(a_1 a_2 + b_1 b_2) \qquad (7.4)$$

$$\text{mit} \quad k_0, k_\nu, k_\infty \geq 0, \; \sigma_\nu > 0, \; I = a + jb \, .$$

Die Ausdrücke $|I_1|^2$ und $|I_2|^2$ sind für alle s reell und nichtnegativ. Der Ausdruck $(a_1 a_2 + b_1 b_2)$ ist zwar reell, er kann aber negativ sein, vgl. Gl.(5.14). Da Z_{11} und Z_{22} RC-Zweipolfunktionen und damit von derselben Struktur sind wie die linke Seite von Gl.(7.4), folgt, daß auch $Z_{12}(s)$ dieselbe Struktur wie Z_{11} und Z_{22} haben muß,

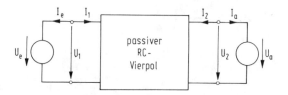

Abb.7.1. Zur Bestimmung der Eigenschaften des passiven RC-Vierpols.

und zwar unabhängig davon, wie man in Abb.7.1 die Spannungen U_e und U_a und damit die Ströme I_1 und I_2 bzw. a_k und b_k (k = 1,2) wählt. Daraus folgt, daß Z_{12} nur dort Pole haben kann, wo auch Z_{11} oder Z_{22} Pole haben.

Mit einer analogen Überlegung wie in Gl.(5.15) bis Gl.(5.19) kommt man jetzt zur folgenden Schreibweise für die Widerstandsmatrix [Z] des RC-Vierpols

$$[Z] = \frac{1}{s}[K^{(0)}] + \sum_{\nu=1}^{n} \frac{1}{s+\sigma_\nu}[K^{(\nu)}] + [K^{(\infty)}] \qquad (7.5)$$

mit den Matrizen

$$[K^{(\mu)}] = \begin{bmatrix} k_{11}^{(\mu)} & k_{12}^{(\mu)} \\ k_{12}^{(\mu)} & k_{22}^{(\mu)} \end{bmatrix}, \qquad \mu = 0,\nu,\infty. \qquad (7.6)$$

Wegen k_0, k_ν, $k_\infty \geq 0$ in Gl.(7.4) folgt für die Matrizen in Gl.(7.6) analog wie in Gl.(5.21) bis Gl.(5.31)

$$k_{11}^{(\mu)} k_{22}^{(\mu)} - (k_{12}^{(\mu)})^2 \geq 0. \qquad (7.7)$$

Bis auf den Nachweis des Hinreichendseins ist damit der folgende, dem Satz 5.1 sehr ähnliche Satz 7.1 bewiesen:

Satz 7.1

Notwendig und hinreichend für die Realisierbarkeit einer Widerstandsmatrix [Z] durch einen passiven RC-Vierpol ist, daß die Matrix symmetrisch ist, und ihre Elemente sich in der folgenden Form darstellen lassen

$$Z_{11} = \frac{k_{11}^{(0)}}{s} + \sum_{\nu=1}^{n} \frac{k_{11}^{(\nu)}}{s+\sigma_\nu} + k_{11}^{(\infty)},$$

$$Z_{22} = \frac{k_{22}^{(0)}}{s} + \sum_{\nu=1}^{n} \frac{k_{22}^{(\nu)}}{s+\sigma_\nu} + k_{22}^{(\infty)},$$

$$Z_{12} = Z_{21} = \frac{k_{12}^{(0)}}{s} + \sum_{\nu=1}^{n} \frac{k_{12}^{(\nu)}}{s+\sigma_\nu} + k_{12}^{(\infty)},$$

mit $\left. \begin{array}{l} k_{11}^{(\mu)} \geq 0, \quad k_{22}^{(\mu)} \geq 0 \\ k_{11}^{(\mu)} k_{22}^{(\mu)} - (k_{12}^{(\mu)})^2 \geq 0 \end{array} \right\} \quad \mu = 0,\nu,\infty.$

Daß Satz 7.1 auch hinreichend ist, wird später in Abschnitt 7.2 mit der Realisierung der [Z]-Matrix durch eine Partialbruchschaltung gezeigt.

7.1 Realisierbarkeitsbedingungen für RC-Vierpolmatrizen [Z], [Y] und [A]

Die Herleitung der Realisierbarkeitsbedingungen für die Leitwertsmatrix [Y] eines passiven RC-Vierpols kann völlig analog zum obigen Beweisgang für die [Z]-Matrix erfolgen, indem man auf Abb.7.1 den Satz von Tellegen in der Form von Gl.(1.92) anwendet. Auf diese Weise ergibt sich folgendes Resultat: Die [Y]-Matrix muß symmetrisch sein und ihre Elemente müssen sich in der Form [vgl. Gl.(2.109)]

$$Y_{11} = k_{11}^{(0)} + \sum_{\nu=1}^{n} \frac{k_{11}^{(\nu)} s}{s+\sigma_\nu} + k_{11}^{(\infty)} s ,$$

$$Y_{22} = k_{22}^{(0)} + \sum_{\nu=1}^{n} \frac{k_{22}^{(\nu)} s}{s+\sigma_\nu} + k_{22}^{(\infty)} s , \qquad (7.8)$$

$$Y_{12} = Y_{21} = k_{12}^{(0)} + \sum_{\nu=1}^{n} \frac{k_{12}^{(\nu)} s}{s+\sigma_\nu} + k_{12}^{(\infty)} s ,$$

mit
$$\left. \begin{array}{l} k_{11}^{(\mu)} \geq 0, \quad k_{22}^{(\mu)} \geq 0 \\[4pt] k_{11}^{(\mu)} k_{22}^{(\mu)} - (k_{12}^{(\mu)})^2 \geq 0 \end{array} \right\} \quad \mu = 0, \nu, \infty$$

darstellen lassen. Die Bedingungen von Gl.(7.8) sind nicht nur notwendig, sondern auch hinreichend, wie ebenfalls durch eine Partialbruchschaltung gezeigt werden kann.

Für die Realisierbarkeit der Kettenmatrix [A] eines passiven RC-Vierpols gilt schließlich der folgende

> Satz 7.2
>
> Notwendig und hinreichend dafür, daß die Matrix [A] Kettenmatrix eines passiven RC-Vierpols ist, sind die folgenden Bedingungen:
>
> 1. Die vier Matrixelemente sind rationale Funktionen von s mit reellen Koeffizienten.
>
> 2. Die Matrixdeterminante ist $\Delta A(s) \equiv 1$.
>
> 3. Mindestens drei und damit alle vier der folgenden Quotienten oder deren Kehrwerte
>
> $$\frac{A_{21}}{A_{11}}, \frac{A_{21}}{A_{22}}, \frac{A_{12}}{A_{11}}, \frac{A_{12}}{A_{22}}$$
>
> sind RC-Zweipolfunktionen, gemäß Satz 2.3. Zugelassen als RC-Zweipolfunktion ist auch der Wert identisch Null. Tritt aber eine solche identisch verschwindende RC-Zweipolfunktion auf, so müssen A_{11} und A_{22} zueinander reziproke reelle Konstanten sein.

Es sei hier angemerkt, daß nach Satz 7.2 auch der ideale Übertrager nach Gl.(1.42) noch als Grenzfall eines RC-Vierpols anzusehen ist. Das ist nicht verwunderlich, denn die Beweise für die Notwendigkeit von Satz 7.1 und Gl.(7.8) sind unabhängig davon, ob man ideale Übertrager ein- oder ausschließt, vgl. Gl.(1.90).

Daß die Bedingungen von Satz 7.2 notwendig sind, ergibt sich wie folgt: Die erste Bedingung muß trivialerweise erfüllt sein bei Vierpolen aus endlich vielen konzentrierten Elementen. Die zweite Bedingung gilt nach Satz 4.1 bzw. Gl.(1.29) für jeden reziproken Vierpol und damit auch für den passiven RC-Vierpol. Die dritte Bedingung schließlich ist notwendig, weil nach Tab.1.2

$$\frac{A_{11}}{A_{21}} = Z_{11}, \quad \frac{A_{22}}{A_{21}} = Z_{22}, \quad \frac{A_{22}}{A_{12}} = Y_{11}, \quad \frac{A_{11}}{A_{12}} = Y_{22} \tag{7.9}$$

ist, es sich also um eingangs- und ausgangsseitige Leerlauf- und Kurzschlußwiderstände handelt, die beim RC-Vierpol natürlich RC-Zweipolfunktionen sein müssen. Die zusätzliche Bedingung für die Sonderfälle $A_{12} \equiv 0$, $A_{21} \equiv 0$, $A_{12} \equiv A_{21} \equiv 0$ folgt aus der Überlegung im Anschluß an Gl.(5.37).

Zum Nachweis, daß die Bedingungen von Satz 7.2 auch hinreichend sind, wird nun gezeigt, daß umgekehrt Satz 7.1 aus Satz 7.2 folgt. Auch hierbei gehen wir genauso vor wie in Abschnitt 5.1.2. Aus Tab.1.2 folgt nun analog zu Gl.(5.40) bis Gl.(5.43), falls A_{21} nicht identisch Null ist, daß die dann existierende [Z]-Matrix symmetrisch ist, d.h. $Z_{12} = Z_{21}$, und ihre Elemente $Z_{11} = A_{11}/A_{21}$ und $Z_{22} = A_{22}/A_{21}$ beide RC-Zweipolfunktionen sind, und daß schließlich

$$\Delta Z \stackrel{!}{=} Z_{11} Z_{22} - Z_{12}^2 = \text{Produkt zweier RC-Zweipolfunktionen} \tag{7.10}$$

sein muß.

Da die Partialbruchentwicklungen von RC-Zweipolfunktionen nach Gl.(2.103) nur nichtnegative Glieder enthalten, muß das auch für ein Produkt zweier RC-Zweipolfunktionen gelten. Folglich kann Z_{12} keine anderen Pole haben als solche, die sowohl in Z_{11} als auch in Z_{22} enthalten sind, weil anderenfalls ΔZ Glieder negativen Vorzeichens bekäme. Die Matrixelemente müssen also von folgender Form sein:

$$Z_{11} = \frac{k_{11}^{(0)}}{s} + \sum_{\nu=1}^{r} \frac{k_{11}^{(\nu)}}{s+\sigma_\nu} + k_{11}^{(\infty)} ; \tag{7.11}$$

$$Z_{22} = \frac{k_{22}^{(0)}}{s} + \sum_{\nu=1}^{q} \frac{k_{22}^{(\nu)}}{s+\sigma_\nu} + k_{22}^{(\infty)} ; \tag{7.12}$$

7.2 Synthese passiver RC-Vierpole

$$Z_{12} = \frac{k_{12}^{(0)}}{s} + \sum_{\nu=1}^{p} \frac{k_{12}^{(\nu)}}{s+\sigma_\nu} + k_{12}^{(\infty)} . \qquad (7.13)$$

$$\sigma_\nu > 0, \quad k_{11}^{(\mu)} \geq 0, \quad k_{22}^{(\mu)} \geq 0, \quad k_{12}^{(\mu)} = \text{reell}, \quad \mu = 0, \nu, \infty.$$

Aber auch jetzt noch bekommt ΔZ negative Glieder, wenn $k_{12}^2 > k_{11}k_{22}$ ist. Damit das ausgeschlossen ist, folgt notwendigerweise

$$k_{11}^{(\mu)} k_{22}^{(\mu)} - (k_{12}^{(\mu)})^2 \geq 0, \quad \mu = 0, \nu, \infty. \qquad (7.14)$$

Damit ergibt sich also Satz 7.1 vollständig aus Satz 7.2. Für den Fall, daß A_{12} nicht identisch Null ist, läßt sich in analoger Weise Gl.(7.8) aus Satz 7.2 herleiten, womit Satz 7.2 bewiesen ist.

Ferner sei noch festgestellt, daß wenn die Residuenbedingungen Gl.(7.14) für $\mu = 0$ und $\mu = \nu$ mit dem Gleichheitszeichen erfüllt werden, die Determinante ΔZ nur einfache Pole hat (vgl. hierzu die Anmerkung am Ende von Abschnitt 5.1.2). Wird zusätzlich noch die Bedingung für $\mu = \infty$ mit dem Gleichheitszeichen erfüllt, dann ist ΔZ von geringstmöglicher Ordnung und es ist $\Delta Z(\infty) = 0$. Das bedeutet wiederum, daß ΔZ minimalen Realteil hat. Entsprechend hat die Determinante ΔY für Gl.(7.8) einfache Pole, wenn $k_{11}^{(\infty)} k_{22}^{(\infty)} - (k_{12}^{(\infty)})^2 = 0$ und $k_{11}^{(\nu)} k_{22}^{(\nu)} - (k_{12}^{(\nu)})^2 = 0$ ist für alle ν. Ist zusätzlich auch $k_{11}^{(0)} k_{22}^{(0)} - (k_{12}^{(0)})^2 = 0$, dann hat ΔY die geringste Ordnung und es ist $\Delta Y(0) = 0$, das heißt, daß ΔY minimalen Realteil hat.

7.2 Synthese passiver RC-Vierpole mit vorgeschriebener [Z]-Matrix durch Partialbruchschaltungen

Die Beschreibung der nun folgenden Synthesemethode dient zum Nachweis, daß die Bedingungen von Satz 7.1 hinreichend sind. Die Methode gleicht derjenigen in Abschnitt 5.2.

Ausgangspunkt ist die Darstellung der Elemente der [Z]-Matrix in der in Satz 7.1 benutzten Form. Hat Z_{11} oder Z_{22} private Pole (die also nicht in Z_{12} vorkommen), dann können diese durch Längsimpedanzen Z_1 und Z_2 gemäß Abb.5.2 berücksichtigt werden. Übrig bleibt dann eine privatpolfreie [Z]-Matrix, die wir wie folgt zerlegen [vgl. Gl.(5.57)]:

$$[Z] = [Z^{(0)}] + \sum_{\nu=1}^{n} [Z^{(\nu)}] + [Z^{(\infty)}], \qquad (7.15)$$

wobei die Teilmatrizen

$$[Z^{(0)}] = \frac{1}{s} \begin{bmatrix} k_{11}^{(0)} & k_{12}^{(0)} \\ k_{12}^{(0)} & k_{22}^{(0)} \end{bmatrix} = \begin{bmatrix} z_{11}^{(0)} & z_{12}^{(0)} \\ z_{12}^{(0)} & z_{22}^{(0)} \end{bmatrix}, \qquad (7.16)$$

$$[Z^{(\nu)}] = \frac{1}{s+\sigma_\nu} \begin{bmatrix} k_{11}^{(\nu)} & k_{12}^{(\nu)} \\ k_{12}^{(\nu)} & k_{22}^{(\nu)} \end{bmatrix} = \begin{bmatrix} z_{11}^{(\nu)} & z_{12}^{(\nu)} \\ z_{12}^{(\nu)} & z_{22}^{(\nu)} \end{bmatrix}, \qquad (7.17)$$

$$[Z^{(\infty)}] = \begin{bmatrix} k_{11}^{(\infty)} & k_{12}^{(\infty)} \\ k_{12}^{(\infty)} & k_{22}^{(\infty)} \end{bmatrix} = \begin{bmatrix} z_{11}^{(\infty)} & z_{12}^{(\infty)} \\ z_{12}^{(\infty)} & z_{22}^{(\infty)} \end{bmatrix} \qquad (7.18)$$

bedeuten. Wie in Gl.(5.57) ergibt sich auch hier für [Z] eine Serienschaltung von Teilvierpolen mit den obigen Teilmatrizen, siehe Abb.5.3. Die Teilmatrizen von Gl.(7.16) bis Gl.(7.18) lassen sich wieder mit der Grundschaltung von Abb.5.4 realisieren, für die der Formelapparat von Gl.(5.61) bis Gl.(5.74) hergeleitet worden war. Für die Teilmatrix $[Z^{(0)}]$, die bereits in Gl.(5.58) auftrat, gelten Gl.(5.75), Gl.(5.76) und Gl.(5.77). Für die Teilmatrix $[Z^{(\nu)}]$ in Gl.(7.17) ergibt sich aus Gl.(5.64) bis Gl.(5.66)

$$Z_a^{(\nu)} = \frac{1}{s+\sigma_\nu} \left(k_{11}^{(\nu)} - \frac{k_{12}^{(\nu)}}{a_\nu} \right) \stackrel{!}{=} \frac{1}{sC_a + G_a} \qquad (7.19)$$

$$Z_b^{(\nu)} = \frac{1}{s+\sigma_\nu} \left(\frac{k_{22}^{(\nu)}}{a_\nu^2} - \frac{k_{12}^{(\nu)}}{a_\nu} \right) \stackrel{!}{=} \frac{1}{sC_b + G_b} \qquad (7.20)$$

$$Z_c^{(\nu)} = \frac{1}{s+\sigma_\nu} \frac{k_{12}^{(\nu)}}{a_\nu} \stackrel{!}{=} \frac{1}{sC_c + G_c} \ . \qquad (7.21)$$

Die Impedanzen Z_a, Z_b und Z_c ergeben nun jeweils eine Parallelschaltung einer positiven Kapazität C und eines positiven ohmschen Widerstands 1/G, wenn der Wert von a_ν so gewählt wird, daß er Gl.(5.68) und Gl.(5.73) erfüllt.

Für die Teilmatrix $[Z^{(\infty)}]$ in Gl.(7.18) folgt schließlich aus Gl.(5.64) bis Gl.(5.66)

$$Z_a^{(\infty)} = k_{11}^{(\infty)} - \frac{k_{12}^{(\infty)}}{a_\infty} \stackrel{!}{=} R_a , \qquad (7.22)$$

7.3 Realisierbarkeitsbedingungen passiver RC-Vierpole

$$Z_b^{(\infty)} = \frac{k_{22}^{(\infty)}}{a_\infty^2} - \frac{k_{12}^{(\infty)}}{a_\infty} \stackrel{!}{=} R_b , \qquad (7.23)$$

$$Z_c^{(\infty)} = \frac{k_{12}^{(\infty)}}{a_\infty} \stackrel{!}{=} R_c . \qquad (7.24)$$

Die zugehörigen Schaltelemente sind diesmal positive ohmsche Widerstände R, wenn a_∞ passend zu Gl.(5.67) und Gl.(5.73) gewählt wird.

Die Anwendung dieses Verfahrens ist bereits in Abschnitt 5.2 mit dem Beispiel von Gl.(5.84) demonstriert worden. Ein weiteres Beispiel erübrigt sich daher.

Daß auch die in Gl.(7.8) angegebenen Bedingungen für die [Y]-Matrix hinreichend sind, läßt sich durch Entwicklung in eine Leitwerts-Partialbruchschaltung zeigen, vgl. den letzten Absatz von Abschnitt 5.2.

7.3 Notwendige und hinreichende Realisierbarkeitsbedingungen für vorgegebene Übertragungseigenschaften passiver RC-Vierpole

In diesem Abschnitt wird untersucht, welche Eigenschaften die allgemeinen Wirkungsfunktionen der Form, vgl. Gln.(4.10) bis (4.18) sowie Gl.(5.85)

$$H(s) = \frac{P(s)}{Q(s)} = \frac{\mathscr{L}[\text{Nullzustands-Ausgangsgröße}]}{\mathscr{L}[\text{Eingangsgröße}]} \qquad (7.25)$$

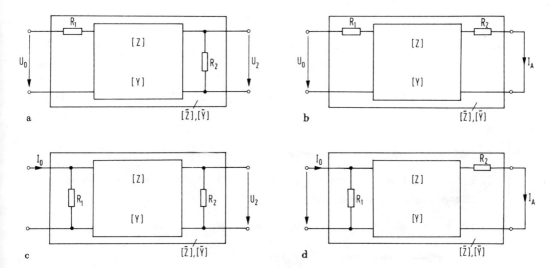

Abb.7.2. Zurückführung des einseitig beschalteten RC-Vierpols der Matrix [Z] bzw. [Y] auf den unbeschalteten erweiterten RC-Vierpol der Matrix [Z̃] bzw. [Ỹ] durch Einbeziehung der ohmschen Widerstände R_1 und R_2, vgl. Text.

besitzen müssen, wenn der Vierpol ein passiver RC-Vierpol ist. Wegen der als ohmsch vorausgesetzten Beschaltung durch R_1 und R_2 ergeben sich bei passiven RC-Vierpolen nicht so viele verschiedene Möglichkeiten wie bei passiven LC-Vierpolen. Wie Abb.7.2 verdeutlicht, ist es gleichgültig, ob man beschaltete RC-Vierpole der Matrix [Z] bzw. [Y] betrachtet oder unbeschaltete RC-Vierpole der Matrix [$\tilde{Z}$] bzw. [$\tilde{Y}$], in welche die Beschaltung mit einbezogen ist.

Der einfachste Fall des unbeschalteten passiven RC-Vierpols liegt bei der Übertragungsadmittanz $I_A(s)/U_1(s) = Y_{12}(s)$ und der Übertragungsimpedanz $U_2(s)/I_1(s) = Z_{12}(s)$ vor, vgl. Gln.(4.11) und (4.12). Hierfür ergibt sich unmittelbar aus Satz 7.1 bzw. Gl.(7.8) der folgende

Satz 7.3

Die notwendigen und hinreichenden Bedingungen für die Realisierbarkeit durch einen unbeschalteten passiven RC-Vierpol lauten:

$$I_A(s)/U_1(s) = Y_{12}(s) \quad \{\text{bzw.} \quad U_2(s)/I_1(s) = Z_{12}(s)\} \quad \text{muß}$$

1. rationale Funktion mit reellen Koeffizienten sein,
2. Pole nur auf der negativen reellen Achse einschließlich bei $s = \infty$ $\{$bei $s = 0\}$ haben, die zudem einfach sein müssen,
3. bei $s = 0$ $\{$bei $s = \infty\}$ polfrei sein.

Alle übrigen Wirkungsfunktionen des unbeschalteten und des einseitig beschalteten passiven RC-Vierpols genügen dem folgenden

Satz 7.4

Die notwendigen und hinreichenden Bedingungen für die Realisierbarkeit durch einen unbeschalteten $\{$einseitig beschalteten$\}$ passiven RC-Vierpol lauten

$$U_2(s)/U_1(s) \quad \text{und} \quad I_A(s)/I_1(s) \quad \{\text{bzw.} \quad H_{Eu}(s), \, H_{Ei}(s), \, H_{Au}(s), \, H_{Ai}(s)\}$$

müssen

1. rationale Funktionen mit reellen Koeffizienten sein,
2. Pole nur auf der endlichen negativen reellen Achse (σ-Achse) haben, die zudem einfach sein müssen,
3. bei $s = 0$ und bei $s = \infty$ polfrei sein.

Wir beweisen diesen Satz zunächst für - vgl. Gl.(4.10) -

$$\frac{U_2(s)}{U_1(s)} = \frac{Z_{12}(s)}{Z_{11}(s)} = \frac{-Y_{12}(s)}{Y_{22}(s)} = \frac{P(s)}{Q(s)} \tag{7.26}$$

7.3 Realisierbarkeitsbedingungen passiver RC-Vierpole

des unbeschalteten Vierpols. Die Notwendigkeit der Bedingungen ergibt sich folgendermaßen: Die erste Bedingung ist trivial. Die zweite Bedingung resultiert daher, daß die Pole von U_2/U_1 die Nullstellen von Z_{11} sein müssen, weil sich nach Satz 7.1 die Pole von Z_{12} kürzen. Nach Satz 2.3 liegen aber diese Nullstellen auf der negativen σ-Achse und sind einfach. Bedingung 3. schließlich folgt aus der Tatsache, daß a) $Z_{11}(s)$ bei $s = 0$ keine Nullstelle haben kann, und b), falls Z_{11} bei $s = \infty$ eine Nullstelle hat, auch $Z_{12}(s)$ nach Satz 7.1 bei $s = \infty$ eine Nullstelle haben muß.

Es wird nun gezeigt, daß die Bedingungen von Satz 7.3 auch hinreichend sind. Dazu erweitern wir Gl.(7.26) mit $1/f(s)$ und erhalten

$$\frac{U_2(s)}{U_1(s)} = \frac{Z_{21}(s)}{Z_{11}(s)} = \frac{\frac{P(s)}{f(s)}}{\frac{Q(s)}{f(s)}} . \qquad (7.27)$$

Wählt man die Nullstellen des Polynoms $f(s)$ so, daß sie sich mit den Nullstellen des gegebenen Polynoms $Q(s)$ auf der negativen σ-Achse abwechseln, und zwar derart, daß dem Ursprung am nächsten eine Nullstelle von $f(s)$ gelegen ist (vgl. Abb.2.23a), dann ist $Z_{11}(s)$ eine realisierbare RC-Zweipolfunktion und $Z_{12}(s)$ besitzt keine anderen Pole als $Z_{11}(s)$. Man kann nun $Z_{22}(s)$ so wählen, daß die Residuenbedingungen von Satz 7.1 erfüllt sind. Es existieren also unendlich viele Lösungen.

Für

$$\frac{I_A(s)}{I_1(s)} = -\frac{Z_{12}(s)}{Z_{22}(s)} = \frac{Y_{12}(s)}{Y_{11}(s)} = \frac{P(s)}{Q(s)} \qquad (7.28)$$

folgt der Beweis in gleicher Weise. Man hat lediglich $-Z_{12}$ durch Z_{12} und Z_{22} durch Z_{11} zu ersetzen.

Die Notwendigkeit der Bedingungen von Satz 7.4 für die Wirkungsfunktionen

$$H_{Eu}(s) = \frac{U_2(s)}{U_0(s)} = \frac{Z_{12}(s)}{Z_{11}(s) + R_1} = \frac{Z_{12}/R_1}{Z_{11}/R_1 + 1} = \frac{P(s)}{Q(s)} , \qquad (7.29)$$

$$H_{Ei}(s) = \frac{I_A(s)}{I_0(s)} = \frac{-Y_{12}(s)}{Y_{11}(s) + 1/R_1} = \frac{-Y_{12}R_1}{Y_{11}R_1 + 1} = \frac{P(s)}{Q(s)} , \qquad (7.30)$$

$$H_{Au}(s) = \frac{U_2(s)}{U_1(s)} = \frac{-Y_{12}(s)}{Y_{22}(s) + 1/R_2} = \frac{-Y_{12}R_2}{Y_{22}R_2 + 1} = \frac{P(s)}{Q(s)} , \qquad (7.31)$$

$$H_{Ai}(s) = \frac{I_A(s)}{I_1(s)} = \frac{Z_{12}(s)}{Z_{22}(s) + R_2} = \frac{Z_{12}/R_2}{Z_{22}/R_2 + 1} = \frac{P(s)}{Q(s)} \qquad (7.32)$$

folgt aus der Notwendigkeit der Bedingungen für die Ausdrücke in Gl.(7.26) und Gl. (7.28), denn die Nenner der Gln.(7.29) bis (7.32) sind entweder RC-Impedanz- oder RC-Admittanzfunktionen mit den gleichen Polen wie der jeweilige Zählerausdruck.

Den Nachweis, daß die Bedingungen von Satz 7.4 aber auch hinreichend für die Realisierbarkeit jeder Wirkungsfunktion H des einseitig beschalteten RC-Vierpols sind, wollen wir zunächst gemeinsam für $H_{Ei}(s)$ und $H_{Au}(s)$, anschließend gemeinsam für $H_{Eu}(s)$ und $H_{Ai}(s)$ erbringen.

Bei $H_{Ei}(s)$ und $H_{Au}(s)$ verwenden wir folgende Bezeichnung (vgl.Bedingung 2. von Satz 7.4)

$$Q(s) = A(s+\sigma_1)(s+\sigma_3) \ldots (s+\sigma_{2n-1}) = A \prod_{\nu=1}^{n} (s+\sigma_{2\nu-1}) \qquad (7.33)$$

$$\text{mit} \quad \sigma_1 < \sigma_3 < \ldots < \sigma_{2n-1}.$$

Einen typischen Verlauf von $Q(\sigma)$ mit n = 4 zeigt die gestrichelte Kurve in Abb.7.3a. Ohne Einschränkung der Allgemeinheit wollen wir voraussetzen, daß $Q(0) > 0$ ist.

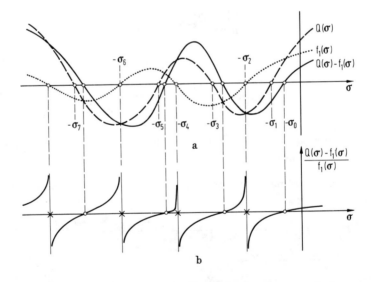

Abb.7.3. Zur Bestimmung der Elemente der Leitwertsmatrix [Y] aus einer zulässig vorgegebenen Wirkungsfunktion $H_{Ei}(s)$ {oder $H_{Au}(s)$}. a) vorgegebener Verlauf von $Q(\sigma)$ und gewählter Verlauf von $f_1(\sigma)$; b) resultierender Verlauf für $Y_{11}(\sigma)$ {oder $Y_{22}(\sigma)$}.

Nun wählen wir ein Polynom $f_1(s)$ vom gleichen Grad n wie $Q(s)$, und zwar so, daß jede Nullstelle von $f_1(s)$ jeweils zwischen zwei Nullstellen von $Q(s)$ zu liegen kommt. Dem Ursprung am nächsten soll eine Nullstelle von $Q(s)$ liegen.

7.3 Realisierbarkeitsbedingungen passiver RC-Vierpole

$$f_1(s) = A_1(s+\sigma_2)(s+\sigma_4) \ldots (s+\sigma_{2n}) = A_1 \prod_{\nu=1}^{n} (s+\sigma_{2\nu}) \qquad (7.34)$$

$$\text{mit} \quad \sigma_1 < \sigma_2 < \sigma_3 < \ldots < \sigma_{2n}.$$

Einen typischen Verlauf von $f_1(\sigma)$ mit $n = 4$ zeigt die gepunktet gezeichnete Kurve in Abb.7.3a. Auch für $f_1(s)$ wollen wir $f_1(0) > 0$ voraussetzen. Den konstanten Faktor A_1 wollen wir so groß wählen, daß die Differenz $Q(\sigma) - f_1(\sigma)$ bei $-\sigma_0 < 0$ mit $|\sigma_0| < |\sigma_1|$ eine Nullstelle erhält. Die übrigen Nullstellen von $Q(s) - f_1(s)$ müssen, wie aus Abb.7.3a hervorgeht, automatisch zwischen den Nullstellen von $f_1(s)$ auf der negativen σ-Achse zu liegen kommen.

Bilden wir nun

$$\frac{P(s)}{Q(s)} = \frac{\frac{P(s)}{f_1(s)}}{\frac{Q(s)}{f_1(s)}} = \frac{\frac{P(s)}{f_1(s)}}{\frac{Q(s)-f_1(s)}{f_1(s)} + 1} \quad , \qquad (7.35)$$

dann können wir folgende Zuordnung für $H_{Ei}(s)$ {bzw. $H_{Au}(s)$} vornehmen, vgl. Gl.(7.30) [bzw. Gl.(7.31)]

$$\frac{P(s)}{f_1(s)} = -Y_{12}(s)R_1 \quad \{\text{bzw.} = -Y_{12}(s)R_2\} \quad , \qquad (7.36)$$

$$\frac{Q(s)-f_1(s)}{f_1(s)} = Y_{11}(s)R_1 \quad \{\text{bzw.} = Y_{22}(s)R_2\}. \qquad (7.37)$$

Wie aus Abb.7.3b hervorgeht, muß es sich bei Gl.(7.37) stets um eine realisierbare RC-Leitwertsfunktion handeln, vgl. Abb.2.23b. Da Gl.(7.36) keine anderen Pole hat als Gl.(7.37), kann man eine zugehörige Leitwertsfunktion $Y_{22}(s)R_1$ [bzw. $Y_{11}(s)R_2$] stets so finden, daß die Residuenbedingungen von Gl.(7.8) erfüllt werden.

Für $H_{Eu}(s)$ und $H_{Ai}(s)$ ist der Beweis ähnlich. Wir verwenden nun folgende Bezeichnung

$$Q(s) = A(s+\sigma_2)(s+\sigma_4) \ldots (s+\sigma_{2n}) = A \prod_{\nu=1}^{n} (s+\sigma_{2\nu}) \qquad (7.38)$$

$$\text{mit} \quad \sigma_2 < \sigma_4 < \ldots < \sigma_{2n}$$

und wählen ein Polynom

$$f_2(s) = A_2(s+\sigma_1)(s+\sigma_3) \ldots (s+\sigma_{2n-1}) = A_2 \prod_{\nu=1}^{n} (s+\sigma_{2\nu-1}) \qquad (7.39)$$

$$\text{mit} \quad \sigma_1 < \sigma_2 < \sigma_3 < \ldots < \sigma_{2n}.$$

Typische Kurven für $Q(\sigma)$ und $f_2(\sigma)$ zeigen für $n = 3$ die gestrichelt und die gepunktet gezeichnete Kurve in Abb.7.4a. Den konstanten Faktor A_2 wählt man so, daß die Differenz $Q(\sigma) - f_2(\sigma)$ bei $-\sigma_{2n+1} < 0$ mit $|\sigma_{2n+1}| > |\sigma_{2n}|$ eine Nullstelle erhält. Jetzt bildet man

$$\frac{P(s)}{Q(s)} = \frac{\frac{P(s)}{f_2(s)}}{\frac{Q(s)}{f_2(s)}} = \frac{\frac{P(s)}{f_2(s)}}{\frac{Q(s)-f_2(s)}{f_2(s)} + 1} \qquad (7.40)$$

und nimmt folgende Zuordnung für $H_{Eu}(s)$ {bzw. für $H_{Ai}(s)$} vor

$$\frac{P(s)}{f_1(s)} = \frac{Z_{12}(s)}{R_1} \qquad \left\{ \text{bzw.} = \frac{Z_{12}(s)}{R_2} \right\}, \qquad (7.41)$$

$$\frac{Q(s)-f_2(s)}{f_2(s)} = \frac{Z_{11}(s)}{R_1} \qquad \left\{ \text{bzw.} = \frac{Z_{22}(s)}{R_2} \right\}. \qquad (7.42)$$

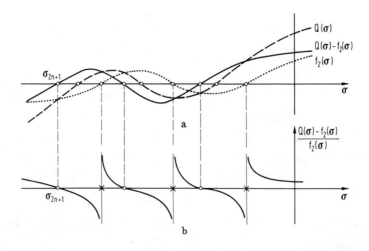

Abb.7.4. Zur Bestimmung der Elemente der Widerstandsmatrix [Z] aus einer zulässig vorgegebenen Wirkungsfunktion $H_{Eu}(s)$ {oder $H_{Ai}(s)$}. a) vorgegebener Verlauf von $Q(\sigma)$ und gewählter Verlauf von $f_2(\sigma)$; b) resultierender Verlauf für $Z_{11}(\sigma)$ {oder $Z_{22}(\sigma)$}.

Wie aus Abb.7.4b hervorgeht, muß es sich bei Gl.(7.42) stets um eine realisierbare RC-Widerstandsfunktion handeln, vgl. Abb.2.23a. Da Gl.(7.41) keine anderen Pole hat als Gl.(7.42), kann man eine zugehörige Widerstandsfunktion $Z_{22}(s)/R_1$ {bzw. $Z_{11}(s)/R_2$} stets so finden, daß die Residuenbedingungen von Satz 7.1 erfüllt werden.

7.3 Realisierbarkeitsbedingungen passiver RC-Vierpole

Zur Illustration des Verfahrens beim einseitig beschalteten RC-Vierpol behandeln wir folgendes

Beispiel:

$$H_{Au}(s) = \frac{U_2}{U_1} = \frac{s^2+1}{(s+1)(s+3)} = \frac{-Y_{12}(s)\,R_2}{Y_{22}(s)\,R_2+1} = \frac{P(s)}{Q(s)} \ . \tag{7.43}$$

Gl. (7.43) erfüllt offenbar sämtliche Bedingungen von Satz 7.4. Es muß daher möglich sein, die zugehörigen Funktionen $Y_{22}(s)$ und $Y_{12}(s)$ so zu finden, daß sie die Realisierbarkeitsbedingungen von Gl. (7.8) befriedigen. Unser ausgangsseitiger Abschlußwiderstand sei vorgeschrieben zu $R_2 = 2$.

Zur Lösung verwenden wir den Rechengang von Gl. (7.33) bis Gl. (7.37)

$$Q(s) = (s+1)(s+3) = s^2+4s+3 \ .$$

Wir wählen nun willkürlich

$$f_1(s) = A_1(s+2)(s+4) = A_1(s^2+6s+8)$$

und die zu erzeugende Nullstelle von $Q(s) - f_1(s)$ bei $s = -0,5$. Das ergibt

$$Q(-0,5) - f_1(-0,5) = 0,5 \cdot 2,5 - A_1 \cdot 1,5 \cdot 3,5 = 0 \ ,$$

also $A_1 = 5/21$. Damit erhalten wir

$$-Y_{12} = \frac{1}{R_2} \cdot \frac{P(s)}{f_1(s)} = \frac{21(s^2+1)}{10(s+2)(s+4)} \ , \tag{7.44}$$

$$Y_{22} = \frac{1}{R_2} \cdot \frac{Q(s) - f_1(s)}{f_1(s)} = \ldots = \frac{16s^2+54s+23}{10(s+2)(s+4)} \ . \tag{7.45}$$

Gl. (7.44) und Gl. (7.45) müssen realisierbare Funktionen sein. Die Willkür bei der Wahl von $\sigma_2 = 2$, $\sigma_4 = 4$ und $-\sigma_0 = -0,5$ zeigt, daß es unendlich viele Lösungen gibt.

Eine passende Funktion Y_{11} findet man, indem man $-Y_{12}/s$ und Y_{22}/s (vgl. Satz 2.3) in Partialbrüche entwickelt. Dadurch erhält man aus Gl. (7.44) und Gl. (7.45)

$$-Y_{12}(s) = \ldots = \frac{21}{80} - \frac{\frac{21}{8}s}{s+2} + \frac{\frac{21 \cdot 17}{80}s}{s+4} \ , \tag{7.46}$$

$$Y_{22}(s) = \ldots = \frac{23}{80} + \frac{\frac{21}{40}s}{s+2} + \frac{\frac{63}{80}s}{s+4} \ . \tag{7.47}$$

Die Bedingung $k_{11}^{(\mu)} k_{22}^{(\mu)} - (k_{12}^{(\mu)})^2 \geq 0$, $\mu = 0, \nu$ wird mit dem Gleichheitszeichen erfüllt für

$$Y_{11}(s) = \frac{(21)^2}{23 \cdot 80} + \frac{\frac{21 \cdot 40}{8 \cdot 8}s}{s+2} + \frac{\frac{(21 \cdot 17)^2}{63 \cdot 80}s}{s+4} \ . \tag{7.48}$$

Die Funktionen $Y_{11}(s)$, $Y_{22}(s)$ und $-Y_{12}(s)$ erfüllen die Realisierbarkeitsbedingungen von Gl. (7.8), während $-Y_{12}(s)$ und $Y_{22}(s)$ die geforderte Funktion $H_{Au}(s)$ von Gl. (7.43) ergeben.

Beim zweiseitig beschalteten passiven RC-Vierpol schließlich kann man sowohl den eingangsseitigen als auch den ausgangsseitigen Beschaltungswiderstand in den Vierpol einbeziehen. Somit ergibt sich auch hier nichts Neues gegenüber dem unbeschalteten Fall. Folglich sind die Bedingungen von Satz 7.3 auch beim zweiseitig beschalteten passiven RC-Vierpol notwendig.

7.4 Spezielle Syntheseverfahren für passive RC-Vierpole

Das in Abschnitt 7.2 beschriebene Syntheseverfahren durch eine Partialbruchschaltung hat lediglich theoretische Bedeutung. Praktisch interessant sind vor allem solche Verfahren, die keine idealen Übertrager benötigen und die nach Möglichkeit auf Abzweigschaltungen führen. Im folgenden wollen wir uns auf diejenigen Fälle beschränken, bei denen eine Wirkungsfunktion des einseitig beschalteten passiven RC-Vierpols vorgeschrieben ist, also eine der Gleichungen von Gl.(7.29) bis Gl.(7.32). Das bedeutet im Fall von $H_{Eu}(s)$ die gleichzeitige Realisierung von $Z_{11}(s)$ und $Z_{21}(s)$, wobei $R_2 = \infty$ ist, im Fall von $H_{Ei}(s)$ die gleichzeitige Realisierung von $Y_{11}(s)$ und $-Y_{21}(s)$, wobei $R_2 = 0$ ist, im Fall von $H_{Au}(s)$ die gleichzeitige Realisierung von $Y_{22}(s)$ und $-Y_{12}(s)$, wobei $R_1 = 0$ ist und schließlich im Fall von $H_{Ai}(s)$ die gleichzeitige Realisierung von $Z_{22}(s)$ und $Z_{12}(s)$, wobei $R_1 = \infty$ ist. Die jeweils realisierte Leerlauf- oder Kurzschlußimpedanz (Z_{ii} oder Y_{jj}) bildet also auch die tatsächlich im Betriebsfall vorhandene Klemmenimpedanz an den Eingangs- oder Ausgangsklemmen des Vierpols.

Die Kenntnis der Synthese des passiven RC-Vierpols bei vorgeschriebener Wirkungsfunktion im einseitig beschalteten Fall erlaubt selbstverständlich auch die Synthese bei vorgeschriebener Wirkungsfunktion im unbeschalteten Fall, denn die Synthese bei vorgeschriebener Funktion $U_2(s)/U_1(s)$ nach Gl.(7.26) bzw. $I_A(s)/I_1(s)$ nach Gl. (7.28) unterscheidet sich nicht von der Synthese bei vorgeschriebener Wirkungsfunktion $H_{Eu}(s)$ bzw. $H_{Ai}(s)$. Ist $I_A(s)/U_1(s)$ oder $U_2(s)/I_1(s)$ entsprechend Satz 7.3 vorgeschrieben, so kann man mit den Methoden von Abschnitt 7.3 ein zulässiges zweites Element der Matrix [Y] oder [Z] berechnen.

7.4.1 RC-Vierpolsynthese durch Abzweigschaltungen bei Wirkungsnullstellen auf der negativen σ-Achse

Das im folgenden dargestellte Syntheseverfahren hat große Ähnlichkeit mit dem in Abschnitt 5.4.1 beschriebenen Syntheseverfahren für passive LC-Vierpole. Wie dort kommt es auch hier darauf an, daß bei der Entwicklung der gegebenen Leerlauf- oder Kurzschlußimpedanz (Z_{11}, Z_{22} oder Y_{11}, Y_{22}) Polvollabbauten nur bei solchen Frequenzen vorgenommen werden, die zugleich auch Wirkungsnullstellen sind. Das

7.4 Spezielle Syntheseverfahren für passive RC-Vierpole

ist stets möglich, sofern die Wirkungsnullstellen auf der negativen σ-Achse einschließlich $s = 0$ und $s = \infty$ liegen.

Sofern die Nullstellen und Pole der gegebenen Leerlauf- oder Kurzschlußimpedanz nicht mit den Wirkungsnullstellen übereinstimmen, kann man durch Teilabbau von Polen die Nullstellen der jeweiligen Restfunktionen so verschieben, daß sie mit den Wirkungsnullstellen zusammenfallen. Wie bei den LC-Vierpolen, so werden auch bei den RC-Vierpolen durch Teilabbauten keine Wirkungsnullstellen erzeugt, sofern es sich um einseitig beschaltete Vierpole handelt, bei denen die entwickelte Leerlauf- oder Kurzschlußimpedanz jeweils nur am Eingang (d.h. z.B. Z_{11} durch R_1, Z_{22} durch R_2) beschaltet ist. Neben dem Teilabbau gibt es bei RC-Vierpolen noch die Möglichkeit, durch Abspalten eines ohmschen Widerstands von Z oder eines ohmschen

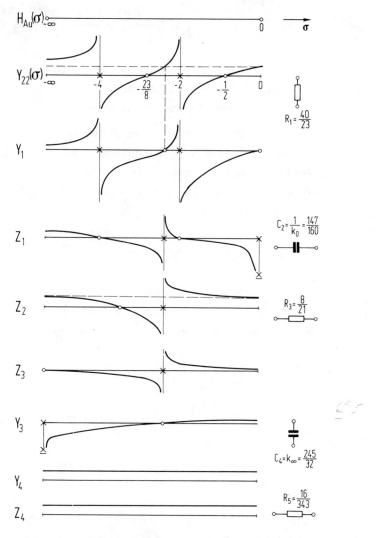

Abb.7.5. Vierpolsynthese für das Beispiel von Gl.(7.49). Vollabbauten dürfen hier nur bei $s = 0$ und $s = \infty$ vorgenommen werden.

Leitwerts von Y eine Nullstelle der jeweiligen Restfunktion an die gewünschte Stelle zu verschieben. Ein Längszweig aus einem ohmschen Widerstand oder ein Querzweig aus einem ohmschen Leitwert erzeugt nämlich, wie leicht ersichtlich, keine Wirkungsnullstelle.

Das Nähere läßt sich am einfachsten anhand eines Beispiels erläutern. Gegeben sei

$$H_{Au}(s) = \frac{s}{(s+1)(s+3)} = \frac{P(s)}{Q(s)} . \qquad (7.49)$$

Die Wirkungsnullstellen liegen bei $s = 0$ und $s = \infty$. Mit der Methode von Abschnitt 7.3 findet man mit $R_2 = 1$ und $f_1(s) = \frac{5}{21}(s+2)(s+4)$ aus Gl.(7.49)

$$-Y_{12}(s) = \frac{P(s)}{f_1(s)} = \frac{21s}{5(s+2)(s+4)} \quad \text{und} \quad Y_{22}(s) = \frac{Q(s) - f_1(s)}{f_1(s)} = \frac{16s^2 + 54s + 23}{5(s+2)(s+4)} . \qquad (7.50)$$

Die Nullstellen von $-Y_{12}(s)$ sind hier identisch mit den Wirkungsnullstellen. In Abb.7.5 sind in der obersten Zeile die Wirkungsnullstellen und auf der zweiten Zeile die Pol-Nullstellenkonfiguration und der qualitative Verlauf von $Y_{22}(\sigma)$ eingezeichnet.

Nach der obigen Synthesevorschrift dürfen bei der Entwicklung von $Y_{22}(s)$ Pol-Vollabbauten nur bei $s = 0$ und bei $s = \infty$ vorgenommen werden. Da $Y_{22}(s)$ aber an diesen Stellen weder Pole noch Nullstellen hat, wird nun bei $s = 0$ eine Nullstelle erzeugt, und zwar durch Abspalten eines ohmschen Leitwerts der Größe $Y_{22}(0) = 23/40$. Die dadurch entstehende Restfunktion

$$Y_1(s) = Y_{22}(s) - Y_{22}(0) = \ldots = \frac{105s^2 + 294s}{40(s+2)(s+4)} = \frac{1}{Z_1(s)}$$

muß realisierbare Leitwertsfunktion sein, denn sie erfüllt noch Satz 2.3 und hat einen Verlauf wie Abb.2.23. Sie hat überdies bei $s = 0$ die geforderte Nullstelle. Von der reziproken Funktion $Z_1(s)$ wird nun der Pol bei $s = 0$ vollabgebaut. Sein Residuum k_0 ist

$$k_0 = \lim_{s \to 0} Z_1(s) \cdot s = \frac{160}{147} .$$

Dem Vollabbau entspricht die Abspaltung einer Kapazität $C_2 = 1/k_0$. Das ergibt als Restfunktion

$$Z_2(s) = Z_1(s) - \frac{k_0}{s} = \ldots = \frac{40s + 880/7}{105s + 294} .$$

Als nächstes wird eine Nullstelle bei $s = \infty$ erzeugt, und zwar durch Abspalten eines ohmschen Widerstands der Größe $Z_2(\infty) = 8/21$. Das ergibt als neue realisierbare Restfunktion

7.4 Spezielle Syntheseverfahren für passive RC-Vierpole

$$Z_3(s) = Z_2(s) - Z_2(\infty) = \ldots = \frac{\frac{96}{7}}{21(5s+14)} = \frac{1}{Y_3(s)} ,$$

welche bei $s = \infty$ die geforderte Nullstelle hat. Von der reziproken Funktion $Y_3(s)$ wird jetzt der Pol bei $s = \infty$ voll abgebaut. Sein Residuum k_∞ errechnet sich zu

$$k_\infty = \lim_{s \to \infty} \frac{Y_3(s)}{s} = \frac{245}{32} .$$

Durch Vollabbau dieses Pols erhalten wir als Restfunktion

$$Y_4(s) = Y_3(s) - k_\infty s = \ldots = \frac{343}{16} = \frac{1}{Z_4}$$

einen ohmschen Leitwert. Da die Entwicklung von der Kurzschlußadmittanz Y_{22} ausging, muß das letzte Element (das ist hier der Widerstand $R_5 = Z_4$) im Längszweig liegen.

Die vollständige Schaltung zeigt Abb.7.6. Bei dieser Schaltung sind sämtliche Nullstellenverschiebungen durch Abspaltung ohmscher Widerstände oder Leitwerte vorgenommen worden. Durch Teilabbau eines Pols ist es nicht möglich, eine Nullstelle nach $s = 0$ oder nach $s = \infty$ zu verschieben. Dies zeigt, daß bei der RC-Vierpolsynthese

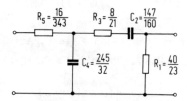

Abb.7.6. Aus Abb.7.5 sich ergebende Schaltung.

die Nullstellenverschiebung durch Abspalten ohmscher Widerstände eine im allgemeinen viel größere Bedeutung hat als die Nullstellenverschiebung durch Teilabbau eines Pols.

Die Kontrollrechnung für die Schaltung in Abb.7.6 ergibt für $Y_{22}(s)$ wieder die Funktion von Gl.(7.50). Für $-Y_{12}(s)$ folgt jedoch aus der Schaltung

$$-Y_{12}(s) = \frac{\frac{147}{4} s}{5(s+2)(s+4)} . \tag{7.51}$$

Damit ist die durch die Schaltung von Abb.7.6 realisierte Wirkungsfunktion

$$H_{Au}(s) = \frac{U_2(s)}{U_1(s)} = \frac{-Y_{12}}{Y_{22}+1} = \frac{\frac{7}{4}s}{(s+1)(s+3)} . \qquad (7.52)$$

Sie unterscheidet sich von der geforderten Wirkungsfunktion um den konstanten Faktor 7/4. Diese Erscheinung ist typisch bei der Realisierung von RC-Vierpolen. Die realisierte Wirkungsfunktion wird sich meistens von der geforderten Wirkungsfunktion um einen konstanten Faktor unterscheiden. Das ist so, weil man bei der Realisierung von $Y_{12}(s)$ (bzw. $Z_{12}(s)$) lediglich eine Kontrolle über die Nullstellen von $Y_{12}(s)$ (bzw. $Z_{12}(s)$) ausübt und natürlich über die Pole, die keine anderen sein können als solche, die auch in Y_{22} (bzw. in der entwickelten Kurzschlußadmittanz oder Leerlaufimpedanz) vorkommen. Über den konstanten Faktor hat man keine Kontrolle. In den weitaus meisten Fällen wird übrigens der konstante Faktor kleiner ausfallen als in der gegebenen Wirkungsfunktion.

Bei der Bestimmung der zu entwickelnden Leerlauf- oder Kurzschlußimpedanz aus der gegebenen Wirkungsfunktion kann man übrigens die Wahl des Polynoms $f_1(s)$ in vielen Fällen bereits so gestalten, daß die Leerlauf- oder Kurzschlußimpedanz Pole und Nullstellen dort erhält, wo Wirkungsnullstellen vorhanden sind. Dadurch erspart man sich bei der Entwicklung der Leerlauf- oder Kurzschlußimpedanz Nullstellenverschiebungen durch Abspalten ohmscher Widerstände oder durch Pol-Teilabbauten. Als Beispiel sei diesmal gegeben

$$H_{Au}(s) = \frac{s(s+2)}{(s+1)(s+3)} = \frac{P(s)}{Q(s)} . \qquad (7.53)$$

Als Abschlußwiderstand sei vorgeschrieben $R_2 = 1$. Auf Gl.(7.53) wenden wir nun den Rechengang von Gl.(7.33) bis Gl.(7.37) an und schreiben

$$Q(s) = (s+1)(s+3) .$$

$f_1(s)$ können wir jetzt so wählen, daß es die Wirkungsnullstelle bei $s = -2$ enthält. Die Wirkungsnullstelle bei $s = 0$ können wir durch $f_1(s)$ nicht berücksichtigen, weil bei einer realisierbaren RC-Leitwertsfunktion eine Nullstelle dem Ursprung am nächsten gelegen sein muß (vgl. Satz 2.3).

$$f_1(s) = A_1(s+2)(s+4) .$$

Die zu erzeugende Nullstelle von $Q(s) - f_1(s)$ können wir aber durch geeignete Wahl von A_1 in den Ursprung legen. Dazu setzen wir

$$Q(0) - f_1(0) = 3 - A_1 \cdot 8 = 0 ,$$

also $A_1 = 3/8$. Damit erhalten wir

7.4 Spezielle Syntheseverfahren für passive RC-Vierpole

$$-Y_{12} = \frac{P(s)}{f_1(s)} = \frac{\frac{3}{8}s}{s+4} \quad \text{und} \quad Y_{22} = \frac{Q(s)-f_1(s)}{f_1(s)} = \frac{5s^2 + 14s}{3(s+2)(s+4)} \quad . \quad (7.54)$$

In diesem Fall enthält $-Y_{12}(s)$ nur die Wirkungsnullstelle bei $s = 0$. Die Wirkungsnullstelle bei $s = -2$ hat sich in $-Y_{12}(s)$ herausgekürzt. Somit enthält $Y_{22}(s)$ den Pol bei $s = -2$ als privaten Pol.

In Abb.7.7 sind in der obersten Zeile die Wirkungsnullstellen und auf der zweiten Zeile die Pol-Nullstellenkonfiguration und der qualitative Verlauf von $Y_{22}(\sigma)$ eingezeich-

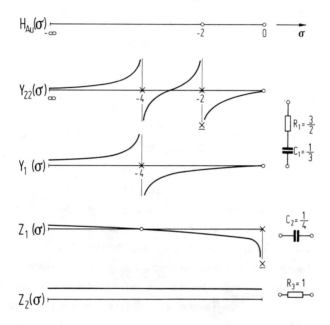

Abb.7.7. Vierpolsynthese für das Beispiel von Gl.(7.53).

net. Laut Synthesevorschrift dürfen bei der Entwicklung von $Y_{22}(s)$ Pol-Vollabbauten nur bei $s = 0$ und bei $s = -2$ vorgenommen werden. $Y_{22}(s)$ hat nun bereits einen Pol bei $s = -2$ mit dem Entwicklungskoeffizienten

$$k_1 = \lim_{s \to -2} Y_{22}(s) \frac{s+2}{s} = \frac{2}{3} \quad .$$

Der Vollabbau dieses Pols liefert als Restfunktion

$$Y_1(s) = Y_{22}(s) - \frac{k_1 s}{s+2} = \ldots = \frac{s}{s+4} = \frac{1}{Z_1(s)} = \frac{1}{1+\frac{4}{s}} \quad .$$

Die reziproke Restfunktion $Z_1(s)$ hat einen Pol bei $s = 0$ mit dem Residuum $k_0 = 4$.

Sein Abbau ergibt als letzte Restfunktion den ohmschen Widerstand $R_3 = 1$, der im Längszweig liegen muß, da die Entwicklung von $Y_{22}(s)$ ausgegangen war.

In Abb.7.8 ist die fertige Schaltung dargestellt. Zu ihrer Entwicklung war dank der geeigneten Wahl von $f_1(s)$ und der Nullstelle von $Q(s) - f_1(s)$ keine Nullstellenverschiebung erforderlich gewesen. Man sieht an diesem Beispiel wie auch an Gl.(7.53), daß private Pole von Y_{22} Wirkungsnullstellen erzeugen.

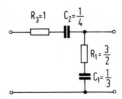

Abb.7.8. Aus Abb.7.7 sich ergebende Schaltung.

7.4.2 RC-Vierpolsynthese bei komplexen Wirkungsnullstellen

Im allgemeinen werden bei einer vorgegebenen Wirkungsfunktion sowohl reelle als auch konjugiert komplexe Wirkungsnullstellen zu realisieren sein. Sieht man von Wirkungsnullstellen auf der positiven reellen Achse ab (die sich nach Abschnitt 4.3.1 grundsätzlich nicht durch eine Struktur mit durchgehender Masseverbindung realisieren lassen), dann kann man zunächst alle reellen Nullstellen mit der Methode vom vorangegangenen Abschnitt 7.4.1 realisieren. Übrig bleibt dann die Realisierung der konjugiert komplexen Wirkungsnullstellen mit der verbleibenden Restfunktion, die wir $Y_1(s)$ oder $Z_1(s)$ nennen wollen (siehe Abb.7.9, bei der angenommen wurde, daß die Entwicklung von Z_{11} oder Y_{11} ausgegangen ist).

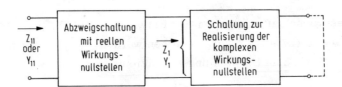

Abb.7.9. Zur Realisierung von Vierpolen mit reellen und komplexen Wirkungsnullstellen.

Realisierung komplexer Wirkungsnullstellen durch Entwicklung von Z_1
___

Wie schon wiederholt gesagt wurde, besteht die Verwirklichung von Wirkungsfunktionen in der gleichzeitigen Realisierung von Vierpoleingangsimpedanz und Wirkungsnullstellen. Die Realisierung eines konjugiert komplexen Wirkungsnullstellenpaars bei

7.4 Spezielle Syntheseverfahren für passive RC-Vierpole

$s = \alpha \pm j\beta$ soll jetzt entsprechend Abb.7.10 durch Abspalten eines Teilvierpols von der gegebenen Restfunktion $Z_1(s)$ vorgenommen werden. Dabei wird zunächst vorausgesetzt, daß $Z_1(s)$ einen Pol bei $s = 0$ besitzt. Der Teilvierpol habe die Parameter z_{11}, z_{12} und z_{22}. Da komplexe Wirkungsnullstellen durch Nullstellen von z_{12} hervorgerufen werden können, setzen wir an

$$z_{12} = K \frac{(s-\alpha-j\beta)(s-\alpha+j\beta)}{s(s+\sigma)} = \frac{K t(s)}{s(s+\sigma)} = z_{21}. \qquad (7.55)$$

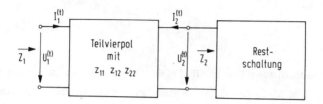

Abb.7.10. Abspaltung eines Teilvierpols zur Erzeugung eines konjugiert komplexen Wirkungsnullstellenpaars.

Da z_{12} keinen Pol bei $s = \infty$ haben kann, stellt Gl.(7.55) den einfachsten Ansatz dar. In diesem Ansatz sind die Größen K und σ vorerst unbekannt. Durch Partialbruchentwicklung folgt

$$z_{12} = K + \frac{k_0}{s} - \frac{k_{12}}{s+\sigma} \quad \text{mit} \quad k_0 = \frac{K t(0)}{\sigma}, \quad k_{12} = \frac{K t(-\sigma)}{\sigma}. \qquad (7.56)$$

Neben der selbstverständlichen Forderung, daß Teilvierpol und Restfunktion $Z_2(s)$ realisierbar sind, muß es das Ziel der weiteren Rechnung sein, daß der Teilvierpol außer dem gewünschten komplexen Wirkungsnullstellenpaar keine weiteren Wirkungsnullstellen erzeugt. Wir erreichen das durch folgenden Ansatz für die übrigen Matrixelemente

$$z_{11} = K^+ + \frac{k_0^+}{s} + \frac{\frac{k_{12}}{a}}{s+\sigma}, \qquad (7.57)$$

$$z_{22} = K^+ + \frac{k_0^+}{s} + \frac{k_{12}a}{s+\sigma}. \qquad (7.58)$$

Nach Satz 7.1 ist der Teilvierpol realisierbar, wenn

$$\sigma > 0, \quad K^+ \geq |K| \geq 0, \quad k_0^+ \geq |k_0| \geq 0, \quad k_{12}a \geq 0. \qquad (7.59)$$

Die Residuen der Polglieder für den Pol bei $s = -\sigma$ erfüllen die Residuenbedingung mit dem Gleichheitszeichen. Das heißt, daß der Pol bei $s = -\sigma$ kompakt ist. Wie im Anschluß an Gl.(7.14) erläutert wurde, hat in diesem Fall die Determinante Δz bei $s = -\sigma$ nur einen einfachen Pol. Das bedeutet, daß die Wirkungsfunktion des abgespaltenen Teilvierpols [vgl. Gl.(4.17)]

$$\frac{U_2^{(t)}}{U_1^{(t)}} = \frac{z_{21} Z_2}{\Delta z + z_{11} Z_2} \tag{7.60}$$

bei $s = -\sigma$ keine Wirkungsnullstelle besitzt, denn der einfache Pol von Δz und z_{11} bei $s = -\sigma$ kürzt sich mit dem von z_{21}. Der Pol bei $s = 0$ wird als nicht kompakt vorausgesetzt, d.h.

$$k_0^+ > |k_0| \,. \tag{7.61}$$

Damit sich aber auch dieser Pol in Gl.(7.60) herauskürzt, wird gefordert, daß $Z_2(s)$ einen Pol bei $s = 0$ erhält. Auf diese Weise ist erreicht, daß die Wirkungsfunktion des Teilvierpols lediglich die Wirkungsnullstellen bei $s = \alpha \pm j\beta$ besitzt.

Die Eingangsimpedanz Z_1, für die sich aus den Vierpolgleichungen die Beziehung

$$Z_1 = \frac{\Delta z + z_{11} Z_2}{z_{22} + Z_2} \tag{7.62}$$

errechnet, hat keinen Pol bei $s = -\sigma$, sofern Z_2 dort keinen hat. Auch umgekehrt kann Z_2 keinen Pol bei $s = -\sigma$ haben, wenn Z_1 dort keinen hat, und natürlich die Voraussetzung erfüllt ist, daß beim Teilvierpol der Pol bei $s = -\sigma$ kompakt ist.

Die gegebene Restfunktion Z_1 ist RC-Zweipolfunktion. Sie läßt sich also folgendermaßen darstellen (vgl. Satz 2.3)

$$Z_1 = \frac{\rho_0^{(1)}}{s} + \sum_{\nu=1}^{n} \frac{\rho_\nu^{(1)}}{s + \sigma_\nu} + \rho_\infty^{(1)} = \frac{\rho_0^{(1)}}{s} + A \frac{p(s)}{q(s)} + \rho_\infty^{(1)} \tag{7.63}$$

mit

$$\sigma_\nu > 0, \quad \rho_0^{(1)} > 0, \quad \rho_\nu^{(1)}, \rho_\infty^{(1)} \geq 0\,.$$

$$q(s) = (s + \sigma_1)(s + \sigma_2) \cdots (s + \sigma_n) \tag{7.64}$$

$$p(s) = (s + \sigma_{p1})(s + \sigma_{p2}) \cdots (s + \sigma_{p,n-1}) \tag{7.65}$$

$$\sigma_1 < \sigma_{p1} < \sigma_2 < \sigma_{p2} < \ldots < \sigma_n \,.$$

Zur Bestimmung der Parameter des abzuspaltenden Teilvierpols berechnen wir zunächst den Wert von σ in Gl.(7.55). Dazu benutzen wir Gl.(7.62). Durch Einsetzen

7.4 Spezielle Syntheseverfahren für passive RC-Vierpole

von $\Delta z = z_{11}z_{22} - z_{12}^2$ und Auflösen nach z_{12}^2 erhalten wir mit Gl.(7.55)

$$(z_{11} - Z_1)(z_{22} + Z_2) = z_{12}^2 = K^2 \frac{t^2(s)}{s^2(s+\sigma)^2}. \tag{7.66}$$

Nun spalten wir die rechte Seite von Gl.(7.66) auf in das Produkt

$$\frac{K^2 t^2(s)}{s^2(s+\sigma)^2} = \frac{K^2 t^2(s) h(s)}{s(s+\sigma) q(s)} \cdot \frac{q(s)}{s(s+\sigma) h(s)}$$

und machen die folgenden Zuordnungen, vgl. Gl.(7.66)

$$\frac{q(s)}{s(s+\sigma)h(s)} = z_{22} + Z_2, \tag{7.67}$$

$$\frac{K^2 t^2(s) h(s)}{s(s+\sigma) q(s)} = z_{11} - Z_1. \tag{7.68}$$

Die Zuordnungen wurden deswegen in dieser Weise vorgenommen, weil $z_{22} + Z_2$ eine RC-Zweipolfunktion sein soll und daher nicht die komplexen Nullstellen von $t^2(s)$ besitzen und überdies nur einfache Pole haben darf. Auf der anderen Seite enthält nach Gl.(7.63) und Gl.(7.64) die Impedanz $Z_1(s)$ das Polynom $q(s)$ im Nenner. Neu eingeführt wurde das Polynom

$$h(s) = H(s+\sigma_{h1})(s+\sigma_{h2}) \cdot \ldots \cdot (s+\sigma_{h,n-2}),$$

welches seine Nullstellen auf der negativen σ-Achse hat, da Gl.(7.67) RC-Zweipolfunktion ist, und welches folglich höchstens den Grad n-2 hat, da $q(s)$ nach Gl.(7.65) den Grad n hat. Für Werte sehr großen Betrags von s gilt

$$\left.\frac{h(s)}{q(s)}\right|_{s \to \infty} \approx \frac{H}{s^2}. \tag{7.69}$$

Andererseits erhalten wir aus Gl.(7.68)

$$\frac{h(s)}{q(s)} = \frac{s(s+\sigma)}{K^2 t^2(s)} (z_{11} - Z_1). \tag{7.70}$$

Diese Funktion hat ihre Pole bei den Nullstellen von $q(s)$, also bei $-\sigma_1, -\sigma_2, \ldots, -\sigma_n$. Wir können somit die rechte Seite in einen Partialbruch

$$\frac{h(s)}{q(s)} = \frac{1}{K^2} \sum_{\nu=1}^{n} \frac{c_\nu}{s+\sigma_\nu} \tag{7.71}$$

entwickeln. Die Residuen c_ν ergeben sich dabei zu

$$c_\nu = \lim_{s \to -\sigma_\nu} \frac{s(s+\sigma)}{t^2(s)} \{z_{11}(s) - Z_1(s)\}(s+\sigma_\nu) = \frac{-\sigma_\nu(-\sigma_\nu+\sigma)}{t^2(-\sigma_\nu)} \{-\rho_\nu^{(1)}\} \ . \quad (7.72)$$

In Gl.(7.72) ist $\rho_\nu^{(1)}$ wiederum das Residuum des Pols von $Z_1(s)$ an der Stelle $s = -\sigma_\nu$, siehe Gl.(7.63). Da $Z_1(s)$ nach Voraussetzung RC-Zweipolfunktion ist, gilt mit Gl.(7.63)

$$\rho_\nu = \lim_{s \to -\sigma_\nu} A \frac{p(s)}{q(s)} (s+\sigma_\nu) > 0 \ . \quad (7.73)$$

Gl.(7.71) können wir jetzt auch in folgender Form schreiben

$$\frac{h(s)}{q(s)} = \frac{1}{K^2} \sum_{\nu=1}^{n} m_\nu \frac{(-\sigma_\nu+\sigma)}{s+\sigma_\nu} \quad \text{mit} \quad m_\nu = \frac{\sigma_\nu \rho_\nu^{(1)}}{t^2(-\sigma_\nu)} \ . \quad (7.74)$$

Aufgrund der Beziehung

$$\frac{1}{1+x} = 1 - x + x^2 - x^3 + - \ldots \quad (7.75)$$

können wir nun schreiben

$$\frac{1}{s+\sigma_\nu} = \frac{1}{s}\left(\frac{1}{1+\frac{\sigma_\nu}{s}}\right) = \frac{1}{s}\left(1 - \frac{\sigma_\nu}{s} + \frac{\sigma_\nu^2}{s^2} - \frac{\sigma_\nu^3}{s^3} + - \ldots\right).$$

Daraus erhalten wir mit Gl.(7.74) und Gl.(7.69)

$$\frac{h(s)}{q(s)} = \frac{1}{K^2} \sum_{\nu=1}^{n} m_\nu(-\sigma_\nu+\sigma) \frac{1}{s}\left(1 - \frac{\sigma_\nu}{s} + \frac{\sigma_\nu^2}{s^2} - \frac{\sigma_\nu^3}{s^3} + - \ldots\right)\bigg|_{s \to \infty} \approx \frac{H}{s^2} \ . \quad (7.76)$$

Aus Gl.(7.76) folgt durch Koeffizientenvergleich als Ergebnis der Grenzwertbetrachtung

$$\sum_{\nu=1}^{n} m_\nu(-\sigma_\nu+\sigma) = 0 \quad (7.77)$$

und

$$\frac{1}{K^2} \sum_{\nu=1}^{n} m_\nu(-\sigma_\nu+\sigma)(-\sigma_\nu) = H \ . \quad (7.78)$$

7.4 Spezielle Syntheseverfahren für passive RC-Vierpole

Aus Gl.(7.77) ergibt sich jetzt die unbekannte Polfrequenz σ in Gl.(7.55) zu

$$\sigma = \frac{\sum_{\nu=1}^{n} m_\nu \sigma_\nu}{\sum_{\nu=1}^{n} m_\nu} \quad . \tag{7.79}$$

Damit ist die gesuchte Bestimmungsgleichung für σ gefunden. Es ergibt sich, wie in Gl.(7.59) gefordert, stets $\sigma > 0$, da nach Voraussetzung alle $\sigma_\nu > 0$ [Gl.(7.63)] und nach Gl.(7.74) auch alle $m_\nu \geq 0$ sind.

Ebenso ergibt sich für H in Gl.(7.78) stets ein positiver Wert. Das erkennt man folgendermaßen: Der Ausdruck $m_\nu(-\sigma_\nu + \sigma)$ ist negativ für $\sigma_\nu > \sigma$ und positiv für $\sigma_\nu < \sigma$. Da nach Gl.(7.77) die Summe aller Ausdrücke $m_\nu(-\sigma_\nu + \sigma)$ gleich Null ist, muß die Summe aller mit $-\sigma_\nu$ gewichteten Ausdrücke positiv sein.

Als nächstes wollen wir dafür sorgen, daß die zweite und dritte Bedingung von Gl.(7.59) derart erfüllt werden, daß die Restfunktion $Z_2(s)$ eine RC-Zweipolfunktion mit einem Pol bei $s = 0$ ist.

$$Z_2(s) = \frac{\rho_0^{(2)}}{s} + \sum_{\mu=1}^{m} \frac{\rho_\mu^{(2)}}{s + \sigma_\mu} + \rho_\infty^{(2)} \tag{7.80}$$

$$\sigma_\mu > 0 \; ; \quad \rho_\mu^{(2)}, \rho_\infty^{(2)} \geq 0 \; ; \quad \rho_0^{(2)} > 0 \; .$$

Mit Gl.(7.80) und Gl.(7.58) gilt jetzt

$$Z_2 = (z_{22} + Z_2) - z_{22} = (z_{22} + Z_2) - K^+ - \frac{k_0^+}{s} - \frac{k_{12}^a}{s + \sigma} =$$

$$= \frac{\rho_0^{(2)}}{s} + \sum_{\mu=1}^{m} \frac{\rho_\mu^{(2)}}{s + \sigma_\mu} + \rho_\infty^{(2)} \; . \tag{7.81}$$

Damit $\rho_0^{(2)} > 0$ wird, muß gelten [vgl. Gl.(7.59) und Gl.(7.56)]

$$s(z_{22} + Z_2)\bigg|_{s=0} > k_0^+ > |k_0| = \frac{|Kt(0)|}{\sigma} \quad . \tag{7.82}$$

Daraus folgt mit Gl.(7.67)

$$\frac{s q(s)}{s(s+\sigma)h(s)}\bigg|_{s=0} = \frac{q(0)}{\sigma h(0)} > \frac{|Kt(0)|}{\sigma} \quad \text{oder} \quad \frac{q(0)}{h(0)} > |Kt(0)| \; . \tag{7.83}$$

Damit $\rho_\infty^{(2)} \geq 0$ ist, muß entsprechend gelten, vgl. Gl.(7.69)

$$(z_{22} + Z_2)\bigg|_{s\to\infty} = \frac{q(s)}{s(s+\sigma)h(s)}\bigg|_{s\to\infty} = \frac{1}{H} \geq K^+ \geq |K| \,. \tag{7.84}$$

Aus Gl.(7.83) und Gl.(7.74) ergibt sich unter Berücksichtigung, daß nach Gl.(7.55) $t(0) = \alpha^2 + \beta^2 > 0$ ist

$$\frac{h(0)}{q(0)} = \frac{1}{K^2} \sum_{\nu=1}^{n} \frac{m_\nu}{\sigma_\nu}(\sigma - \sigma_\nu) < \frac{1}{|Kt(0)|} = \frac{1}{|K|t(0)}$$

oder

$$|K| - t(0) \sum_{\nu=1}^{n} \frac{m_\nu}{\sigma_\nu}(\sigma - \sigma_\nu) > 0 \,. \tag{7.85}$$

Aus Gl.(7.84) folgt entsprechend mit Gl.(7.78)

$$|K| - \sum_{\nu=1}^{n} m_\nu \sigma_\nu(\sigma_\nu - \sigma) \geq 0 \,. \tag{7.86}$$

Aus Gl.(7.85) und Gl.(7.86) folgt, daß die Bedingungen $\rho_0^{(2)} > 0$ und $\rho_\infty^{(2)} \geq 0$ erfüllt sind, wenn $|K|$ genügend groß gewählt wird. Nun existiert aber auch eine obere Grenze für $|K|$, wie sich weiter unten zeigen wird. Löst man Gl.(7.70) nach Z_1 auf, dann erhält man

$$Z_1 = z_{11} - \frac{K^2 t^2(s) h(s)}{s(s+\sigma)q(s)}$$

oder mit Gl.(7.57) und Gl.(7.63)

$$\frac{\rho_0^{(1)}}{s} + \sum_{\nu=1}^{n} \frac{\rho_\nu^{(1)}}{s+\sigma_\nu} + \rho_\infty^{(1)} = K^+ + \frac{k_0^+}{s} + \frac{\frac{k_{12}}{a}}{s+\sigma} - K^2 \frac{t^2(s)h(s)}{s(s+\sigma)q(s)} \,. \tag{7.87}$$

Für $s \to \infty$ folgt hieraus mit Gl.(7.69) und Gl.(7.59)

$$\rho_\infty^{(1)} = K^+ - K^2 \frac{t^2(s)h(s)}{s(s+\sigma)q(s)}\bigg|_{s\to\infty} = K^+ - K^2 H \geq |K| - K^2 H \,. \tag{7.88}$$

Wird hierin H gemäß Gl.(7.78) eingesetzt, dann ergibt sich mit Gl.(7.86)

$$\rho_\infty^{(1)} \geq |K| - \sum_{\nu=1}^{n} m_\nu \sigma_\nu(\sigma_\nu - \sigma) \geq 0 \,. \tag{7.89}$$

7.4 Spezielle Syntheseverfahren für passive RC-Vierpole

Für $s \to 0$ folgt aus Gl.(7.87) und Gl.(7.59)

$$\rho_0^{(1)} = k_0^+ - K^2 \frac{t^2(0)h(0)}{\sigma q(0)} \geq |k_0| - K^2 \frac{t^2(0)h(0)}{\sigma q(0)} \ . \tag{7.90}$$

Wird hierin $h(0)/q(0)$ gemäß Gl.(7.74) eingesetzt, dann erhält man mit Gl.(7.82)

$$\rho_0^{(1)} \geq \frac{|Kt(0)|}{\sigma} - \frac{t^2(0)}{\sigma} \sum_{\nu=1}^n \frac{m_\nu}{\sigma_\nu}(\sigma - \sigma_\nu)$$

und unter Berücksichtigung, daß nach Gl.(7.55) $t(0) = \alpha^2 + \beta^2 > 0$ ist, sowie mit Gl.(7.85)

$$\frac{\rho_0^{(1)}\sigma}{t(0)} \geq |K| - t(0) \sum_{\nu=1}^n \frac{m_\nu}{\sigma_\nu}(\sigma - \sigma_\nu) > 0 \ . \tag{7.91}$$

Mit Gl.(7.89) und Gl.(7.91) sind die endgültigen Ungleichungen zur Bestimmung von $|K|$ gefunden. Wird $|K|$ in Übereinstimmung mit diesen beiden Ungleichungen gewählt, dann ist sichergestellt, daß in der Restfunktion $Z_2(s)$ die Werte $\rho_0^{(2)} > 0$ und $\rho_\infty^{(2)} \geq 0$ sind, und die Abspaltung des Teilvierpols von der gegebenen Funktion $Z_1(s)$ möglich ist.

Nun muß schließlich noch nachgewiesen werden, daß auch die endlichen Pole von $Z_2(s)$ in Gl.(7.81) einen realisierbaren Anteil ergeben. Aus Gl.(7.66) folgt

$$\frac{1}{z_{22}+Z_2} = \frac{s^2(s+\sigma)^2}{K^2 t^2(s)}(z_{11} - Z_1) \ . \tag{7.92}$$

Wie aus Gl.(7.67) hervorgeht, sind die Pole von $1/(z_{22} + Z_2)$ mit den Nullstellen von $q(s)$ identisch. Die Partialbruchentwicklung von Gl.(7.92) ergibt

$$\frac{1}{z_{22}+Z_2} = \sum_{\nu=1}^n \frac{1}{s+\sigma_\nu} \cdot \frac{\sigma_\nu^2(-\sigma_\nu+\sigma)^2}{K^2 t^2(-\sigma_\nu)}(-\rho_\nu) \ . \tag{7.93}$$

Da alle ρ_ν als Residuen der endlichen Pole von $Z_1(s)$ positiv sind, werden alle Residuen der Leitwertsfunktion $1/(z_{22} + Z_2)$ negativ. Wie mit Gl.(2.106) gezeigt wurde, handelt es sich also bei $1/(z_{22} + Z_2)$ um eine realisierbare RC-Leitwertsfunktion und folglich bei $z_{22} + Z_2$ um eine realisierbare RC-Widerstandsfunktion. Ihr Pol bei $s = -\sigma$ wird z_{22} zugeordnet. Die restlichen Bedingungen $\rho_0^{(2)} > 0$ und $\rho_\infty^{(2)} \geq 0$ waren mit Gl.(7.85) und Gl.(7.86) bzw. mit Gl.(7.89) und Gl.(7.91) bereits erfüllt. Somit ist die Restfunktion $Z_2(s)$ realisierbare RC-Zweipolfunktion.

Aus der Folgerung, daß $z_{22} + Z_2$ realisierbare RC-Zweipolfunktion ist, folgt weiter, daß

$$k_{12} a > 0 \quad \text{und damit} \quad \frac{k_{12}}{a} > 0 \tag{7.94}$$

sein muß. Daher und wegen Gl.(7.88) und Gl.(7.90) muß auch der abgespaltene Teilvierpol realisierbar sein.

Die soweit beschriebene Methode des Abspaltens eines Teilvierpols zur Realisierung komplexer Wirkungsnullstellen stammt im wesentlichen von Dasher und Guillemin [12]. Wegen der Komplexität des Verfahrens empfiehlt sich an dieser Stelle eine

Zusammenfassung

Gegeben ist die zu entwickelnde Restfunktion $Z_1(s)$ (also auch $\rho_0^{(1)}$, $\rho_\nu^{(1)}$, $\rho_\infty^{(1)}$, σ_ν, sowie $A p(s)/q(s)$) und die zu realisierenden Wirkungsnullstellen bei $s = \alpha \pm j\beta$ (also auch $t(s)$).

Die Berechnung erfolgt nun in folgenden Schritten:

1. Man berechne m_ν anhand von Gl.(7.74) und σ anhand von Gl.(7.79).

2. Man wähle $|K|$ so, daß die Ungleichungen von Gl.(7.89) und Gl.(7.91) erfüllt sind. Sollte $Z_1(s)$ keinen Pol bei $s = 0$ haben, so kann man durch Abspalten eines ohmschen Querleitwerts der Größe $1/Z_1(0)$ einen Pol bei $s = 0$ erzeugen. Falls $\rho_0^{(1)}$ oder $\rho_\infty^{(1)}$ zu klein sein sollten, kann man sie durch Teilabbauten von Polen von $1/Z_1$ vergrößern.

3. Man berechne $h(s)/q(s)$ mittels Gl.(7.74) und z_{12} mittels Gl.(7.56).

4. Man berechne z_{11} anhand von Gl.(7.68).

5. Man berechne a aus z_{11} und z_{12} bzw. aus Gl.(7.57) und Gl.(7.56).

6. Man berechne z_{22} aus z_{11} und a und Z_2 mittels Gl.(7.67).

Eine Besonderheit ergibt sich, wenn $Z_1(s)$ nur einen einzigen von Null verschiedenen Pol bei $s = -\sigma_1$ hat. Dann ist nach Gl.(7.79) auch $\sigma = \sigma_1$ und nach Gl.(7.78) $H = 0$, also auch $h(s) \equiv 0$, womit wiederum aus Gl.(7.68) $z_{11} = Z_1$, also $K^+ = \rho_\infty^{(1)}$, $k_0^+ = \rho_0^{(1)}$ folgt. Das bedeutet, daß der abgespaltene Teilvierpol am Ausgang leerlaufen muß, mit dem Teilvierpol also der ganze Realisierungsprozeß abgeschlossen ist, und $Z_2 = \infty$ ist. Statt der Wirkungsfunktion von Gl.(7.60) haben wir nun

$$\frac{U_2^{(t)}}{U_1^{(t)}} = \frac{z_{21}}{z_{11}} \tag{7.95}$$

7.4 Spezielle Syntheseverfahren für passive RC-Vierpole

zu betrachten. In diesem Fall können die Wirkungsnullstellen gar nicht mehr von z_{22} abhängen. Sie können einzig durch die komplexen Nullstellen von z_{21} gegeben sein, denn ein privater Pol von z_{11} ist nicht möglich, da $Z_1(s) = z_{11}(s)$ die Ordnung 2 hat. Damit der Teilvierpol gemäß Satz 7.1 realisierbar ist, haben wir jetzt K so zu wählen, daß die folgenden Ungleichungen erfüllt sind [vgl. Gl.(7.56), Gl.(7.57) und Gl.(7.58)]

$$|k_0| = \frac{|K|t(0)}{\sigma} \leq k_0^+ = \rho_0^{(1)} \qquad (7.96)$$

$$|K| \leq K^+ = \rho_\infty^{(1)} . \qquad (7.97)$$

Mit K und σ kann nun k_{12} berechnet werden und aus k_{12} und z_{11} schließlich a.

<u>Schaltungsrealisierung</u>

Wir können auf das Beispiel von Gl.(4.98) in Abschnitt 4.3.3 zurückgreifen, wenn wir z_{11} und z_{22} wie folgt zerlegen

$$z_{11} = K + \frac{k_0}{s} + \frac{\frac{k_{12}}{a}}{s+\sigma} + (K^+ - K) + \frac{k_0^+ - k_0}{s} = z_{11\text{kom}} + z_{11\text{ü}} ; \qquad (7.98)$$

$$z_{22} = K + \frac{k_0}{s} + \frac{k_{12}a}{s+\sigma} + (K^+ - K) + \frac{k_0^+ - k_0}{s} = z_{22\text{kom}} + z_{22\text{ü}} . \qquad (7.99)$$

Die kompakten Anteile

$$z_{11\text{kom}} = K + \frac{k_0}{s} + \frac{\frac{k_{12}}{a}}{s+\sigma} , \qquad (7.100)$$

$$z_{22\text{kom}} = K + \frac{k_0}{s} + \frac{k_{12}a}{s+\sigma} , \qquad (7.101)$$

$$z_{12} = K + \frac{k_0}{s} + \frac{k_{12}}{s+\sigma} \qquad (7.102)$$

sind dieselben Funktionen wie in Gl.(4.98), die auf die Schaltungen von Abb.4.23c und d führten. Faßt man in diesen Schaltungen die parallel und die in Serie liegenden gleichen Elemente zusammen, dann ergeben sich zusammen mit den Überschußelementen $z_{11\text{ü}}$ und $z_{22\text{ü}}$ die Schaltungen in Abb.7.11a (für $R_2 \geq R_1$) und in Abb.7.11b (für $R_1 \geq R_2$).

Für Abb.7.11a ergeben sich die Schaltelemente zu [vgl. Gl.(4.99) und Gl.(4.100)]

$$R_1 = \frac{k_{12}(1+a)}{a\sigma} \; ; \quad R_2 = \frac{K(1+a)}{a} , \qquad (7.103)$$

$$C_2\left(\frac{1}{a} + 1\right) = \frac{a}{k_0(1+a)} \cdot \frac{1+a}{a} = \frac{1}{k_0} , \qquad (7.104)$$

$$C_\alpha = \frac{C_1}{1+a} = \frac{a}{k_{12}(1+a)^2} , \qquad (7.105)$$

$$R_\alpha = \frac{R_2 - R_1}{1 + \frac{1}{a}} = \frac{a}{a+1}\left(\frac{K(1+a)}{a} - \frac{k_{12}(1+a)}{a\sigma}\right) = \frac{K\sigma - k_{12}}{\sigma} . \qquad (7.106)$$

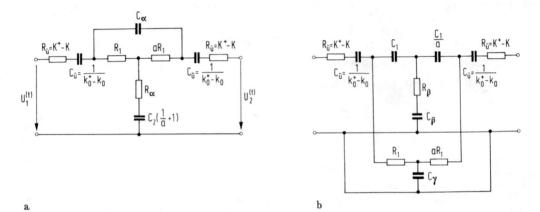

Abb.7.11. Realisierung des Teilvierpols für ein komplexes Wirkungsnullstellenpaar. a) Schaltung für $R_2 \geqslant R_1$; b) Schaltung für $R_1 \geqslant R_2$.

Für Abb.7.11b ergeben sich die Schaltelemente zu

$$R_1 = \frac{k_{12}(1+a)}{a\sigma} , \quad C_1 = \frac{a}{k_{12}(1+a)} , \qquad (7.107)$$

$$C_\gamma = \frac{C_2 R_2}{R_1}\left(1+\frac{1}{a}\right) = \frac{a}{k_0(1+a)} \cdot \frac{K\sigma}{k_{12}}\left(1+\frac{1}{a}\right) = \frac{K\sigma}{k_0 k_{12}} , \qquad (7.108)$$

$$R_\beta = \frac{R_1 R_2}{R_1 - R_2} \cdot \frac{a}{a+1} = \cdots = \frac{k_{12} K}{k_{12} - \sigma K} , \qquad (7.109)$$

$$C_\beta = \frac{C_1 C_2 (R_1 - R_2)}{C_1 R_1 - C_2(R_1 - R_2)}\left(1+\frac{1}{a}\right) = \cdots = \frac{k_{12} - K\sigma}{k_{12}(k_0 - k_{12} + K\sigma)} . \qquad (7.110)$$

7.4 Spezielle Syntheseverfahren für passive RC-Vierpole

Die Schaltung von Abb.7.11a hat keine negativen Elemente, wenn $K\sigma - k_{12} \geq 0$ ist. Ist $K\sigma - k_{12} < 0$, dann kann die Schaltung von Abb.7.11b verwendet werden. Damit diese dann keine negativen Elemente erhält, muß zusätzlich noch

$$k_0 \geq k_{12} - K\sigma \geq 0 \tag{7.111}$$

sein. Diese letztere Bedingung deckt sich übrigens mit derjenigen von Gl.(4.92), wie man leicht nachweisen kann. Wir wollen nun untersuchen, welche Einschränkung Gl.(7.111) auf die Lage der realisierbaren Wirkungsnullstellen hat. Dazu setzen wir zunächst für k_0 und k_{12} die Ausdrücke von Gl.(7.56) ein und erhalten

$$t(0) \geq t(-\sigma) - \sigma^2 . \tag{7.112}$$

Berechnen wir jetzt $t(0)$ und $t(-\sigma)$ nach Gl.(7.55), dann erhalten wir aus Gl.(7.112)

$$\alpha^2 + \beta^2 \geq 2\alpha\sigma + \alpha^2 + \beta^2, \quad \text{also} \quad \alpha \leq 0 . \tag{7.113}$$

Mit diesem Verfahren lassen sich also Wirkungsnullstellen nur in der abgeschlossenen linken, nicht aber der rechten, s-Halbebene realisieren. Das war vorherzusehen, denn nach Gl.(7.60) sind die realisierten Wirkungsnullstellen die Nullstellen von z_{21}. z_{21} ist aber ein Parameter eines Vierpols der Ordnung n = 2 mit durchgehender Masseverbindung. Ein solcher kann nach Abb.4.12 und Satz 4.5 keine Wirkungsnullstellen in der rechten s-Halbebene haben. Um solche zu erzeugen, müßte man entweder den abgespaltenen Teilvierpol durch eine Schaltung mit nicht durchgehender Masseverbindung realisieren, oder man müßte einen Teilvierpol der Ordnung n > 2 abspalten.

An dieser Stelle empfiehlt sich die Berechnung zweier
<u>Beispiele:</u>
1. Gegeben sei als Restfunktion

$$Z_1' = \frac{(s+2)(s+4)}{(s+1)(s+3)} . \tag{7.114}$$

Die zu realisierenden Wirkungsnullstellen sollen bei $s = \pm j$ liegen.

Zunächst ist festzustellen, daß Z_1' keinen Pol bei $s = 0$ hat, also nicht von der Form von Gl. (7.63) ist. Wir beheben dies, indem wir von $Y_1' = 1/Z_1'$ einen Querleitwert der Größe $Y_1'(0) = 3/8$ abspalten. Dadurch erhalten wir die modifizierte Restfunktion

$$Z_1(s) = \frac{\frac{32}{7}}{s} + \frac{\frac{96}{175}}{s + \frac{14}{5}} + \frac{8}{5} . \tag{7.115}$$

Gl. (7.115) hat jetzt die Form von Gl. (7.63). Sie hat allerdings nur einen einzigen von Null verschiedenen Pol bei $s = -\sigma_1 = -\frac{14}{5}$. Folglich tritt die in der Zusammenfassung genannte Besonderheit ein, wonach

$$z_{11} = Z_1(s)$$

ist, also $k_0^+ = \rho_0^{(1)} = 32/7$, $k_{12}/a = 96/175$, $K^+ = \rho_\infty^{(1)} = 8/5$ und $\sigma = 14/5$. Nach Gl. (7.96) und Gl. (7.97) ist mit $t(0) = 1$ (Gl. 7.55)

$$|k_0| = \frac{|K|t(0)}{\sigma} = |K|\frac{5}{14} \leq \frac{32}{7} \quad \text{und} \quad |K| \leq \frac{8}{5}.$$

Beide Gleichungen sind erfüllt für $K = 8/5$. Nach Gl. (7.55) ist jetzt

$$z_{12} = \frac{\frac{8}{5}(s^2+1)}{s(s+\frac{14}{5})} = \ldots = \frac{\frac{4}{7}}{s} - \frac{\frac{884}{175}}{s+\frac{14}{5}} + \frac{8}{5} = \frac{k_0}{s} - \frac{k_{12}}{s+\sigma} + K.$$

Die Konstante a ergibt sich zu

$$a = \frac{k_{12}}{k_{12}/a} = \frac{884}{175} \cdot \frac{175}{96} = \frac{221}{24}.$$

Zur Bestimmung der Schaltung berechnen wir zunächst nach Gl. (7.103)

$$R_1 - R_2 = \left(\frac{k_{12}}{\sigma} - K\right)\frac{1+a}{a} = \left(\frac{884}{175} \cdot \frac{5}{14} - \frac{8}{5}\right)\frac{1+a}{a} > 0.$$

Da also $R_2 < R_1$ ist, müssen wir die Schaltung von Abb. 7.11b verwenden. Rechnet man nun R_1 und entsprechend Gl. (7.107) bis Gl. (7.110) die Werte der übrigen Schaltelemente aus, dann ergibt sich mit Berücksichtigung des abgespaltenen Querleiters $Y_1'(0)$ und der Überschußelemente $R_{\ddot{u}}$ und $C_{\ddot{u}}$ die Schaltung in Abb. 7.12. Der Überschußwiderstand ergibt sich zu $R_{\ddot{u}} = 0$.

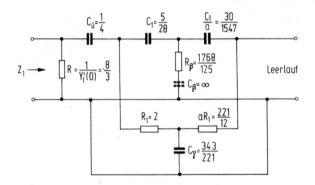

Abb. 7.12. Endgültige Schaltung für das Beispiel von Gl. (7.114) unter Benutzung der allgemeinen Struktur von Abb. 7.11b.

2. Gegeben sei als Restfunktion

$$Z_1 = \frac{5}{s} + \frac{1}{s+1} + \frac{2}{s+2} + \frac{\frac{25}{3}}{s+3} + 5. \tag{7.116}$$

Die zu realisierenden Wirkungsnullstellen sollen bei $s = -1 \pm j$ und bei $s = \pm j$ liegen.

Wir wollen zunächst die Wirkungsnullstellen bei $s = -1 \pm j$ realisieren. Nach Gl. (7.55) berechnet sich hierfür

$$t(s) = s^2 + 2s + 2 \tag{7.117}$$

7.4 Spezielle Syntheseverfahren für passive RC-Vierpole

Die weitere Rechnung erfolgt jetzt in den in der Zusammenfassung angegebenen Schritten.

Nach Schritt 1. berechnen wir zunächst

$$m_\nu = \frac{\sigma_\nu \rho_\nu^{(1)}}{t^2(-\sigma_\nu)} \quad ; \quad \nu = 1, 2, 3 \, .$$

Das ergibt $m_1 = m_2 = m_3 = 1$ und damit

$$\sigma = \frac{\sum_{\nu=1}^{3} m_\nu \sigma_\nu}{\sum_{\nu=1}^{3} m_\nu} = 2 \, .$$

Nach Schritt 2. haben wir K entsprechend folgender Ungleichungen zu wählen

$$\rho_\infty^{(1)} = 5 \geq |K| - \sum_{\nu=1}^{3} m_\nu \sigma_\nu (\sigma_\nu - \sigma) \geq 0$$

also

$$5 \geq |K| - 2 \geq 0$$

und

$$\frac{\rho_0^{(1)} \sigma}{t(0)} = 5 \geq |K| - t(0) \sum_{\nu=1}^{3} \frac{m_\nu}{\sigma_\nu} (\sigma - \sigma_\nu) > 0 \, ,$$

also

$$5 \geq |K| - \tfrac{4}{3} > 0 \, .$$

Der Wert $K = 5$ erfüllt offenbar beide Ungleichungen.

Nach Schritt 3. berechnen wir jetzt

$$\frac{h(s)}{q(s)} = \frac{1}{K^2} \sum_{\nu=1}^{3} m_\nu \frac{(-\sigma_\nu + \sigma)}{s + \sigma_\nu} = \ldots = \frac{\tfrac{2}{25}}{(s+1)(s+3)}$$

und

$$z_{12} = \frac{K t(s)}{s(s+\sigma)} = \ldots = 5 + \frac{5}{s} - \frac{5}{s+2} \, .$$

Mit Schritt 4. ergibt sich nun

$$z_{11} = Z_1 + \frac{K^2 t^2(s) h(s)}{s(s+\sigma) q(s)} = 5 + \frac{5}{s} + \frac{1}{s+1} + \frac{2}{s+2} + \frac{\tfrac{25}{3}}{s+3} + \frac{2(s^2 + 2s + 2)^2}{s(s+1)(s+2)(s+3)} =$$

$$= \ldots = \frac{\tfrac{19}{3}}{s} + \frac{6}{s+2} + 7 = \frac{k_0^+}{s} + \frac{\tfrac{k_{12}}{a}}{s+\sigma} + K^+ \, .$$

In Schritt 5. ergibt sich aus $k_{12} = 5$ und $k_{12}/a = 6$ der Wert $a = 5/6$. Damit ergibt sich in Schritt 6

$$z_{22} = \frac{k_0^+}{s} + \frac{k_{12} a}{s+\sigma} + K^+ = \frac{\tfrac{19}{3}}{s} + \frac{2 \cdot \tfrac{25}{12}}{s+2} + 7$$

und

$$Z_2 = \frac{q(s)}{s(s+\sigma)h(s)} - z_{22} = \frac{25(s+1)(s+3)}{2s(s+2)} - \frac{\frac{19}{3}}{s} - \frac{\frac{25}{6}}{s+2} - 7 = \ldots = \frac{\frac{149}{12}}{s} + \frac{\frac{25}{12}}{s+2} + \frac{11}{2}.$$

Die Restfunktion Z_2 hat nur noch einen einzigen von Null verschiedenen endlichen Pol. Sie kann also analog zum ersten Beispiel Gl. (7.115) weiterentwickelt werden. Auf die Berechnung der Schaltelemente sei hier verzichtet.

Realisierung komplexer Wirkungsnullstellen durch Entwicklung von Y_1

Die Realisierung eines konjugiert komplexen Wirkungsnullstellenpaars kann auch durch Abspalten eines Teilvierpols mit den Leitwertsparametern y_{11}, y_{12} und y_{22} von der Restfunktion $Y_1(s)$ vorgenommen werden

$$-\frac{y_{12}}{s} = \frac{K t(s)}{s(s+\sigma)} = K + \frac{k_0}{s} - \frac{k_{12}}{s+\sigma}, \qquad (7.118)$$

$$\frac{y_{11}}{s} = K^+ + \frac{k_0^+}{s} + \frac{\frac{k_{12}}{a}}{s+\sigma}, \qquad (7.119)$$

$$\frac{y_{22}}{s} = K^+ + \frac{k_0^+}{s} + \frac{k_{12}a}{s+\sigma}. \qquad (7.120)$$

Gl.(7.118) bis Gl.(7.120) erfüllen die Realisierbarkeitsbedingungen von Gl.(7.8), sofern die Konstanten K^+, K, k_0^+, k_0, k_{12}, a und σ den Ungleichungen von Gl.(7.59) genügen. Die rechten Seiten von Gl.(7.118) bis Gl.(7.120) sind identisch mit denen von Gl.(7.56) bis Gl.(7.58). Die gesamte Rechnung von Gl.(7.55) bis Gl.(7.97) bleibt daher richtig, wenn man in allen Gleichungen folgende Ersetzungen vornimmt: $Z_1 \rightarrow Y_1/s$, $Z_2 \rightarrow Y_2/s$, $z_{11} \rightarrow y_{11}/s$, $z_{22} \rightarrow y_{22}/s$, $z_{12} \rightarrow -y_{12}/s$, $U \rightarrow I$. Entsprechendes gilt für die Schaltungsrealisierung. Wie Gl.(4.103) zeigt, ergibt sich wieder $a^* = a$. Folglich läßt sich der abgespaltene Vierpol nach der in Abschnitt 4.3.3 geschilderten Methode durch eine fastsymmetrische Schaltung verwirklichen.

7.4.3 Kurzer Überblick über weitere Syntheseverfahren für passive RC-Vierpole

Bei symmetrischen Vierpolen besteht das theoretisch einfachste Syntheseverfahren in der Berechnung der zugehörigen symmetrischen Brückenschaltung nach Gl.(4.60), vgl. Satz 4.6. Zur Erzeugung komplexer Wirkungsnullstellen gibt es noch ein von Guillemin stammendes Verfahren. Dieses geht von einer Zerlegung der Leitwertsmatrix [Y] in eine Summe von Teilmatrizen $[Y^{(\nu)}]$ aus, die so erfolgt, daß jede einzelne Teilmatrix durch eine Abzweigschaltung realisierbar ist [12]. Mit dieser

Methode lassen sich auch Wirkungsnullstellen in der rechten s-Halbebene mit Ausnahme der positiven σ-Achse realisieren. Für den Fall des beidseitig beschalteten RC-Vierpols gibt es eine Synthesemethode von E.S.Kuh [13]. Bei dieser Methode, mit der auch komplexe Wirkungsnullstellen verwirklicht werden können und mit der zugleich auch der konstante Faktor [vgl. Bemerkung im Anschluß an Gl.(7.52)] optimiert wird, werden die Beschaltungswiderstände R_1 und R_2 zunächst mit in den Vierpol eingerechnet. Die Realisierung erfolgt dann so, daß in Serie zu den Eingangsklemmen der Widerstand R_1 und parallel zu den Ausgangsklemmen der Widerstand R_2 erscheint. Schließlich sei noch ein Verfahren von P.M.Lin und R.P. Siskind erwähnt [35], bei dem ebenfalls stets eine Realisierung mit einem Parallelwiderstand am Ausgang und einem Serienwiderstand am Eingang möglich ist. Diese Methode erweist sich als relativ einfach und aufwandsgünstig, wenn außer reellen nur ein einziges Paar konjugiert komplexer Wirkungsnullstellen zu realisieren ist.

7.5 Notwendige und hinreichende Realisierbarkeitsbedingungen für Vierpolmatrizen reziproker passiver Vierpole

An passiven Elementen wollen wir ohmsche Widerstände R, Kapazitäten C, Induktivitäten L und ideale Übertrager ü zulassen. Damit sind auch gekoppelte Induktivitätenpaare eingeschlossen, denn diese lassen sich durch nichtgekoppelte Induktivitäten und ideale Übertrager ersetzen (Abb.1.11). Ausschließen wollen wir ideale Gyratoren. Wir betrachten also nicht den allgemeinen, sondern den reziproken passiven Vierpol, siehe Satz 4.1.

7.5.1 Realisierbarkeitsbedingungen für die Widerstandsmatrix [Z] und die Leitwertsmatrix [Y]

Die Widerstandsmatrix des reziproken passiven Vierpols ist (sofern sie existiert) symmetrisch, also

$$[Z] = \begin{bmatrix} Z_{11} & Z_{12} \\ Z_{12} & Z_{22} \end{bmatrix}. \tag{7.121}$$

Die Realisierbarkeitsbedingungen für diese Matrix lassen sich wieder in analoger Weise wie beim LC- und beim RC-Vierpol herleiten, vgl. Abschnitte 5.1.1 und 7.1. Die Elemente $Z_{11}(s)$ und $Z_{22}(s)$ müssen nun positiv reelle Funktionen gemäß Satz 3.1 sein. Zur Klärung der Eigenschaften von $Z_{12}(s)$ benützen wir wieder den Satz von

Tellegen in der Form von Gl.(1.91). Dazu nehmen wir an, daß der in Abb.7.1 gezeigte Vierpol nunmehr kein RC-Vierpol sei, sondern jetzt alle oben genannten passiven Elemente enthalte. Statt Gl.(7.3) erhalten wir nun

$$F_Z(s) + sT_Z(s) + \frac{V_Z(s)}{s} = \underline{I}^* [Z] \underline{I} .\qquad (7.122)$$

Die idealen Übertrager liefern keinen Beitrag zu Gl.(7.122), vgl. Gl.(1.90). $F_Z(s)$, $T_Z(s)$ und $V_Z(s)$ sind für jedes s reell und nichtnegativ, vgl. Gl.(1.93), Gl.(1.94) und Gl.(1.95). Folglich gilt für die linke Seite von Gl.(7.122) mit $s = \sigma + j\omega$

$$\text{Re} \left\{ F_Z(s) + (\sigma + j\omega) T_Z(s) + \frac{V_Z(s)}{\sigma + j\omega} \right\} = F_Z(s) + \sigma T_Z(s) + \frac{\sigma}{\sigma^2 + \omega^2} V_Z(s) > 0$$

$$\text{für}\quad \sigma > 0 . \qquad (7.123)$$

Für $\sigma > 0$ gilt auch in Gl.(7.123) das Größerzeichen (>) und nicht etwa das Größergleichzeichen ($\geq$), weil $F_Z(s)$, $T_Z(s)$ und $V_Z(s)$ nie gleichzeitig verschwinden können. Das folgt aus einer zu Gl.(2.6) analogen Überlegung, wenn man statt $I_E(s)$ nun die Vierpolströme $I_1(s)$ und $I_2(s)$ betrachtet. Gl.(7.123) besagt also, daß die linke - und damit auch die rechte - Seite von Gl.(7.122) positiv reell sein muß

$$\underline{I}^* [Z] \underline{I} = Z(s) = \text{pos. reell für beliebiges } \underline{I}] . \qquad (7.124)$$

Setzt man wieder wie bei Gl.(5.26) $I_k = a_k + jb_k$, $I_k^* = a_k - jb_k$, $k = 1,2$, dann folgt durch Ausmultiplizieren von Gl.(7.124) [vgl. Gl.(5.28)]

$$Z_{11} a_1^2 + Z_{22} a_2^2 + Z_{12} 2 a_1 a_2 = Z(s) = \text{pos. reell} \qquad (7.125)$$

für beliebige reelle, nicht gleichzeitig verschwindende, Werte von a_1 und a_2. Das bedeutet mit Satz 3.1

$$\text{Re}\{Z_{11}(s)\} a_1^2 + \text{Re}\{Z_{22}(s)\} a_2^2 + \text{Re}\{Z_{12}(s)\} 2 a_1 a_2 > 0 \quad \text{für}\quad \text{Re}(s) > 0 . \qquad (7.126)$$

Setzt man $a_2 = 0$ und $a_1 \neq 0$, dann folgt, daß $Z_{11}(s)$ positiv reell sein muß. Setzt man $a_1 = 0$ und $a_2 \neq 0$, dann folgt, daß $Z_{22}(s)$ positiv reell sein muß. Beide Ergebnisse sind selbstverständlich. Damit Gl.(7.125) für beliebige a_1 und a_2 positiv reell ist, muß

$$\text{Re}\{Z_{11}(s)\} \text{Re}\{Z_{22}(s)\} \geq [\text{Re}\{Z_{12}(s)\}]^2 \quad \text{für}\quad \text{Re}(s) > 0 \qquad (7.127)$$

sein. Ist nämlich in Gl.(7.126) $\text{Re}\{Z_{12}\}$ gleich $\sqrt{\text{Re}\{Z_{11}\} \text{Re}\{Z_{22}\}}$, dann erhält man auf der linken Seite ein vollständiges Quadrat, welches für beliebige a_1 und a_2 posi-

7.5 Realisierbarkeit von Vierpolmatrizen reziproker passiver Vierpole

tiv reell ist, sofern dies Z_{11} und Z_{22} sind. Entsprechendes gilt, wenn $|\mathrm{Re}\{Z_{12}\}| <$
$< + \sqrt{\mathrm{Re}\{Z_{11}\} \mathrm{Re}\{Z_{22}\}}$ ist. Vergleiche in diesem Zusammenhang die ausführliche Diskussion im Anschluß an Gl. (5.28).

Matrizen mit der Eigenschaft von Gl. (7.124) bzw. den daraus folgenden Eigenschaften von Gl. (7.126) und Gl. (7.127) werden als **positiv reelle Matrizen** bezeichnet. Wie C. Gewertz [36] als erster gezeigt hat, läßt sich jede positiv reelle Matrix durch einen Vierpol aus nur passiven Elementen verwirklichen. Das Syntheseverfahren von Gewertz wird später in Abschnitt 7.6 beschrieben. Es gilt also der folgende

> **Satz 7.5**
>
> Notwendig und hinreichend für die Realisierbarkeit einer zweireihigen Widerstandsmatrix [Z] durch einen reziproken Vierpol aus nur passiven Elementen ist, daß die Matrix symmetrisch und positiv reell ist, d.h. folgenden Bedingungen genügt:
>
> 1. Alle Elemente sind reelle rationale Funktionen von s
>
> 2. Die Elemente der Hauptdiagonale $Z_{11}(s)$ und $Z_{22}(s)$ sind positiv reell
>
> 3. Es gilt
>
> $$\mathrm{Re}\{Z_{11}(s)\} \mathrm{Re}\{Z_{22}(s)\} - [\mathrm{Re}\{Z_{12}(s)\}]^2 > 0 \quad \text{für} \quad \mathrm{Re}(s) > 0 \ .$$

Die bisher untersuchten Widerstandsmatrizen für LC- und RC-Vierpole sind Spezialfälle innerhalb der allgemeineren Klasse der positiv reellen Matrizen.

Für die Leitwertsmatrix [Y] lassen sich zu Satz 7.5 völlig analoge notwendige Bedingungen herleiten, indem man dem Rechengang den Satz von Tellegen in der Form von Gl. (1.92) zugrundelegt. Man hat in Satz 7.5 lediglich Z_{ik} durch Y_{ik} zu ersetzen. Auch die Leitwertsmatrix ist damit positiv reell.

7.5.2 Eigenschaften positiv reeller Matrizen

Sollen die Bedingungen von Satz 7.5 auch hinreichend sein, dann ist notwendig, daß die zu einer positiv reellen Matrix zugehörige inverse Matrix ebenfalls positiv reell ist. Diese und andere Eigenschaften werden in diesem Abschnitt hergeleitet. Es gelten:

α) Die Determinante

$$\Delta Z(s) = Z_{11}(s) Z_{22}(s) - Z_{12}^2(s) \qquad (7.128)$$

einer positiv reellen Matrix [Z] hat weder Pole noch Nullstellen für $\mathrm{Re}(s) > 0$.
Daß $\Delta Z(s)$ keine Pole für $\mathrm{Re}(s) > 0$ haben kann, folgt unmittelbar aus Gl. (7.125) und Abschnitt 3.2 Punkt γ). Zum Beweis, daß auch keine Nullstellen für $\mathrm{Re}(s) > 0$

möglich sind, nehmen wir an, $\Delta Z(s)$ hätte eine Nullstelle bei s_0 mit $\operatorname{Re}(s_0) > 0$. Das hieße mit Gl.(7.128)

$$Z_{22}(s_0) = \frac{Z_{12}^2(s_0)}{Z_{11}(s_0)} . \qquad (7.129)$$

Das Einsetzen von Gl.(7.129) in Gl.(7.125) ergäbe dann

$$a_1^2 Z_{11}(s_0) + 2a_1 a_2 Z_{12}(s_0) + a_2^2 \frac{Z_{12}^2(s_0)}{Z_{11}(s_0)} = Z_{11}(s_0) \left\{ a_1 + a_2 \frac{Z_{12}(s_0)}{Z_{11}(s_0)} \right\}^2 . \qquad (7.130)$$

Sei nun $Z_{12}(s_0)/Z_{11}(s_0) = \alpha + j\beta$, dann ergibt sich für $a_1 = -\alpha$ und $a_2 = 1$ aus Gl. (7.130)

$$a_1^2 Z_{11}(s_0) + 2a_1 a_2 Z_{12}(s_0) + a_2^2 \frac{Z_{12}^2(s_0)}{Z_{11}(s_0)} = -\beta^2 Z_{11}(s_0) . \qquad (7.131)$$

Da der Realteil von $Z_{11}(s_0)$ positiv sein muß, kann also die rechte Seite von Gl.(7.131) nicht positiv sein, was im Widerspruch zu Gl.(7.125) steht. Folglich kann $\Delta Z(s)$ keine Nullstellen in der offenen rechten s-Halbebene haben.

Auf der $j\omega$-Achse hingegen kann $\Delta Z(s)$ Pole und Nullstellen haben.

β) Damit eine quadratische Matrix $[Z]$ eine inverse Matrix $[Z]^{-1}$ hat, darf ΔZ nicht identisch verschwinden, d.h. $[Z]$ darf nicht singulär sein. Die zur nichtsingulären symmetrischen Widerstandsmatrix $[Z]$ inverse Matrix lautet nach Tab.1.2

$$[Z]^{-1} = \begin{bmatrix} Z_{11} & Z_{12} \\ Z_{12} & Z_{22} \end{bmatrix}^{-1} = \begin{bmatrix} \frac{Z_{22}}{\Delta Z} & -\frac{Z_{12}}{\Delta Z} \\ -\frac{Z_{12}}{\Delta Z} & \frac{Z_{11}}{\Delta Z} \end{bmatrix} = [Y] = \begin{bmatrix} Y_{11} & Y_{12} \\ Y_{12} & Y_{22} \end{bmatrix} . \qquad (7.132)$$

Es gilt nun folgender Zusammenhang [36]: Ist

$$\operatorname{Re}\{Z_{11}(s)\} \operatorname{Re}\{Z_{22}(s)\} - [\operatorname{Re}\{Z_{12}(s)\}]^2 \geq 0 , \qquad (7.133)$$

dann ist auch für die zugehörige inverse Matrix $[Y] = [Z]^{-1}$

$$\operatorname{Re}\{Y_{11}(s)\} \operatorname{Re}\{Y_{22}(s)\} - [\operatorname{Re}\{Y_{12}(s)\}]^2 \geq 0 . \qquad (7.134)$$

Zum Beweis der Aussage von Gl.(7.133) und Gl.(7.134) führen wir zunächst folgende Abkürzungen ein

7.5 Realisierbarkeit von Vierpolmatrizen reziproker passiver Vierpole

$$Z_{ik}(s) = r_{ik} + jx_{ik} ; \quad Y_{ik} = g_{ik} + jb_{ik}, \quad \Delta Z = \delta + j\eta . \quad (7.135)$$

Damit ergibt sich

$$\Delta Z = \delta + j\eta = (r_{11}r_{22} - r_{12}^2) - (x_{11}x_{22} - x_{12}^2) + j(r_{11}x_{22} + r_{22}x_{11} - 2r_{12}x_{12}) .$$
$$(7.136)$$

Aus Gl.(7.132) folgt nun für die Realteile der Elemente der inversen Matrix

$$g_{11} = \text{Re}\left\{\frac{r_{22} + jx_{22}}{\delta + j\eta}\right\} = \frac{r_{22}\delta + x_{22}\eta}{\delta^2 + \eta^2} , \quad (7.137)$$

$$g_{22} = \text{Re}\left\{\frac{r_{11} + jx_{11}}{\delta + j\eta}\right\} = \frac{r_{11}\delta + x_{11}\eta}{\delta^2 + \eta^2} \quad (7.138)$$

$$g_{12} = \text{Re}\left\{\frac{-r_{12} - jx_{12}}{\delta + j\eta}\right\} = -\frac{r_{12}\delta + x_{12}\eta}{\delta^2 + \eta^2} . \quad (7.139)$$

Die Berechnung von Gl.(7.134) liefert jetzt

$$g_{11}g_{22} - g_{12}^2 = \frac{(r_{22}\delta + x_{22}\eta)(r_{11}\delta + x_{11}\eta) - (r_{12}\delta + x_{12}\eta)^2}{(\delta^2 + \eta^2)^2} =$$

$$= \frac{(r_{11}r_{22} - r_{12}^2)\delta^2 + (x_{11}x_{22} - x_{12}^2)\eta^2 + (r_{11}x_{22} + r_{22}x_{11} - 2r_{12}x_{12})\delta\eta}{(\delta^2 + \eta^2)^2}$$

und mit $r_{11}r_{22} - r_{12}^2 = \Delta r$

$$g_{11}g_{22} - g_{12}^2 = \frac{\Delta r \delta^2 + (\Delta r - \delta)\eta^2 + \delta\eta^2}{(\delta^2 + \eta^2)^2} = \frac{\Delta r}{\delta^2 + \eta^2} . \quad (7.140)$$

Da der Nenner sicher nicht negativ ist, wird mit $\Delta r = r_{11}r_{22} - r_{12}^2 \geq 0$ [d.h. mit Gl. (7.133)] auch $g_{11}g_{22} - g_{12}^2 \geq 0$, also Gl.(7.134) erfüllt, was zu zeigen war.

γ) Es gilt ferner: Ist $Z_{22}(s)$ positiv reell und

$$\text{Re}\{Z_{11}(s)\}\text{Re}\{Z_{22}(s)\} - [\text{Re}\{Z_{12}(s)\}]^2 > 0 \quad \text{für} \quad \text{Re}(s) > 0 , \quad (7.141)$$

dann ist auch $Y_{11}(s)$ positiv reell. Ist $Z_{11}(s)$ positiv reell und trifft Gl.(7.141) zu, dann ist auch $Y_{22}(s)$ positiv reell.

Beweis: Nach Gl.(7.135) und Gl.(7.137) ist

$$\text{Re}\{Y_{11}(s)\} = \frac{r_{22}\delta + x_{22}\eta}{\delta^2 + \eta^2} = \frac{(r_{11}r_{22} - r_{12}^2)r_{22} + r_{22}x_{12}^2 + r_{11}x_{22}^2 - 2x_{22}r_{12}x_{12}}{\delta^2 + \eta^2}. \tag{7.142}$$

Addiert man im Zähler $2x_{22}x_{12}\sqrt{r_{11}r_{22}} - 2x_{22}x_{12}\sqrt{r_{11}r_{22}} = 0$, dann ergibt sich

$$\text{Re}\{Y_{11}(s)\} = \frac{(r_{11}r_{22} - r_{12}^2)r_{22} + (x_{12}\sqrt{r_{22}} \mp x_{22}\sqrt{r_{11}})^2 \pm 2x_{22}x_{12}(\sqrt{r_{11}r_{22}} \mp r_{12})}{\delta^2 + \eta^2}. \tag{7.143}$$

Verwendet man in der mittleren und rechten Klammer das Pluszeichen, dann hat man vor dem letzten Ausdruck das Minuszeichen zu setzen und umgekehrt. Damit ist $Y_{11}(s)$ sicher positiv reell, wenn r_{22} und $(r_{11}r_{22}-r_{12}^2)$ positiv sind für $\text{Re}(s) > 0$, also $Z_{22}(s)$ positiv reell ist und Gl.(7.141) zutrifft. Die mittlere Klammer ist nämlich stets nichtnegativ und das Vorzeichen des letzten Ausdrucks ist frei wählbar.

Die zweite, $Y_{22}(s)$ betreffende, Aussage läßt sich in gleicher Weise beweisen.

Die Aussagen von Punkt β) und Punkt γ) ergeben zusammen mit Satz 7.5 den folgenden

> **Satz 7.6**
>
> Ist [Z] eine nichtsinguläre positiv reelle Matrix, dann ist auch die zugehörige inverse Matrix [Y] positiv reell.

Wegen Punkt γ in Abschnitt 3.2 folgt aus Gl.(7.125), daß neben Z_{11} und Z_{22} auch Z_{12} keine Pole für $\text{Re}(s) > 0$ haben darf. Auf der jω-Achse hingegen sind Pole möglich. Wir wollen nun von den Funktionen $Z_{ik}(s)$ in Gl.(7.125) alle Pole auf der jω-Achse abspalten, d.h. $Z_{ik}(s)$ durch Partialbruchentwicklung in die Summe

$$Z_{ik}(s) = Z_{ik}^{LC}(s) + Z_{ik}^{M}(s) \tag{7.144}$$

zerlegen, wobei Z_{ik}^{LC} alle auf der jω-Achse gelegenen Pole von Z_{ik} und nur diese enthält, während Z_{ik}^{M} die zugehörige Restfunktion ohne Pole auf der jω-Achse darstellt. In gleicher Weise können wir nach Gl.(3.36) die Funktion $Z(s)$ auf der rechten Seite von Gl.(7.125) als Summe zweier Funktionen $Z_{LC}(s)$ und $Z_M(s)$ schreiben, wobei $Z_{LC}(s)$ Reaktanzzweipolfunktion gemäß Satz 2.1 und $Z_M(s)$ Zweipolfunktion minimaler Reaktanz gemäß Satz 3.6 ist. Dadurch erhält man anstelle von Gl.(7.125)

$$Z_{11}^{LC}a_1^2 + Z_{22}^{LC}a_2^2 + Z_{12}^{LC}2a_1a_2 = Z_{LC}(s), \tag{7.145}$$

$$Z_{11}^{M}a_1^2 + Z_{22}^{M}a_2^2 + Z_{12}^{M}2a_1a_2 = Z_M(s). \tag{7.146}$$

7.5 Realisierbarkeit von Vierpolmatrizen reziproker passiver Vierpole

Die Aussage von Gl.(7.145) ist identisch mit derjenigen von Gl.(5.14). Wir können also schließen, daß alle auf der jω-Achse einschließlich s = ∞ gelegenen Pole der Matrixelemente Z_{ik} einfach sein müssen. Für die Residuen $k_{ik}^{(\nu)}$ solcher Pole bei ω_ν muß gelten

$$k_{11}^{(\nu)} k_{22}^{(\nu)} - (k_{12}^{(\nu)})^2 \geq 0 \,. \qquad (7.147)$$

Ist die Bedingung von Gl.(7.147) für den Pol bei $s = j\omega_\nu$ verletzt, dann kann die ursprüngliche Widerstandsmatrix [Z] nicht positiv reell gewesen sein, weil in diesem Fall in Gl.(7.125) für bestimmte Werte von a_1 und a_2 in der Funktion Z(s) der Pol bei $s = j\omega_\nu$ ein negatives Residuum hat. Wenn aber umgekehrt die ursprüngliche Matrix [Z] positiv reell ist, dann muß auch Gl.(7.147) zutreffen. Überdies müssen nach Abspalten der $Z_{ik}^{LC}(s)$ von $Z_{ik}(s)$ nach Satz 3.7 die Restfunktionen $Z_{11}^M(s)$ und $Z_{22}^M(s)$ positiv reell sein und Bedingung 3. von Satz 7.5 auch für den Restvierpol $[Z]^M$ mit den Elementen Z_{ik}^M zutreffen, denn die Pole auf der jω-Achse liefern keinen Beitrag zu den Realteilen von Bedingung 3. Somit gilt der folgende

> **Satz 7.7**
>
> Haben die Elemente einer symmetrischen, positiv reellen Matrix [Z] Pole auf der jω-Achse und in der offenen linken s-Halbebene, dann kann man sie zerlegen in die Summe
>
> $$[Z] = [Z]^{LC} + [Z]^M \,,$$
>
> wobei $[Z]^{LC}$ die Matrix eines realisierbaren passiven LC-Vierpols (Satz 5.1) und $[Z]^M$ eine symmetrische positiv reelle Matrix ist, deren Elemente keine Pole auf der jω-Achse haben.

Wir kommen zurück zu Gl.(7.146). Da die Elemente $Z_{ik}^M(s)$ nur noch Pole im Inneren der linken s-Halbebene, nicht aber auf der jω-Achse haben, können wir diesen speziellen Fall nun mit Hilfe von Satz 3.6 weiter untersuchen. Nach diesem muß gelten

$$\mathrm{Re}\{Z_{11}^M(j\omega)\} a_1^2 + \mathrm{Re}\{Z_{22}^M(j\omega)\} a_2^2 + \mathrm{Re}\{Z_{12}^M(j\omega)\} 2a_1 a_2 \geq 0 \quad \text{für alle } \omega \,, \qquad (7.148)$$

sowie für beliebige nicht gleichzeitig verschwindende Werte von a_1 und a_2. Analog zur Folgerung aus Gl.(7.126) ergibt sich aus Gl.(7.148)

$$\mathrm{Re}\{Z_{11}^M(j\omega)\} \geq 0 \quad \text{für alle } \omega \,,$$

$$\mathrm{Re}\{Z_{22}^M(j\omega)\} \geq 0 \quad \text{für alle } \omega \,,$$

$$\mathrm{Re}\{Z_{11}^M(j\omega)\}\,\mathrm{Re}\{Z_{22}^M(j\omega)\} \geq [\mathrm{Re}\{Z_{12}^M(j\omega)\}]^2 \quad \text{für alle } \omega. \tag{7.149}$$

Da $\mathrm{Re}\{Z_{ik}^{LC}(j\omega)\} \equiv 0$ ist, gelten die Gln. (7.149) auch unter Weglassung des hochgestellten Index M, also für die ursprüngliche Matrix [Z].

Fassen wir die gewonnenen Ergebnisse zusammen, dann ergibt sich der zu Satz 7.5 äquivalente

<u>Satz 7.8</u>

Notwendig und hinreichend für die Realisierbarkeit einer Widerstandsmatrix [Z] durch einen reziproken passiven RLCü-Vierpol ist, daß die zweireihige quadratische Matrix symmetrisch ist und folgenden Bedingungen genügt:

1. Alle Elemente $Z_{ik}(s)$ sind reelle rationale Funktionen von s. Sie sind für $\mathrm{Re}(s) > 0$ polfrei.

2. Alle auf der jω-Achse (einschließlich $s = \infty$) gelegenen Pole der Elemente $Z_{ik}(s)$ müssen einfach sein. Ist $k_{ik}^{(\nu)}$ das Residuum des auf der jω-Achse bei der Frequenz ω_ν gelegenen Pols des Elements $Z_{ik}(s)$, dann muß gelten

$$k_{11}^{(\nu)} k_{22}^{(\nu)} - [k_{12}^{(\nu)}]^2 \geq 0, \quad k_{11}^{(\nu)} \geq 0, \quad k_{22}^{(\nu)} \geq 0.$$

3. Für die Realteile gilt für alle (reelle) ω

$$\mathrm{Re}\{Z_{11}(j\omega)\}\,\mathrm{Re}\{Z_{22}(j\omega)\} - [\mathrm{Re}\{Z_{12}(j\omega)\}]^2 \geq 0,$$

$$\mathrm{Re}\{Z_{11}(j\omega)\} \geq 0, \quad \mathrm{Re}\{Z_{22}(j\omega)\} \geq 0.$$

7.5.3 Realisierbarkeitsbedingungen für die Kettenmatrix [A]

Die Bedingungen für die Kettenmatrix beschreibt der folgende [37]

<u>Satz 7.9</u>

Notwendig und hinreichend dafür, daß die zweireihige quadratische Matrix [A] Kettenmatrix eines reziproken passiven RLCü-Vierpols ist, sind die folgenden Bedingungen:

1. Alle Elemente $A_{ik}(s)$ sind reelle rationale Funktionen von s.

2. Die Matrixdeterminante ist $\Delta A(s) \equiv 1$.

3. Mindestens drei und damit alle vier der folgenden Quotienten

7.5 Realisierbarkeit von Vierpolmatrizen reziproker passiver Vierpole

$$\frac{A_{21}}{A_{11}}; \quad \frac{A_{21}}{A_{22}}; \quad \frac{A_{12}}{A_{11}}; \quad \frac{A_{12}}{A_{22}}$$

sind positiv reell, d.h. passive Zweipolfunktionen. Zugelassen als passive Zweipolfunktion ist auch der Wert identisch Null. Tritt aber eine solche identisch verschwindende Funktion auf, so müssen A_{11} und A_{22} zueinander reziproke reelle Konstanten sein.

4. Sofern nicht $A_{21}(j\omega) \equiv 0$ ist, gilt für alle (reelle) ω

$$\mathrm{Re}\left\{\frac{A_{11}}{A_{21}}(j\omega)\right\} \mathrm{Re}\left\{\frac{A_{22}}{A_{21}}(j\omega)\right\} - \left[\mathrm{Re}\left\{\frac{1}{A_{21}(j\omega)}\right\}\right]^2 \geq 0 .$$

Falls $A_{21}(j\omega) \equiv 0$ ist, genügen die Bedingungen 1., 2. und 3.

Gleichwertig mit vorstehender Bedingung ist, sofern nicht $A_{12}(j\omega) \equiv 0$ ist für alle (reelle) ω,

$$\mathrm{Re}\left\{\frac{A_{11}}{A_{12}}(j\omega)\right\} \mathrm{Re}\left\{\frac{A_{22}}{A_{12}}(j\omega)\right\} - \left[\mathrm{Re}\left\{\frac{1}{A_{12}(j\omega)}\right\}\right]^2 \geq 0 .$$

Die Notwendigkeit der Bedingungen von Satz 7.9 ist unmittelbar zu ersehen. Die ersten zwei Bedingungen folgen mit Tab.1.2 aus Bedingung 1. von Satz 7.8 und der Symmetrie der [Z]-Matrix. Bei den Quotienten der dritten Bedingung von Satz 7.9 handelt es sich um die eingangs- und ausgangsseitigen Leerlauf- und Kurzschlußwiderstände [vgl. Gl.(5.36)], die beim passiven Vierpol positiv reell sein müssen. Die Notwendigkeit der Zusatzbedingung bei identisch verschwindenden Elementen folgt aus Gl.(5.37) bis Gl.(5.39). Die vierte und letzte Bedingung von Satz 7.9 schließlich entspricht der Bedingung 3. in Satz 7.8 bzw. der entsprechenden Bedingung der Leitwertsmatrix [Y], vgl. Tab.1.2.

Setzt man voraus, daß A_{21} nicht identisch verschwindet, dann ergeben sich umgekehrt aus Satz 7.9 die Bedingungen von Satz 7.8. Das läßt sich durch einen analogen Gedankengang wie bei den Sätzen 5.2 und 7.2 zeigen. Die Quotienten A_{12}/A_{11} und A_{12}/A_{22} führen diesmal auf die Forderung, daß die Determinante

$$\Delta Z = Z_{11} Z_{22} - Z_{12}^2 = \frac{A_{11}}{A_{21}} \frac{A_{22}}{A_{21}} - \frac{1}{A_{21}^2} \stackrel{!}{=} \text{Produkt zweier positiv reeller Funktionen}$$

(7.150)

sein muß, vgl. Gl.(5.43) und Gl.(7.10). Spaltet man von den Quotienten A_{11}/A_{21}, A_{22}/A_{21} und $1/A_{21}$ die Pole auf der jω-Achse ab und kennzeichnet diese durch

$$\left(\frac{A_{11}}{A_{21}}\right)^{LC}, \quad \left(\frac{A_{22}}{A_{21}}\right)^{LC}, \quad \left(\frac{1}{A_{21}}\right)^{LC},$$

und die Restfunktionen durch

$$\left(\frac{A_{11}}{A_{21}}\right)^{M}, \quad \left(\frac{A_{22}}{A_{21}}\right)^{M}, \quad \left(\frac{1}{A_{21}}\right)^{M},$$

dann folgt aus Gl.(7.150)

$$\left\{\left(\frac{A_{11}}{A_{21}}\right)^{LC} + \left(\frac{A_{11}}{A_{21}}\right)^{M}\right\}\left\{\left(\frac{A_{22}}{A_{21}}\right)^{LC} + \left(\frac{A_{22}}{A_{21}}\right)^{M}\right\} - \left\{\left(\frac{1}{A_{21}}\right)^{LC} + \left(\frac{1}{A_{21}}\right)^{M}\right\}^{2} = \tag{7.151}$$

$\overset{!}{=}$ Produkt zweier positiv reeller Funktionen .

Die Ausmultiplikation von Gl.(7.151) ergibt Produkte, die nur den hochgestellten Index LC haben, ferner Produkte, die nur den hochgestellten Index M haben und gemischte Produkte, in denen sowohl der Index LC als auch der Index M vorkommen. Entsprechendes ergibt sich beim Produkt zweier positiv reeller Funktionen Z_1 und Z_2

$$Z_1 Z_2 = (Z_1^{LC} + Z_1^{M})(Z_2^{LC} + Z_2^{M}), \tag{7.152}$$

wenn man Z_1 und Z_2 aufspaltet als Summe von Reaktanzfunktion Z^{LC} und Zweipolfunktion minimaler Reaktanz Z^{M}. Die Produkte in Gl.(7.152), die nur den hochgestellten Index LC haben, müssen die Form von Gl.(5.46) haben. Damit auch die Produkte von Gl.(7.151), die nur den hochgestellten Index LC haben, von dieser Form sind, muß notwendigerweise die Bedingung 2. in Satz 7.8 erfüllt sein. Die Produkte in Gl.(7.152) mit dem Index M und die gemischten Produkte müssen für $s = j\omega$ einen nichtnegativen Realteil haben. Damit Entsprechendes auch für die Gegenstücke in Gl.(7.151) gilt, muß notwendigerweise Bedingung 3) in Satz 7.8 erfüllt sein. Ist $A_{12} \equiv 0$, dann stellt sich die Forderung von Gl.(7.150) erst gar nicht, d.h. es genügen dann die Bedingungen 1., 2. und 3. von Satz 7.9.

Damit ist gezeigt, daß die Bedingungen von Satz 7.9 hinreichend sind, sofern nicht $A_{21}(s) \equiv 0$ ist. Da der Fall $A_{21}(s) \equiv A_{12}(s) \equiv 0$ auf den idealen Übertrager nach Gl.(1.42) führt, bleibt nun noch zu zeigen, daß Satz 7.9 auch für den Fall $A_{21} \equiv 0$ gilt, wenn A_{12} nicht identisch verschwindet. Dann aber lassen sich die Bedingungen von Satz 7.9 auf diejenigen für die Leitwertsmatrix [Y] zurückführen.

7.6 Realisierung der [Z]- und [Y]-Matrix des reziproken passiven Vierpols nach C. Gewertz

Mit der Beschreibung der nun folgenden Synthesemethode wird der Nachweis erbracht, daß die Bedingungen von Satz 7.5 bzw. Satz 7.8 auch hinreichend sind. Diese Methode, welche gewisse Parallelen zum Verfahren von B r u n e für die Zweipolsynthese hat (siehe Abschnitt 3.4.1), wird nun für die Widerstandsmatrix [Z] vorgeführt. Das Verfahren für die Leitwertsmatrix [Y] erfolgt in dualer Weise und braucht nicht gesondert beschrieben zu werden. Für die Widerstandsmatrix [Z] gliedert sich der Prozeß in folgende Schritte:

1. Falls die Elemente Z_{ik} Pole auf der $j\omega$-Achse haben, dann werden diese durch Partialbruchentwicklung abgespalten, d.h. es wird eine Zerlegung gemäß Satz 7.7 vorgenommen in eine realisierbare LC-Vierpolmatrix $[Z]^{LC}$ und eine positiv reelle Restmatrix $[Z]^M$

$$[Z] = [Z]^{LC} + [Z]^M . \qquad (7.153)$$

Die Matrix $[Z]^{LC}$ kann z.B. durch eine Partialbruchschaltung (siehe Abschnitt 5.2) realisiert werden.

2. Die Matrix $[Z]^M$, deren Elemente keine Pole auf der $j\omega$-Achse besitzen, wird nun ihrerseits entweder in die Summe

$$[Z]^M = \begin{bmatrix} Z'_{11} & Z_{12} \\ Z_{12} & Z_{22} \end{bmatrix}^M + \begin{bmatrix} Z_1 & 0 \\ 0 & 0 \end{bmatrix} \qquad (7.154)$$

oder in die Summe

$$[Z]^M = \begin{bmatrix} Z_{11} & Z_{12} \\ Z_{12} & Z'_{22} \end{bmatrix}^M + \begin{bmatrix} 0 & 0 \\ 0 & Z_2 \end{bmatrix} \qquad (7.154a)$$

zerlegt. Diese Zerlegung hat so zu erfolgen, daß im Fall von Gl.(7.154)

$$\operatorname{Re}\{Z_{11}^{M'}(j\omega)\} \operatorname{Re}\{Z_{22}^M(j\omega)\} = [\operatorname{Re}\{Z_{12}^M(j\omega)\}]^2 \qquad (7.155)$$

und im Fall von Gl.(7.154a)

$$\operatorname{Re}\{Z_{11}^M(j\omega)\} \operatorname{Re}\{Z_{22}^{M'}(j\omega)\} = [\operatorname{Re}\{Z_{12}^M(j\omega)\}]^2 \qquad (7.155a)$$

ist. Welche der beiden Zerlegungen man vornimmt, ist gleichgültig. Nimmt man die Zerlegung gemäß Gl.(7.154) vor, dann ergibt sich nach den ersten beiden Schritten die in Abb.7.13 gezeigte Schaltungsstruktur. Der ideale Übertrager dient zur Vermeidung eventueller Kurzschlüsse, vgl. Abb.1.15b. Die weitere Beschreibung bezieht sich jetzt ausschließlich auf die Zerlegung von Gl.(7.154). Die Zerlegung nach Gl.(7.154a) erfordert aber keine grundsätzlich andersartigen Überlegungen.

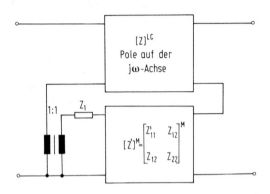

Abb.7.13. Resultierende Schaltungsstruktur nach den ersten beiden Schritten des Gewertz-Verfahrens. Der Vierpol mit der Matrix $[Z]^{LC}$ ist ein reiner Reaktanzvierpol. Der Vierpol mit der Matrix $[Z']^M$ genügt Gl.(7.155).

Da $Z_{11}^M(s)$ für $\text{Re}(s) \geq 0$ polfrei ist, sind dies sicher auch $Z_1(s)$ und $Z_{11}^{M'}(s)$. Damit nun die Impedanz Z_1 positiv reell ist und die Matrix $[Z']^M$ dem Satz 7.8 genügt, muß noch gelten (vgl. Satz 3.6)

$$\text{Re}\{Z_1(j\omega)\} \geq 0 \quad \text{für alle } \omega \tag{7.156}$$

und

$$\text{Re}\{Z_{11}^{M'}(j\omega)\} \geq 0 \quad \text{für alle } \omega . \tag{7.157}$$

Wir haben nun zu zeigen, daß dies tatsächlich zutrifft. Dazu setzen wir die aus Gl. (7.154) folgende Beziehung

$$Z_{11}^{M'} = Z_{11}^M - Z_1 \tag{7.158}$$

in Gl.(7.155) ein und erhalten

$$\text{Re}\{Z_{11}^M(j\omega) - Z_1(j\omega)\} \text{Re}\{Z_{22}^M(j\omega)\} = [\text{Re}\{Z_{12}^M(j\omega)\}]^2$$

und hieraus

7.6 Realisierung der [Z]- und [Y]-Matrix des reziproken passiven Vierpols

$$\operatorname{Re}\{Z_1(j\omega)\} = \frac{\operatorname{Re}\{Z_{11}^M(j\omega)\}\operatorname{Re}\{Z_{22}^M(j\omega)\} - [\operatorname{Re}\{Z_{12}^M(j\omega)\}]^2}{\operatorname{Re}\{Z_{22}^M(j\omega)\}} \geq 0 \ . \qquad (7.159)$$

Zähler und Nenner der rechten Seite von Gl.(7.159) sind aber wegen Bedingung 3. von Satz 7.8 nichtnegativ, weswegen Gl.(7.156) erfüllt ist.

Aus Gl.(7.155) folgt ferner

$$\operatorname{Re}\{Z_{11}^{M'}(j\omega)\} = \frac{[\operatorname{Re}\{Z_{12}^M(j\omega)\}]^2}{\operatorname{Re}\{Z_{22}^M(j\omega)\}} \geq 0 \ . \qquad (7.160)$$

Damit ist also auch Gl.(7.157) erfüllt.

3. Aus $\operatorname{Re}\{Z_1(j\omega)\}$ und $\operatorname{Re}\{Z_{11}^{M'}(j\omega)\}$ werden nach der Methode von Abschnitt 3.5.2 die zugehörigen vollständigen positiv reellen Funktionen minimaler Reaktanz $Z_1(s)$ und $Z_{11}^{M'}(s)$ berechnet. Die Zweipolfunktion $Z_1(s)$ kann nun z.B. nach dem Verfahren von B r u n e (Abschnitt 3.4.1) realisiert werden.

Die Determinante der Matrix $[Z']^M$

$$\Delta Z^{M'} = Z_{11}^{M'} Z_{22}^{M} - (Z_{12}^{M})^2 =$$

$$= [\operatorname{Re}\{Z_{11}^{M'}(s)\} + j\operatorname{Im}\{Z_{11}^{M'}(s)\}][\operatorname{Re}\{Z_{22}^{M}(s)\} + j\operatorname{Im}\{Z_{22}^{M}(s)\}] -$$

$$- [\operatorname{Re}\{Z_{12}^{M}(s)\} + j\operatorname{Im}\{Z_{12}^{M}(s)\}]^2 \qquad (7.161)$$

hat sicher mindestens zwei Nullstellen auf der $j\omega$-Achse, und zwar eine bei $s = 0$ und eine bei $s = \infty$. Daneben ist es noch möglich, daß Nullstellen auch bei endlichen Werten von ω vorhanden sind, die uns aber vorerst nicht interessieren. Die Nullstellen bei $s = 0$ und $s = \infty$ ergeben sich wie folgt: Setzt man $s = j\omega$, so ist

$$\Delta Z^{M'}(j\omega) = \operatorname{Re}\{Z_{11}^{M'}(j\omega)\}\operatorname{Re}\{Z_{22}^{M}(j\omega)\} - [\operatorname{Re}\{Z_{12}^{M}(j\omega)\}]^2 -$$

$$- \operatorname{Im}\{Z_{11}^{M'}(j\omega)\}\operatorname{Im}\{Z_{22}^{M}(j\omega)\} + [\operatorname{Im}\{Z_{12}^{M}(j\omega)\}]^2 +$$

$$+ j[\operatorname{Re}\{Z_{11}^{M'}(j\omega)\}\operatorname{Im}\{Z_{22}^{M}(j\omega)\} + \operatorname{Re}\{Z_{22}^{M}(j\omega)\}\operatorname{Im}\{Z_{11}^{M'}(j\omega)\} - \qquad (7.162)$$

$$- 2\operatorname{Re}\{Z_{12}^{M}(j\omega)\}\operatorname{Im}\{Z_{12}^{M}(j\omega)\}] \ .$$

Wegen Gl.(7.155) ist die Determinante der Realteile auf der gesamten $j\omega$-Achse gleich Null. Da die Imaginärteilfunktionen $\operatorname{Im}\{\}$ ungerade Funktionen sind (vgl. Abschnitt

1.3.2), können sie bei s = 0 und s = ∞ nur Null oder Unendlich sein. Der Funktionswert Unendlich scheidet aber aus, weil Pole auf der jω-Achse in Schritt 1 entfernt worden sind. Folglich kommt nur der Wert Null in Betracht.

4. Wir setzen voraus, daß die Determinante $\Delta Z^{M'}$ nicht identisch Null ist, die Matrix also nichtsingulär ist. Dann besitzt die Matrix $[Z']^M$ eine inverse Leitwertsmatrix $[Y]$, die nach Satz 7.6 ebenfalls positiv reell ist. Die Matrix $[Y]$ besitzt nun sicher einen Pol bei s = 0 und bei s = ∞. Diese sowie eventuell noch weitere Pole auf der jω-Achse werden nun durch Abspalten einer Matrix $[Y]^{LC}$ gemäß Schritt 1 entfernt und durch einen parallelgeschalteten passiven LC-Vierpol realisiert.

So kann das Verfahren wieder von vorn beginnend im erneuten Zyklus weiter und weiter fortgesetzt werden. Bei jeder Matrixinvertierung ergeben sich mindestens zwei neue Pole auf der jω-Achse, und zwar bei s = 0 und bei s = ∞, die erneut abgebaut werden können. Auf diese Weise wird die Ordnung der Restmatrix sukzessive vermindert, bis am Ende eine Matrix mit konstanten Elementen oder eine singuläre Matrix übrigbleibt, deren Determinante identisch verschwindet und die deshalb nicht mehr invertierbar ist. Hierauf werden wir weiter unten zurückkommen.

In diesem Zusammenhang ist noch der folgende Umstand erwähnenswert. Wenn die Determinante der Realteile der Elemente einer nichtsingulären positiv reellen Matrix $[Z]$ oder $[Y]$ längs der gesamten jω-Achse gleich Null ist, dann ist auch die Determinante der Realteile der invertierten Matrix längs der gesamten jω-Achse gleich Null. Diese Tatsache folgt unmittelbar aus Gl.(7.140). Die Schritte 2 und 3 sind also nur beim ersten Zyklus auszuführen.

5. Wir kommen nun zum in Schritt 4 ausgeklammerten Fall, daß die Matrix singulär ist, d.h. ihre Determinante identisch verschwindet. Betrachten wir zunächst den Fall

$$\Delta Z = Z_{11} Z_{22} - Z_{12}^2 \equiv 0 \, . \tag{7.163}$$

Nach Tab.1.2 bedeutet dies, daß in der zugehörigen Kettenmatrix $[A]$ das Element $A_{12} \equiv 0$ ist und daß nach Satz 7.9 die Elemente A_{11} und A_{22} zueinander reziproke reelle Konstanten sind. Die Kettenmatrix lautet also

$$[A] = \begin{bmatrix} \dfrac{Z_{11}}{Z_{21}} = ü & 0 \\ \dfrac{1}{Z_{21}} & \dfrac{Z_{22}}{Z_{21}} = \dfrac{1}{ü} \end{bmatrix} = \tag{7.164}$$

$$= \begin{bmatrix} 1 & 0 \\ \dfrac{1}{Z_{21} ü} & 1 \end{bmatrix} \cdot \begin{bmatrix} ü & 0 \\ 0 & \dfrac{1}{ü} \end{bmatrix} = \begin{bmatrix} ü & 0 \\ 0 & \dfrac{1}{ü} \end{bmatrix} \cdot \begin{bmatrix} 1 & 0 \\ \dfrac{ü}{Z_{21}} & 1 \end{bmatrix} \cdot$$

7.6 Realisierung der [Z]- und [Y]-Matrix des reziproken passiven Vierpols

Es ergeben sich also die in Abb.7.14a und b gezeigten Schaltungen mit dem nach- und vorgeschalteten idealen Übertrager, vgl. Gl.(1.42). Die Impedanzen Z_{11} und Z_{22} müssen positiv reell sein.

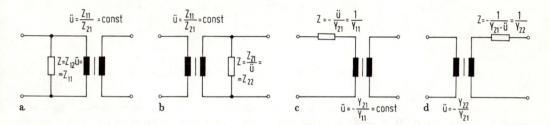

Abb.7.14. Schaltungsrealisierungen bei singulären Vierpolmatrizen. a) und b) Realisierungen im Fall $\Delta Z \equiv 0$; c) und d) Realisierungen im Fall $\Delta Y \equiv 0$.

Im Fall

$$\Delta Y = Y_{11} Y_{22} - Y_{12}^2 \equiv 0 \tag{7.165}$$

ist in der zugehörigen Kettenmatrix das Element $A_{21} \equiv 0$, während die Elemente A_{11} und A_{22} wieder zueinander reziproke reelle Konstanten sind. In diesem Fall lautet die zugehörige Kettenmatrix

$$[A] = \begin{bmatrix} -\dfrac{Y_{22}}{Y_{21}} = ü & -\dfrac{1}{Y_{21}} \\ 0 & -\dfrac{Y_{11}}{Y_{21}} = \dfrac{1}{ü} \end{bmatrix}$$

$$= \begin{bmatrix} 1 & -\dfrac{ü}{Y_{21}} \\ 0 & 1 \end{bmatrix} \cdot \begin{bmatrix} ü & 0 \\ 0 & \dfrac{1}{ü} \end{bmatrix} = \begin{bmatrix} ü & 0 \\ 0 & \dfrac{1}{ü} \end{bmatrix} \cdot \begin{bmatrix} 1 & -\dfrac{1}{Y_{21}ü} \\ 0 & 1 \end{bmatrix}. \tag{7.166}$$

Die zugehörigen Schaltungen zeigen Abb.7.14c und d. Sind die Elemente der singulären Matrix reelle Konstanten, dann sind die Impedanzen Z in Abb.7.14 ohmsche Widerstände.

Sollte der Entwicklungsprozeß etwa nach dem 1.Schritt auf eine nichtsinguläre Matrix mit konstanten reellen Elementen führen, dann wird in Schritt 2 durch Abspalten eines ohmschen Widerstandes die Matrix singulär gemacht. Die singuläre Restmatrix wird dann gemäß Abb.7.14 realisiert.

Das Verfahren von Gewertz sei nun verdeutlicht am folgenden

Beispiel:

$$[Z] = \begin{bmatrix} \dfrac{s^2+2s+2}{s+1} & -\dfrac{s-1}{s+1} \\ \\ -\dfrac{s-1}{s+1} & \dfrac{s^2+1}{s^2+2s+1} \end{bmatrix} . \tag{7.167}$$

Die Überprüfung, ob $[Z]$ eine positiv reelle Matrix ist, erfolgt Hand in Hand mit den Realisierungsschritten.

1. Das Matrixelement Z_{11} hat einen Pol bei $s=\infty$ mit dem Residuum $k_{11}^{\infty}=1$. Ansonsten haben die Elemente Z_{ik} keine weiteren Pole auf der $j\omega$-Achse. Wir zerlegen also Gl. (7.167) gemäß Gl. (7.153) und erhalten

$$[Z] = [Z]^{LC} + [Z]^{M} = \underbrace{\begin{bmatrix} s & 0 \\ 0 & 0 \end{bmatrix}}_{[Z]^{LC}} + \underbrace{\begin{bmatrix} \dfrac{s+2}{s+1} & -\dfrac{s-1}{s+1} \\ \\ -\dfrac{s-1}{s+1} & \dfrac{s^2+1}{s^2+2s+1} \end{bmatrix}}_{[Z]^{M}} . \tag{7.168}$$

2. Die Matrix $[Z]^M$ soll nun gemäß Gl. (7.154) weiterzerlegt werden. Dazu berechnen wir nach Gl. (7.160)

$$\operatorname{Re}\{Z_{11}^{M'}(j\omega)\} = \frac{\left[\operatorname{Re}\{Z_{12}^{M}(j\omega)\}\right]^2}{\operatorname{Re}\{Z_{22}^{M}(j\omega)\}} = \frac{\left[\operatorname{Re}\left\{\dfrac{-j\omega+1}{j\omega+1}\right\}\right]^2}{\operatorname{Re}\left\{\dfrac{-\omega^2+1}{-\omega^2+j2\omega+1}\right\}} = \left[\dfrac{+1-\omega^2}{1+\omega^2}\right]^2 \dfrac{(-\omega^2+1)^2+4\omega^2}{(-\omega^2+1)^2} \equiv 1 \tag{7.169}$$

und nach Gl. (7.159)

$$\operatorname{Re}\{Z_1(j\omega)\} = \operatorname{Re}\{Z_{11}^{M}(j\omega)\} - \frac{\left[\operatorname{Re}\{Z_{12}^{M}(j\omega)\}\right]^2}{\operatorname{Re}\{Z_{22}^{M}(j\omega)\}} =$$

$$= \operatorname{Re}\left\{\dfrac{j\omega+2}{j\omega+1}\right\} - 1 = \dfrac{2+\omega^2}{1+\omega^2} - 1 = \dfrac{1}{1+\omega^2} = \dfrac{1}{1+j\omega} \cdot \dfrac{1}{1-j\omega} . \tag{7.170}$$

3. Aus Gl. (7.169) und Gl. (7.170) erhalten wir unmittelbar

$$Z_{11}^{M'}(s) \equiv 1 , \quad Z_1(s) = \dfrac{1}{1+s} .$$

Wären die Funktionen für $\operatorname{Re}\{Z_{11}^{M'}(j\omega)\}$ und $\operatorname{Re}\{Z_1(j\omega)\}$ komplizierter gewesen, dann hätte man $Z_{11}^{M'}(s)$ und $Z_1(s)$ mittels Abschnitt 3.5.2 berechnen müssen. Die Matrix $[Z]^M$ ist mit Schritt 2. und 3. wie folgt zerlegt worden

7.6 Realisierung der [Z]- und [Y]-Matrix des reziproken passiven Vierpols

$$[Z]^M = \begin{bmatrix} \frac{1}{1+s} & 0 \\ 0 & 0 \end{bmatrix} + \underbrace{\begin{bmatrix} 1 & -\frac{s-1}{s+1} \\ -\frac{s-1}{s+1} & \frac{s^2+1}{s^2+2s+1} \end{bmatrix}}_{[Z']^M} \quad (7.171)$$

Die bisherigen Zerlegungen nach Gl. (7.168) und Gl. (7.171) entsprechen der Schaltung in Abb. 7.15a. Die Determinante $\Delta Z^{M'}(s)$ der Matrix $[Z']^M$ muß nun bei $s = 0$ und bei $s = \infty$ Nullstellen haben.

$$\Delta Z^{M'}(s) = \frac{s^2+1}{s^2+2s+1} - \frac{(s-1)^2}{(s+1)^2} = \frac{2s}{s^2+2s+1} \;.$$

4. Da die Determinante $\Delta Z^{M'}(s)$ nicht identisch Null ist, können wir mit Tab. 1.2 die zu $[Z']^M$ inverse Matrix [Y] bilden, deren Elemente Pole bei $s = 0$ und $s = \infty$ haben.

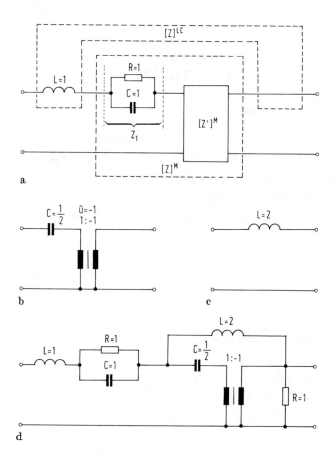

Abb.7.15. Schaltungsrealisierung nach dem Gewertz-Verfahren für das Beispiel von Gl.(7.167). a) Schaltungsstruktur nach den ersten drei Schritten, vgl. Abb.7.13; b) und c) aus der Invertierung der Matrix $[Z']^M$ resultierende Teilvierpole; d) endgültige Schaltung.

$$[Y] = \begin{bmatrix} \dfrac{Z_{22}^M}{\Delta Z^{M'}} & \dfrac{-Z_{12}^M}{\Delta Z^{M'}} \\ \dfrac{-Z_{12}^M}{\Delta Z^{M'}} & \dfrac{Z_{11}^{M'}}{\Delta Z^{M'}} \end{bmatrix} = \begin{bmatrix} \dfrac{s^2+1}{2s} & \dfrac{(s-1)(s+1)}{2s} \\ \dfrac{(s-1)(s+1)}{2s} & \dfrac{s^2+2s+1}{2s} \end{bmatrix} =$$

$$= \underbrace{\begin{bmatrix} \tfrac{1}{2}s & \tfrac{1}{2}s \\ \tfrac{1}{2}s & \tfrac{1}{2}s \end{bmatrix}}_{(I)} + \underbrace{\begin{bmatrix} \tfrac{1}{2s} & \tfrac{-1}{2s} \\ \tfrac{-1}{2s} & \tfrac{1}{2s} \end{bmatrix}}_{(II)} + \underbrace{\begin{bmatrix} 0 & 0 \\ 0 & 1 \end{bmatrix}}_{(III)} \qquad (7.172)$$

Matrix (I) ergibt die Teilschaltung in Abb. 7.15b und Matrix (II) die Teilschaltung in Abb. 7.15c. Zusammen mit Matrix (III) und Abb. 7.15a folgt also als Gesamtschaltung für die vorgeschriebene Matrix von Gl. (7.167) diejenige in Abb. 7.15d.

7.7 Übertragungseigenschaften des reziproken passiven Vierpols und Realisierung vorgeschriebener Übertragungseigenschaften durch Vierpole konstanten Eingangswiderstandes

Die Wirkungsfunktion $H(s) = P(s)/Q(s)$ des beschalteten passiven LC-Vierpols ist im wesentlichen dadurch gekennzeichnet, daß das Nennerpolynom $Q(s)$ ein Hurwitzpolynom und das Zählerpolynom $P(s)$ entweder ein gerades oder ein ungerades Polynom sein muß, dessen Grad den des Nennerpolynoms nicht übersteigen darf, vgl. Satz 5.5 und Satz 5.6. Beim passiven RC-Vierpol muß das Nennerpolynom $Q(s)$ der Wirkungsfunktion $H(s)$ ebenfalls ein Hurwitzpolynom sein, jedoch mit der zusätzlichen Einschränkung, daß seine Nullstellen nur auf der negativen σ-Achse liegen dürfen. Das Zählerpolynom darf keinen höheren Grad als das Nennerpolynom haben, unterliegt aber ansonsten keinen weiteren Einschränkungen, vgl. Gl.(7.29)f. und die Sätze 7.4 und 4.2.

Die Gegenüberstellung der Übertragungseigenschaften des passiven LC- und des passiven RC-Vierpols läßt bereits vermuten, daß beim reziproken passiven Vierpol (RLCü-Vierpol) die Eigenschaften der Wirkungsfunktion $H(s) = P(s)/Q(s)$ im wesentlichen durch die jeweils weniger eingeschränkten Bedingungen für das Nennerpolynom $Q(s)$ und das Zählerpolynom $P(s)$ bestimmt werden. In der Tat gilt der folgende

> Satz 7.10
>
> Die notwendigen und hinreichenden Bedingungen dafür, daß die Funktion $H_B(s) = P(s)/Q(s)$ Betriebswirkungsfunktion eines reziproken passiven Vierpols mit $R_1 = R_2 = R$ ist, lauten

7.7 Übertragungseigenschaften des reziproken passiven Vierpols

1. $H_B(s)$ ist eine reelle rationale Funktion.

2. $H_B(s)$ besitzt keine Pole in der abgeschlossenen rechten s-Halbebene (einschließlich $s = \infty$), d.h. $Q(s)$ ist Hurwitzpolynom und der Zählergrad übersteigt nicht den Nennergrad.

3. $|H_B(j\omega)| \leq 1$.

Die Bedingungen für die Wirkungsfunktionen H_{Ai}, H_{Au}, H_{Ei} und H_{Eu} sind gleichlautend bis auf die dritte Bedingung, die ersatzlos entfällt.

Wir beweisen zunächst die Notwendigkeit der Bedingungen von Satz 7.10. Die erste Bedingung ist selbstverständlich. Zum Nachweis der zweiten Bedingung können wir entweder den eingangsseitigen Beschaltungswiderstand R_1 oder den ausgangsseitigen Beschaltungswiderstand R_2 in den Vierpol mit einbeziehen (siehe Abb.7.2), wodurch sich das Problem auf den einseitig beschalteten Fall reduziert. Wir haben also nun nach Gl.(4.14), Gl.(4.15), Gl.(4.17) und Gl.(4.18) Wirkungsfunktionen der Form

$$H(s) = \frac{x_{ik}(s)}{x_{ii}(s) + 1} = \frac{P(s)}{Q(s)} \qquad (7.173)$$

vor uns [vgl. auch Gln.(7.29) bis (7.32)], wobei x_{ii} und x_{ik} entweder die Elemente Z_{ii} und Z_{ik} der Widerstandsmatrix [Z] oder die Elemente Y_{ii} und Y_{ik} der Leitwertsmatrix [Y] darstellen mit $i = 1, 2$ und $k = 1, 2$, die noch mit einem konstanten reellen Faktor (R_1 oder R_2) multipliziert sein können.

Drückt man x_{ik} und x_{ii} durch ihre Zähler- und Nennerpolynome $g(s)$ und $h(s)$ aus, dann erhält man aus Gl.(7.173)

$$H(s) = \frac{x_{ik}(s)}{x_{ii}(s)+1} = \frac{\frac{g_{ik}}{h_{ik}}}{\frac{g_{ii}}{h_{ii}}+1} = \frac{g_{ik} h_{ii}}{g_{ii} + h_{ii}} = \frac{P(s)}{Q(s)} \; . \qquad (7.174)$$

Da $x_{ii}(s) = g_{ii}(s)/h_{ii}(s)$ nach Satz 7.5 positiv reell ist, muß nach Gl.(3.21) $Q(s) = g_{ii}(s) + h_{ii}(s)$ ein Hurwitzpolynom sein. Nach Satz 7.8 kann $x_{ik}(s)$ auf der $j\omega$-Achse keinen Pol haben, der nicht zugleich auch Pol von $x_{ii}(s)$ ist. Insbesondere kann also $x_{ik}(s)$ keinen Pol bei $s = \infty$ haben, wenn $x_{ii}(s)$ dort keinen hat. Daraus folgt, daß der Grad von $P(s)$ den von $Q(s)$ nicht übersteigen kann. Damit ist die Notwendigkeit von Bedingung 2. in Satz 7.10 bewiesen. Die Notwendigkeit von Bedingung 3. schließlich folgt mit Gl.(4.24) unmittelbar aus dem Energieprinzip. Von der Einschränkung $R_1 = R_2 = R$ haben wir noch keinen Gebrauch gemacht.

Wir beweisen nun, daß die Bedingungen von Satz 7.10 auch hinreichend sind, indem wir zeigen, wie man zu jeder vorgegebenen Wirkungsfunktion, die den Bedingungen von Satz 7.10 genügt, einen zugehörigen passiven Vierpol findet. Wie sich sogleich herausstellen wird, ist die Schaltungsrealisierung sogar stets durch einen symmetrischen passiven Vierpol konstanten Eingangswiderstands möglich, wenn man die Einschränkung $R_1 = R_2 = R$ betrachtet. Für den symmetrischen passiven Vierpol konstanten Eingangswiderstands gilt nach Gl. (4.79) mit $R_1 = R_2$

$$H_{Au}(s) = \frac{1 - \frac{Z_1(s)}{R_2}}{1 + \frac{Z_1(s)}{R_2}} = H_B(s) \;. \tag{7.175}$$

Die Gleichung hat die Form von Gl. (3.23) in Satz 3.3. Sofern die Bedingungen von Satz 7.10 erfüllt sind, hat $H_B(s)$ in der abgeschlossenen rechten s-Halbebene keine Pole, und es gilt $|H_B(j\omega)| \leq 1$. Damit treffen aber auch die Bedingungen von Satz 3.3 zu, womit $Z_1(s)/R_1$ positiv reell ist. Die zugehörige Schaltung zeigt Abb. 4.13c. Der Zweipol $Z_2(s)$ errechnet sich nach Gl. (4.78) aus $Z_2 = R_2^2/Z_1$.

Soll nicht die Betriebswirkungsfunktion $H_B(s)$ mit $R_1 = R_2$ realisiert werden, sondern eine Wirkungsfunktion $H(s)$ des einseitig beschalteten Vierpols, dann multipliziert man $H(s)$ zunächst mit einem geeigneten reellen Faktor k so, daß die Bedingung $|kH(j\omega)| \leq 1$ erfüllt ist. Das ist stets möglich, denn $|H(j\omega)|$ ist wegen der Polfreiheit von $H(s)$ auf der $j\omega$-Achse (Bedingung 2) beschränkt. Damit ist die Wirkungsfunktion $kH(s)$ realisierbar. Durch einen vor- oder nachgeschalteten idealen Übertrager kann dann schließlich die Spannung oder der Strom wieder entsprechend hochtransformiert werden.

Zur Illustration des Verfahrens diene folgendes Beispiel ($R_1 = R_2 = 1$)

$$H_B(s) = \frac{U_2}{\frac{1}{2}U_0} = \frac{P(s)}{Q(s)} = \frac{1}{s^3 + 2s^2 + 2s + 1} \;. \tag{7.176}$$

Wie man nachprüfen kann, erfüllt Gl. (7.176) die Bedingungen von Satz 7.10. (Da übrigens im obigen Fall $P(s)$ gerade ist, stellt Gl. (7.176) sogar die Betriebsübertragungsfunktion eines Reaktanzvierpols dar, welche natürlich auch in der Klasse der reziproken passiven Vierpole enthalten ist.)

Durch Auflösen von Gl. (7.175) erhalten wir mit Gl. (7.176)

$$\frac{Z_1}{R_2} = Z_1 = \frac{\frac{1}{H_B(s)} - 1}{\frac{1}{H_B(s)} + 1} = \frac{s^3 + 2s^2 + 2s}{s^3 + 2s^2 + 2s + 2} \;. \tag{7.177}$$

Daraus wiederum folgt mit Gl. (4.78)

$$Z_2 = \frac{R_2^2}{Z_1} = \frac{1}{Z_1} = \frac{s^3 + 2s^2 + 2s + 2}{s^3 + 2s^2 + 2s} \;. \tag{7.178}$$

7.7 Übertragungseigenschaften des reziproken passiven Vierpols

Z_1 und Z_2 müssen positiv reell sein und sich z. B. nach dem Verfahren von B r u n e (Abschnitt 3.4.1) realisieren lassen. Wie man aber mit etwas Probieren erkennt, läßt sich in diesem speziellen Fall die Realisierung auch durch Kettenbruchentwicklung bzw. mit Abzweigschaltungen bewerkstelligen. Es ergibt sich aus Gl. (7.177) und Gl. (7.178)

$$Z_1 = \cfrac{1}{\cfrac{1}{s} + \cfrac{1}{\cfrac{2}{s} + \cfrac{1}{\cfrac{1}{s} + 1}}} \quad \text{und} \quad Z_2 = \frac{1}{s} + \cfrac{1}{\cfrac{2}{s} + \cfrac{1}{\cfrac{1}{s} + 1}} \quad .$$

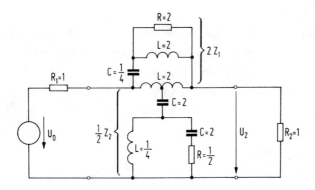

Abb.7.16. Realisierung der vorgeschriebenen Wirkungsfunktion $H_B(s)$ von Gl.(7.176) durch einen Vierpol konstanten Eingangswiderstands.

Verwendet man statt der symmetrischen Brücke die Äquivalenz von Abb. 4.19, wobei man den idealen Übertrager noch einsparen kann, indem man die erste Querinduktivität von Z_1 in der Mitte anzapft, dann ergibt sich die Schaltung in Abb. 7.16.

8. Allgemeines zur Theorie aktiver Netzwerke

Ein Zweipol oder Vierpol ist passiv, wenn er das Passivitätskriterium von Gl.(1.12) oder von Kapitel 1.2.2 erfüllt. Ein passiver Zweipol kann durchaus auch aktive Elemente enthalten. Zweipole und Vierpole beurteilt man nach dem Verhalten an ihren Klemmen. Im Gegensatz dazu spricht man von einem Netzwerk, wenn man die gesamte Schaltung mit allen ihren Schaltelementen und ihrer Topologie betrachtet. Man nennt ein Netzwerk passiv, wenn es ausschließlich aus passiven Elementen besteht. Enthält es bereits ein einziges aktives Element, dann bezeichnet man das Netzwerk als aktiv.

Große Bedeutung haben aktive RC-Netzwerke erlangt. Diese bestehen aus passiven ohmschen Widerständen und Kapazitäten und einem oder mehreren aktiven Elementen. Mit solchen Netzwerken lassen sich beliebige rationale Netzwerkfunktionen $N(s)$ mit reellen Koeffizienten verwirklichen, wie z.B. auch Wirkungsfunktionen mit Polen im Inneren der rechten s-Halbebene. Aus diesem Grund spielen Stabilitätsbetrachtungen eine nicht geringe Rolle in der Theorie aktiver Netzwerke.

8.1 Stabilität

In diesem Abschnitt sollen die wichtigsten Definitionen der Stabilität zusammengestellt werden, soweit sie sich auf Zweipole und Vierpole beziehen, und soweit sie rationale Funktionen in s mit reellen Koeffizienten betreffen.

Die schon in Gl.(4.38) genannte Definition der allgemeinen Stabilität besagt, daß die Eigenschwingungen der Ausgangsgröße $p(t)$ bei verschwindender Eingangsgröße $q(t)$ beschränkt sein müssen.

Wir wollen zunächst untersuchen, welche Konsequenzen dies für die allgemeine rationale Zweipolfunktion

$$Z(s) = \frac{U(s)}{I(s)} = \frac{a_m s^m + \ldots + a_1 s + a_0}{b_n s^n + \ldots + b_1 s + b_0} \tag{8.1}$$

8.1 Stabilität

hat, deren Koeffizienten a_i, b_i als reell vorausgesetzt werden. Dieser Funktion $U(s)/I(s)$ entspricht im Zeitbereich die Differentialgleichung [vgl.Gl.(4.32)]

$$b_n \frac{d^n u}{dt^n} + \ldots + b_1 \frac{du}{dt} + b_0 u = a_m \frac{d^m i}{dt^m} + \ldots + a_1 \frac{di}{dt} + a_0 i \,. \qquad (8.2)$$

Wird ein solcher Zweipol mit einer eingeprägten Spannung $u(t) = q(t)$ als Eingangsgröße betrieben, dann ist die Reaktion oder die Ausgangsgröße der Strom $i(t) = p(t)$. Soll also bei verschwindender Eingangsgröße $u(t) \equiv q(t) \equiv 0$ der Zweipol stabil sein, dann muß mit den Überlegungen von Abschnitt 4.2.2 das Zählerpolynom von $Z(s)$ ein modifiziertes Hurwitzpolynom sein, welches (sofern überhaupt) auf der $j\omega$-Achse nur einfache Nullstellen hat. Das Nennerpolynom darf in diesem Fall beliebig sein. Diesen Fall der Stabilität bei identisch verschwindender Klemmenspannung bezeichnet man als **Kurzschlußstabilität**.

Wird der durch Gl.(8.2) beschriebene Zweipol mit einer eingeprägten Stromquelle $i(t) = q(t)$ als Eingangsgröße betrieben, dann ist die Reaktion oder Ausgangsgröße die Spannung $u(t) = p(t)$. Soll also bei verschwindender Eingangsgröße $i(t) \equiv q(t) \equiv 0$ der Zweipol stabil sein, dann muß in diesem Fall das Nennerpolynom von $Z(s)$ ein modifiziertes Hurwitzpolynom mit höchstens einfachen Nullstellen auf der $j\omega$-Achse sein, während das Zählerpolynom beliebig sein darf. Diesen Fall der Stabilität bei identisch verschwindendem Eingangsstrom bezeichnet man als **Leerlaufstabilität**.

Positiv reelle Funktionen haben nach Abschnitt 3.2 Punkt γ) in der offenen rechten s-Halbebene keine und auf der $j\omega$-Achse nur einfache Pole und Nullstellen. Sie sind also sowohl kurzschluß- als auch leerlaufstabil. Es gibt aber auch nichtpositiv reelle Funktionen, die sowohl kurzschlußstabil als auch leerlaufstabil sind. Ein Beispiel ist die Funktion

$$Z(s) = \frac{s + 10}{(s + 1)^2} \,, \qquad (8.3)$$

deren Realteil bei $s = j2$ negativ ist. Bei einem Zweipol mit einer derartigen Impedanz $Z(s)$ kann aber Instabilität auftreten, wenn er mit einem anderen, passiven Zweipol zusammengeschaltet wird. Betrachtet man z.B. die Serienschaltung von $Z(s)$ und

$$Z_p(s) = \frac{\frac{27}{16} s}{s^2 + 2} \,, \qquad (8.4)$$

dann ergibt sich

$$Z(s) + Z_p(s) = \frac{s + 10}{(s + 1)^2} + \frac{\frac{27}{16} s}{s^2 + 2} = \ldots = \frac{43 s^3 + 214 s^2 + 59 s + 320}{16 (s + 1)^2 (s^2 + 2)} = \frac{P(s)}{Q(s)} \,. \qquad (8.5)$$

Das Zählerpolynom $P(s)$ hat eine Nullstelle bei $s = -5$ und zwei konjugiert komplexe Nullstellen im Inneren der rechten s-Halbebene:

$$P(s) = (s + 5)(43s^2 - s + 64) \ . \qquad (8.6)$$

$P(s)$ ist also kein Hurwitzpolynom. Der resultierende Zweipol $Z(s) + Z_p(s)$ ist damit kurzschlußinstabil. Den stabilen Zweipol $Z(s)$ selbst bezeichnet man als **potentiell instabil**. Die potentielle Instabilität und ihr Gegenteil, die absolute Stabilität ist beim Zweipol wie folgt definiert [38]:

Ein Zweipol $Z(s)$ ist potentiell instabil, wenn es einen passiven Zweipol $Z_p(s)$ so gibt, daß die Gleichung

$$Z(s) + Z_p(s) = 0 \qquad (8.7)$$

wenigstens eine Nullstelle oder einen Pol im Inneren der rechten s-Halbebene oder eine mehrfache Nullstelle oder einen mehrfachen Pol auf der $j\omega$-Achse hat. Gibt es keinen solchen passiven Zweipol $Z_p(s)$, dann nennt man den Zweipol $Z(s)$ absolut stabil.

Jede positiv reelle Funktion $Z(s)$ ist absolut stabil, denn die Summe zweier positiv reeller Funktionen ist wieder positiv reell.

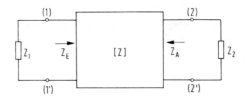

Abb.8.1. Zur Erläuterung der Stabilitätsdefinitionen bei einem Vierpol.

Wir kommen nun zu den entsprechenden Stabilitätsdefinitionen für den Vierpol. Dazu betrachten wir Abb.8.1. Wird der Vierpol an seinen Ausgangsklemmen (2) - (2') mit einem passiven Zweipol $Z_2(s)$ beschaltet, dann ergebe sich die Eingangsimpedanz $Z_E(s)$ zwischen den Klemmen (1) und (1'). Diese Eingangsimpedanz $Z_E(s)$ ist eine Funktion des Zweipols $Z_2(s)$. Wird hingegen der Vierpol an seinen Eingangsklemmen (1) - (1') mit dem passiven Zweipol $Z_1(s)$ beschaltet, dann ergebe sich die Ausgangsimpedanz $Z_A(s)$ zwischen den Klemmen (2) - (2'). $Z_A(s)$ ist abhängig vom gewählten $Z_1(s)$.

Die Definition der potentiellen Instabilität und ihres Gegenteils, der absoluten Stabilität lautet nun wie folgt:

8.1 Stabilität

Ein Vierpol ist potentiell instabil, wenn es ein Paar passiver Zweipole $Z_1(s)$ und $Z_2(s)$ so gibt, daß entweder die Gleichung

$$Z_1(s) + Z_E(s) = 0 \qquad (8.8)$$

oder die Gleichung

$$Z_2(s) + Z_A(s) = 0 \qquad (8.9)$$

oder beide Gleichungen wenigstens eine Nullstelle oder einen Pol im Inneren der rechten s-Halbebene hat oder haben oder eine(n) mehrfache(n) auf der jω-Achse. Gibt es kein solches Paar zweier passiver Zweipole $Z_1(s)$ und $Z_2(s)$, dann nennt man den betreffenden Vierpol absolut stabil.

Jede reziproke positiv reelle Matrix [Z] beschreibt einen absolut stabilen Vierpol, denn sie läßt sich stets z.B. nach dem Verfahren von Gewertz (siehe Abschnitt 7.6) durch einen Vierpol aus nur passiven Elementen realisieren. Daher muß mit der positiv reellen Funktion $Z_1(s)$ bzw. $Z_2(s)$ also auch $Z_A(s)$ bzw. $Z_E(s)$ positiv reell sein und folglich auch die Summe von Gl.(8.9) bzw. Gl.(8.8). Es gibt allerdings auch absolut stabile Vierpole, deren Widerstandsmatrix [Z] nicht positiv reell ist. Näheres hierüber siehe [2, 5].

Sieht man den Kurzschluß und den Leerlauf als zulässige Grenzfälle positiv reeller Funktionen an, dann müssen bei einem absolut stabilen Vierpol auch sämtliche in Abschnitt 4.2 definierten Wirkungsfunktionen H(s) stabile Relationen darstellen. Aus den Vierpolgleichungen errechnet sich nämlich für die Eingangsimpedanz

$$Z_E = \frac{\Delta Z + Z_{11} Z_2}{Z_{22} + Z_2} = \frac{Y_{22} + 1/Z_2}{\Delta Y + Y_{11}/Z_2} = \frac{A_{12} + A_{11} Z_2}{A_{22} + A_{21} Z_2} \qquad (8.10)$$

und entsprechend für die Ausgangsimpedanz

$$Z_A = \frac{\Delta Z + Z_{22} Z_1}{Z_{11} + Z_1} = \frac{Y_{11} + 1/Z_1}{\Delta Y + Y_{22}/Z_1} = \frac{A_{12} + A_{22} Z_1}{A_{11} + A_{21} Z_1} \; . \qquad (8.10a)$$

Aus $Z_1 = 0$ und $Z_1 \to \infty$, sowie aus $Z_2 = 0$ und $Z_2 \to \infty$ erkennt man, daß die Zählerpolynome der Elemente A_{ik} bei absoluter Stabilität Hurwitzpolynome oder modifizierte Hurwitzpolynome mit höchstens einfachen Nullstellen auf der jω-Achse sein müssen. Damit sind das auch die Nennerpolynome von Gl.(4.10) bis Gl.(4.13). Für $Z_1 = R_1$ und $Z_2 = 0$ bzw. für $Z_2 = R_2$ und $Z_1 = 0$ folgt aus Gl.(8.10) und Gl.(8.10a), daß die Nennerpolynome von Gl.(4.14), Gl.(4.15), Gl.(4.17) und Gl.(4.18) echte oder modifizierte Hurwitzpolynome mit höchstens einfachen Nullstellen auf der jω-Achse sein müssen. Schließlich folgt aus $Z_1 = R_1$ und $Z_2 = R_2$ aus Gl.(8.10) und Gl.(8.8), daß das Nennerpolynom von Gl.(4.19) und damit auch die Nennerpolynome von Gl.(4.20) und Gl.(4.21) Hurwitzpolynome sind.

8.2 Einige weitere aktive Netzwerkelemente

In Abschnitt 1.2 hatten wir an aktiven Elementen negative Widerstände, negative Kapazitäten und die gesteuerten Quellen kennengelernt (die aktiven Induktivitäten wollen wir beiseite lassen). Im folgenden wollen wir einige weitere aktive Elemente vorstellen.

8.2.1 Der Operationsverstärker

Eine gewisse theoretische und auch praktische Sonderstellung hat der sogenannte Operationsverstärker. Der Operationsverstärker ist eine spannungsgesteuerte Spannungsquelle nach Abb.1.8c mit $\mu \to \infty$. Seine Kettenmatrix ergibt sich aus Gl.(1.37) als **Nullmatrix**, d.h. es gilt folgender Zusammenhang:

$$\begin{bmatrix} U_1 \\ I_1 \end{bmatrix} = [A] \begin{bmatrix} U_2 \\ -I_2 \end{bmatrix} = \begin{bmatrix} 0 & 0 \\ 0 & 0 \end{bmatrix} \begin{bmatrix} U_2 \\ -I_2 \end{bmatrix}. \quad (8.11)$$

Gl.(8.11) sagt aus, daß Eingangsspannung U_1 und Eingangsstrom I_1 des Operationsverstärkers gleich Null sind, während Ausgangsspannung U_2 und Ausgangsstrom I_2 beliebig sein können. Diesem singulären mathematischen Sachverhalt würde das Schaltsymbol von Abb.1.8c, welches in Abb.8.2a noch einmal dargestellt ist, nicht

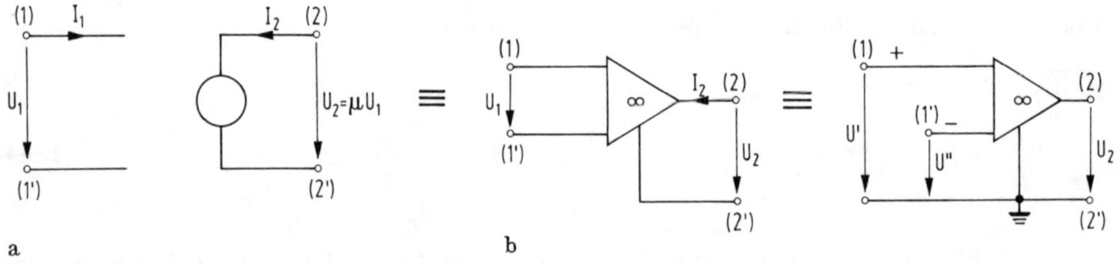

Abb.8.2. Verschiedene Darstellungen des idealen Operationsverstärkers (s. Text).

mehr gerecht werden. Man führt daher für den Operationsverstärker das neue dreieckförmige Schaltsymbol von Abb.8.2b ein. Für viele Anwendungen hat es sich als zweckmäßig erwiesen, die Eingangsspannung U_1 als Differenz zweier Spannungen U'

8.2 Einige weitere aktive Netzwerkelemente

und U'' auszudrücken, die man auf die untere Ausgangsklemme (2') (Masse) bezieht.

$$U_1 = U' - U'' .\tag{8.12}$$

Die Eingangsklemme (1) bezeichnet man darum auch als nichtinvertierenden Eingang und die Eingangsklemme (1') als invertierenden Eingang und kennzeichnet sie entsprechend durch ein + bzw. -.

Natürlich wird man sich fragen, welche praktische Realität einem vierpoligen Element mit der Nullmatrix von Gl.(8.11) zukommt. Exakt wird sich ein solches Element nicht herstellen lassen. Ein realer Operationsverstärker hat bei niedrigen Frequenzen etwa das Ersatzbild von Abb.8.3a. Beim idealen Operationsverstärker wären $R_1 = \infty$; $R_r = \infty$; $R_2 = 0$; $\mu = \infty$. Praktisch erreichen lassen sich $R_1 \approx 10^8 \Omega$; $R_r \approx 10^8 \Omega$; $R_2 \approx 0,1\Omega$; $\mu \approx 10^8$. Zumindest bei niedrigen Frequenzen stellt also ein realer Operationsverstärker eine sehr gute Approximation des idealen Operationsverstärkers

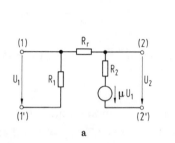 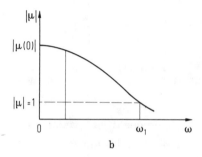

a b

Abb.8.3. Eigenschaften eines realen Operationsverstärkers. a) Ersatzbild bei niedrigen Frequenzen; b) Frequenzgang der Verstärkung µ.

dar. Er bildet das wichtigste Element in elektronischen Analogrechnern. Einen typischen Frequenzgang des realen Operationsverstärkers zeigt Abb.8.3b. Der Bereich extrem hoher Verstärkung ist relativ klein ($\approx$ 1 kHz). Für gewisse Anwendungen ist nur dieser Bereich brauchbar. Andere Anwendungen gestatten aber die Ausnutzung bis nahezu zur Frequenz ω_1, die in der Größenordnung von 10 MHz liegen kann. Nähere Einzelheiten findet man z.B. in [39].

Mit Hilfe von Operationsverstärkern und passiven ohmschen Widerständen lassen sich alle gesteuerten Quellen von Abschnitt 1.2.2 darstellen. Abb.8.4a ergibt beispielsweise eine spannungsgesteuerte Spannungsquelle mit der Kettenmatrix von Gl.(1.37), und zwar aus folgendem Grund: Nach Gl.(8.11) muß zwischen den Klemmen (1) und (1') die Spannung Null sein. Folglich errechnet sich der Strom I' durch die Widerstände R_1 und R_2 zu

$$I' = \frac{U_1}{R_1} = \frac{U_2 - U_1}{R_2} .\tag{8.13}$$

Aus Gl.(8.13) folgt

$$U_2 = \frac{R_1 + R_2}{R_1} U_1 = \mu U_1 , \qquad (8.14)$$

also

$$\mu = \frac{R_1 + R_2}{R_1} . \qquad (8.15)$$

Die Spannungsverstärkung μ ist in diesem Fall positiv und größer als Eins.

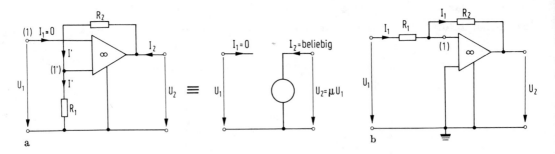

Abb.8.4. Realisierung spannungsgesteuerter Spannungsquellen (mit μ = endlich) durch Operationsverstärker. a) für $\mu > 0$; b) für $\mu < 0$.

Wünscht man eine negative Spannungsverstärkung μ, dann kann man die Schaltung von Abb.8.4b verwenden. Da am Punkt (1) wegen Gl.(8.11) Massepotential liegen muß, folgt für den Eingangsstrom I_1

$$I_1 = \frac{U_1}{R_1} = - \frac{U_2}{R_2} \qquad (8.16)$$

oder

$$U_2 = - \frac{R_2}{R_1}, \quad \text{also} \quad \mu = - \frac{R_2}{R_1} . \qquad (8.17)$$

Die Schaltung von Abb.8.4b hat allerdings den endlichen Eingangswiderstand R_1. Wünscht man einen unendlich hohen Eingangswiderstand bzw. einen verschwindenden Eingangsstrom I_1, wie er Gl.(1.37) entspricht, dann hat man die Schaltungen von Abb. 8.4a und b so in Kette zu schalten, daß die Schaltung von Abb.8.4a den Eingang bildet.

Die Realisierung einer stromgesteuerten Spannungsquelle zeigt Abb.8.5a. Da am Punkt (1) Massepotential herrschen muß und der Eingangsstrom des Operationsverstärkers gleich Null sein muß, ergibt sich die Ausgangsspannung U_2 zu

$$U_2 = - R_1 I_1, \quad \text{also} \quad R = - R_1 . \qquad (8.18)$$

8.2 Einige weitere aktive Netzwerkelemente

Wünscht man eine nichtinvertierende stromgesteuerte Spannungsquelle, so hat man der Schaltung von Abb.8.5a noch die von Abb.8.4b nachzuschalten.

Eine spannungsgesteuerte Stromquelle zeigt Abb.8.5b. Hier ist der Strom I_2 gegeben durch

$$I_2 = \frac{1}{R_1} U_1, \quad \text{also} \quad G = \frac{1}{R_1}. \qquad (8.19)$$

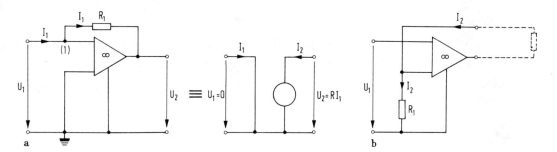

Abb.8.5. Realisierung stromgesteuerter Spannungsquellen durch Operationsverstärker. a) für $R < 0$; b) Teilschaltung für $R > 0$.

Wünscht man einen negativen Wert von G, so hat man eine invertierende spannungsgesteuerte Spannungsquelle vorzuschalten. Wünscht man eine stromgesteuerte Stromquelle, so hat man eine stromgesteuerte Spannungsquelle vorzuschalten.

Wie man anhand von Gl.(8.10), Gl.(8.10a) sowie Gl.(8.8) und Gl.(8.9) nachweisen kann, sind alle idealen gesteuerten Quellen absolut stabil. Desgleichen ist der Operationsverstärker als Grenzfall einer spannungsgesteuerten Spannungsquelle mit sehr großem (aber endlichen) μ absolut stabil.

8.2.2 Der Negativ-Impedanzkonverter

Der Negativ-Impedanzkonverter (abgekürzt NIK) ist ein Vierpol mit folgender Eigenschaft: Schließt man an die Ausgangsklemmen des NIK einen Zweipol $Z(s)$, so ist die Eingangsimpedanz $Z_E(s)$ des NIK proportional zur negativen Abschlußimpedanz, siehe Abb.8.6

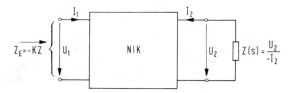

Abb.8.6. Zur Erläuterung der Eigenschaften des Negativimpedanzkonverters (NIK).

$$Z_E(s) = \frac{U_1}{I_1} = -KZ(s) = K\frac{U_2}{I_2} \quad . \tag{8.20}$$

Den Faktor K bezeichnet man als **Konversionsfaktor**. Er ist eine reelle positive Konstante.

Ist also die Abschlußimpedanz $Z(s) = R$ ein passiver ohmscher Widerstand, dann ist der Eingangswiderstand $Z_E = -KR$ ein aktiver negativer ohmscher Widerstand. Ist die Abschlußimpedanz z.B. eine positive Kapazität C, dann ergibt sich zwischen den Eingangsklemmen des NIK die negative Kapazität $-C/K$.

Beim NIK unterscheidet man zwei Typen. Der erste Typ ist der strominvertierende NIK (abgekürzt INIK). Bei diesem haben Eingangs- und Ausgangsspannung gleiche und Eingangs- und Ausgangsstrom entgegengesetzte Richtungen. Bezogen auf Abb. 8.6 heißt das

$$U_1 = U_2$$
$$I_1 = \frac{1}{K} I_2 \quad . \tag{8.21}$$

Dieser Zusammenhang läßt sich auch durch folgende Vierpolkettenmatrix ausdrücken

$$[A] = \begin{bmatrix} 1 & 0 \\ 0 & -\frac{1}{K} \end{bmatrix} \quad . \tag{8.22}$$

Der zweite Typ ist der spannungsinvertierende NIK (abgekürzt UNIK). Bei diesem haben Eingangs- und Ausgangsspannung entgegengesetzte, und Eingangs- und Ausgangsstrom gleiche Richtungen.

$$U_1 = -KU_2$$
$$I_1 = -I_2 \quad . \tag{8.23}$$

Dies ergibt folgende Kettenmatrix

$$[A] = \begin{bmatrix} -K & 0 \\ 0 & 1 \end{bmatrix} \quad . \tag{8.24}$$

Wegen $A_{12} = A_{21} = 0$ besitzen sowohl der INIK als auch der UNIK weder eine Widerstands- noch eine Leitwertsmatrix. Der NIK ist nach Gl.(1.29) nicht reziprok und nach Gl.(1.30) unsymmetrisch.

8.2 Einige weitere aktive Netzwerkelemente

Vertauscht man bei einem NIK das Eingangsklemmenpaar mit dem Ausgangsklemmenpaar, d.h. vertauscht man $U_1 \rightleftarrows U_2$ und $I_1 \rightleftarrows I_2$, dann geht $1/K$ über in K, wie man leicht anhand von Gl.(8.21) und Gl.(8.23) erkennt. Das bedeutet, daß auch der umgedrehte NIK wieder ein NIK ist. Bei $K = 1$ ist der NIK symmetrisch vgl. Gl.(1.30).

Der NIK hat die interessante Eigenschaft, daß gewisse Unvollkommenheiten des realen NIK sich leicht kompensieren lassen. Besteht die Unvollkommenheit des realen NIK z.B. in einem schädlichen Widerstand R_1 in Serie zu den Eingangsklemmen des ansonsten idealen NIK, siehe Abb.8.7, dann würde sich bei ausgangsseitigem Abschluß mit $Z(s)$ als Eingangsimpedanz

$$Z_E(s) = R_1 - KZ(s) \qquad (8.25)$$

ergeben statt $Z_E(s) = -KZ(s)$. Dies läßt sich aber leicht beheben, wenn man in Serie zu $Z(s)$ den Kompensationswiderstand R_1/K schaltet, denn dann erhält man

$$Z_E(s) = R_1 - R_1 - KZ(s) = -KZ(s) \ . \qquad (8.26)$$

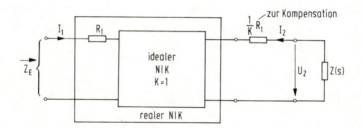

Abb.8.7. Kompensation der Unvollkommenheiten des Negativimpedanzkonverters.

In ähnlicher Weise lassen sich Unvollkommenheiten kompensieren, die von einem Parallelwiderstand am Eingang oder von einem Serien- oder Parallelwiderstand am Ausgang herrühren.

Wie die gesteuerten Quellen, so läßt sich auch der NIK durch Operationsverstärker und passive ohmsche Widerstände realisieren. Eine einfache Schaltung für den INIK zeigt Abb.8.8. Aus der Schaltung ergibt sich unter Berücksichtigung von Gl.(8.11)

$$U_1 = U_2, \quad U_1 - R_1 I_1 = U_2 - R_2 I_2 \ , \qquad (8.27)$$

also

$$U_1 = U_2, \quad I_1 = \frac{R_2}{R_1} I_2 \ . \qquad (8.28)$$

Gl.(8.28) entspricht aber der Relation von Gl.(8.21) für den INIK. Für den UNIK gibt es ebenfalls Realisierungen mit Operationsverstärkern [38].

Ein anderes für die Theorie sehr nützliches Ersatzschaltbild für den INIK zeigt Abb. 8.8b. Es besteht aus einer einzigen stromgesteuerten Stromquelle, die entweder

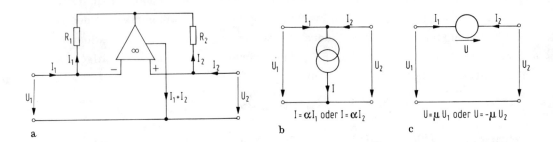

Abb.8.8. Realisierung und Ersatzbilder des Negativimpedanzkonverters. a) Realisierung mit einem Operationsverstärker; b) Ersatzbild für den INIK; c) Ersatzbild für den UNIK.

vom Eingangsstrom I_1 oder vom Ausgangsstrom I_2 gesteuert wird. Betrachten wir zunächst den Fall der Steuerung durch den Ausgangsstrom I_2. Hierfür ergibt sich

$$U_1 = U_2$$
$$I_1 = (\alpha - 1) I_2 .$$
(8.29)

Die Gln.(8.29) repräsentieren also einen INIK mit

$$K = \alpha - 1 .$$
(8.29a)

Für den Fall der Steuerung durch den Eingangsstrom I_1 erhalten wir

$$U_1 = U_2$$
$$I_1(\alpha - 1) = I_2 .$$
(8.30)

Die Gln.(8.30) repräsentieren also einen INIK mit

$$K = \frac{1}{\alpha - 1} .$$
(8.30a)

Entsprechend stellt Abb.8.8c ein Ersatzbild für den UNIK dar. Wird die spannungsgesteuerte Spannungsquelle durch die Ausgangsspannung U_2 gesteuert, dann ergibt sich

8.2 Einige weitere aktive Netzwerkelemente

$$I_1 = -I_2$$
$$U_1(1 - \mu) = U_2 \ . \tag{8.31}$$

Die Gln. (8.31) entsprechen einem UNIK mit

$$K = \frac{1}{\mu - 1} \ . \tag{8.31a}$$

Wird die Spannungsquelle dagegen von der Eingangsspannung gesteuert, dann gilt

$$I_1 = -I_2$$
$$U_1 = (-\mu + 1) U_2 \ . \tag{8.32}$$

Die Gln. (8.32) ergeben wieder einen UNIK mit

$$K = \mu - 1 \ . \tag{8.32a}$$

Der NIK ist ein potentiell instabiler Vierpol. Mit Gl. (8.10a), Gl. (8.22) und Gl. (8.24) ergibt sich nämlich

$$Z_E = -KZ_2 \ , \quad Z_A = -\frac{1}{K} Z_1 \ ,$$

woraus wiederum mit Gl. (8.8) und Gl. (8.9) folgt

$$Z_1(s) - KZ_2(s) = 0 \ . \tag{8.33}$$

Wählt man z.B. $Z_1 = s$ und $Z_2 = 1/K$, so ergibt sich eine Nullstelle von Gl. (8.33) bei $s = 1$, also in der rechten s-Halbebene.

Wie erstmals von Brownlie beschrieben wurde [40], hat jeder NIK ein kurzschlußstabiles und ein leerlaufstabiles Klemmenpaar. Wir wollen dieses Phänomen für den INIK herleiten, indem wir das ideale Verhalten des NIK als Grenzfall eines realen Verhaltens auffassen. Ausgangspunkt ist das Ersatzbild von Abb. 8.8b. Die Stromverstärkung α einer realen stromgesteuerten Stromquelle ist keine konstante, sondern vielmehr eine von s abhängige Größe. Sie läßt sich mit guter Näherung durch folgende Beziehung beschreiben:

$$\alpha(s) = \frac{A(s)}{B(s)} = \frac{\alpha_0 + a_1 s + a_2 s^2 + \ldots + a_m s^m}{1 + b_1 s + b_2 s^2 + \ldots + b_n s^n} \tag{8.34}$$

mit $m < n$, $B(s)$ = Hurwitzpolynom.

α_0 ist der Wert von α bei $s = 0$. Es ist $m < n$, weil bei realen Quellen $\alpha(s) \to 0$ geht für $s \to \infty$. Ferner muß bei einer stabilen Quelle das Nennerpolynom $B(s)$ ein Hurwitzpolynom sein, womit auch $b_n > 0$ ist.

Setzt man Gl.(8.34) in Gl.(8.29a) ein, dann erhält man den von s abhängigen Konversionsfaktor

$$K(s) = \alpha(s) - 1 = \frac{A_0 + (a_1-b_1)s + \ldots + (a_m-b_m)s^m - b_{m+1}s^{m+1} - \ldots - b_n s^n}{1 + b_1 s + b_2 s^2 + \ldots + b_n s^n} = \frac{\tilde{A}(s)}{B(s)}. \quad (8.35)$$

A_0 ist der Konversionsfaktor bei $s = 0$. Da $A_0 > 0$ und der Faktor vor s^n negativ ist ($-b_n < 0$), kann das Zählerpolynom $\tilde{A}(s)$ kein Hurwitzpolynom sein. Das hat zur Folge, daß bei einem ausgangsseitig mit $Z(s)$ abgeschlossenen INIK mit einem Konversionsfaktor nach Gl.(8.29a) die Eingangsimpedanz [vgl. Gl.(8.20)]

$$Z_E(s) = -K(s)Z(s) = -\frac{\tilde{A}(s)}{B(s)} Z(s) \quad (8.36)$$

zwar leerlaufstabil, aber kurzschlußinstabil ist, vgl. Gl.(8.1) und Gl.(8.2).

Setzt man hingegen Gl.(8.34) in Gl.(8.30a) ein, dann erhält man den von s abhängigen Konversionsfaktor

$$K(s) = \frac{1}{\alpha(s) - 1} = \frac{B(s)}{\tilde{A}(s)}, \quad (8.37)$$

wobei A_0 nun der reziproke Konversionsfaktor bei $s = 0$ ist.

Beim Konversionsfaktor nach Gl.(8.30a) ist das Nennerpolynom kein Hurwitzpolynom, während das Zählerpolynom Hurwitzpolynom ist. Das hat mit Gl.(8.20) zur Folge, daß jetzt die Eingangsimpedanz des INIK zwar kurzschlußstabil, aber leerlaufinstabil ist.

Vertauscht man beim NIK oder INIK die Eingangsklemmenpaare mit den Ausgangsklemmenpaaren, dann geht $K(s)$ in die reziproke Funktion $1/K(s)$ über. Der am Eingang leerlaufstabile und kurzschlußinstabile INIK mit dem Konversionsfaktor von Gl.(8.35) ist also am Ausgang kurzschlußstabil und leerlaufinstabil. Entsprechend ist der am Eingang kurzschlußstabile und leerlaufinstabile INIK mit dem Konversionsfaktor von Gl.(8.37) am Ausgang leerlaufstabil und kurzschlußinstabil.

Die hier für den INIK hergeleiteten Eigenschaften gelten in gleicher Weise auch für den UNIK. Um das einzusehen, hat man lediglich in Gl.(8.34) α durch μ zu ersetzen und die so gewonnene Beziehung für $\mu(s)$ in Gl.(8.31a) und in Gl.(8.32a) einzusetzen.

Es gilt also der folgende

> Satz 8.1
>
> Jeder Vierpol, der bei $s = 0$ ein Negativimpedanzkonverter ist, ist unvermeidlich an einem Klemmenpaar kurzschlußinstabil und am anderen Klemmenpaar leerlaufinstabil.

8.2 Einige weitere aktive Netzwerkelemente

Bei der Synthese von Zwei- und Vierpolen unter Verwendung von Negativimpedanzkonvertern ist also der Stabilität besondere Aufmerksamkeit zu schenken.

8.2.3 Der Negativ-Impedanzinverter und der aktive Gyrator

Mit Hilfe des Negativimpedanzkonverters ist die Umwandlung positiv reeller Funktionen $Z(s)$ in entsprechende Funktionen $-Z(s)$ mit negativem Vorzeichen möglich. Das wiederum ermöglicht die Realisierung des sogenannten Negativimpedanzinverters (abgekürzt NIV), der für die Theorie aktiver Netzwerke interessant ist. Zwei mögliche Schaltungen des NIV zeigt Abb.8.9. Für die Schaltung von Abb.8.9a errechnet sich als zugehörige Kettenmatrix

$$[A] = \begin{bmatrix} 0 & +Z \\ \frac{-1}{Z} & 0 \end{bmatrix} \qquad (8.38)$$

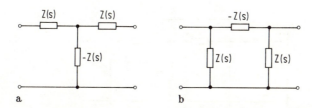

Abb.8.9. Zwei Realisierungen eines Negativimpedanzinverters.

und für die Schaltung von Abb.8.9b errechnet sich entsprechend

$$[A] = \begin{bmatrix} 0 & -Z \\ \frac{1}{Z} & 0 \end{bmatrix} . \qquad (8.39)$$

Ersetzt man in Gl.(8.38) Z durch $-Z$, dann ergibt sich die Matrix von Gl.(8.39) und umgekehrt.

Wird ein NIV ausgangsseitig mit Z_2 beschaltet (Abb.8.10), dann ergibt sich sowohl im Fall von Gl.(8.38) als auch im Fall von Gl.(8.39) mit Gl.(8.10) als Eingangsimpedanz

$$Z_E = - \frac{Z^2}{Z_2} . \qquad (8.40)$$

Die Bezeichnung Negativimpedanzinverter wird verständlich, wenn man speziell $Z = R = 1$ wählt.

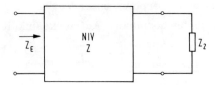

Abb.8.10. Zur Erläuterung der Eigenschaften des Negativimpedanzinverters.

Der NIV ist eine nützliche Hilfsschaltung zur Konstruktion anderer Elementarvierpole. Schaltet man beispielsweise einen INIK [Gl.(8.22)] in Kette mit dem NIV von Gl. (8.38) bzw. Abb.8.9a mit Z = R, Abb.8.11, dann ergibt sich

$$\begin{bmatrix} 1 & 0 \\ 0 & -\frac{1}{K} \end{bmatrix} \begin{bmatrix} 0 & +R \\ -\frac{1}{R} & 0 \end{bmatrix} = \begin{bmatrix} 0 & R \\ \frac{1}{KR} & 0 \end{bmatrix} = [A]_{akt.Gyr.} \cdot \qquad (8.41)$$

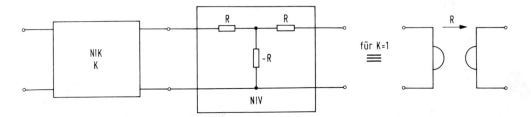

Abb.8.11. Bildung eines Gyrators durch Kettenschaltung eines Negativimpedanzkonverters (NIK) und eines Negativimpedanzinverters (NIV).

Die zugehörige Widerstandsmatrix errechnet sich mit Tab.1.2 zu

$$[Z]_{akt.\ Gyr.} = \begin{bmatrix} 0 & -R \\ KR & 0 \end{bmatrix} \cdot \qquad (8.42)$$

Vergleicht man Gl.(8.42) mit der Widerstandsmatrix des idealen Gyrators in Gl. (1.40), dann erkennt man, daß die Kettenschaltung von Abb.8.11 für K = 1 einen idealen Gyrator ergibt. Dasselbe Ergebnis stellt sich ein, wenn man den UNIK von Abb. 8.24 mit K = 1 in Kette schaltet mit dem NIV von Abb.8.9b bzw. Gl.(8.39) mit Z = R.

Für K ≠ 1 bezeichnet man die resultierende Schaltung von Abb.8.11 als aktiven Gyrator. Für Gl.(8.42) ist nämlich das Passivitätskriterium von Abschnitt 1.2.2

$$u_1 i_1 + u_2 i_2 = -R i_1 i_2 + KR i_1 i_2 = (K-1) i_1 i_2 \geqslant 0 \qquad (8.43)$$

8.2 Einige weitere aktive Netzwerkelemente

verletzt, denn man kann für $K \neq 1$ stets Werte von i_1 und i_2 so wählen, daß die linke Seite negativ wird.

Der aktive Gyrator ist absolut stabil für $K \geqslant 0$. Nach Gl.(8.10) und Gl.(8.10a) folgt nämlich

$$Z_E = \frac{KR^2}{Z_2} \; ; \quad Z_A = \frac{KR^2}{Z_1} \; . \tag{8.44}$$

Da mit $Z(s)$ auch $1/Z(s)$ positiv reell ist, haben Gl.(8.8) und Gl.(8.9) weder eine Nullstelle oder einen Pol in der offenen rechten Halbebene, noch eine mehrfache Nullstelle oder einen mehrfachen Pol auf der $j\omega$-Achse. Für $K < 0$ ist der aktive Gyrator potentiell instabil.

Da sich aus Operationsverstärkern und passiven ohmschen Widerständen Negativimpedanzkonverter und damit negative ohmsche Widerstände und Negativimpedanzinverter realisieren lassen, ist also auch die Realisierung von Gyratoren aus Operationsverstärkern und passiven ohmschen Widerständen möglich. Praktische Schaltungen werden in [41] angegeben.

8.2.4 Einiges über pathologische Schaltungen

Mit aktiven Elementen lassen sich Schaltungen mit scheinbar widersinnigen Eigenschaften zusammensetzen. Zu solchen Schaltungen, die man pathologisch nennt, gehören der **Nullator** und der **Norator**.

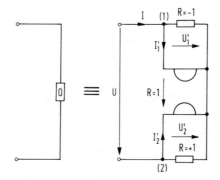

Abb.8.12. Schaltzeichen und Realisierung eines Nullators.

Das Schaltsymbol des Nullators und eine realisierende Schaltung zeigt Abb.8.12. Aus der Kirchhoffschen Stromregel für die Knoten (1) und (2) sowie aus den Gyratorgleichungen Gl.(1.39) folgt mit den angegebenen Zahlenwerten

$$(1) \quad U_1' = -I + I_1' = -I_2' \tag{8.45}$$

$$(2) \quad U_2' = -I - I_2' = I_1' \; . \tag{8.46}$$

Aus Gl.(8.45) und Gl.(8.46) folgt I = 0 und damit $U_1' = U_2'$, woraus sich wiederum mit Abb.8.12 U = 0 ergibt. Zusammenfassend wird also der Nullator beschrieben durch

$$U = I = 0 .\qquad(8.47)$$

Klemmenspannung und Klemmenstrom sind also gleichzeitig Null.

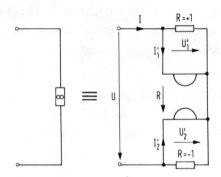

Abb.8.13. Schaltzeichen und Realisierung eines Norators.

Das Schaltsymbol und eine realisierende Schaltung des Norators zeigt Abb.8.13. Die Analyse liefert diesmal

$$U_1' = I - I_1' = -I_2' ,\qquad(8.48)$$

$$U_2' = I + I_2' = I_1' .\qquad(8.49)$$

Da sich nur diese und keine weiteren Gleichungen für Abb.8.13b aufstellen lassen, folgt, daß der Strom I beliebig sein darf. Damit können aber auch I_1', ferner U_1' und U_2' und schließlich U beliebig sein. Der Norator wird somit beschrieben durch

$$\begin{aligned}U &= \text{beliebig} ,\\ I &= \text{beliebig} .\end{aligned}\qquad(8.50)$$

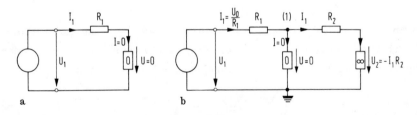

Abb.8.14. Beispiel einer verbotenen a) und einer erlaubten b) Schaltung mit pathologischen Teilschaltungen.

8.3 Eigenschaften und Synthese von ±RC-Netzwerken

Nullator und Norator haben nur innerhalb bestimmter Schaltungsstrukturen eine sinnvolle, d.h. den Kirchhoffschen Regeln nicht zuwiderlaufende Funktion. Die Schaltung in Abb.8.14a z.B. würde für $U_1 \neq 0$ den Kirchhoffschen Regeln widersprechen, denn einerseits müßte $I_1 = U_1/R_1 \neq 0$ sein, andererseits müßte $I_1 = I = 0$ sein. Eine sinnvolle Schaltung hingegen zeigt Abb.8.14b. In dieser erzwingt der Nullator am Knoten (1) die Spannung $U = 0$ und durch den Widerstand R_2 den Strom $I_1 = U_1/R_1$, der auch durch den Norator fließt. Über dem Norator muß nach der Kirchhoffschen Spannungsregel die Spannung $U_2 = -I_1 R_2$ abfallen. Würde der Norator durch einen Kurzschluß ersetzt, dann ergäbe sich wieder eine nicht sinnvolle Schaltung.

Die Funktionsweise der Schaltung von Abb.8.14b entspricht übrigens vollständig derjenigen von Abb.8.4b. In der Tat gilt für den Operationsverstärker das in Abb.8.15

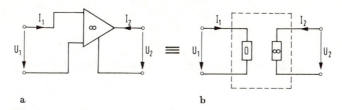

Abb.8.15. Operationsverstärker a) und sein Ersatzbild b) bestehend aus einem Nullator und einem Norator.

dargestellte Ersatzbild, welches einen Nullator und einen Norator benutzt. Für den Vierpol von Abb.8.15b gilt offenbar

$$\begin{bmatrix} U_1 \\ I_1 \end{bmatrix} = \begin{bmatrix} 0 & 0 \\ 0 & 0 \end{bmatrix} \begin{bmatrix} U_2 \\ -I_2 \end{bmatrix}, \qquad (8.51)$$

d.h. dieselbe Kettenmatrix wie für den Operationsverstärker, siehe Gl.(8.11).

8.3 Eigenschaften und Synthese von ±RC-Netzwerken

8.3.1 Eigenschaften und Synthese von ±RC-Zweipolen

Wie bei der Bestimmung der Eigenschaften passiver Zweipole, so wird auch zur Ermittlung von Eigenschaften des ±RC-Zweipols der Satz von Tellegen herangezogen. Wir betrachten dazu wieder ein allgemeines Netzwerk, bestehend aus der Spannungsquelle U_N und dem Zweipol N', der eine endliche Anzahl von positiven Kapazitäten

C, positiven ohmschen Widerständen R und negativen ohmschen Widerständen -R enthält, die in beliebiger Weise miteinander verschaltet sind, siehe Abb.8.16.

Zur Unterscheidung der positiven und negativen ohmschen Widerstände wird nun die Funktion $F_z(s)$ in Gl.(1.79) aufgespalten in die Summe

$$F_z(s) = F_z^+(s) + F_z^-(s) , \qquad (8.52)$$

wobei F_z^+ alle Zweige mit positiven, und F_z^- alle Zweige mit negativen ohmschen Widerständen umfaßt.

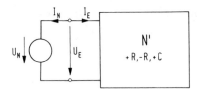

Abb.8.16. Zur Bestimmung der Eigenschaften von ± RC-Zweipolen.

Der weitere Rechengang erfolgt analog zu Abschnitt 2.2.1. Wir haben dort lediglich $F_z(s)$ durch die Summe in Gl.(8.52) zu ersetzen. Anstelle von Gl.(2.93) erhalten wir jetzt

$$\operatorname{Re}\{Z(s)\} = \frac{F_z^+(s) + F_z^-(s)}{|I_E(s)|^2} + \frac{\sigma}{\sigma^2 + \omega^2} \frac{V_z(s)}{|I_E(s)|^2} \gtreqless 0 . \qquad (8.53)$$

Nach Gl.(1.93) ist $F_z^+(s)$ nichtnegativ und $F_z^-(s)$ nichtpositiv für alle s. Der Realteil $\operatorname{Re}\{Z(s)\}$ ist daher nicht notwendigerweise positiv für $\sigma > 0$.

Dasselbe ergibt sich, wenn man die Funktion F_y entsprechend aufspaltet in

$$F_y(s) = F_y^+(s) + F_y^-(s) . \qquad (8.54)$$

Pole und Nullstellen von $Z(s)$ müssen wieder reell sein, jedoch nicht notwendigerweise ausschließlich auf der negativen σ-Achse liegen. Die Imaginärteile von $Z(s)$ und $Y(s)$ von Gl.(2.94) und Gl.(2.98) hingegen bleiben unberührt davon, ob der Zweipol N' in Abb.8.16 außer positiven ohmschen Widerständen und Kapazitäten noch negative ohmsche Widerstände enthält oder nicht. Somit gelten die aus Gl.(2.94) und Gl.(2.98) resultierenden Folgerungen, daß alle Pole und Nullstellen von $Z(s)$ einfach sind, die im Endlichen gelegenen Pole positive Residuen haben, $Z(\sigma)$ eine monoton fallende Funktion ist und damit Pole und Nullstellen sich auf der σ-Achse abwechseln müssen, auch für ±RC-Zweipole. Die bei passiven RC-Zweipolen notwendige Forderung, daß Pole und Nullstellen nicht auf der positiven σ-Achse liegen dür-

8.3 Eigenschaften und Synthese von ±RC-Netzwerken

fen, entfällt hingegen bei ±RC-Zweipolen. Ebenso entfällt bei ±RC-Zweipolen die Forderung, daß $Z(s)$ bei $s = \infty$ keinen Pol haben darf. Schon die einfache Schaltung von Abb.8.17 mit

$$Z = \frac{1}{1 + \dfrac{1}{-1 + 1/sC}} \qquad (8.55)$$

hat ja bereits einen Pol bei $s = \infty$. Allerdings muß der Pol bei $s = \infty$ stets ein negatives Residuum haben. In der Umgebung des Punktes $s = \infty$ gilt nämlich

$$Z(s) \simeq k_\infty s , \qquad (8.56)$$

was für $s \to j\infty$ nur dann einen negativen Imaginärteil (siehe Abb.2.22) ergibt, wenn $k_\infty < 0$ ist.

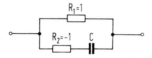

Abb.8.17. Realisierung eines Pols von $Z(s)$ bei $s = \infty$ durch einen ± RC-Zweipol.

Bei der Leitwertsfunktion $Y(s)$ eines ±RC-Zweipols müssen die im Endlichen gelegenen Pole negative Residuen haben [vgl. Gl.(2.107)], während ein möglicher Pol bei $s = \infty$ ein positives Residuum haben muß.

Wie sogleich noch gezeigt werden wird, sind die bis hier für den ±RC-Zweipol gefundenen notwendigen Bedingungen zusammen auch hinreichend. Damit gilt der folgende

> Satz 8.2
>
> Notwendige und hinreichende Realisierbarkeitsbedingungen für die ±RC-Zweipolfunktion $Z(s)$ {oder $Y(s)$} sind
> a) $Z(s)$ {oder $Y(s)$} ist eine rationale Funktion mit reellen Koeffizienten.
> b) Alle Pole und Nullstellen von $Z(s)$ {oder $Y(s)$} liegen auf der σ-Achse einschließlich $s = \infty$. Sie sind einfach und wechseln sich ab.
> c) Die Pole von $Z(s)$ {oder $Y(s)$} auf der endlichen σ-Achse haben positive {negative} Residuen. Tritt ein Pol bei $s = \infty$ auf, dann hat dieser ein negatives {positives} Residuum.

Wir zeigen jetzt, daß die Bedingungen von Satz 8.2 auch hinreichend sind. Nach Satz 8.2 muß sich die Zweipolfunktion $Z(s)$ in folgender Form darstellen lassen:

$$Z(s) = K + \frac{k_0}{s} + \sum_{\nu} \frac{k_\nu}{s + \sigma_\nu} + k_\infty s \qquad (8.57)$$

$$k_0, k_\nu \geq 0, \quad k_\infty \leq 0, \quad K, \sigma_\nu = \text{reell}.$$

Die Funktion läßt sich wieder gliedweise realisieren. Es entspricht

$K \;\hat{=}\; R$ positiver oder negativer ohmscher Widerstand

$\dfrac{k_0}{s} \;\hat{=}\; \dfrac{1}{sC}$ passive (d.h. nichtnegative) Kapazität

$\dfrac{k_\nu}{s + \sigma_\nu} \;\hat{=}\; \dfrac{1}{sC + \frac{1}{R}}$ Parallelschaltung einer passiven Kapazität mit einem positiven (für $\sigma_\nu > 0$) oder negativen (für $\sigma_\nu < 0$) ohmschen Widerstand.

$k_\infty s \;\hat{=}\; -\dfrac{R^2}{1/sC}$ Eingangsimpedanz eines ohmschen Negativimpedanzinverters (NIV), der ausgangsseitig mit einer passiven Kapazität beschaltet ist.

Die allgemeine zugehörige realisierende Schaltungsstruktur zeigt Abb. 8.18. Auf ein Zahlenbeispiel sei hier verzichtet.

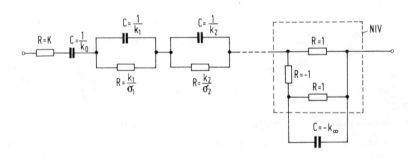

Abb.8.18. Allgemeine Widerstandspartialbruchschaltung eines ± RC-Zweipols.

Die Leitwertsfunktion $Y(s)$ läßt sich nach Satz 8.1 durch einen gleichartigen Partialbruch wie Gl.(8.57) darstellen, nur daß jetzt $k_0, k_\nu \leq 0$ und $k_\infty \geq 0$ ist. Zweckmäßiger ist jedoch die Partialbruchentwicklung von $Y(s)/s$, vgl. Gl.(2.109) und Gl.(2.115) Für die ±RC-Zweipolfunktion ergibt sich, unter Berücksichtigung, daß $\text{Re}\{1/s\}$ negativ ist für $\sigma < 0$ und positiv für $\sigma > 0$, mit Abb.2.24

8.3 Eigenschaften und Synthese von ±RC-Netzwerken

$$Y(s) = K + \frac{k_0}{s} + \sum_\nu \frac{k_\nu s}{s + \sigma_\nu} + k_\infty s \qquad (8.58)$$

$$K, \sigma_\nu = \text{reell}, \quad k_0 \leq 0, \quad k_\nu \begin{cases} \geq 0 & \text{für } \sigma_\nu \geq 0 \\ < 0 & \text{für } \sigma < 0 \end{cases}, \quad k_\infty \geq 0.$$

Die Funktion $Y(s)$ von Gl.(8.58) läßt sich ebenfalls gliedweise realisieren, wie nach dem oben Gesagten unmittelbar zu sehen ist.

8.3.2 Eigenschaften und Synthese von ±RC-Vierpolen

Wir wollen uns hier mit der Herleitung der notwendigen und hinreichenden Bedingungen für die Widerstandsmatrix [Z] begnügen. Die Herleitung erfolgt mit demselben Gedankengang wie in Abschnitt 7.1 für den RC-Vierpol. Erweitert man die dortigen Überlegungen auf den ±RC-Vierpol, dann erhält man anstelle von Gl.(7.3)

$$F_Z^+(s) + F_Z^-(s) + \frac{V_Z(s)}{s} = \underline{I}^* [Z] \underline{I}. \qquad (8.59)$$

In Gl.(7.5) ist jetzt der Ausdruck auf der linken Seite durch denjenigen von Gl.(8.57) für den ±RC-Zweipol zu ersetzen. Die weiteren Überlegungen sind im Prinzip wieder die gleichen wie in den Abschnitten 5.1 und 7.1. So gelangt man zum folgenden

> **Satz 8.3**
>
> Notwendig und hinreichend für die Realisierbarkeit einer Widerstandsmatrix [Z] durch ein aktives ±RC-Netzwerk ist, daß die Matrix symmetrisch ist und ihre Elemente sich in der folgenden Form darstellen lassen:
>
> $$Z_{11} = K_{11} + \frac{k_{11}^{(0)}}{s} + \sum_\nu \frac{k_{11}^{(\nu)}}{s + \sigma_\nu} + k_{11}^{(\infty)} s,$$
>
> $$Z_{22} = K_{22} + \frac{k_{22}^{(0)}}{s} + \sum_\nu \frac{k_{22}^{(\nu)}}{s + \sigma_\nu} + k_{22}^{(\infty)} s,$$
>
> $$Z_{12} = Z_{21} = K_{12} + \frac{k_{12}^{(0)}}{s} + \sum_\nu \frac{k_{12}^{(\nu)}}{s + \sigma_\nu} + k_{12}^{(\infty)} s$$
>
> mit $K_{ij}, \sigma_\nu, k_{ij}^{(\mu)}$ = reell, $\mu = 0, \nu, \infty$; $i,j = 1,2$.

$$k_{11}^{(\mu)} \geqslant 0, \quad k_{22}^{(\mu)} \geqslant 0, \quad k_{11}^{(\mu)} k_{22}^{(\mu)} - (k_{12}^{(\mu)})^2 \geqslant 0 \quad \text{für} \quad \mu = 0, \nu$$

$$k_{11}^{(\infty)} \leqslant 0, \quad k_{22}^{(\infty)} \leqslant 0, \quad k_{11}^{(\infty)} k_{22}^{(\infty)} - (k_{12}^{(\infty)})^2 \geqslant 0 \;.$$

Die letzte Bedingung für das Polglied bei $s = \infty$ sei noch etwas erläutert. Das nichtpositive Residuum $k_\infty \leqslant 0$ in Gl.(8.57) hat zur Folge, daß die Residuenmatrix

$$\left[K^{(\infty)}\right] = \begin{bmatrix} k_{11}^{(\infty)} & k_{12}^{(\infty)} \\ k_{12}^{(\infty)} & k_{22}^{(\infty)} \end{bmatrix} \tag{8.60}$$

des möglichen Pols bei $s = \infty$ negativsemidefinit ist. [Zur Partialbruchzerlegung der Matrix [Z] vergleiche Gl.(5.19) und Gl.(7.5)]. Die Überprüfung auf Negativsemidefinitheit erfolgt mit Gl.(5.27) dadurch, daß man alle Elemente der Matrix $\left[K^{(\infty)}\right]$ mit dem Faktor -1 multipliziert und die so entstandene Matrix auf Positivsemidefinitheit überprüft. Das aber ergibt die letzte Bedingung in Satz 8.3.

Daß die Bedingungen von Satz 8.3 auch hinreichend sind, läßt sich wieder durch Entwicklung in eine Partialbruchschaltung wie in Abb.5.3 bis Abb.5.5 bzw. wie in Gl. (7.15) bis Gl.(7.24) zeigen. Die Realisierung der Teilmatrix für den Pol bei $s = \infty$ kann dadurch erfolgen, daß man für die Zweipole Z_a, Z_b und Z_c in Abb.5.4 die Eingangsimpedanzen von ausgangsseitig mit positiven Kapazitäten abgeschlossenen Negativimpedanzinvertern verwendet, vgl. Abb.8.18. Die Realisierung der Polglieder auf der endlichen σ-Achse sowie die Realisierung der Teilmatrix mit den konstanten Gliedern gestaltet sich wie in Gl.(7.19) bis Gl.(7.24), nur daß jetzt im allgemeinen auch negative ohmsche Widerstände auftreten. Eine entsprechende Herleitung für die Leitwertsmatrix [Y] ergibt mit Gl.(8.58) die folgende, ebenfalls notwendige und hinreichende Darstellung für die Elemente der Leitwertsmatrix:

$$Y_{11} = K_{11} + \frac{k_{11}^{(0)}}{s} + \sum_\nu \frac{k_{11}^{(\nu)} s}{s + \sigma_\nu} + k_{11}^{(\infty)} s \;,$$

$$Y_{22} = K_{22} + \frac{k_{22}^{(0)}}{s} + \sum_\nu \frac{k_{22}^{(\nu)} s}{s + \sigma_\nu} + k_{22}^{(\infty)} s \;, \tag{8.61}$$

$$Y_{12} = Y_{21} = K_{12} + \frac{k_{12}^{(0)}}{s} + \sum_\nu \frac{k_{12}^{(\nu)} s}{s + \sigma_\nu} + k_{12}^{(\infty)} s$$

$$\text{mit } K_{ij}, \sigma_\nu, k_{ij}^{(\mu)} = \text{reell}, \quad \mu = 0, \nu, \infty, \quad i,j = 1,2.$$

$$k_{11}^{(0)}, k_{22}^{(0)} \leq 0; \quad k_{11}^{(\nu)}, k_{22}^{(\nu)} \begin{cases} \geq 0 & \text{für } \sigma_\nu \geq 0 \\ < 0 & \text{für } \sigma_\nu < 0 \end{cases}; \quad k_{11}^{(\infty)}, k_{22}^{(\infty)} \geq 0$$

$$k_{11}^{(\mu)} k_{22}^{(\mu)} - (k_{12}^{(\mu)})^2 \geq 0 \quad \text{für } \mu = 0, \nu, \infty.$$

Selbstverständlich lassen sich die in Abschnitt 7.4 beschriebenen Syntheseverfahren für passive RC-Vierpole unter leichten Modifikationen mit Vorteil auch zur Synthese von ±RC-Vierpolen benutzen.

8.4 Kurzer Überblick über weitere Klassen aktiver Netzwerke

In der Literatur findet man zahlreiche Untersuchungen über die Eigenschaften weiterer Netzwerkklassen. Von gewissem Interesse sind dabei die Klassen der RC:-R$^{(N)}$ Netzwerke und der RC-t$_D^{(N)}$-Netzwerke. Das sind solche, die außer positiven ohmschen Widerständen R und Kapazitäten C noch N negative Widerstände -R bzw. N sogenannte Tunneldioden t_D enthalten. Tunneldioden haben in erster Näherung die Eigenschaft einer Parallelschaltung eines negativen ohmschen Widerstands mit einer positiven Kapazität. Solche Netzwerke bilden also Unterklassen von RC:-R$^{(N)}$-Netzwerken.

Andere Netzwerkklassen sind: RC:-C-Netzwerke, LC:-R-Netzwerke, LC:t$_D$-Netzwerke, RLC:-R-Netzwerke. Über die Eigenschaften dieser und anderer Netzwerke findet man Beschreibungen und Sätze in dem Buch von Mitra [38].

9. Synthese aktiver RC-Zwei- und Vierpole unter Verwendung eines oder zweier aktiver Schaltelemente

Die in diesem Kapitel dargestellten Synthesemethoden machen Gebrauch von nur einem oder zwei aktiven Elementen in Verbindung mit einer endlichen Anzahl passiver ohmscher Widerstände und Kapazitäten. Alle beschriebenen Verfahren gestatten die Realisierung beliebiger rationaler Funktionen in s mit reellen Koeffizienten. Die Verwendung nur eines oder zweier aktiver Elemente stellt hier bereits den allgemeinsten Fall dar. Zweipol- bzw. Wirkungsfunktionen höherer Ordnung können entweder direkt oder durch Addition bzw. Multiplikation mehrerer Funktionen geringer Ordnung unter Verwendung mehrerer aktiver Elemente gebildet werden.

9.1 Synthesemethoden unter Verwendung gesteuerter Quellen

9.1.1 Zweipolsynthese mit zwei gesteuerten Quellen

Der folgenden von I. W. Sandberg [42] stammenden Methode liegt die allgemeine Schaltungsstruktur von Abb. 9.1a zugrunde. Diese Schaltung enthält als aktive Elemente zwei stromgesteuerte Stromquellen Q_1 und Q_2. Die Quelle Q_1 wird gesteuert durch den Eingangsstrom I, die Quelle Q_2 durch den durch $Z_3(s)$ fließenden Strom I'. Die Zweipole $Z_1(s)$, $Z_2(s)$, $Z_3(s)$ und $Z_4(s)$ sind passive RC-Zweipole mit den Eigenschaften von Satz 2.3. Außerdem enthält die Schaltung noch zwei ohmsche Widerstände R. Wie sich sogleich herausstellen wird, gestattet diese Schaltung die Verwirklichung beliebiger rationaler Funktionen $Z(s)$ mit reellen Koeffizienten.

Die Analyse der Schaltung liefert für den Eingangsleitwert

$$Y(s) = \frac{1}{R}\left\{1 + \frac{Z_3 - Z_4}{Z_1 - Z_2}\right\}\bigg|_{R=1} = 1 + \frac{Z_3 - Z_4}{Z_1 - Z_2}. \qquad (9.1)$$

Ohne Einschränkung der Allgemeinheit kann man R = 1 setzen.

9.1 Synthesemethoden unter Verwendung gesteuerter Quellen

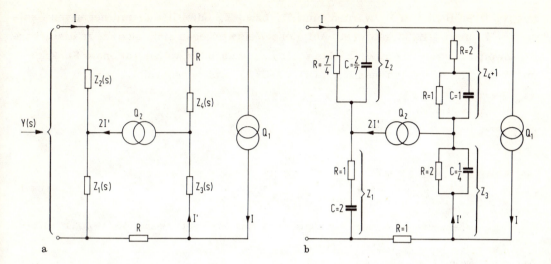

Abb.9.1. Zweipolsynthese mit zwei gesteuerten Quellen. a) zugrundegelegte Schaltungsstruktur; b) Realisierung für das Beispiel von Gl.(9.6).

Als zu realisierende Funktion sei nun umgekehrt eine beliebige gebrochen rationale Funktion

$$\frac{1}{Z(s)} = Y(s) = \frac{P(s)}{Q(s)} = 1 + \frac{P(s)-Q(s)}{Q(s)} \tag{9.2}$$

mit reellen Koeffizienten und dem Zählerpolynom $P(s)$ und dem Nennerpolynom $Q(s)$ vorgegeben. Ist die vorgegebene Funktion $Y(s)$ von der Ordnung m, d.h. das jeweils höhergradige Polynom $P(s)$ oder $Q(s)$ hat den Grad m, dann wählt man ein beliebiges Polynom $q(s)$ mit einfachen Nullstellen

$$q(s) = A \prod_{\nu=1}^{n} (s+\sigma_\nu)$$

$$\sigma_\nu \geq 0, \quad n \geq m, \quad A = \text{reell} \tag{9.3}$$

und setzt entsprechend Gl.(9.1) und Gl.(9.2)

$$\frac{Q(s)}{q(s)} = Z_1 - Z_2 = \sum_\nu \frac{k_\nu}{s+\sigma_\nu}, \tag{9.4}$$

$$\frac{P(s)-Q(s)}{q(s)} = Z_3 - Z_4 = \sum_\nu \frac{k_\nu}{s+\sigma_\nu}. \tag{9.5}$$

Die linken Seiten von Gl.(9.4) und Gl.(9.5) lassen sich nun in Partialbrüche $k_\nu/(s+\sigma_\nu)$ mit einfachen Polen auf der negativen σ-Achse entwickeln. Die Glieder mit positiven Residuen k_ν werden dann Z_1 bzw. Z_3, die Glieder mit negativen Residuen $-Z_2$ bzw. $-Z_4$ zugeordnet. Auf diese Weise ergeben sich **stets realisierbare** RC-Zweipolfunktionen für $Z_1(s)$ bis $Z_4(s)$, gleichgültig welche rationale Funktion mit reellen Koeffizienten man für $Y(s) = 1/Z(s)$ auch vorschreibt.

Zur Illustration diene folgendes

Beispiel [42]:

$$Y(s) = \frac{1}{s^3 + 1} = \frac{P(s)}{Q(s)} . \tag{9.6}$$

Diese Funktion ist weder positiv reell, noch läßt sie sich durch einen ± RC-Zweipol nach Abb. 8.18 realisieren.

Da die Ordnung m = 3 ist, wählen wir gemäß Gl. (9.3)

$$q(s) = s(s+1)(s+2)$$

und bilden

$$\frac{Q(s)}{q(s)} = \frac{s^3 + 1}{s(s+1)(s+2)} = 1 + \frac{\frac{1}{2}}{s} - \frac{\frac{7}{2}}{s+2} = Z_1 - Z_2 ,$$

$$\frac{P(s) - Q(s)}{q(s)} = \frac{-s^3}{s(s+1)(s+2)} = -1 - \frac{1}{s+1} + \frac{4}{s+2} = Z_3 - Z_4 .$$

Wir gewinnen durch entsprechende Zuordnung

$$Z_1 = 1 + \frac{1}{2s} \; ; \quad Z_2 = \frac{7}{2(s+2)} \; ; \quad Z_3 = \frac{4}{s+2} \; ; \quad Z_4 = 1 + \frac{1}{s+1} .$$

und erhalten damit die Schaltung in Abb. 9.1b.

Zu der soeben geschilderten Synthesemethode gibt es eine duale Version, welche, statt der stromgesteuerten Stromquellen, spannungsgesteuerte Spannungsquellen benutzt [38]. Die zugrundegelegte Schaltung zeigt Abb.9.2.

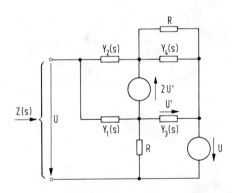

Abb.9.2. Grundschaltung der zu Abb.9.1a dualen Version.

9.1 Synthesemethoden unter Verwendung gesteuerter Quellen

Für R = 1 liefert die Analyse

$$Z(s) = 1 + \frac{Y_4 - Y_3}{Y_2 - Y_1} \,. \qquad (9.7)$$

Ist umgekehrt eine zu realisierende Funktion

$$Z(s) = \frac{P(s)}{Q(s)} = 1 + \frac{P(s) - Q(s)}{Q(s)} \qquad (9.8)$$

der Ordnung m vorgegeben, dann hat man nun ein beliebiges reelles Polynom q(s) mit einfachen Nullstellen auf der negativen σ-Achse

$$q(s) = A \prod_{\nu=1}^{n} (s + \sigma_\nu)$$

$$\sigma_\nu > 0, \quad n > m - 1, \quad A = \text{reell} \qquad (9.9)$$

zu wählen, womit man durch

$$\frac{Q(s)}{q(s)} = Y_2 - Y_1 \qquad (9.10)$$

$$\frac{P(s) - Q(s)}{q(s)} = Y_4 - Y_3 \qquad (9.11)$$

und entsprechende Zuordnung der Glieder der Fosterreihe stets realisierbare Leitwertsfunktion $Y_1(s)$ bis $Y_4(s)$ erhält. Der Unterschied zwischen den Polynomen in Gl.(9.3) und Gl.(9.9) rührt daher, daß die RC-Zweipolfunktion Z(s) wohl bei s = 0, nicht aber bei s = ∞ einen Pol haben darf, während die RC-Zweipolfunktion Y(s) wohl bei s = ∞, nicht aber bei s = 0 einen Pol haben darf.

Viele aktive Zweipolfunktionen lassen sich bereits mit einer einzigen gesteuerten Quelle und passiven ohmschen Widerständen und passiven Kapazitäten realisieren. Ob sich damit jedoch jede reelle gebrochen rationale Funktion Z(s) realisieren läßt, ist eine noch offene Frage.

9.1.2 Synthese vorgeschriebener Wirkungsfunktionen mit einer gesteuerten Quelle

Mit einem erstmals von E.S. Kuh [43] angegebenen Verfahren ist es möglich, jede reelle rationale Funktion von s als Wirkungsfunktion U_2/U_1 eines unbeschalteten oder ausgangsseitig beschalteten Vierpols zu verwirklichen. Grundlage des Verfahrens bildet die allgemeine Schaltung in Abb.9.3a. Diese besteht aus einem passiven

RC-Zweipol $Y(s)$, einem passiven RC-Vierpol und der spannungsgesteuerten Spannungsquelle. Zur Analyse der Schaltung führt man zweckmäßigerweise für den RC-Vierpol eine Ersatzschaltung ein. Mit der Ersatzschaltung in Abb.9.3b, in der Y_{ik} die Elemente der Leitwertsmatrix $[Y]$ darstellen, folgt mit $U' = U_2/\mu$ für die Stromsumme im Knoten (k)

$$\left(\frac{U_2}{\mu} - U_1\right) Y_{12} = \frac{U_2}{\mu}\left(Y_{22} + Y_{12}\right) + \left(\frac{U_2}{\mu} - U_2\right) Y . \qquad (9.12)$$

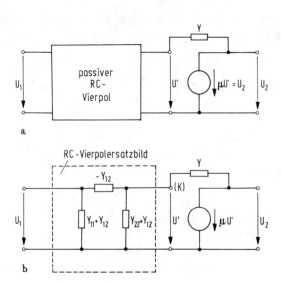

Abb.9.3. Synthese vorgeschriebener Wirkungsfunktionen mit einer gesteuerten Quelle. a) allgemeine Grundschaltung; b) zur Analyse der Grundschaltung von Abb.a).

Daraus wiederum ergibt sich durch Umformung

$$\frac{U_2}{U_1} = \frac{-\mu Y_{12}}{Y_{22} - (\mu - 1) Y} . \qquad (9.13)$$

Sofern die Realisierbarkeitsbedingung

$$\mu > 1 \qquad (9.14)$$

erfüllt ist, läßt sich mit Funktionen $Y_{12}(s)$, $Y_{22}(s)$ und $Y(s)$, welche den betreffenden Bedingungen von Gl.(7.9) und Satz 2.3 genügen, jede vorgegebene reelle rationale Funktion

$$\frac{U_2}{U_1} = \frac{P(s)}{Q(s)} \qquad (9.15)$$

9.1 Synthesemethoden unter Verwendung gesteuerter Quellen

verwirklichen. Ist nämlich die vorgebene Funktion von der Ordnung m, dann hat man wieder ein beliebiges reelles Polynom q(s) mit einfachen Nullstellen entsprechend Gl.(9.9) zu wählen. Dann bildet man die Fosterentwicklung für die Quotienten P(s)/q(s) und Q(s)/q(s) [d.h. die Partialbruchentwicklung von P(s)/sq(s) und Q(s)/sq(s)] und setzt

$$\frac{P(s)}{q(s)} = \sum_i \frac{k_i s}{s+\sigma_i} = -\mu Y_{12} , \qquad (9.16)$$

sowie

$$\frac{Q(s)}{q(s)} = \sum_j \frac{k_j s}{s+\sigma_j} = \sum_\pi \frac{k_\pi^+ s}{s+\sigma_\pi} + X(s) + \sum_\nu \frac{k_\nu^- s}{s+\sigma_\nu} - X(s) = Y_{22} - (\mu-1)Y . \qquad (9.17)$$

Nach Gl.(7.8) ist für $Y_{12}(s)$ jede beliebige reelle rationale Funktion erlaubt, sofern ihre endlichen Pole auf der negativen σ-Achse liegen und ihr eventueller Pol bei $s=\infty$ einfach ist. Das ist aber durch Gl.(9.16) sichergestellt.

In Gl.(9.17) sind die Faktoren k_π^+ positiv und die Faktoren k_ν^- negativ. Da $Y_{22}(s)$ und $Y(s)$ RC-Leitwertsfunktionen sind, müssen die Glieder mit positiven Faktoren Y_{22}, und die Glieder mit negativen Faktoren $-(\mu-1)Y$ zugeordnet werden. Nun fordert Gl.(7.8) weiter, daß jeder Pol von $Y_{12}(s)$ auch in $Y_{22}(s)$ vorhanden sein muß. Da dies durch die positiven Glieder der Fosterentwicklung von Gl.(9.17) allein nicht gewährleistet ist, wurde die zunächst unbestimmte RC-Leitwertsfunktion X(s) eingeführt. X(s) wird nun so bestimmt, daß

$$Y_{22}(s) = \sum_\pi \frac{k_\pi^+ s}{s+\sigma_\pi} + X(s) \qquad (9.18)$$

die Bedingungen von Gl.(7.9) erfüllt. Damit wird auch

$$-(\mu-1)Y = \sum_\nu \frac{k_\nu^- s}{s+\sigma_\nu} - X(s) \qquad (9.19)$$

automatisch realisierbare RC-Leitwertsfunktion.

Wählt man X(s) so, daß alle Faktoren k_{22} von Y_{22} gleichen oder größeren Betrag haben als die Faktoren k_{12} von Y_{12}, d.h.

$$k_{22} \geq |k_{12}| , \qquad (9.20)$$

dann läßt sich der RC-Vierpol in Abb.9.3. als symmetrischer Vierpol realisieren.

Zur Verdeutlichung des Verfahrens behandeln wir nun folgendes

Beispiel:

$$\frac{U_2}{U_1} = \frac{P(s)}{Q(s)} = \frac{s^2 + 1}{s} \ . \tag{9.21}$$

Da die Ordnung m = 2 ist, wählen wir gemäß Gl. (9.9)

$$q(s) = s + 1 \ .$$

Damit ergibt sich

$$-\mu Y_{12} = \frac{P(s)}{q(s)} = \frac{s^2 + 1}{s + 1} = 1 - \frac{2s}{s + 1} + s$$

$$Y_{22} - (\mu - 1)Y = \frac{Q(s)}{q(s)} = \frac{s}{s + 1} \ .$$

Wählen wir jetzt willkürlich μ = 2 und fordern für Gl. (9.20) das Gleichheitszeichen, dann erhalten wir mit Gl. (9.18)

$$Y_{22}(s) = \frac{s}{s + 1} + X(s) = \frac{s}{s + 1} + \frac{1}{2} + \frac{1}{2} s$$

und mit Gl. (9.19)

$$- Y(s) = - X(s) = - \frac{1}{2} - \frac{1}{2} s \ . \tag{9.22}$$

Die Realisierung des RC-Vierpols kann nun z. B. durch die symmetrische Brückenschaltung von Abb. 4.19 erfolgen. Die Brückenleitwerte $Y_1(s)$ und $Y_2(s)$ errechnen sich nach Gl.(4.60) zu

$$Y_1(s) = Y_{11} - Y_{12} = Y_{22} - Y_{12} = s + 1 \tag{9.23}$$

$$Y_2(s) = Y_{11} + Y_{12} = Y_{22} + Y_{12} = \frac{2s}{s + 1} \tag{9.24}$$

Mit den Ergebnissen von Gl. (9.22), Gl. (9.23) und Gl. (9.24) folgt unmittelbar die Schaltung in Abb. 9.4.

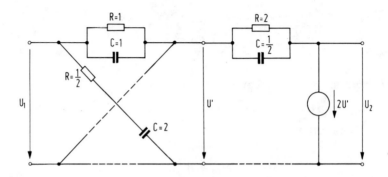

Abb.9.4. Schaltungsrealisierung für das Beispiel von Gl.(9.21) nach der Methode von Abb.9.3.

9.1 Synthesemethoden unter Verwendung gesteuerter Quellen

Selbstverständlich läßt sich im Regelfall der passive RC-Vierpol in Abb.9.3 auch durch eine andere Schaltung als die Brückenschaltung realisieren. Verwendet man dazu die Verfahren von Abschnitt 7.4, dann stimmt die mit der entwickelten Schaltung verwirklichte Funktion $Y_{12}(s)$ nur bis auf einen konstanten Faktor mit der vorgeschriebenen Funktion $Y_{12}(s)$ überein. Dieser Effekt läßt sich aber meist durch entsprechende Wahl von μ wieder ausgleichen.

Benutzt man statt der idealen spannungsgesteuerten Spannungsquelle in Abb.9.3 einen Spannungsverstärker mit dem endlichen Eingangsleitwert $Y_E(s)$, siehe Abb.9.5, dann kann man diesen Eingangsleitwert $Y_E(s)$ in die Funktion $X(s)$ in Gl.(9.18) mit einbeziehen, sofern $Y_E(s)$ eine RC-Leitwertsfunktion ist. Die Allgemeinheit des Verfahrens wird dadurch nicht eingeschränkt.

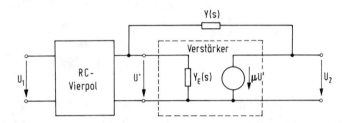

Abb.9.5. Berücksichtigung des Eingangsleitwerts $Y_E(s)$ bei einem realen Verstärker.

9.1.3 Synthese vorgeschriebener Wirkungsfunktionen mit zwei gesteuerten Quellen

Die nun folgende Methode [44], die von der Grundschaltung in Abb.9.6 ausgeht, benötigt außer den gesteuerten Quellen nur die RC-Zweipole $Y_1(s)$ bis $Y_4(s)$. Hier erübrigt sich die Synthese eines RC-Vierpols. Auch mit dieser Schaltungsstruktur läßt sich j e d e reelle rationale Wirkungsfunktion eines unbeschalteten oder ausgangsseitig beschalteten Vierpols realisieren, sofern μ_1 negativ und $\mu_2 > 1$ ist.

Für den Knoten (k) in Abb.9.6 gilt

$$(U' - U_1)Y_1 + (U' - \mu_1 U_1)Y_2 + U'Y_3 + (U' - \mu_2 U')Y_4 = 0 . \qquad (9.25)$$

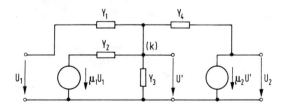

Abb.9.6. Grundschaltung für die Synthese vorgeschriebener Wirkungsfunktionen mit zwei gesteuerten Quellen.

Mit $U_2 = \mu_2 U'$ folgt durch entsprechendes Auflösen aus Gl.(9.25)

$$\frac{U_2}{U_1} = \frac{\mu_2(Y_1 + \mu_1 Y_2)}{Y_1 + Y_2 + Y_3 - (\mu_2 - 1)Y_4} \; . \tag{9.26}$$

Hat die vorgeschriebene Wirkungsfunktion $U_2/U_1 = P(s)/Q(s)$ die Ordnung m, dann hat man ein beliebiges reelles Polynom $q(s)$ mit einfachen Nullstellen auf der negativ reellen Achse entsprechend Gl.(9.9) zu wählen. Dann bildet man

$$\frac{U_2}{U_1} = \frac{P(s)}{Q(s)} = \frac{\frac{P(s)}{q(s)}}{\frac{Q(s)}{q(s)}} = \frac{\frac{P_1(s)}{q_1(s)} - \frac{P_2(s)}{q_2(s)}}{\frac{Q_1(s)}{q_3(s)} - \frac{Q_2(s)}{q_4(s)}} \tag{9.27}$$

mit

$$q(s) = q_1(s) q_2(s) = q_3(s) q_4(s) \; . \tag{9.28}$$

P_1/q_1 und Q_1/q_3 stellen die Glieder mit positiven Faktoren und $-P_2/q_2$ und $-Q_2/q_4$ die Glieder mit negativen Faktoren der Fosterentwicklungen von P/q und Q/q dar. Damit sich realisierbare Zweipolfunktionen Y_1 und Y_2 ergeben, muß in Gl.(9.26) die Verstärkung

$$\mu_1 < 0 \quad \text{bzw.} \quad \mu_1 = -|\mu_1| \tag{9.29}$$

sein. Aus dem Vergleich der Zähler von Gl.(9.26) und Gl.(9.27) ergeben sich dann für $\mu_2 > 0$ die Zuordnungen

$$\mu_2 Y_1 = \frac{P_1(s)}{q_1(s)} \tag{9.30}$$

$$-\mu_2 \mu_1 Y_2 = \frac{P_2(s)}{q_2(s)} \quad \text{bzw.} \quad \mu_2 |\mu_1| Y_2 = \frac{P_2(s)}{q_2(s)} \; . \tag{9.31}$$

Der Vergleich der Nenner von Gl.(9.26) und Gl.(9.27) liefert

$$Y_3 - (\mu_2 - 1)Y_4 = \frac{Q_1}{q_3} - \frac{Q_2}{q_4} - Y_1 - Y_2 = \frac{Q_1}{q_3} - \frac{Q_2}{q_4} - \frac{1}{\mu_2} \frac{P_1}{q_1} - \frac{1}{\mu_2 |\mu_1|} \frac{P_2}{q_2} \; , \tag{9.32}$$

also

$$Y_3 = \frac{Q_1}{q_3} \tag{9.33}$$

9.1 Synthesemethoden unter Verwendung gesteuerter Quellen

$$(\mu_2 - 1) Y_4 = \frac{Q_2}{q_4} + \frac{1}{\mu_2} \cdot \frac{P_1}{q_1} + \frac{1}{\mu_2 |\mu_1|} \cdot \frac{P_2}{q_2} \ . \tag{9.34}$$

Für $\mu_1 < 0$ und $\mu_2 > 1$ lassen sich also beliebige reelle rationale Wirkungsfunktionen mit diesem Verfahren verwirklichen.

Als Beispiel diene wieder Gl. (9.21). Als Verstärkungen wählen wir $\mu_1 = -1$ und $\mu_2 = 2$. Mit $q(s) = s + 1$ ergibt sich

$$\frac{U_2}{U_1} = \frac{s^2 + 1}{s} = \frac{P}{Q} = \frac{1 - \frac{2s}{s+1} + s}{\frac{s}{s+1}} = \frac{\frac{P_1}{q_1} - \frac{P_2}{q_2}}{\frac{Q_1}{q_3} - \frac{Q_2}{q_4}} \ .$$

Aus Gl. (9.30) und Gl. (9.31) erhalten wir

$$Y_1 = \frac{1}{\mu_2} \frac{P_1}{q_1} = \frac{1}{2}(1+s) \ , \quad Y_2 = \frac{1}{\mu_2 |\mu_1|} \frac{P_2}{q_2} = \frac{s}{s+1} \ ,$$

und aus Gl. (9.33) und Gl. (9.34)

$$Y_3 = \frac{Q_1}{q_3} = \frac{s}{s+1} \ , \quad Y_4 = \frac{1}{(\mu_2 - 1)} \left\{ \frac{Q_2}{q_4} + Y_1 + Y_2 \right\} = \frac{1}{2}(1+s) + \frac{s}{s+1} \ .$$

Die zugehörige Schaltung zeigt Abb. 9.7.

9.1.4 Synthese vorgeschriebener Wirkungsfunktionen mit einem Differenzverstärker

Auch bei dem nun folgenden allgemeinen Verfahren ist keine Synthese eines RC-Vierpols erforderlich. Die nun zugrundegelegte Schaltungsstruktur in Abb. 9.8a enthält außer den RC-Zweipolen Y_1^a, Y_2^a, Y_3^a, Y_1^b, Y_2^b und Y_3^b eine einzige von der Spannungsdifferenz $U' - U''$ gesteuerte Spannungsquelle. Für diese gilt

$$U_2 = \mu(U' - U'') \ . \tag{9.35}$$

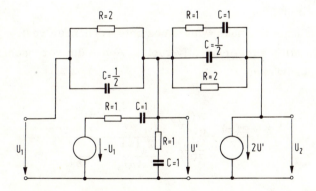

Abb.9.7. Schaltungsrealisierung für das Beispiel von Gl.(9.21) nach der Methode von Abb.9.6.

Eine solche von einer Spannungsdifferenz gesteuerte Quelle bezeichnet man auch als idealen Differenzverstärker. Für den Differenzverstärker wird häufig das dreieckförmige Symbol von Abb.9.8b benutzt.

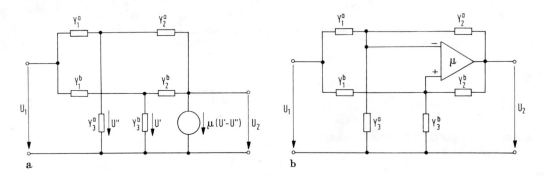

a b

Abb.9.8. Grundschaltung für die Synthese vorgeschriebener Wirkungsfunktionen mit einem Differenzverstärker. Der Differenzverstärker ist dargestellt in Abb.a) als gesteuerte Quelle, in Abb.b) durch das äquivalente dreieckförmige Symbol.

Ähnlich wie bei Abb.9.3 und Abb.9.5 ist bei Abb.9.8b das Verfahren auch dann noch allgemein, wenn ein nichtidealer Differenzverstärker verwendet wird, dessen Impedanzen zwischen den Eingangsklemmen und Masse RC-Zweipolfunktionen sind.

Setzt man

$$Y_1^a + Y_2^a + Y_3^a = Y_1^b + Y_2^b + Y_3^b \,, \tag{9.36}$$

dann ergibt die Analyse der Schaltung von Abb.9.8a als Wirkungsfunktion

$$\frac{U_2}{U_1} = \frac{\mu(Y_1^a - Y_1^b)}{\mu Y_2^b - (\mu+1) Y_2^a - Y_3^a - Y_1^a} \,. \tag{9.37}$$

Wie in Gl.(9.27) können wir nach Wahl eines entsprechenden reellen Polynoms q(s) mit einfachen Nullstellen auf der negativ reellen Achse die vorgeschriebene Wirkungsfunktion wie folgt ausdrücken

$$\frac{U_2}{U_1} = \frac{P(s)}{Q(s)} = \frac{\frac{P(s)}{q(s)}}{\frac{Q(s)}{q(s)}} = \frac{\frac{P_1(s)}{q_1(s)} - \frac{P_2(s)}{q_2(s)}}{\frac{Q_1(s)}{q_3(s)} - \frac{Q_2(s)}{q_4(s)}} \,. \tag{9.38}$$

Setzen wir die Verstärkung μ als positiv voraus, was im vorliegenden Fall keine Einschränkung bedeutet, da man bei negativem μ die Eingangsklemmen des Differenzver-

9.1 Synthesemethoden unter Verwendung gesteuerter Quellen

stärkers vertauschen kann, dann ergibt sich durch Vergleich der Zähler von Gl.(9.37) und Gl.(9.38) folgende Zuordnung

$$Y_1^a = \frac{1}{\mu} \cdot \frac{P_1}{q_1}, \tag{9.39}$$

$$Y_1^b = \frac{1}{\mu} \cdot \frac{P_2}{q_2}. \tag{9.40}$$

Der Vergleich der Nenner von Gl.(9.37) legt die folgende Zuordnung nahe

$$\mu Y_2^b = \frac{Q_1}{q_3} + Y_1^a + X(s), \tag{9.41}$$

$$(\mu + 1) Y_2^a + Y_3^a = \frac{Q_2}{q_4} + X(s). \tag{9.42}$$

$X(s)$ ist eine zunächst noch unbekannte RC-Leitwertsfunktion mit den Eigenschaften von Satz 2.3.

Nun löst man Gl.(9.36) nach $Y_3^b - Y_3^a$ auf und setzt darin Y_2^b und Y_2^a gemäß Gl.(9.41) und Gl.(9.42) ein. Das ergibt

$$Y_3^b - Y_3^a = Y_1^a + Y_2^a - Y_1^b - Y_2^b = Y_1^a + \frac{1}{\mu+1}\left\{\frac{Q_2}{q_4} + X - Y_3^a\right\} - Y_1^b - \frac{1}{\mu}\left\{\frac{Q_1}{q_3} + Y_1^a + X\right\}. \tag{9.43}$$

Da $X(s)$ eine RC-Leitwertsfunktion ist, können wir nun folgende Zuordnung treffen

$$Y_3^b = Y_1^a + \frac{1}{\mu+1}\frac{Q_2}{q_4} \tag{9.44}$$

$$Y_3^a \frac{\mu}{\mu+1} = Y_1^b + \frac{1}{\mu}\left\{\frac{Q_1}{q_3} + Y_1^a\right\} + \left\{\frac{1}{\mu} - \frac{1}{\mu+1}\right\} X. \tag{9.45}$$

Mit $X(s)$ sind nun also auch Y_3^a, Y_3^b, Y_2^b, Y_1^a und Y_1^b alle RC-Leitwertsfunktionen. Offen ist also noch die Frage, ob oder wann auch Y_2^a in Gl.(9.42) RC-Leitwertsfunktion ist. Dazu setzen wir Y_3^a gemäß Gl.(9.45) in Gl.(9.42) ein und erhalten

$$Y_2^a = \frac{1}{\mu+1}\left\{\frac{Q_2}{q_4} + X - Y_3^a\right\}$$

$$= \frac{1}{\mu+1}\left\{\frac{Q_2}{q_4} + X - \frac{\mu+1}{\mu} Y_1^b - \frac{\mu+1}{\mu^2}\left(\frac{Q_1}{q_3} + Y_1^a\right) - \left(\frac{\mu+1}{\mu^2} - \frac{1}{\mu}\right) X\right\}. \tag{9.46}$$

Y_2^a ist dann und nur dann eine realisierbare RC-Leitwertsfunktion, wenn die Fosterentwicklung der rechten Seite von Gl. (9.46) nur Glieder mit positiven Koeffizienten hat. Die unbekannte Leitwertsfunktion $X(s)$ muß darum ein positives Vorzeichen haben und im übrigen so beschaffen sein, daß sie alle negativen Glieder der rechten Seite von Gl. (9.46) kompensiert. Damit $X(s)$ ein positives Vorzeichen hat und folglich das Verfahren allgemein anwendbar ist, ist notwendig und hinreichend

$$1 + \frac{1}{\mu} > \frac{\mu+1}{\mu^2}, \quad \text{also} \quad |\mu| > 1. \tag{9.47}$$

Eine Erweiterung dieser Methode für den Fall, daß die Eingangsspannung U_1 von einer Quelle mit endlichem Innenwiderstand R geliefert wird, ist in [45] beschrieben worden. Auch hierfür erweist sich die Bedingung von Gl. (9.47) als notwendig und hinreichend. Eventuelle RC-Eingangsleitwerte zwischen den Eingangsklemmen des nichtidealen Differenzverstärkers und Masse können in Y_3^a und Y_3^b einbezogen werden.

Zur Verdeutlichung des oben beschriebenen Verfahrens wird wieder das Beispiel von Gl. (9.21) benutzt:

$$\frac{U_2}{U_1} = \frac{P(s)}{Q(s)} = \frac{s^2+1}{s} = \frac{1 - \frac{2s}{s+1} + s}{\frac{s}{s+1}} = \frac{\frac{P_1}{q_1} - \frac{P_2}{q_2}}{\frac{Q_1}{q_3} - \frac{Q_2}{q_4}}. \tag{9.48}$$

Aus Gl. (9.39) und Gl. (9.40) erhalten wir mit $\mu = 2$

$$Y_1^a = \frac{1}{\mu} \frac{P_1}{q_1} = \frac{1}{2}(1+s),$$

$$Y_1^b = \frac{1}{\mu} \frac{P_2}{q_2} = \frac{s}{s+1}.$$

Als nächstes bestimmen wir $X(s)$ aus Gl. (9.46)

$$Y_2^a = \frac{1}{3}\left\{X - \frac{3}{2}\frac{s}{s+1} - \frac{3}{4}\left(\frac{s}{s+1} + \frac{1}{2} + \frac{s}{2}\right) - \left(\frac{3}{4} - \frac{1}{2}\right)X\right\} = \frac{1}{3}\left\{\frac{3}{4}X - \frac{9}{4}\frac{s}{s+1} - \frac{3}{8} - \frac{3}{8}s\right\}.$$

Wir wählen

$$X(s) = \frac{3s}{s+1} + \frac{1}{2} + \frac{1}{2}s, \quad \text{also } Y_2^a = 0.$$

Das ergibt mit Gl. (9.42), Gl. (9.44) und Gl. (9.41)

$$Y_3^a = X(s), \quad Y_3^b = Y_1^a, \quad Y_2^b = \frac{1}{\mu}\left\{\frac{Q_1}{q_3} + Y_1^a + X\right\} = \frac{2s}{s+1} + \frac{1}{2} + \frac{1}{2}s.$$

Die zugehörige Schaltung zeigt Abb. 9.9.

9.2 Synthesemethoden unter Verwendung von Operationsverstärkern

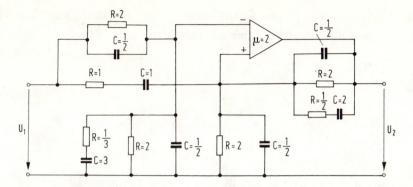

Abb.9.9. Schaltungsrealisierung für das Beispiel von Gl.(9.21) nach der Methode von Abb.9.8.

9.2 Synthesemethoden unter Verwendung von Operationsverstärkern

Da man mit Operationsverstärkern gesteuerte Quellen bilden kann, sind alle Verfahren mit gesteuerten Quellen grundsätzlich auch für Operationsverstärker verwendbar. Darüberhinaus gibt es aber noch Verfahren, die nur mit Operationsverstärkern, nicht aber mit gesteuerten Quellen arbeiten.

9.2.1 Zweipolsynthese unter Verwendung eines einzigen Operationsverstärkers

Grundlage des folgenden Verfahrens stellt die Schaltung in Abb.9.10 dar. Sie besteht aus einem Operationsverstärker und den RC-Zweipolen Z_1 bis Z_4. Die Zweipole Z_1

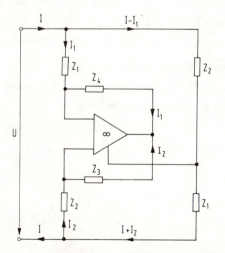

Abb.9.10. Grundschaltung für die Zweipolsynthese mit einem Operationsverstärker.

und Z_2 kommen doppelt vor. Die Schleifenanalyse der Schaltung liefert mit den eingezeichneten Strömen die folgenden Gleichungen

$$U = Z_2(I-I_1) + Z_1(I-I_2) , \qquad (9.49)$$

$$U = Z_1 I_1 - Z_2 I_2 , \qquad (9.50)$$

$$I_1 Z_4 = I_2 Z_3 . \qquad (9.51)$$

Durch Elimination von I_1 und I_2 erhält man für den Eingangsleitwert

$$Y(s) = \frac{I}{U} = \frac{Z_3 - Z_4}{Z_1 Z_3 - Z_2 Z_4} = \frac{1}{Z_1} \cdot \frac{Z_3 - Z_4}{Z_3 - \frac{Z_2 Z_4}{Z_1}} . \qquad (9.52)$$

Die zu realisierende Funktion sei gegeben als

$$Y(s) = \frac{P(s)}{Q(s)} . \qquad (9.53)$$

Für die Synthese wird nun die grundlegende Voraussetzung gemacht, daß die vorgegebene Funktion $Y(s)$ in einem Bereich längs der negativen σ-Achse positiv ist. Für den Fall, daß die vorgegebene Funktion längs der gesamten negativen σ-Achse nichtpositiv ist, bilden wir

$$Y(s) = \frac{ks}{s+a} + \left\{ Y(s) - \frac{ks}{s+a} \right\} = \frac{ks}{s+a} + \tilde{Y}(s) . \qquad (9.54)$$

Die Funktion $\tilde{Y}(s)$ ist sicher in einem Bereich um $\sigma = -a$ positiv, weil dort $\tilde{Y}(s)$ durch den Pol beherrscht wird. Die vorgeschriebene Funktion $Y(s)$ ergibt sich durch Parallelschaltung des Zweipols $\tilde{Y}(s)$ mit der passiven RC-Leitwertsfunktion $ks/(s+a)$. Die Beschränkung auf Funktionen $Y(s)$, die wenigstens in einem Bereich längs der negativen σ-Achse positiv sind, bedeutet damit keine Einschränkung der Allgemeinheit.

Gibt es einen solchen Bereich von $Y(\sigma)$, dann gibt es (eventuell nach Erweiterung mit -1) auch sicher einen Bereich, in dem $P(\sigma)$ und $Q(\sigma)$ zugleich positiv sind. Hat $Y(s)$ die Ordnung m, dann wählen wir ein Polynom

$$q(s) = A \prod_{\nu=1}^{n} (s + \sigma_\nu) \qquad (9.55)$$

mit

$$\sigma_n > \sigma_{n-1} > \ldots > \sigma_2 > \sigma_1 \geq 0 ,$$
$$n \geq m , \quad A = \text{reell} , \qquad (9.56)$$

9.2 Synthesemethoden unter Verwendung von Operationsverstärkern

und mit der zusätzlichen Einschränkung, daß alle σ_ν in denjenigen (zusammenhängenden) Bereich fallen, in dem $P(\sigma)$ und $Q(\sigma)$ zugleich positiv sind. Dies ist in Abb.9.11 oben dargestellt.

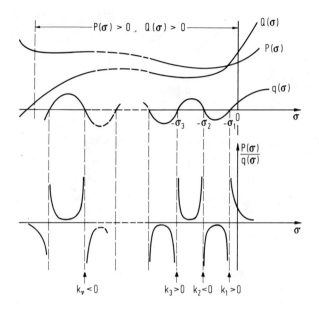

Abb.9.11. Zum Nachweis der alternierenden Vorzeichen der Residuen für die fortlaufenden Pole bei $-\sigma_1$, $-\sigma_2$, $-\sigma_3$, ...

Nun bilden wir mit Gl.(9.53) und Gl.(9.55)

$$Y(s) = \frac{\dfrac{P(s)}{q(s)}}{\dfrac{Q(s)}{q(s)}} = \frac{\dfrac{k_{1P}}{s+\sigma_1} + \dfrac{k_{3P}}{s+\sigma_3} + \cdots + \dfrac{k_{2P}}{s+\sigma_2} + \dfrac{k_{4P}}{s+\sigma_4} + \cdots}{\dfrac{k_{1Q}}{s+\sigma_1} + \dfrac{k_{3Q}}{s+\sigma_3} + \cdots + \dfrac{k_{2Q}}{s+\sigma_2} + \dfrac{k_{4Q}}{s+\sigma_4} + \cdots} = \frac{\dfrac{P_1}{q_1} - \dfrac{P_2}{q_2}}{\dfrac{Q_1}{q_1} - \dfrac{Q_2}{q_2}}. \quad (9.57)$$

Wie aus Abb.9.11 unten hervorgeht, muß beim gezeichneten Fall das Residuum k_{1P} positiv sein, denn unmittelbar rechts von $-\sigma_1$ ist

$$\frac{P(\sigma)}{q(\sigma)} \approx \frac{k_{1P}}{-\sigma+\sigma_1} > 0, \quad (9.58)$$

während unmittelbar links von $-\sigma_1$ derselbe Ausdruck negativ ist. Entsprechend sind auch alle übrigen Residuen mit ungeradzahligem ersten Index positiv, während alle Residuen mit geradzahligem ersten Index negativ sind. In Gl.(9.57) sind die Partialbrüche mit positiven Residuen in P_1/q_1 und Q_1/q_1 zusammengefaßt und die Partialbrüche mit negativen Residuen in $-P_2/q_2$ und in $-Q_2/q_2$.

Als nächstes addieren und subtrahieren wir die reelle positive Größe K im Zähler von Gl.(9.57) und erhalten nach weiterer Umformung

$$\frac{\frac{P}{q}}{\frac{Q}{q}} = \frac{\frac{P_1+Kq_1}{q_1} - \frac{P_2+Kq_2}{q_2}}{\frac{Q_1}{q_1} - \frac{Q_2}{q_2}} = \frac{P_1+Kq_1}{Q_1} \cdot \frac{\frac{q_2}{q_1} - \frac{P_2+Kq_2}{P_1+Kq_1}}{\frac{q_2}{q_1} - \frac{Q_2}{Q_1}} \quad . \tag{9.59}$$

Nun können wir aufgrund des Vergleichs von Gl.(9.52) und Gl.(9.59) folgende Zuordnung vornehmen

$$Z_1 = \frac{Q_1}{P_1+Kq_1}, \qquad Z_3 = \frac{q_2}{q_1}, \tag{9.60) (9.61}$$

$$Z_4 = \frac{P_2+Kq_2}{P_1+Kq_1}, \qquad \frac{Z_2 Z_4}{Z_1} = \frac{Q_2}{Q_1} \quad . \tag{9.62) (9.63}$$

Aus Gl.(9.63), Gl.(9.62) und Gl.(9.60) folgt schließlich

$$Z_2 = \frac{Q_2}{P_2+Kq_2} \quad . \tag{9.64}$$

Wir haben jetzt noch zu zeigen, daß Z_1, Z_2, Z_3 und Z_4 passive RC-Zweipole repräsentieren. Zunächst zu Z_1: Nach Gl.(9.59) stellt Q_1/q_1 und damit auch Q_1/Kq_1 eine passive RC-Zweipolfunktion dar. Verfälscht wird diese Eigenschaft bei Z_1 aber durch das Polynom P_1 im Nenner von Gl.(9.60). Der Einfluß von P_1 wird aber um so kleiner, je größer wir K wählen. Somit ist also für genügend großes K die Funktion $Z_1(s)$ eine passive RC-Zweipolfunktion. Mit demselben Gedankengang folgt, daß auch $Z_2(s)$ eine passive RC-Zweipolfunktion sein muß. Wir kommen nun zu Z_3: Nach Konstruktion und nach Abb.9.11 haben q_1 und q_2 nur einfache Nullstellen auf der negativen σ-Achse und zwar derart, daß sich die Nullstellen von q_1 und q_2 abwechseln und dem Ursprung am nächsten gelegen eine Nullstelle von q_1 ist. Nach Gl.(2.110) bis Gl.(2.113) ist damit $Z_3(s)$ passive RC-Zweipolfunktion. Da also q_2/q_1 passive RC-Zweipolfunktion ist, muß für genügend großes K auch $Z_4(s)$ passive RC-Zweipolfunktion sein.

Beispiel:

Gegeben sei

$$Y(s) = \frac{P(s)}{Q(s)} = \frac{1}{s^2+s+1} \quad . \tag{9.65}$$

9.2 Synthesemethoden unter Verwendung von Operationsverstärkern

In diesem Beispiel ist $Y(s)$ längs der gesamten negativen σ-Achse positiv. Wir können also $q(s)$ wie folgt wählen

$$q(s) = (s+1)(s+2)$$

und erhalten gemäß Gl. (9.57)

$$\frac{P(s)}{q(s)} = \frac{P_1}{q_1} - \frac{P_2}{q_2} = \frac{1}{s+1} - \frac{1}{s+2}$$

$$\frac{Q(s)}{q(s)} = \frac{Q_1}{q_1} - \frac{Q_2}{q_2} = 1 + \frac{1}{s+1} - \frac{3}{s+2} ,$$

d.h.

$$q_1(s) = s+1, \quad q_2(s) = s+2, \quad P_1(s) = 1, \quad P_2(s) = 1, \quad Q_1(s) = s+2, \quad Q_2(s) = 3 .$$

Mit Gl. (9.60), Gl. (9.61), Gl. (9.62) und Gl. (9.64) ergibt sich

$$Z_1 = \frac{Q_1}{P_1 + Kq_1} = \frac{s+2}{1 + K(s+1)} \bigg|_{K=1} = 1 ,$$

$$Z_2 = \frac{Q_2}{P_2 + Kq_2} = \frac{3}{1 + K(s+2)} \bigg|_{K=1} = \frac{3}{s+3} ,$$

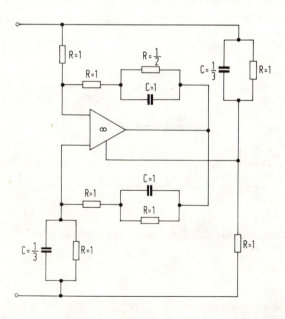

Abb. 9.12. Schaltungsrealisierung für das Beispiel von Gl. (9.65) nach der Methode von Abb. 9.10.

$$Z_3 = \frac{q_2}{q_1} = \frac{s+2}{s+1} = 1 + \frac{1}{s+1} \ ,$$

$$Z_4 = \frac{P_2 + Kq_2}{P_1 + Kq_1} = \frac{1 + K(s+2)}{1 + K(s+1)} \bigg|_{K=1} = \frac{s+3}{s+2} = 1 + \frac{1}{s+2} \ .$$

Die zugehörige Schaltung zeigt Abb. 9.12. Hätte man in obigen Gleichungen $K = 0$ gesetzt, dann wäre $Z_1(s)$ nicht passive RC-Zweipolfunktion.

Funktionen, die längs der gesamten negativen σ-Achse nichtpositiv sind, kommen relativ häufig vor. Zu solchen gehören unter anderen sämtliche Reaktanzzweipolfunktionen von Abschnitt 2.1. Sollen diese mit dem obigen Verfahren verwirklicht werden, dann muß man den Kunstgriff von Gl.(9.54) anwenden.

9.2.2 Synthese vorgeschriebener Wirkungsfunktionen unter Verwendung von Operationsverstärkern

In diesem Abschnitt werden drei verschiedene Verfahren vorgestellt. Mit jedem von ihnen läßt sich **jede stabile** reelle rationale Wirkungsfunktion U_2/U_1 verwirklichen.

Die Grundschaltung der ersten Methode zeigt Abb.9.13. N^a und N^b sind passive RC-Vierpole mit den Eigenschaften von Satz 7.1 bzw. Gl.(7.8). Der Vierpol N^b hat überdies noch eine durchgehende Masseverbindung und unterliegt daher der zusätzlichen Einschränkung von Satz 4.5.

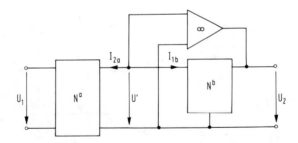

Abb.9.13. Grundschaltung für die Synthese vorgeschriebener Wirkungsfunktionen mit einem Operationsverstärker.

Aus den Vierpolleitwertsgleichungen Gl.(4.2) folgt für den Vierpol N^a

$$I_{2a} = Y_{12}^a U_1 + Y_{22}^a U' \tag{9.66}.$$

9.2 Synthesemethoden unter Verwendung von Operationsverstärkern   339

und für den Vierpol N^b

$$I_{1b} = Y^b_{11} U' + Y^b_{12} U_2 \ . \tag{9.67}$$

Nach Gl.(8.11) erzwingt der Operationsverstärker $U' = 0$ und $I_{2a} = -I_{1b}$. Folglich ergibt sich

$$\frac{U_2}{U_1} = -\frac{Y^a_{12}}{Y^b_{12}} = \frac{P(s)}{Q(s)} \ . \tag{9.68}$$

Hat eine vorgegebene Wirkungsfunktion $U_2/U_1 = P/Q$ die Ordnung m, dann erhält man nach der Wahl eines reellen Polynoms $q(s)$ mit den Eigenschaften von Gl.(9.9) die realisierbaren Matrixelemente

$$Y^a_{12} = +\frac{P(s)}{q(s)} \tag{9.69}$$

und

$$Y^b_{12} = -\frac{Q(s)}{q(s)} \ . \tag{9.70}$$

Die durchgehende Masseverbindung von Vierpol N^b schränkt zwar die Lage der Nullstellen von $Q(s)$ in der rechten s-Halbebene ein [vgl. Satz 4.5], andererseits verbietet aber Satz 4.2 bei stabilen Vierpolen jede Nullstelle $Q(s)$ in der rechten s-Halbebene. Beschränkt man sich also auf stabile Wirkungsfunktionen, dann ist das Verfahren allgemein.

Als Beispiel wollen wir wieder die schon öfters benutzte Wirkungsfunktion von Gl. (9.21) realisieren

$$\frac{U_2}{U_1} = \frac{P(s)}{Q(s)} = \frac{s^2 + 1}{s} \ .$$

Mit der Wahl von $q(s) = s + 1$ erhalten wir

$$Y^a_{12} = \frac{P}{q} = \frac{s^2 + 1}{s + 1} = 1 - \frac{2s}{s + 1} + s$$

und

$$-Y^b_{12} = \frac{Q}{q} = \frac{s}{s + 1} \ .$$

Den Vierpol N^a können wir durch eine symmetrische Brücke der Abb. 4.13c realisieren, wenn wir in Übereinstimmung mit Gl.(7.8)

$$Y^a_{11} = Y^a_{22} = 1 + \frac{2s}{s + 1} + s$$

wählen. Dann errechnen sich die Brückenleitwerte $Y_1(s)$ und $Y_2(s)$ nach Gl.(4.60) zu

$$Y_1(s) = Y_{11}^a - Y_{12}^a = Y_{22}^a - Y_{12}^a = \frac{4s}{s+1} \ ,$$

$$Y_2(s) = Y_{11}^a + Y_{12}^a = Y_{22}^a + Y_{12}^a = 2 + 2s \ .$$

Der Vierpol N^b reduziert sich zu einem einzigen Längsleitwert $Y = -Y_{12}^b$, wenn man $Y_{11}^b = Y_{22}^b = -Y_{12}^b$ wählt, vgl. Abb. 4.10. Somit führt dieses Beispiel auf die Schaltung in Abb. 9.14.

Der Vierpol N^a muß nicht unbedingt durch eine Brückenschaltung realisiert werden. Man kann ihn auch z. B. nach der Methode von Abschnitt 7.4.2 verwirklichen.

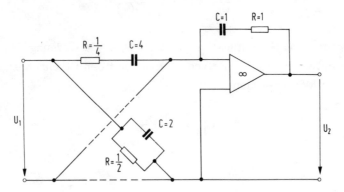

Abb.9.14. Schaltungsrealisierung für das Beispiel von Gl.(9.21) nach der Methode von Abb.9.13.

Die zweite Methode beruht auf der Schaltung von Abb.9.15. Man benötigt nun zwei Operationsverstärker, die RC-Zweipole Y_1, Y_2, Y_3 und Y_4 und zwei ohmsche Leitwerte G; [38]. Da die Eingänge der Operationsverstärker auf Nullpotential liegen müssen, lauten die Knotenpunktsgleichungen für die Knoten (k) und (k')

$$U_1 Y_1 + U_2 Y_4 + U'G = 0 \ , \tag{9.71}$$

$$U_1 Y_2 + U_2 Y_3 + U'G = 0 \ . \tag{9.72}$$

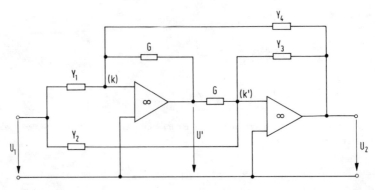

Abb.9.15. Grundschaltung für die Synthese vorgeschriebener Wirkungsfunktionen mit zwei Operationsverstärkern.

9.2 Synthesemethoden unter Verwendung von Operationsverstärkern

Aus Gl.(9.70) und Gl.(9.71) folgt

$$\frac{U_2}{U_1} = \frac{Y_1 - Y_2}{Y_3 - Y_4} = \frac{P}{Q} \; . \tag{9.73}$$

Hat eine vorgeschriebene Funktion P/Q die Ordnung m, dann wählt man wieder ein Polynom q(s) mit einfachen Nullstellen entsprechend Gl.(9.9) und bildet die Fosterentwicklungen

$$\frac{P}{q} = \frac{P_1}{q_1} - \frac{P_2}{q_2}; \quad \frac{Q}{q} = \frac{Q_1}{q_3} - \frac{Q_2}{q_4} \; . \tag{9.74}$$

Nun ordnet man wieder die Glieder mit positiven Faktoren den Leitwerten Y_1 und Y_3 zu, und die Glieder mit negativen Faktoren den Leitwerten $-Y_2$ und $-Y_4$:

$$Y_1 = \frac{P_1}{q_1}; \quad Y_3 = \frac{Q_1}{q_3}; \quad Y_2 = \frac{P_2}{q_2}; \quad Y_4 = \frac{Q_2}{q_4} \; . \tag{9.75}$$

Die dritte Methode schließlich geht von der Schaltungsstruktur in Abb.9.8b aus, in welcher der Differenzverstärker durch einen Operationsverstärker ersetzt wird. Mit der Relation von Gl.(9.36) ergibt sich nun wegen $\mu \to \infty$ statt Gl.(9.37)

$$\frac{U_2}{U_1} = \frac{Y_1^a - Y_1^b}{Y_2^b - Y_2^a} \; . \tag{9.76}$$

Die Bauart von Gl.(9.76) entspricht derjenigen von Gl.(9.73). Damit erfolgt auch die Berechnung der Zweipolfunktionen Y_1^a, Y_1^b, Y_2^a und Y_2^b analog der von Y_1 bis Y_4 in Gl.(9.75). Die restlichen Leitwerte Y_3^a und Y_3^b ergeben sich anschließend aus Gl.(9.36) zu

$$Y_3^a - Y_3^b = Y_1^b + Y_2^b - Y_1^a - Y_2^a \tag{9.77}$$

oder

$$Y_3^a = Y_1^b + Y_2^b; \quad Y_3^b = Y_1^a + Y_2^a \; . \tag{9.78}$$

Auf ein Beispiel sei diesmal verzichtet.

Der Fall, daß die Eingangsspannung U_1 von einer Spannungsquelle mit endlichem Innenwiderstand geliefert wird, ist in [45] behandelt worden. Bemerkenswert ist, daß man in einem solchen Fall oft bereits mit einem Polynom q(s) vom Grad m - 2 auskommt, wenn m die Ordnung der zu realisierenden Wirkungsfunktion ist.

9.3 Synthesemethoden unter Verwendung von Negativimpedanzkonvertern

Nach Abschnitt 8.2.2 ist der Negativimpedanzkonverter (NIK) ein bedingt instabiler Vierpol. Bei seiner Verwendung muß also der Stabilität besondere Beachtung geschenkt werden. Auch wenn die zu realisierende Zweipolfunktion oder Wirkungsfunktion eine absolut stabile Funktion ist, können dennoch aufgrund der besonderen Eigenschaften des NIK Instabilitäten auftreten.

9.3.1 Zweipolsynthese unter Verwendung eines einzigen Negativimpedanzkonverters

Die folgende von J.M. Sipress [42] stammende Methode geht von der in Abb.9.16 dargestellten Schaltungsstruktur aus, die aus einem Negativimpedanzkonverter (NIK)

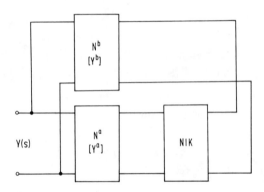

Abb.9.16. Zweipolsynthese mit einem Negativimpedanzkonverter.

und zwei passiven RC-Vierpolen N^a und N^b besteht. Durch Analyse (z.B. durch Multiplikation der Kettenmatrix des Vierpols N^a mit derjenigen des NIK, anschließender Umrechnung in die Leitwertsmatrix, Addition mit der Leitwertsmatrix des Vierpols N^b und Berechnung des Eingangsleitwerts bei ausgangsseitigem Leerlauf) erhält man nach längerer Rechnung

$$Y(s) = Y^a_{11} + Y^b_{11} - \frac{(Y^a_{12} + Y^b_{12})(Y^a_{12} - KY^b_{12})}{Y^a_{22} - KY^b_{22}} \,. \tag{9.79}$$

Dieses Ergebnis ist unabhängig davon, ob man einen UNIK oder INIK verwendet. K ist der Konversionsfaktor, vgl. Gl.(8.20).

Die zu realisierende Zweipolfunktion sei gegeben als

$$Y(s) = \frac{P(s)}{Q(s)} \,. \tag{9.80}$$

9.3 Synthesemethoden unter Verwendung von Negativimpedanzkonvertern

Hat die zu realisierende Funktion $Y(s)$ die Ordnung m, dann wählt man eine willkürliche RC-Leitwertsfunktion

$$y = \frac{p(s)}{q(s)}, \qquad (9.81)$$

deren Zähler- und Nennerpolynom den Grad $n \geqslant m$ haben, und die ansonsten den Bedingungen von Satz 2.3 genügt.

Nun setzt man

$$Y_{11}^a + Y_{11}^b = k_1 \frac{p(s)}{q(s)}. \qquad (9.82)$$

k_1 ist eine beliebige reelle positive Konstante. Aus Gl.(9.79), Gl.(9.80) und Gl.(9.82) folgt nun

$$\frac{(Y_{12}^a + Y_{12}^b)(Y_{12}^a - KY_{12}^b)}{Y_{22}^a - KY_{22}^b} = k_1 \frac{p(s)}{q(s)} - \frac{P(s)}{Q(s)} \left[= \frac{P_1(s) P_2(s)}{q(s) Q(s)} \right]. \qquad (9.83)$$

Damit die linke Seite und die (nicht eingeklammerte) rechte Seite von Gl.(9.83) vergleichbar werden, wird die rechte Seite auf den Hauptnenner gebracht und ihr Zähler zunächst als Produkt zweier Polynome $P_1(s)$ und $P_2(s)$ geschrieben. Das ist nach Berechnung aller Zählernullstellen aufgrund des Fundamentalsatzes der Algebra stets möglich. Das Polynom $P_1(s)$ soll dem Zählerpolynom von $(Y_{12}^a + Y_{12}^b)$ und das Polynom $P_2(s)$ dem Zählerpolynom von $(Y_{12}^a - KY_{12}^b)$ entsprechen. Die Zerlegung des Zählers in das Produkt $P_1 P_2$ hat also so zu erfolgen, daß keines der Polynome P_1 und P_2 einen höheren Grad als n hat, denn nach Gl.(7.9) darf Y_{12} keinen mehrfachen Pol bei $s = \infty$ haben.

Die Form der linken Seite von Gl.(9.83) legt nun wiederum folgende Zerlegung der Polynome $P_1(s)$ und $P_2(s)$ nahe

$$P_1(s) = \frac{1}{k_2} \{p_a(s) + p_b(s)\} \qquad (9.84)$$

$$P_2(s) = p_a(s) - Kp_b(s), \qquad (9.85)$$

wobei k_2 ebenfalls eine beliebige reelle positive Konstante ist. $p_a(s)$ und $p_b(s)$ sind Polynome, die sich aus $P_1(s)$ und $P_2(s)$ durch Auflösen von Gl.(9.84) und Gl.(9.85) wie folgt ergeben

$$p_a(s) = \frac{Kk_2 P_1(s) + P_2(s)}{1 + K} \qquad (9.86)$$

$$p_b(s) = \frac{k_2 P_1(s) - P_2(s)}{1 + K} \ . \tag{9.87}$$

Damit hätten wir die rechte Seite von Gl.(9.83) wie folgt zerlegt

$$\frac{P_1(s) P_2(s)}{q(s) Q(s)} = \frac{(p_a + p_b)(p_a - K p_b)}{k_2 q Q} \ . \tag{9.88}$$

Erweitern wir jetzt noch die rechte Seite von Gl.(9.88) mit k_3^2/q^2, wobei k_3^2 ebenfalls eine frei wählbare reelle positive Konstante ist, dann wird die Gleichartigkeit dieses Formelausdrucks mit demjenigen der linken Seite von Gl.(9.83) offenbar. Wir bekommen

$$\frac{(Y_{12}^a + Y_{12}^b)(Y_{12}^a - K Y_{12}^b)}{Y_{22}^a - K Y_{22}^b} = \frac{\left(-\frac{k_3 p_a}{q} - \frac{k_3 p_b}{q}\right)\left(-\frac{k_3 p_a}{q} + K \frac{k_3 p_b}{q}\right)}{\frac{k_2 k_3^2 Q}{q}} \tag{9.89}$$

und können somit folgende Zuordnung treffen

$$-Y_{12}^a = \frac{k_3 p_a}{q} \ ; \quad -Y_{12}^b = \frac{k_3 p_b}{q} \ . \tag{9.90}$$

Damit ergeben sich also für jede beliebige reelle rationale Funktion $Y(s)$ stets realisierbare RC-Vierpole N^a und N^b. Teilt man nämlich Gl.(9.82) z.B. so auf, daß

$$Y_{11}^a = Y_{11}^b = \frac{1}{2} k_1 \frac{p(s)}{q(s)} \tag{9.91}$$

ist, dann ergeben sich mit Gl.(9.90) Y_{11}^a und $-Y_{12}^a$ sowie Y_{11}^b und $-Y_{12}^b$ als realisierbare Leitwertsparameterpaare. Mit diesen Matrixelementen lassen sich die Vierpole $\hat{N}^a$ und $\hat{N}^b$ berechnen. Der Vierpol $\hat{N}^a$ hat die Elemente Y_{11}^a, Y_{12}^a und das aufgrund der Konstruktion sich ergebende Element $\hat{Y}_{22}^a$. Der Vierpol $\hat{N}^b$ besitzt entsprechend die Elemente Y_{11}^b, Y_{12}^b und $\hat{Y}_{22}^b$. Die zusammengehörenden Matrixelemente müssen die Residuenbedingungen von Gl.(7.8) erfüllen.

Die gesuchten Vierpole N^a und N^b in Abb.9.16 können wir nun aus den konstruierten Vierpolen $\hat{N}^a$ und $\hat{N}^b$ durch Zuschalten von Zusatzleitwertsfunktionen $X^a(s)$ und $X^b(s)$ an den jeweiligen Ausgangsklemmen (siehe Abb.9.17) gewinnen. Für die Matrixelemente der gesuchten Vierpole N^a und N^b gilt nach Gl.(9.89) und Abb.9.17

$$Y_{22}^a - K Y_{22}^b = \frac{k_2 k_3^2 Q}{q} = \hat{Y}_{22}^a + X^a - K(\hat{Y}_{22}^b + X^b) \ . \tag{9.92}$$

9.3 Synthesemethoden unter Verwendung von Negativimpedanzkonvertern

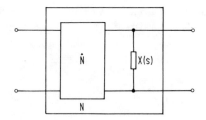

Abb.9.17. Zur Realisierung des gesuchten Vierpols N aus dem zuvor konstruierten Vierpol N̂.

Also

$$X^a - KX^b = \frac{k_2 k_3^2 Q}{q} - \hat{Y}_{22}^a + K\hat{Y}_{22}^b . \qquad (9.93)$$

Gl.(9.93) läßt sich als Fosterreihe darstellen. Ihre Glieder mit positiven Koeffizienten werden X^a und ihre Glieder mit negativen Koeffizienten KX^b zugeordnet. Damit ist die Allgemeinheit des Verfahrens nachgewiesen.

Im allgemeinen ergeben sich bei der soweit beschriebenen Methode Vierpole N^a und N^b mit komplexen Wirkungsnullstellen. Wie in Abschnitt 7.4.2 gezeigt wurde, ist deren Realisierung relativ kompliziert. Wie sich aber sogleich herausstellt, kann man die frei wählbaren Konstanten k_1 und k_2 stets so bestimmen, daß die Vierpole N^a und N^b ihre Wirkungsnullstellen auf der negativ reellen Achse erhalten. Dadurch wird die Vierpolrealisierung erheblich vereinfacht, siehe Abschnitt 7.4.1.

Nach Gl.(9.83) ist

$$\frac{P_1(s) P_2(s)}{q(s) Q(s)} = \frac{k_1 p(s) Q(s) - q(s) P(s)}{q(s) Q(s)} . \qquad (9.94)$$

Da $p(s)$ nach Voraussetzung n Nullstellen auf der negativen σ-Achse hat, können wir durch Wahl eines genügend großen Wertes von k_1 erreichen, daß auch $P_1(s)$ genau n Nullstellen auf der negativen σ-Achse erhält. Durch anschließende Wahl eines genügend großen Wertes von k_2 in Gl.(9.86) und Gl.(9.87) erhalten dann auch $p_a(s)$ und $p_b(s)$ und damit nach Gl.(9.90) Y_{12}^a und Y_{12}^b genau n Nullstellen auf der negativen σ-Achse. Durch die frei wählbare Konstante k_3 kann schließlich noch oft die Vierpolrealisierung erheblich vereinfacht werden.

Das ganze Verfahren sei nun demonstriert am folgenden

Beispiel:

$$Y(s) = \frac{P(s)}{Q(s)} = \frac{1}{s+1} . \qquad (9.95)$$

Diese Funktion, die offenbar keine RC-Zweipolfunktion ist soll mit einem NIK mit K = 1 realisiert werden. Da die Ordnung m = 1 ist, wählen wir gemäß Gl.(9.81) und Gl.(9.82)

$$Y_{11}^a + Y_{11}^b = k_1 \frac{p(s)}{q(s)} = k_1 \frac{s+2}{s+4} \quad . \tag{9.96}$$

Damit ist [vgl. Gl.(9.94)]

$$P_1 P_2 = k_1 pQ - qP = k_1(s+2)(s+1) - (s+4) = k_1 s^2 + s(3k_1 - 1) + 2k_1 - 4.$$

Mit der Wahl von $k_1 = 2$ wird

$$P_1 P_2 = 2s^2 + 5s = s(2s+5) \quad ; \quad P_1 = 2s+5, \quad P_2 = s \quad .$$

$P_1(s)$ erhält also n = 1 Nullstelle auf der negativen σ-Achse.

Nach Gl. (9.86) und Gl. (9.87) ergibt sich nun mit der Wahl von $k_2 = 1$

$$p_a = \left. \frac{k_2(2s+5) + s}{2} \right|_{k_2 = 1} = \frac{3}{2}s + \frac{5}{2} = \frac{3}{2}\left(s + \frac{5}{3}\right)$$

$$p_b = \left. \frac{k_2(2s+5) - s}{2} \right|_{k_2 = 1} = \frac{1}{2}s + \frac{5}{2} = \frac{1}{2}(s+5) \quad .$$

Damit erhalten also nach Gl. (9.90)

$$Y_{12}^a = -\frac{k_3 p_a}{q} = -k_3 \frac{\frac{3}{2}(s + \frac{5}{3})}{s+4} \quad \text{und} \quad Y_{12}^b = -\frac{k_3 p_b}{q} = -k_3 \frac{\frac{1}{2}(s+5)}{s+4}$$

ihre Nullstellen auf der negativen σ-Achse.

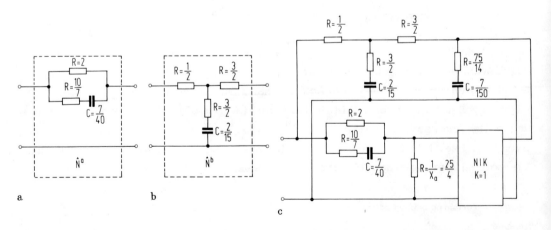

Abb.9.18. Schaltungsrealisierung für das Beispiel von Gl.(9.95) nach dem Verfahren von Abb.9.16. a) konstruierter Vierpol $\hat{N}^a$; b) konstruierter Vierpol $\hat{N}^b$; c) endgültige Schaltung.

9.3 Synthesemethoden unter Verwendung von Negativimpedanzkonvertern

In der weiteren Rechnung wollen wir den Vierpol $\hat{N}^a$ durch die einfache Schaltungsstruktur von Abb.4.10 realisieren und zwar so, daß

$$Y_{11}^a + Y_{12}^a = \hat{Y}_{22}^a + Y_{12}^a = 0$$

wird. Dazu zerlegen wir Gl. (9.96) in

$$Y_{11}^a = 2\,\frac{\tfrac{3}{5}s+1}{s+4} = \hat{Y}_{22}^a \quad \text{und} \quad Y_{11}^b = 2\,\frac{\tfrac{2}{5}s+1}{s+4}$$

und wählen $k_3 = 4/5$. Das ergibt für $\hat{N}^a$ den einfachen Vierpol von Abb. 9.18a.

Als nächstes ist der RC-Vierpol mit

$$Y_{11}^b = \frac{4}{5}\left(\frac{s+\tfrac{5}{2}}{s+4}\right) \quad \text{und} \quad -Y_{12}^b = \frac{2}{5}\left(\frac{s+5}{s+4}\right)$$

zu realisieren. Mit der Methode von Abschnitt 7.4.1 erhalten wir den Vierpol $\hat{N}^b$ in Abb. 9.18b. Dieser besitzt die vorgeschriebenen Funktionen Y_{11}^b und Y_{12}^b. Wäre mit der Methode von Abschnitt 7.4.1 die Funktion Y_{12}^b nur bis auf einen konstanten Faktor realisiert worden, dann hätte man auf eine andere Methode, z. B. auf die Realisierung einer symmetrischen Brücke zurückgreifen müssen. Für den ausgangsseitigen Kurzschlußleitwert errechnet sich aus Abb. 9.18b

$$\hat{Y}_{22}^b = \frac{\tfrac{8}{15}s+2}{s+4}\;.$$

Nun können wir mit Gl. (9.93) die Zusatzleitwerte X^a und X^b berechnen:

$$X^a - KX^b = \frac{k_2 k_3^2 Q}{q} - \hat{Y}_{22}^a + K\hat{Y}_{22}^b = \frac{\tfrac{16}{25}s+\tfrac{16}{25}}{s+4} - \frac{\tfrac{6}{5}s+2}{s+4} + \frac{\tfrac{8}{15}s+2}{s+4} = \cdots = \frac{-2s+48}{75(s+4)} = \frac{4}{25} - \frac{\tfrac{14}{75}s}{s+4},$$

also

$$X^a = \frac{4}{25}\;,\quad X^b = \frac{\tfrac{14}{75}s}{s+4}\;.$$

Die endgültige Schaltung zeigt Abb. 9.18c.

Nach dem geschilderten Verfahren wäre es bei $K = 1$ gleichgültig, ob man die Eingangs- und Ausgangsklemmen des NIK vertauscht oder nicht. Nach Abschnitt 8.2.2 wirken sich aber die Unvollkommenheiten eines NIK so aus, daß entweder der Eingang leerlaufstabil und der Ausgang kurzschlußstabil ist oder umgekehrt. Daher spielt es in der Praxis durchaus eine Rolle, ob der Eingang des NIK mit dem Vierpol N^a und der Ausgang mit dem Vierpol N^b verbunden ist, oder umgekehrt der Eingang des NIK mit dem Vierpol N^b und der Ausgang mit dem Vierpol N^a verbunden ist. Auf diese Frage, die jeweils von Fall zu Fall zu überprüfen ist, kommen wir in Abschnitt 9.3.3 noch gesondert zu sprechen.

9.3.2 Synthese vorgeschriebener Wirkungsfunktionen mit einen einzigen Negativimpedanzkonverter

In diesem Abschnitt werden drei Verfahren zur Synthese vorgeschriebener Wirkungsfunktionen beschrieben. Das erste dient zur Realisierung vorgeschriebener Funktionen U_2/U_1, das zweite zur Realisierung vorgeschriebener Funktionen I_2/I_1 und das dritte zur Realisierung von Funktionen U_2/I_1.

Das erste Verfahren, welches von T. Yanagisawa [47] stammt, geht von der in Abb.9.19a gezeigten allgemeinen Schaltungsstruktur aus. Sie besteht aus einem strom-

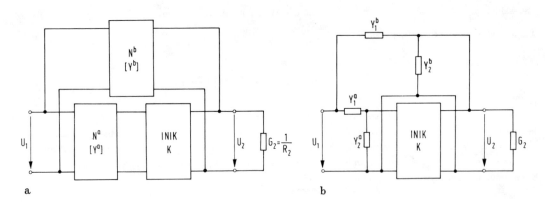

Abb.9.19. Grundschaltung zur Synthese vorgeschriebener Wirkungsfunktionen mit einem Negativimpedanzkonverter. a) unter Verwendung zweier passiver RC-Vierpole N^a und N^b. b) unter Verwendung von vier passiven RC-Zweipolen.

invertierenden Negativimpedanzkonverter (INIK) und zwei passiven RC-Vierpolen N^a und N^b. Die Analyse dieser Schaltung ergibt bei ausgangsseitigem Leerlauf $G_2 = 0$

$$\frac{U_2}{U_1} = \frac{K Y^a_{21} - Y^b_{21}}{Y^b_{22} - K Y^a_{22}} , \qquad (9.97)$$

wobei K der Konversionsfaktor des INIK ist.

Ohne Verlust an Allgemeinheit können die Vierpole N^a und N^b durch die zwei RC-Zweipole Y^a_1, Y^a_2, Y^b_1 und Y^b_2 gemäß Abb.9.19b ersetzt werden. Dadurch erhalten wir statt Gl.(9.97)

$$\frac{U_2}{U_1} = \frac{Y^b_1 - K Y^a_1}{Y^b_1 + Y^b_2 - K Y^a_1 - K Y^a_2} . \qquad (9.98)$$

Ist die zu realisierende Wirkungsfunktion

$$\frac{U_2}{U_1} = \frac{P(s)}{Q(s)} \qquad (9.99)$$

9.3 Synthesemethoden unter Verwendung von Negativimpedanzkonvertern

von der Ordnung m, dann kann man wieder ein beliebiges reelles Polynom q(s) mit einfachen Nullstellen gemäß Gl.(9.9) wählen und folgende Gleichsetzungen vornehmen

$$\frac{P(s)}{q(s)} = Y_1^b - K Y_1^a \qquad (9.100)$$

$$\frac{Q(s)}{q(s)} = Y_1^b + Y_2^b - K Y_1^a - K Y_2^a \quad \text{bzw.} \quad \frac{Q(s) - P(s)}{q(s)} = Y_2^b - K Y_2^a \; . \qquad (9.101)$$

P/q bzw. (Q-P)/q kann jetzt wieder in eine Fosterreihe entwickelt werden, deren positive Glieder Y_1^a bzw. Y_2^a und deren negative Glieder $-KY_1^b$ bzw. $-KY_2^b$ zugeordnet werden. Ein ausgangsseitiger Beschaltungsleitwert G_2 kann stets berücksichtigt werden, indem man Gl.(9.101) folgendermaßen erweitert

$$\frac{Q - P}{q} = Y_2^b + G_2 - K \underbrace{\left(Y_2^a + \frac{G_2}{K} \right)}_{\hat{Y}_2^a} , \qquad (9.102)$$

also Y_2^a durch $\hat{Y}_2^a = Y_2^a + G_2/K$ ersetzt. Hat P(s) oder P(s) - Q(s) Nullstellen auf der negativen σ-Achse, dann ist es zweckmäßig, diese Nullstellen auch für q(s) zu wählen, weil sich dann einfachere Zweipole ergeben.

Wir wollen das Verfahren am folgenden einfachen Beispiel verdeutlichen

$$\frac{U_2}{U_1} = \frac{s}{s^2 + s + 1} = \frac{P(s)}{Q(s)} \; . \qquad (9.103)$$

Der Konversionsfaktor sei K = 1. Da in Gl. (9.103) m = 2 ist, wählen wir q(s) = s + 1.
Das ergibt

$$\frac{P(s)}{q(s)} = \frac{s}{s+1} \quad \text{also} \quad Y_1^b = \frac{s}{s+1} \; ; \quad Y_1^a = 0 \; ;$$

$$\frac{Q(s) - P(s)}{q(s)} = \frac{s^2 + 1}{s + 1} = s + 1 - \frac{2s}{s+1} \quad \text{also} \quad Y_2^b = s + 1 \; , \quad Y_2^a = \frac{2s}{s+1} \; .$$

Die zugehörige Schaltung zeigt Abb. 9.20.

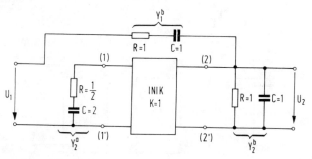

Abb.9.20. Schaltungsrealisierung für das Beispiel von Gl.(9.103) nach der Methode von Abb.9.19b.

350   9. Synthese aktiver RC-Zwei- und Vierpole

Eine Erweiterung dieser Methode für den Fall, daß die Eingangsspannung U_1 von einer Quelle mit dem endlichen Innenwiderstand R_1 geliefert wird, ist von M. Teramoto [48] angegeben worden.

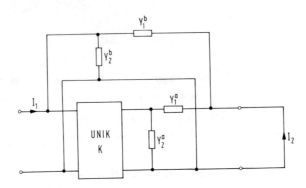

Abb.9.21. Grundschaltung zur Synthese vorgeschriebener Funktionen I_2/I_1.

Die zweite Methode zur Realisierung von I_2/I_1 ist der obigen ersten Methode sehr ähnlich. Ausgangspunkt ist jetzt die Schaltungsstruktur von Abb.9.21. Für diese liefert die Analyse bei kurzgeschlossenem Ausgang

$$-\frac{I_2}{I_1} = \frac{Y_1^b - K Y_1^a}{Y_1^b + Y_2^b - K Y_1^a - K Y_2^a} \ . \qquad (9.104)$$

Da die rechte Seite von Gl.(9.104) identisch ist mit derjenigen von Gl.(9.98) gilt Entsprechendes auch für die gesamte weitere Rechnung.

Die dritte von J. Linvill [49] stammende Methode zur Verwirklichung vorgeschriebener Wirkungsfunktionen U_2/I_1 benutzt die Schaltungsstruktur von Abb.9.22. Als NIK kann entweder ein UNIK oder ein INIK verwendet werden. Wir wollen uns hier auf den Fall des UNIK beschränken. Hierfür liefert die Analyse

$$\frac{U_2}{I_1} = \frac{K Z_{12}^a Z_{12}^b}{K Z_{22}^a - Z_{11}^b} \ . \qquad (9.105)$$

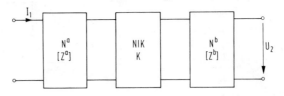

Abb.9.22. Grundschaltung zur Synthese vorgeschriebener Funktionen U_2/I_1.

9.3 Synthesemethoden unter Verwendung von Negativimpedanzkonvertern

Hat die zu realisierende Funktion

$$\frac{U_2}{I_1} = \frac{P(s)}{Q(s)} \qquad (9.106)$$

die Ordnung m, dann hat man diesmal ein beliebiges reelles Polynom $q(s)$ mit einfachen Nullstellen entsprechend Gl.(9.3) zu wählen. Danach bildet man die Partialbruchentwicklung von

$$\frac{Q(s)}{q(s)} = \sum_j \frac{k_j}{s+\sigma_j} = \sum_\pi \frac{k_\pi^+}{s+\sigma_\pi} + X(s) + \sum_\nu \frac{k_\nu^-}{s+\sigma_\nu} - X(s) \ . \qquad (9.107)$$

k_π^+ sind die positiven, k_ν^- die negativen Residuen. Entsprechend Gl.(9.105) setzt man

$$K Z_{22}^a = \sum_\pi \frac{k_\pi^+}{s+\sigma_\pi} + X(s) \ , \qquad (9.108)$$

$$-Z_{11}^b = \sum_\nu \frac{k_\nu^-}{s+\sigma_\nu} - X(s) \ . \qquad (9.109)$$

$X(s)$ ist eine beliebige passive RC-Impedanzfunktion.

Nun läßt sich stets $P(s)/q(s)$ als Produkt

$$\frac{P(s)}{q(s)} = K \frac{P_1(s)}{q_1(s)} \cdot \frac{P_2(s)}{q_2(s)} = K Z_{12}^a Z_{12}^b \qquad (9.110)$$

so zerlegen, daß die Faktoren

$$Z_{12}^a = \frac{P_1(s)}{q_1(s)} \quad \text{und} \quad Z_{12}^b = \frac{P_2(s)}{q_2(s)} \qquad (9.111)$$

keine Pole bei $s = \infty$ haben, Z_{12}^a keine anderen Pole als Z_{22}^a besitzt und Z_{12}^b keine anderen Pole als Z_{11}^b hat. Das bedeutet nach Satz 7.1, daß sich für beliebige reelle rationale Funktionen U_2/I_1 stets realisierbare Vierpole N^a und N^b finden lassen.

Als Beispiel nehmen wir

$$\frac{U_2}{I_1} = \frac{P(s)}{Q(s)} = \frac{s}{s^2+s+1} \quad \text{und} \quad K = 1 \ . \qquad (9.112)$$

Da m = 2 ist, wählen wir gemäß Gl.(9.3)

$$q(s) = (s+1)(s+2)$$

und berechnen die Partialbruchentwicklung

$$\frac{Q(s)}{q(s)} = \frac{s^2+s+1}{(s+1)(s+2)} = 1 + \frac{1}{s+1} + X(s) - \frac{3}{s+2} - X(s) \ .$$

Nach Gl.(9.108) und Gl.(9.109) ergibt sich mit $K = 1$

$$Z_{22}^a = 1 + \frac{1}{s+1} + X(s) \ ; \quad Z_{11}^b = \frac{3}{s+2} + X(s) \ .$$

Nun zerlegen wir noch

$$\frac{P(s)}{q(s)} = \frac{s}{(s+1)(s+2)} = \frac{s}{s+1} \cdot \frac{1}{s+2} = Z_{12}^a \cdot Z_{12}^b$$

in

$$Z_{12}^a = \frac{s}{s+1} = 1 - \frac{1}{s+1} \quad \text{und} \quad Z_{12}^b = \frac{1}{s+2} \ .$$

In diesem Beispiel ergeben sich bereits für $X(s) = 0$ die Funktionen Z_{22}^a, Z_{12}^a und Z_{11}^b, Z_{12}^b als realisierbare Paare, vgl. Satz 7.1. Beide Vierpole lassen sich mit der Methode von Abschnitt 7.4.1 realisieren.

Auch bei den in diesem Abschnitt beschriebenen Synthesemethoden ist es im allgemeinen nicht gleichgültig, wie herum ein NIK mit $K = 1$ gepolt wird. Wir wollen diese Frage im folgenden Abschnitt näher untersuchen.

9.3.3 Stabilitätsbetrachtungen bei Schaltungen mit Negativimpedanzkonvertern

Nach Satz 8.1 ist jeder Vierpol, der bei $s = 0$ einen NIK darstellt, an einem Klemmenpaar kurzschlußinstabil und am anderen Klemmenpaar leerlaufinstabil. Für den eingangsseitig kurzschlußinstabilen und ausgangsseitig leerlaufinstabilen NIK gilt nach Gl.(8.35)

$$K(s) = \frac{\tilde{A}(s)}{B(s)} \tag{9.113}$$

$\tilde{A}(s)$ und $B(s)$ sind Polynome gleichen Grades, $B(s)$ ist Hurwitzpolynom, $\tilde{A}(s)$ ist nicht Hurwitzpolynom. Im einfachsten Fall ist

$$K(s) = \frac{A_0 - a_1 s}{1 + b_1 s} \ ; \quad A_0, a_1, b_1 > 0 \ . \tag{9.114}$$

Für den eingangsseitig leerlaufinstabilen und ausgangsseitig kurzschlußinstabilen NIK gelten die reziproken Beziehungen

$$K(s) = \frac{B(s)}{\tilde{A}(s)} \tag{9.115}$$

9.3 Synthesemethoden unter Verwendung von Negativimpedanzkonvertern

bzw.

$$K(s) = \frac{1 + b_1 s}{A_0 - a_1 s}; \qquad A_0, a_1, b_1 > 0. \tag{9.116}$$

Welcher der beiden NIK-Typen zu verwenden ist, bzw. wie herum bei $K(0) = 1$ der NIK zu schalten ist, muß in den vorangegangenen Abschnitten 9.3.1 und 9.3.2 von Fall zu Fall untersucht werden.

Wir wollen nun diese Frage am Beispiel von Gl.(9.103) für das Verfahren von Yanagisawa erläutern. Setzt man die hierfür gewonnenen Ergebnisse in die Ursprungsgleichung Gl.(9.98) ein, dann erhält man

$$\frac{U_2}{U_1} = \frac{Y_1^b - K Y_1^a}{Y_1^b + Y_2^b - K(Y_1^a + Y_2^a)} = \frac{s}{s^2 + 3s + 1 - K\,2s}. \tag{9.117}$$

Damit die Schaltung stabil ist, muß das Nennerpolynom von Gl.(9.117) ein Hurwitzpolynom sein.

Setzt man nun $K = K(s)$ gemäß Gl.(9.114) ein, dann ergibt sich mit $K(0) = A_0 = 1$

$$\frac{U_2}{U_1} = \frac{s(1 + b_1 s)}{(s^2 + 3s + 1)(1 + b_1 s) - 2s(1 - a_1 s)} = \tag{9.118}$$

$$= \frac{s(1 + b_1 s)}{s^2 + s + 1 + s^3 b_1 + s^2 (3b_1 + 2a_1) + s b_1} \Bigg|_{\substack{a_1 \to 0 \\ b_1 \to 0}} = \frac{s}{s^2 + s + 1}.$$

Alle Koeffizienten des Nennerpolynoms von Gl.(9.118) sind positiv. Sind die Koeffizienten a_1 und b_1 klein, dann ist das Nennerpolynom mit Sicherheit ein Hurwitzpolynom, wenn die zu realisierende Wirkungsfunktion im Nenner ein Hurwitzpolynom hat.

Setzt man hingegen $K = K(s)$ gemäß Gl.(9.116) ein, dann ergibt sich mit $K(0) = 1/A_0 = 1$

$$\frac{U_2}{U_1} = \frac{s(1 - a_1 s)}{(s^2 + 3s + 1)(1 - a_1 s) - 2s(1 + b_1 s)} = \tag{9.119}$$

$$= \frac{s(1 - a_1 s)}{s^2 + s + 1 - s^3 a_1 - s^2 (3a_1 + 2b_1) - s a_1}.$$

In Gl.(9.119) ist das Nennerpolynom kein Hurwitzpolynom, da der Koeffizient vor s^3 negativ ist, während das absolute Glied (die Eins) positiv ist. In Abb.9.20 muß der NIK also so geschaltet werden, daß am Klemmenpaar (1) - (1') der kurzschlußstabile Eingang des NIK liegt.

Die richtige Polung des NIK bei den anderen Syntheseverfahren läßt sich mit denselben Überlegungen bestimmen.

9.4 Kurzer Überblick über weitere Verfahren zur Synthese aktiver RC-Netzwerke

Neben den oben beschriebenen allgemeinen Verfahren existieren noch zahlreiche andere, deren Anwendungen auf Wirkungsfunktionen geringerer Ordnung beschränkt sind [38, 41]. Wirkungsfunktionen höherer Ordnung müssen dann durch Kettenschaltungen einfacherer Vierpole realisiert werden. Als vielzitiertes Verfahren sei in diesem Zusammenhang speziell das von A.P. Sallen und E.L. Key [62] genannt. Bemerkenswerte Ergebnisse wurden auch von N. Fliege [63] erzielt, bei dessen Methode die Unvollkommenheiten praktischer Verstärker mit in den Entwurf einbezogen werden.

Schließlich sei noch erwähnt, daß neben der gesteuerten Quelle, dem Operationsverstärker und dem Negativimpedanzkonverter auch der mit aktiven Elementen gebildete Gyrator als Baustein zur Synthese aktiver RC-Netzwerke benutzt wird [38, 41].

10. Empfindlichkeitsprobleme

Von den in den vorausgegangenen Kapiteln beschriebenen Synthesemethoden haben verschiedene lediglich theoretische Bedeutung. Sie dienen als Beweis für eine scharfe Grenzziehung zwischen dem, was mit welchen Elementen jeweils möglich ist und was damit prinzipiell unmöglich ist. Bei der Verwirklichung des theoretisch Möglichen kann man zwischen den vom Ingenieurstandpunkt aus besseren und schlechteren Methoden unterscheiden. Kriterien für besser und schlechter sind Höhe des Aufwands (Preis) und Empfindlichkeit (Zuverlässigkeit).

Aus Aufwandsgründen sind z.B. alle diejenigen Methoden ungünstig, die eine Vielzahl von idealen Übertragern benötigen. Methoden, die mit weniger idealen Übertragern auskommen, ohne daß sich die Anzahl der übrigen Bauelemente wesentlich erhöht, sind günstiger. Dasselbe gilt für die Anzahl der Induktivitäten.

Unter Empfindlichkeit versteht man die Änderung der zu verwirklichenden Netzwerkfunktion oder eines Teils derselben in Abhängigkeit von der Änderung der Größe der Schaltelemente. Die Situation ist im allgemeinen um so ungünstiger, je mehr Schaltelemente einzelne Teile einer Netzwerkfunktion beeinflussen. In diesem Sinne günstig verhalten sich z.B. die Abzweigschaltungen nach Abb.4.8 bzw. Abb.5.15. Wie wir nämlich in Abschnitt 5.4.1 gesehen haben, kann man damit eine Wirkungsnullstelle durch einen einzigen Zweipol in einem Querzweig oder Längszweig vollständig festlegen. Die übrigen Elemente haben dann keinen Einfluß mehr auf diese Wirkungsnullstelle. Ungünstiger ist es, wenn jede Wirkungsnullstelle von allen Schaltelementen beeinflußt wird. Das ist z.B. bei Brückenschaltungen der Fall.

10.1 Empfindlichkeitsdefinitionen und -berechnungen

Zur quantitativen Angabe und Berechnung der Empfindlichkeit geht man von folgender Definition aus:

Für die Empfindlichkeit S_x^N der Netzwerkfunktion N auf die Änderung des Parameters (Schaltelements) x:

$$S_x^N = \frac{\frac{dN}{N}}{\frac{dx}{x}} = \frac{x}{N}\frac{dN}{dx} = \frac{d(\ln N)}{d(\ln x)} \ . \tag{10.1}$$

Den Ausdruck S_x^N bezeichnet man auch als **klassische Empfindlichkeit**. Für die Empfindlichkeit $S_x^{s_k}$ der Pol- oder Nullstellenlage s_k auf die Änderung des des Parameters x:

$$S_x^{s_k} = \frac{ds_k}{\frac{dx}{x}} = x\frac{ds_k}{dx} = \frac{ds_k}{d(\ln x)} \ . \tag{10.2}$$

Den Ausdruck $S_x^{s_k}$ bezeichnet man auch als **Pol-Nullstellenempfindlichkeit**.

Bevor einige allgemeine Zusammenhänge hergeleitet werden, seien die Begriffe S_x^N und $S_x^{s_k}$ am Beispiel von Abb. 10.1 erläutert. Die interessierende Netzwerkfunktion N(s,x) sei Z(s) und der sich ändernde Parameter x sei R. Zunächst errechnet sich für L = C = 1

$$Z(s) = \frac{s^2 LCR + sL}{s^2 LC + sCR + 1} = \frac{s^2 R + s}{s^2 + sR + 1} \ . \tag{10.3}$$

Nach Gl. (10.1) ergibt sich

$$S_R^Z = \frac{R}{Z}\frac{dZ}{dR} = R\ \frac{(s^2+sR+1)}{s^2R+s} \cdot \frac{(s^2+sR+1)\cdot s^2 - (s^2R+s)\, s}{(s^2+sR+1)^2} =$$

$$= \ldots = sR\left\{\frac{1}{sR+1} - \frac{1}{s^2+sR+1}\right\} \ . \tag{10.4}$$

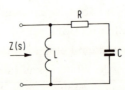

Abb. 10.1. Beispiel zur Berechnung der Empfindlichkeiten S_R^Z und $S_R^{s_k}$.

Für R = 2,5 und s = j folgt:

$$S_R^Z (s=j;\ R=2{,}5) = \ldots = -\frac{4}{29} + j\frac{10}{29} \ .$$

Für R = 2,5 und an der Stelle s = j reagiert also der Imaginärteil von Z(s) zweieinhalbmal empfindlicher als der Realteil bei Änderungen von R.

10.1 Empfindlichkeitsdefinitionen und Berechnung

Für R = 2,5 und s = -2 folgt aus Gl. (10.4)

$$S_R^Z (s = -2, R = 2,5) = \ldots = \infty .$$

Eine unendlich hohe Empfindlichkeit deutet darauf hin, daß Z(s) an der betreffenden Stelle von s einen Pol haben muß. Nur dann bewirken nämlich kleine Änderungen von R eine unendlich große Änderung von Z. Nun kommen wir zur Pol-Nullstellenempfindlichkeit $S_R^{s_k}$. Die Pole von Z(s) in Gl. (10.3) berechnen sich für L = C = 1 zu

$$s_{1,2} = -\frac{R}{2} \pm \sqrt{\frac{R^2}{4} - 1} . \qquad (10.5)$$

Nach Gl. (10.2) folgt

$$S_R^{s_{1,2}} = \frac{d s_{1,2}}{\frac{dR}{R}} = R \left\{ -\frac{1}{2} \pm \frac{1}{2} \left(\frac{R^2}{4} - 1 \right)^{-\frac{1}{2}} \cdot \frac{R}{2} \right\} . \qquad (10.6)$$

Für R = 2,5 folgt für den Pol s_1

$$S_R^{s_1} = 2,5 \left\{ -\frac{1}{2} - \frac{\frac{2,5}{2}}{2\sqrt{\frac{6,25 - 4}{4}}} \right\} = \ldots = -\frac{10}{3} ,$$

und für den Pol s_2

$$S_R^{s_2} = 2,5 \left\{ -\frac{1}{2} + \frac{\frac{2,5}{2}}{2\sqrt{\frac{6,25 - 4}{4}}} \right\} = \ldots = +\frac{5}{6} .$$

Bei gleicher (differentieller) Änderung von R ist also der Betrag der Pollagenänderung von s_1 viermal so groß wie der von s_2. Die Pollage von s_1 ist also viermal empfindlicher.

Für R = 2 bekommt man nach Gl. (10.5) einen doppelten Pol bei s = -1. Die Empfindlichkeit ist in diesem Fall nach Gl. (10.6) unendlich groß. Dieses Ergebnis ist so zu interpretieren, daß bei einer differentiellen Änderung von R die Lage des doppelten Pols sich nicht um einen differentiellen Betrag verschiebt, sondern daß der doppelte Pol total verschwindet. Wie an Gl. (10.5) leicht zu sehen ist, entstehen aus dem doppelten Pol zwei einfache Pole, die unterschiedlich weit von der Lage des ursprünglich vorhandenen doppelten Pols entfernt sind. Man kann also bei mehrfachen Polen oder mehrfachen Nullstellen nicht mehr von einer eindeutigen differentiellen Pol- oder Nullstellenverschiebung ds_k, wie sie in Gl. (10.2) auftritt, sprechen.

Nach diesem Beispiel seien nun einige allgemeine Zusammenhänge besprochen. Für den Fall, daß die Netzwerkfunktion eine gebrochen rationale Funktion

$$N(s,x) = \frac{P(s,x)}{Q(s,x)} \qquad (10.7)$$

ist, berechnet sich die klassische Empfindlichkeit nach Gl. (10.1) zu

$$S_x^N = \frac{x}{P/Q} \cdot \frac{d(P/Q)}{dx} = \frac{xQ}{P} \cdot \frac{Q\,dP/dx - P\,dQ/dx}{Q^2}$$

$$= \frac{x}{P}\frac{dP}{dx} - \frac{x}{Q}\frac{dQ}{dx} = S_x^P - S_x^Q \; . \tag{10.8}$$

Die klassische Empfindlichkeit der gebrochen rationalen Funktion P/Q ist also gleich der Differenz der klassischen Empfindlichkeiten von Zähler P und Nenner Q.

Der tiefere Grund für dieses Ergebnis liegt in der logarithmischen Abhängigkeit der Empfindlichkeitsdefinition von Gl.(10.1), nach welcher man auch gleich hätte schreiben können

$$S_x^N = \frac{d(\ln P/Q)}{d(\ln x)} = \frac{d(\ln P)}{d(\ln x)} - \frac{d(\ln Q)}{d(\ln x)} = S_x^P - S_x^Q \; . \tag{10.9}$$

Als nächstes wollen wir den Zusammenhang zwischen klassischer Empfindlichkeit und Pol-Nullstellenempfindlichkeit bei einer gebrochen rationalen Netzwerkfunktion herleiten. Letztere kann man nach dem Fundamentalsatz der Algebra folgendermaßen schreiben

$$N(s,x) = A \frac{\prod_{i=1}^{n}(s - s_{oi})}{\prod_{j=1}^{m}(s - s_{xj})} \; . \tag{10.10}$$

Darin ist A ein konstanter reeller Faktor. s_{oi} sind die Nullstellen und s_{xj} die Pole. Wir wollen annehmen, (vgl. obiges Beispiel) daß alle Pole und Nullstellen einfach sind. Durch Logarithmieren von Gl.(10.10) erhalten wir

$$\ln N(s,x) = \ln A + \sum_{i=1}^{n}\ln(s - s_{oi}) - \sum_{j=1}^{m}\ln(s - s_{xj}), \tag{10.11}$$

und daraus mit Gl.(10.1) und Gl.(10.2)

$$S_x^{N(s)} = \frac{d(\ln N)}{d(\ln x)} = \frac{d(\ln A)}{d(\ln x)} + \sum_{i=1}^{n}\frac{1}{s-s_{oi}}\frac{-ds_{oi}}{d(\ln x)} - \sum_{j=1}^{m}\frac{1}{s-s_{xj}}\frac{-ds_{xj}}{d(\ln x)}$$

$$= S_x^A - \sum_{i=1}^{n}\frac{S_x^{s_{oi}}}{s-s_{oi}} + \sum_{j=1}^{m}\frac{S_x^{s_{xj}}}{s-s_{xj}} \; . \tag{10.12}$$

Gl.(10.12) sagt aus, daß die Pol-Nullstellenempfindlichkeiten am stärksten in der unmittelbaren Nähe des betreffenden Pols oder der betreffenden Nullstelle zur klassischen Empfindlichkeit der gesamten Netzwerkfunktion beitragen.

10.2 Empfindlichkeitsminimisierung durch Horowitzzerlegung

Bei einer Vielzahl von Anwendungen tritt folgendes Problem auf: Gegeben ist ein Polynom $Q(s)$ vom Grad n mit reellen Koeffizienten c_i

$$Q(s) = c_0 + c_1 s + c_2 s^2 + \ldots + c_n s^n. \qquad (10.13)$$

Gesucht ist ein Polynom $q(s)$ derart, daß in dem Ausdruck

$$\frac{Q(s)}{q(s)} = \frac{A(s) - KB(s)}{q(s)} = Z_a(s) - KZ_b(s) \qquad (10.14)$$

die Summanden

$$Z_a(s) = \frac{A(s)}{q(s)} \quad \text{und} \quad Z_b(s) = \frac{B(s)}{q(s)} \qquad (10.15)$$

passive RC-Zweipolfunktionen gemäß Satz 2.3 sind, während K eine beliebig vorgebbare reelle positive Konstante ist.

Dieses Problem, welches z.B. beim Syntheseverfahren von J. Linvill [vgl. Abschnitt 9.3.2, Gl.(9.105)] auftritt, hat bekanntlich unendliche viele Lösungen. Wie sich aber weiter unten zeigen wird, ergibt sich eine einzige Lösung für $q(s)$ dann, wenn man noch zusätzlich fordert, daß die Empfindlichkeiten [vgl. Gl.(10.1)]

$$S_K^{c_i} = \frac{K}{c_i} \frac{dc_i}{dK} \qquad (10.16)$$

aller Koeffizienten c_i bezüglich Änderungen des Faktors K minimal sein sollen [52]. Die Zählerpolynome $A(s)$ und $B(s)$ in Gl.(10.15)

$$A(s) = a_0 + a_1 s + a_2 s^2 + \ldots + a_n s^n = a_n \prod_{i=1}^{n} (s + \alpha_i) \qquad (10.17)$$

$$B(s) = b_0 + b_1 s + b_2 s^2 + \ldots + b_n s^n = b_n \prod_{j=1}^{n} (s + \beta_j) \qquad (10.18)$$

müssen nach Satz 2.3 alle Nullstellen α_i und β_j auf der negativen σ-Achse haben. Das bedeutet für die Polynomkoeffizienten

$$a_\nu \geq 0, \quad b_\mu \geq 0, \quad \nu, \mu = 0, 1, \ldots, n. \qquad (10.19)$$

Sofern $Q(s)$ keine Nullstellen auf der negativen σ-Achse hat, ergibt sich für $Q(\sigma)$ und $-KB(\sigma)$ das in Abb.10.2 dargestellte qualitative Bild. Die Nullstellen α_i von $A(s)$ müssen dort sein, wo

$$Q(\sigma) = -KB(\sigma) \tag{10.20}$$

ist. Es gilt also ferner

$$\beta_1 < \alpha_1 \leq \alpha_2 < \beta_2 \leq \beta_3 < \alpha_3 \leq \ldots < \beta_n . \tag{10.21}$$

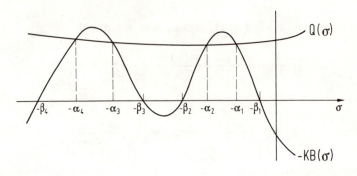

Abb.10.2. Zur Erläuterung der Bedingung von Gl.(10.21) (n = 4).

Schreibt man

$$Q(s) = A(s) - KB(s) = \sum_{i=0}^{n} \underbrace{(a_i - Kb_i)}_{c_i} s^i = \sum_{i=0}^{n} c_i s^i , \tag{10.22}$$

dann ergibt sich mit Gl.(10.16)

$$S_K^{c_i} = \frac{K}{c_i} \frac{dc_i}{dK} = -\frac{K}{c_i} b_i . \tag{10.23}$$

Die Minimisierung aller $S_K^{c_i}$ bedeutet also die Minimisierung aller Koeffizienten b_i. Mit der Minimisierung aller b_i werden auch alle a_i minimisiert, denn die Differenz $a_i - Kb_i$ muß ja gleich dem vorgegebenen Sollwert von c_i sein. (Der Istwert von c_i wird in dem Maße vom Sollwert von c_i abweichen, wie der Faktor K von seinem Sollwert abweicht.)

Im folgenden soll nun die Minimisierung aller a_i und b_i vorgenommen werden unter Berücksichtigung von Gl.(10.21) und Gl.(10.19). Wir beginnen mit dem

<u>Fall I</u>,

daß der Grad von Q(s) geradzahlig ist, und Q(s) keine Nullstelle auf der negativen σ-Achse besitzt.

Zunächst nehmen wir an, daß a_i und b_i nicht minimal sind. Dann können wir von jedem a_i und Kb_i einen positiven Wert δ_i abziehen und schreiben

10.2 Empfindlichkeitsminimisierung durch Horowitzzerlegung

$$c_i = (a_i - \delta_i) - (Kb_i - \delta_i) . \qquad (10.24)$$

Dies bedeutet aber nichts anderes, als daß wir ein Polynom $\delta(s)$ mit positiven Koeffizienten

$$\delta(s) = \delta_0 + \delta_1 s + \ldots + \delta_m s^m, \quad m \leq n, \quad \delta_i \geq 0 \qquad (10.25)$$

sowohl von $A(s)$ als auch von $KB(s)$ abziehen, vgl. Gl.(10.22).

$$Q(s) = \{A(s) - \delta(s)\} - \{KB(s) - \delta(s)\} . \qquad (10.26)$$

Damit bei dieser Vorgehensweise die Bedingung von Gl.(10.21) nicht verletzt wird, legen wir die Nullstellen γ_i des Polynoms $\delta(s)$ wie folgt fest: $\gamma_2 = \alpha_1$, $\gamma_3 = \beta_2$, $\gamma_4 = \alpha_3$, ... usw. vgl. Abb.10.3. Die erste Nullstelle γ_1 kann irgendwo im Bereich $-\beta_1 < -\gamma_1 < 0$ liegen. Durch die Subtraktion gemäß Gl.(10.26) bleiben die Nullstellen α_1, α_3, ..., α_{n-1}, sowie β_2, β_4, ..., β_{n-2} unverändert. Die übrigen Nullstellen ändern ihre Lage so, daß die Bedingung von Gl.(10.21) nicht verletzt wird. So rückt

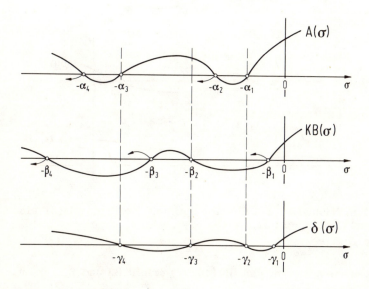

Abb.10.3. Zum Nachweis, daß für eine optimale Zerlegung Gl.(10.27) notwendigerweise gelten muß (Beispiel mit n = 4).

z.B. die Nullstelle β_1 nach links, aber es bleibt stets $\beta_1 < \alpha_1$. Ähnliches passiert mit den übrigen Nullstellen. Eine Verkleinerung der Koeffizienten a_i und Kb_i ist so lange möglich, bis die Nullstelle β_n (in Abb.10.3 ist das die Nullstelle β_4) nach $\sigma = -\infty$ gewandert ist. Da $B(s)$ ein Polynom vom Grad n ist, bedeutet das Wandern der Nullstelle β_n von $B(s)$ nach $s = \infty$ eine Reduktion auf den Grad n-1. Die mit dem Vorgehen von Abb.10.3 erzielbare maximale Verbesserung ist also dann erreicht, wenn

$$\text{Grad}\{KB(s)\} = \text{Grad}\{A(s)\} - 1 \ . \qquad (10.27)$$

Da $Q(\sigma)$ voraussetzungsgemäß keine Nullstelle auf der negativen σ-Achse hat, kann es nicht passieren, daß α_n vor β_n an die Stelle $\sigma = -\infty$ gelangt.

Im nächsten Schritt gehen wir davon aus, daß Gl.(10.27) erfüllt ist. Wir nehmen weiter an, daß $-\beta_i < 0$ ist. Wählen wir jetzt die Nullstellen des Polynoms $\delta(s)$ zu $\gamma_1 = \alpha_2$, $\gamma_2 = \beta_3$, ..., $\gamma_{n-2} = \beta_{n-1}$, dann bleiben die Nullstellen α_2, β_3, ... unverändert, während die übrigen verschoben werden, ohne daß die Bedingung von Gl. (10.21) verletzt wird. Wie man anhand von Abb.10.4 sieht, ist nun eine Verbesserung so lange möglich, bis $-\beta_1 = 0$ ist.

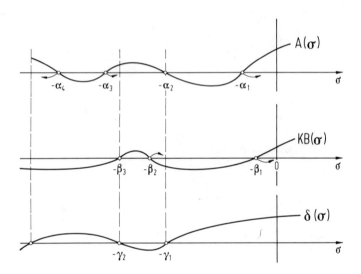

Abb.10.4. Zum Nachweis, daß für eine optimale Zerlegung $B(s)$ eine Nullstelle bei $s = 0$ haben muß (Beispiel mit $n = 4$).

Als nächstes nehmen wir an, daß Gl.(10.27) erfüllt ist und $\beta_1 = 0$ ist. $A(s)$ möge aber nicht ausschließlich doppelte Nullstellen haben. Dieser Fall ist in Abb.10.5 dargestellt. Wir sehen, daß sich auch in diesem Fall noch eine geeignete Funktion $\delta(s)$ sowohl von $A(s)$ als auch von $KB(s)$ abziehen läßt, ohne daß die Bedingung von Gl. (10.21) verletzt wird.

Offenbar kann erst dann keine weitere Verbesserung mehr erzielt werden, wenn

$A(s)$ nur doppelte Nullstellen auf der negativen σ-Achse hat

$B(s)$ einen um Eins geringeren Grad hat als $A(s)$, ferner eine Nullstelle im Ursprung und ansonsten nur doppelte Nullstellen auf der negativen σ-Achse hat.

10.2 Empfindlichkeitsminimisierung durch Horowitzzerlegung

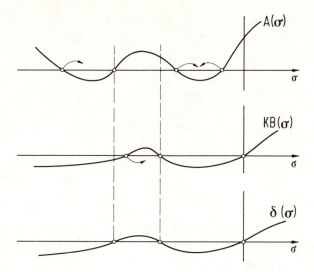

Abb. 10.5. Zur Erläuterung, daß eine Zerlegung verbesserungsfähig ist, wenn $A(s)$ und $B(s)$ einfache Nullstellen auf der negativen σ-Achse besitzen (Beispiel mit $n = 4$).

Dieser nicht weiter verbesserbare Fall ist in Abb. 10.6 dargestellt. An den Nullstellen von $A(\sigma)$ darf kein negativer Wert abgezogen werden und an den Nullstellen von $B(\sigma)$ darf kein positiver Wert abgezogen werden, weil anderenfalls $A(\sigma)$ bzw. $B(\sigma)$ komplexe Nullstellen erhielten. An der σ-Achse c) von Abb. 10.6 ist eingetragen, welche Werte ein $\delta(\sigma)$ an den betreffenden Stellen haben müßte für eine noch weitere Verklei-

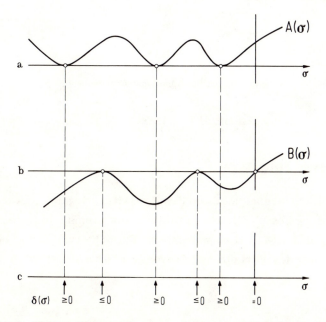

Abb. 10.6. Typische Nullstellenanordnung im optimalen Fall (Beispiel mit $n = 6$).

nerung der Koeffizienten a_i und b_i. Da der Grad von $\delta(s)$ aber höchstens $n-1$ (in Abb. 10.6 ist $n-1 = 5$) sein darf, ist diese Forderung nicht erfüllbar. Das heißt, daß Abb. 10.6 den optimalen Zustand darstellt.

Das Verfahren sei nun durchgeführt am folgenden Beispiel:

$$Q(s) = s^4 + 7s^3 + 18s^2 + 20s + 9 \,. \tag{10.28}$$

Die Zerlegung gemäß Gl. (10.22) läßt sich mit dem Ergebnis von Abb. 10.6 wie folgt ansetzen

$$Q(s) = A(s) - KB(s) = (s+\alpha_1)^2 (s+\alpha_2)^2 - Ks(s+\beta_1)^2 \,. \tag{10.29}$$

Multipliziert man die rechte Seite von Gl. (10.29) aus und macht anschließend einen Koeffizientenvergleich mit der gegebenen Funktion von Gl. (10.28), dann erhält man ein nichtlineares Gleichungssystem zur Bestimmung von α_1, α_2, β_1 und K. Als positive Lösungen erhält man

$$\alpha_1 = 3 \,, \quad \alpha_2 = 1 \,, \quad \beta_1 = 2 \,, \quad K = 1 \,,$$

also

$$Q(s) = (s+3)^2 (s+1)^2 - s(s+2)^2 \,. \tag{10.30}$$

Wählt man nun

$$q(s) = s(s+1)(s+2)(s+3) \,, \tag{10.31}$$

dann bekommt man die Zerlegung in die zwei RC-Impedanzfunktionen

$$\frac{Q(s)}{q(s)} = \frac{(s+3)(s+1)}{s(s+2)} - \frac{s+2}{(s+1)(s+3)} = Z_a(s) - KZ_b(s) \,. \tag{10.32}$$

Wählt man hingegen

$$\tilde{q}(s) = (s+1)(s+2)(s+3) \,,$$

dann bekommt man die Zerlegung in die zwei RC-Admittanzfunktionen

$$\frac{Q(s)}{\tilde{q}(s)} = \frac{(s+3)(s+1)}{s+2} - \frac{s(s+2)}{(s+1)(s+3)} = Y_a(s) - KY_b(s) \,. \tag{10.33}$$

Die Zerlegung ist in beiden Fällen optimal.

Bei der soweit beschriebenen Methode der Horowitzzerlegung liegt die größte Schwierigkeit in der Lösung des nichtlinearen Gleichungssystems zur Berechnung der Nullstellen von $A(s)$ und $B(s)$. Eine wesentliche Erleichterung bringt hier die nun folgende Weiterführung des Verfahrens, die von Calahan [53] stammt.

Wir setzen

$$A(s) = A_1^2(s) \,; \quad B(s) = sB_1^2(s) \,; \quad q(s) = sA_1(s)B_1(s) \,. \tag{10.34}$$

10.2 Empfindlichkeitsminimisierung durch Horowitzzerlegung

Damit folgt mit Gl.(10.14)

$$\frac{Q(s)}{q(s)} = \frac{A_1(s)}{s B_1(s)} - K \frac{B_1(s)}{A_1(s)} \quad . \tag{10.35}$$

Nun setzt man $s = x^2$ und betrachtet den Ausdruck

$$x \frac{Q(x^2)}{q(x^2)} = \frac{A_1(x^2)}{x B_1(x^2)} - K \frac{x B_1(x^2)}{A_1(x^2)} = \frac{A_1^2(x^2) - K x^2 B_1^2(x^2)}{x A_1(x^2) B_1(x^2)} = \frac{Q(x^2)}{\frac{q(x^2)}{x}} \quad . \tag{10.36}$$

Die Nullstellen des Zählers

$$Q(x^2) = [A_1(x^2) + \sqrt{K} x B_1(x^2)][A_1(x^2) - \sqrt{K} x B_1(x^2)] \tag{10.37}$$

liegen quadrantsymmetrisch, da man x durch - x ersetzen kann, ohne daß sich etwas ändert, und da alle Koeffizienten reell sind, siehe Abb.10.7. Eventuelle Nullstellen

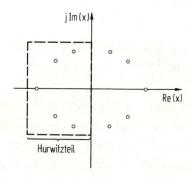

Abb.10.7. Beispiel einer quadrantsymmetrischen Nullstellenanordnung.

auf der imaginären Achse müssen in gerader Vielfachheit vorkommen. Ordnet man nun die links liegenden Nullstellen, die den Hurwitzteil bilden, dem Faktor

$$[A_1(x^2) + \sqrt{K} x B_1(x^2)] \tag{10.38}$$

in Gl.(10.37) zu, dann sind nach Satz 2.2 die Ausdrücke

$$Z_a^{LC} = \frac{A_1(x^2)}{x B_1(x^2)} \quad \text{und} \quad Z_b^{LC} = K \frac{x B_1(x^2)}{A_1(x^2)} \tag{10.39}$$

in Gl.(10.35) Reaktanzzweipolfunktionen in x . Sie haben also die in Abb.10.8a und d dargestellten Pol-Nullstellen-Konfigurationen.

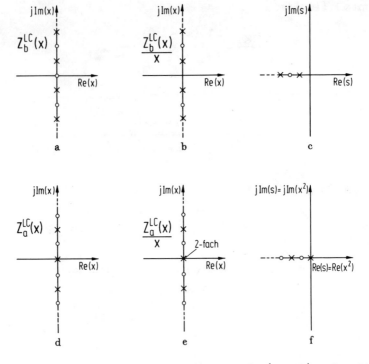

Abb. 10.8. Zum Nachweis, daß der Hurwitzteil von Gl.(10.37) auf realisierbare RC-Zweipolfunktionen führt (s. Text).

Macht man nun die Transformation zwischen Gl.(10.35) und Gl.(10.36) wieder rückgängig, d.h. multipliziert man zunächst die Reaktanzzweipolfunktionen von Gl.(10.39) mit $1/x$ und setzt anschließend $x^2 = s$, dann geht die Pol-Nullstellen-Konfiguration von Abb.10.8a (bzw. d) zunächst in die von Abb.10.8b (bzw. e) und anschließend in die von Abb.10.8c (bzw. f) über. Auf diese Weise erhält man also wie gewünscht die beiden Ausdrücke auf der rechten Seite von Gl.(10.35) bzw. Gl.(10.14) als RC-Zweipolfunktionen.

Diese Weiterführung des Verfahrens ergibt besonders dann erhebliche Rechenvorteile, wenn $Q(s)$ als Produkt von Linearfaktoren vorliegt. Als Beispiel betrachten wir noch einmal Gl.(10.28)

$$Q(s) = s^4 + 7s^3 + 18s^2 + 20s + 9$$

d.h.
$$Q(x^2) = x^8 + 7x^6 + 18x^4 + 20x^2 + 9 =$$
$$= [(x^4 + 4x^2 + 3) + (x^3 + 2x)][(x^4 + 4x^2 + 3) - (x^3 + 2x)] . \tag{10.40}$$

Der Vergleich von Gl.(10.40) mit Gl.(10.37) liefert

$$A_1(x^2) = x^4 + 4x^2 + 3 ; \qquad \sqrt{K} x B_1(x^2) = x^3 + 2x .$$

Also
$$A_1(s) = s^2 + 4s + 3 = (s+1)(s+3) ; \qquad B_1(s) = \frac{1}{\sqrt{K}}(s+2) . \tag{10.41}$$

10.2 Empfindlichkeitsminimisierung durch Horowitzzerlegung

Mit Gl.(10.34) und Gl.(10.22) erhält man schließlich die Horowitzzerlegung

$$Q(s) = A(s) - KB(s) = (s+1)^2(s+3)^2 - s(s+2)^2,$$

die mit dem schon früher gewonnenen Ergebnis von Gl.(10.30) übereinstimmt.

Das soweit beschriebene Zerlegungsverfahren gilt unter der eingangs genannten Voraussetzung, daß $Q(s)$ einen geradzahligen Grad hat und keine Nullstellen auf der negativen σ-Achse besitzt.

Wir kommen nun zum

Fall II,

daß $Q(s)$ einen ungeradzahligen Grad hat und keine Nullstellen auf der negativen σ-Achse besitzt.

An Stelle von Gl.(10.34) setzen wir jetzt

$$A(s) = sA_1^2(s), \qquad B(s) = B_1^2(s) \qquad (10.42)$$

und erhalten für Gl.(10.22)

$$-Q(s) = KB(s) - A(s) = KB_1^2(s) - sA_1^2(s). \qquad (10.43)$$

Die weitere Rechnung geht mit $q(s) = sA_1(s)B_1(s)$ analog zu Gl.(10.35) bis Gl.(10.39) weiter. Es sind lediglich die Rollen von $A(s)$ und $B(s)$ vertauscht.

Fall III

$Q(s)$ besitzt Nullstellen auf der negativen σ-Achse.

$$Q(s) = Q_0(s) \prod_\nu (s+\sigma_\nu) \qquad (10.44)$$

$Q_0(s)$ hat keine Nullstellen auf der negativen σ-Achse. Ist die Horowitzzerlegung von $Q_0(s)$ berechnet worden zu

$$Q_0(s) = A_0(s) - KB_0(s), \qquad (10.45)$$

dann erweist sich die Zerlegung

$$Q(s) = A_0(s) \prod_\nu (s+\sigma_\nu) - KB_0(s) \prod_\nu (s+\sigma_\nu) \qquad (10.46)$$

als optimal, sofern sie überhaupt möglich ist. Das soll nun im einzelnen näher begründet werden.

Dazu betrachten wir zunächst den Fall einer einfachen Nullstelle σ_1 auf der negativen σ-Achse:

$$Q(s) = A_0(s)(s+\sigma_1) - KB_0(s)(s+\sigma_1) =$$
$$= A_1^2(s)(s+\sigma_1) - KsB_1^2(s)(s+\sigma_1) \ . \quad (10.47)$$

Mit

$$q(s) = sA_1(s)B_1(s)(s+\sigma_1)$$

erhält man

$$\frac{Q(s)}{q(s)} = \frac{A_1(s)}{sB_1(s)} - K\frac{B_1(s)}{A_1(s)} = Z_a(s) - KZ_b(s) \ . \quad (10.48)$$

Der Nullstellenfaktor $(s+\sigma_1)$ kürzt sich hier heraus und tritt folglich weder in $Z_a(s)$ noch in $Z_b(s)$ auf. Sofern man aber den Pol bei $s = -\sigma_1$ anderweitig für die Synthese benötigt, kann man statt Gl.(10.48) schreiben [42]

$$\frac{Q(s)}{q(s)} = \frac{A_1(s)}{sB_1(s)} + \frac{\varepsilon}{s+\sigma_1} - K\left\{\frac{B_1(s)}{A_1(s)} + \frac{\frac{\varepsilon}{K}}{s+\sigma_1}\right\} \ . \quad (10.49)$$

Je kleiner ε ist, um so dichter liegt die Zerlegung von Gl.(10.49) an der optimalen Zerlegung.

Als nächstes betrachten wir den Fall einer Nullstelle geradzahliger Vielfachheit von $Q(s)$ auf der negativen σ-Achse. Dieser Fall ist in Abb.10.9 dargestellt. Wie man leicht sieht, läßt sich dieser Fall dadurch in den Griff bekommen, daß man den Wert ε vorübergehend addiert.

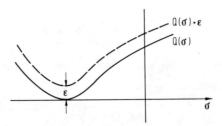

Abb.10.9. Behebung des Einflusses von Nullstellen geradzahliger Vielfachheit auf der negativen σ-Achse.

$$Q(s) = Q(s) + \varepsilon - \varepsilon = Q_0(s) - \varepsilon \ . \quad (10.50)$$

Die Funktion $Q_0(s)$ hat keine Nullstellen mehr auf der negativen σ-Achse. Für sie kann also die Horowitzzerlegung in der üblichen Weise durchgeführt werden. Die Zerlegung der Gesamtfunktion ergibt also

10.2 Empfindlichkeitsminimisierung durch Horowitzzerlegung

$$\frac{Q(s)}{q(s)} = \frac{Q_0(s)}{q(s)} - \frac{\varepsilon}{q(s)} = Z_a(s) - K Z_b(s) \ . \qquad (10.51)$$

Von der Partialbruchentwicklung des Ausdrucks $\varepsilon/q(s)$ werden die positiven Glieder zu $Z_a(s)$ und die negativen Glieder zu $Z_b(s)$ zugeschlagen. Je kleiner ε ist, um so dichter liegt wieder die Zerlegung von Gl.(10.51) an der optimalen Zerlegung.

Bei Nullstellen ungeradzahliger Vielfachheit erhält man durch vorübergehende Addition von ε eine einfache Nullstelle sowie komplexe Nullstellen. Mehrere einfache Nullstellen auf der negativen σ-Achse erfordern keine andersartigen Überlegungen als eine einzelne einfache Nullstelle auf der negativen σ-Achse.

<u>Zusammenfassung zur Horowitzzerlegung</u>

Der wesentliche Teil der Horowitzzerlegung besteht in der Zerlegung für den Fall I, daß $Q(s)$ ein Polynom vom Grad n (n = geradzahlig) ohne Nullstellen auf der negativen σ-Achse ist. Für $s = x^2$ läßt sich das Polynom folgendermaßen darstellen

$$Q(x^2) = Q_H(x) Q_H(-x) = \prod_{\nu=1}^{\frac{n}{2}} (x^4 + p_\nu x^2 + q_\nu) \ . \qquad (10.52)$$

Die Zerlegung erfolgt nun in folgenden Schritten (vgl. auch [55])

1. Man bestimme den Hurwitzanteil Q_H gemäß

$$Q_H(x) = \prod_{\nu=1}^{\frac{n}{2}} \left\{ x^2 + x \sqrt{2\sqrt{q_\nu} - p_\nu} + \sqrt{q_\nu} \right\} \ , \qquad (10.53)$$

(wobei stets die positiven Wurzeln zu nehmen sind). Umgekehrt folgt nämlich aus Gl.(10.53)

$$Q_H(x) Q_H(-x) = (x^2 + \sqrt{q_\nu})^2 - (2\sqrt{q_\nu} - p_\nu)x^2 = x^4 + p_\nu x^2 + q_\nu \ . \qquad (10.54)$$

2. Man spalte den Hurwitzanteil auf in seinen geraden Anteil $A_1(x^2)$ und in seinen ungeraden Anteil $\sqrt{K} x B_1(x^2)$

$$Q_H(x) = A_1(x^2) + \sqrt{K} x B_1(x^2) \ . \qquad (10.55)$$

3. Man setze $x^2 = s$ und bilde zunächst $A_1(s)$ und $B_1(s)$. Daraufhin bilde man

$$A(s) = A_1^2(s) \ ; \qquad B(s) = s B_1^2(s)$$

und schließlich

$$Q(s) = A(s) - KB(s).$$

10.3 Einige Bemerkungen zur Empfindlichkeitsminimisierung

Wie der vorausgegangene Abschnitt gezeigt hat, sind zur Empfindlichkeitsminimisierung oft sehr langwierige und komplizierte Überlegungen erforderlich. Geschlossene Lösungen für häufig auftretende Teilprobleme, wie sie die Horowitzzerlegung darstellt, sind z.Zt. nur für wenige Fälle bekannt. Zu nennen ist hier vor allem ein von Calahan [54] stammendes Verfahren, in welchem für ein gegebenes Polynom $Q(s)$ ein Polynom $q(s)$ so zu finden ist, daß sich der Quotient

$$\frac{Q(s)}{q(s)} = Z_{RC}(s) + K Z_{RL}(s) \qquad (10.56)$$

als Summe einer RC-Widerstandsfunktion Z_{RC} und einer mit dem Faktor K gewichteten RL-Widerstandsfunktion schreiben läßt, wobei gleichzeitig die Empfindlichkeiten auf Änderungen von K minimisiert werden.

Eine umfangreiche Literaturliste über Empfindlichkeitsprobleme findet man bei L.P. Huelsman [41].

Literaturverzeichnis

1. Desoer, C.A., Kuh, E.S.: Basic Circuit Theory, New York: McGraw-Hill 1969.

2. Wolf, H.: Lineare Systeme und Netzwerke (Hochschultext), Berlin/Heidelberg/New York: Springer 1971.

3. Doetsch, G.: Anleitung zum praktischen Gebrauch der Laplace-Transformation, München: Oldenbourg 1961.

4. Tellegen, B.D.H.: A general Network Theorem with Applications. Philips Res. Rep.7 (1952) 259-269.

5. Kuh, E.S., Rohrer, R.A.: Theory of Linear Active Networks, San Francisco: Holden-Day, Inc. 1967.

6. Feldtkeller, R.: Theorie der Spulen und Übertrager, 3.Aufl., Stuttgart: Hirzel 1958.

7. Sauer, R.: Ingenieur-Mathematik Bd. I, 3.Aufl., Berlin/Göttingen/Heidelberg: Springer 1964.

8. Brune, O.: Synthesis of a finite two-terminal network whose driving-point impedance is a prescribed function of frequency. Journ. Math. Phys. 10 (1931) 191-236.

9. Duschek, A.: Vorlesungen über höhere Mathematik, Bd.3, 2.Aufl., Wien: Springer 1960.

10. Wunsch, G.: Theorie und Anwendung linearer Netzwerke Teil I, Leipzig: Akadem. Verlagsgesellschaft Geest u. Portig K.-G. 1961.

11. Wunsch, G.: Theorie und Anwendung linearer Netzwerke Teil II, Leipzig: Akadem. Verlagsgesellschaft Geest u. Portig K.-G. 1964.

12. Guillemin, E.A.: Synthesis of Passive Networks, New York: Wiley 1957.

13. van Valkenburg, M.E.: Modern Network Synthesis, New York: Wiley 1960.

14. Tuttle, D.: Network Synthesis, Vol. I, New York: Wiley 1958.

15. Ryshik, I.M., Gradstein, I.S.: Summen-, Produkt- und Integraltafeln, 2. Aufl., Berlin: VEB Deutscher Verlag der Wissenschaften 1963.

16. Cauer, W.: Theorie linearer Wechselstromschaltungen, 2.Aufl., Berlin: Akademie-Verlag 1954.

17 Cauer, W.: Synthesis of Linear Communication Networks, New York: McGraw-Hill 1958.

18 Küpfmüller, K.: Einführung in die theoretische Elektrotechnik, 5.Aufl., Berlin/Göttingen/Heidelberg: Springer 1957.

19 Lewis II, P.M.: The Concept of the One in Voltage Transfer Synthesis. IRE Trans. Circuit Theory, Vol.2 (1955) 316-319.

20 Fialkow, A., Gerst, I.: The transfer function of general two terminalpair RC-networks. Quart. Appl. Math. 10 (1952) 113-127.

21 Korf, M.: Der Bartlettsche Satz. Arch. el. Übertr. 24 (1970) 111-117.

22 Piloty, H.: Kanonische Kettenschaltungen für Reaktanzvierpole mit vorgeschriebenen Betriebseigenschaften. Telegr. Fernspr. Techn. 29 (1940) 249-258, 279-290, 320-325.

23 Steinbuch, K., Rupprecht, W.: Nachrichtentechnik, eine einführende Darstellung, Berlin/Heidelberg/New York: Springer 1967.

24 Piloty, R.: Reaktanzvierpol mit gegebenen Sperrstellen und gegebenem einseitigen Leerlauf- oder Kurzschlußwiderstand. Arch. elektr. Übertr. 1 (1947) 59-70.

25 Saal, R., Antreich, K.: Zur Realisierung von Reaktanz-Allpaß-Schaltungen. Frequenz 16 (1962) 469-477 und 17 (1963) 14-22.

26 Bosse, G.: Synthese elektrischer Siebschaltungen mit vorgeschriebenen Eigenschaften, Stuttgart: Hirzel 1963.

27 Unbehauen, R.: Über die Lösung der Approximationsprobleme bei der Synthese elektrischer Zweipole. Habil. Schrift TH Stuttgart 1962.

28 Fritzsche, G.: Entwurf linearer Schaltungen, Berlin: VEB Verlag Technik 1962.

29 Szabo, I.: Hütte, Mathematische Formeln und Tabellen, Berlin: Wilhelm Ernst u. Sohn 1959.

30 Jahnke-Ende-Lösch: Tafeln höherer Funktionen, 6.Aufl., Stuttgart: Teubner 1960.

31 Glowatzki, E.: Sechsstellige Tafel der Cauer-Parameter, München: Verlag der Bayrischen Akademie der Wissenschaften 1955.

32 Saal, R.: Der Entwurf von Filtern mit Hilfe des Kataloges normierter Tiefpässe, Backnang/Württ.: Telefunken GmbH 1961.

33 Saal, R., Ulbrich, E.: On the Design of Filters by Synthesis. IRE Trans. Circuit Theory 5 (1958) 284-327.

34 Perron, O.: Die Lehre von den Kettenbrüchen, Bd.1, 3.Aufl., Stuttgart: Teubner 1954.

35 Lin, P.M., Siskind, R.P.: A simplified cascade synthesis of RC transfer functions. IRE Trans. Circuit Theory 12 (1965) 98-106.

36 Gewertz, C.M.: Synthesis of a finite, four-terminal net-work from its prescribed driving-point functions and transfer function. Journ. Math. Phys. 12 (1932) 1-257.

Literaturverzeichnis

37   L ü d e r , E.: Die Verwirklichung der Kettenmatrix des allgemeinen passiven Vierpols durch eine Schaltung mit der geringsten Anzahl von Teilen. Habil.-Schrift TH Stuttgart, Feb.1966.

38   M i t r a , S.J.: Analysis and Synthesis of Linear Active Networks, New York: Wiley 1969.

39   H u e l s m a n , L.P.: Handbook of Operational Amplifier Active RC Networks, Tucson Arizona: Burr-Brown Research Corp. 1966.

40   B r o w n l i e , J.D.: On the Stability Properties of a Negative Impedance Converter. IEEE. Trans. Circuit Theory 10 (1963) 98-99.

41   H u e l s m a n , L.P.: Theory and Design of Active RC-Circuits, New York: Mc Graw-Hill 1968.

42   S u , K.L.: Active Network Synthesis, New York: McGraw-Hill 1965.

43   K u h , E.S.: Transfer function synthesis of active RC-networks. IRE Trans. Circuit Theory 7 (1960) Spec.Suppl. S.3-7.

44   P a u l , R.J.A.: Active Network Synthesis Using One-port RC Networks. Proc. IEE 113 (1960) 83-86.

45   R u p p r e c h t , W.: Synthese aktiver RC-Netzwerke unter Verwendung eines Differenzverstärkers. Arch. elektr. Übertr. 23 (1969) 445-448.

46   B r u g l e r , J.S.: RC synthesis with differential input operational amplifiers. In "Papers on integrated circuit synthesis". Stanford Electron. Lab. Rec. No 6560-4, Juni 1966.

47   Y a n a g i s a w a , T.: RC active networks using current inversion type negative impedance converters. IRE , Trans. Circuit Theory 4 (1957) 140-144.

48   T e r a m o t o , M.: On RC active network synthesis using NIC. IRE, Trans. Circuit Theory 14 (1967) 447-448.

49   L i n v i l l , J.G.: RC Active Filters. Proc. IRE 42 (1954) 555-564.

50   C a l a h a n , D.A.: Restrictions on the natural frequencies of an RC-RL network. Journ. Franklin Inst. 272 (1961) 112-133.

51   S p e n c e , R.: Linear active networks. London, New York, Sidney, Toronto: Wiley-Interscience 1970.

52   H o r o w i t z , I.M.: Optimisation of negative-impedance conversion methods of active RC synthesis. IRE Trans. Circuit Theory 6 (1959) 296-303.

53   C a l a h a n , D.A.: Notes on the Horowitz Optimisation Procedure. IRE Trans. Circuit Theory 7 (1960) 352-354.

54   C a l a h a n , D.A.: Sensitivity Minimization in Active RC Synthesis. IRE Trans. Circuit Theory 9 (1962) 38-42.

55   A n t r e i c h , K., G l e i ß n e r , E.: Über die Realisierung von Impulsfiltern durch aktive RC-Netzwerke. Arch. elektr. Übertr. 19 (1965) 309-316.

56   P i l o t y , H.: Weichenfilter. Telegr. Fernspr. Tech. 28 (1939) 291-298, 333-344.

57   B a d e r , W.: Kopplungsfreie Kettenschaltungen. Telegr. Fernspr. Tech. 31 (1942) 177-189.

58 Bader, W.: Kettenschaltungen mit vorgeschriebener Kettenmatrix. Telegr. Fernspr. Tech. 32 (1943) 119-125, 144-147.

59 Schüssler, W., Herrmann, O., Jess, J.: Zur Auswahl optimaler impulsformender Netzwerke. Forschungsbericht Nr. 1081 des Landes Nordrhein-Westfalen. Köln und Opladen: Westdeutscher Verlag 1962.

60 Jess, J.: Über Impulsfilter mit Tschebyscheffschem Verhalten im Zeit- und Frequenzbereich. Arch. elektr. Übertr. 17 (1963) 391-401.

61 Rupprecht, W., Wolf, H.: Brunesche und Tellegensche Energiefunktionen. Arch. elektr. Übertr. 25 (1971) 489-592.

62 Sallen, R.P., Key, E.L.: A practical method of designing RC aktive filters. IRE Trans. Circuit Theory 2 (1955) 75-85.

63 Fliege, N.: Entwurf RC-aktiver Filter mit nichtidealen Verstärkern. Diss. Universität Karlsruhe 1971.

Namen- und Sachverzeichnis

absolutes Minimum 95, 105
Abspaltfolge 51, 70
Abspaltung von Polen 46f., 96, 107, 109, 191ff.
- von Überschußreaktanzen 197ff.
- einer negativen Induktivität 205
Abzweigschaltung 49, 52, 69, 128ff., 189ff., 196ff., 254, 355
äquivalente Schaltungen 98ff., 129ff., 136, 140, 143, 216, 218
aktiv 6, 296
Algorithmus, Euklidischer 91
Allpaß 122, 126ff., 172, 188, 214ff.
allpaßfrei 132
allpaßhaltig 128
analytische Fortsetzung 110
Anfangsspannung 8
Anfangsstrom 7
Anfangswert 125
antimetrisch 11, 12
Antireziprozität 14
Antwort 22
Approximation 220ff., 237ff.
Ausgangsgröße 22, 124ff., 129
Ausgangsimpedanz 299

Bandpaß 234ff.
Bandsperre 234ff.
Bartlett 136
Baum 17, 19
Belastungswiderstand 122

Beschaltung, ausgangsseitige 118, 119ff., 196ff.
-, eingangsseitige 118, 119ff.
-, einseitige 118, 172, 174, 189ff., 248ff., 253, 293
-, zweiseitige 120, 177, 196ff.
Besselfilter 239
Betrag einer Netzwerkfunktion 23, 123
- einer positiv reellen Funktion 110ff.
Betriebsdämpfung 170, 215, 221ff., 233ff.
Betriebsübertragungsfunktion 169ff., 184ff., 221ff., 294
Betriebswirkungsfunktion 120ff., 139, 206, 214, 221ff., 292ff., 294
Bezugsfrequenz 25
bilateral 5, 14
Bott, R. 105
Bott-Duffin-Zyklus 108
Brownlie, J.D. 307
Brückenschaltung 128, 132ff., 355
-, symmetrische 133ff., 214ff., 274ff., 236, 240
Brückenzweipol 215, 294
Brune, O. 94, 110
Brunesche Pseudoenergiefunktion 25
Brunezyklus 97ff.
Butterworthfilter, s. Potenzfilter

Calahan, D.A. 364, 370
Cauer, W. 153, 155, 160, 230
Cauerfilter 229ff.

Cauerform 1. 49ff., 69ff.
- 2. 52ff., 72ff.
charakteristische Gleichung 125
charakteristische Funktion 170ff., 185ff., 221, 229

Dämpfung 24, 126ff., 148, 170, 220ff., 229ff., 234
Darlington, S. 94, 110
Dasher, J. 268
δ-Funktion 2
Dezibel (dB) 24
Differentialgleichung 124, 297
Differentiationssatz 4
differenzierbar 81
differenzieren 38, 62
Differenzverstärker 329
Diracstoß 2
Doublet 2
Dreipol 128
dual 6, 12, 139, 186, 322
Dualitätsinvariante 139
Duffin, R.J. 94, 105
Durchlaßbereich 221ff., 234
Durchlaßcharakteristik 220
dynamisch 6

Echodämpfung 171
Echoübertragungsfunktion 171
Eigenschwingung 124ff., 296f.
Eigenwert 125
Eingangsgröße 22, 118, 119, 120, 124, 129
Eingangsimpedanz 31, 94, 110, 161, 171, 189, 262, 299, 327
-, konstante 139ff., 214, 292ff., 294
Eingangsspannung 119
Eingangsstrom 119
Elementarmatrix 219
Ellipse 227
elliptisches Integral 231f.
Empfindlichkeit 355ff.

Empfindlichkeitsminimisierung 359ff.
Energie 6, 29, 293
Erregung 22
Euklidischer Algorithmus 91

Faktorzerlegung 351
fastsymmetrisch 143ff., 274
Feldtkeller, R. 171
Fialkow-Gerst-Bedingung 132f.
Fliege, N. 354
Fortsetzung, analytische 110
Fosterform 1. 41, 66
- 2. 43, 67
Fosterreihe 67, 323
Freiheitsgrad 45, 103
Frequenz, komplexe 1
-, normierte 25
-, transformierte 235f.
Frequenznormierung 24
Frequenztransformation 234
Funktion, charakteristische 170ff., 185ff., 221, 229
-, positiv reelle 79ff., 95ff., 110, 283ff., 298
-, reelle 80
-, transzendente 238

Gegeninduktivität 15, 129
gemeinsamer Teiler 58, 91, 178
Gerst, I. 132
Gesamtwirkungsfunktion 219
Gewertz, C.M. 110, 277, 285, 290, 299
Gleichung, charakteristische 125
Graph 17, 143
Grenzfrequenz 220ff., 236
Guillemin, E.A. 268, 274
Gyrationskonstante 14
Gyrator, aktiver 309f., 354
-, idealer 12, 14, 27, 73

Namen- und Sachverzeichnis

Hochpaß 234ff.
höchste Ordnung 209
höchstgradiges Polynom 209
Horowitzzerlegung 359ff.
Huelsman, L.P. 370
Hurwitzpolynom 53ff., 57ff., 82ff., 125ff., 222, 238, 352
-, modifiziertes 53ff., 57, 125, 297

Impedanz 22, 161
Impedanzniveau 144, 204, 209
Induktivität 6, 7, 26, 30, 41, 44, 75, 96, 116, 148, 165
-, negative 96, 99, 202, 204
Induktivitätenpaar, gekoppeltes 12, 15, 26, 99, 148, 204
INIK 304, 348
Innenwiderstand 119, 122, 332, 350
Instabilität, potentielle 298
Integral, elliptisches 231ff.
Integrationssatz 5
Inzidenzkoeffizient 19

Jakobi-elliptische Funktion 232

kanonisch 45, 53, 69, 103
Kapazität 6, 7, 26, 30, 44, 59, 62, 66, 68, 73, 116, 148
-, negative 98f., 202
Kettenbruch 50ff., 52, 58, 69ff., 72, 91, 238
Kettenbruchschaltung 49ff., 52, 69ff.
Kettenform 9
Kettenmatrix 10, 155, 209f., 243, 282
Kettenschaltung 21, 214, 219, 354
Key, E.L. 354
Kirchhoff 16
Kirchhoffsche Spannungsregel (KSpR) 18, 19
- Stromregel (KStR) 18, 313
Knoten 17ff.
Koeffizientenbedingung 132
Koeffizientenmatrix 9ff.

kompakter Pol 154, 196ff., 207, 212, 261
konstante Eingangsimpedanz 139ff., 214, 292ff., 294
Konversionsfaktor 304
Kopplung 16, 100
Kuh, E.S. 275, 323
Kunstgriff 338
Kurzschlußadmittanz 189ff., 198, 212
Kurzschlußimpedanz 189ff., 198, 209ff., 213
Kurzschlußstabilität 297, 308, 347, 352f.
Kurzschlußstrom 119

Laplacetransformation 1, 4
Laufzeitglied 237
LC-Zweipol 30ff., 41ff.
LC-Nichtmindestphasenvierpol 213
LC-Vierpol 117ff., 148ff., 153, 155, 160ff., 167, 188ff., 237, 240
Leerlaufimpedanz 189ff., 198, 209, 212ff.
Leerlaufspannung 119
Leerlaufstabilität 297, 308, 347, 352f.
Leistung 28, 29, 122
Leitungstheorie 171
Leitwert 6, 68
Leitwertsform 9
Leitwertsmatrix 10, 155, 243, 277
Leitwertspartialbruchschaltung 43ff., 68, 167, 247
Lin, P.M. 275
linear 5
Linearfaktor 55, 110
Lineartransformierte 83, 183
Linvill, J. 350, 359

Masseverbindung, durchgehende 128ff., 260, 338
Matrix 9ff.
-, inverse 10, 278, 280
-, nichtsinguläre 278, 280, 288

-, positiv reelle 277, 280, 281
-, positiv semidefinite 152
-, singuläre 278, 280, 288
-, symmetrische 152, 281
Maximum, Prinzip vom 81
Mc-Laurin-Reihe 238
Mindestphasenvierpol 122, 127ff., 188ff., 196ff., 214
miniaturisierte Technik 240
Minimalzahl von Schaltelementen 45
- von Induktivitäten 237
Minimum, absolutes 95, 105
Minimum des Realteils 81
Mitra, S. 319
Miyata, F. 94, 109
Modul 231
Modulwinkel 231

n-Eckschaltung 129
Negativ-Impedanzinverter 309ff., 316
Negativ-Impedanzkonverter 303, 342ff.
Negativsemidefinitheit 318
Neper (Np) 24
Netzwerk 16ff., 296
Netzwerkfunktion 22ff., 25ff., 357
Neutralisation 11
nichtlinear 5
Nichtmindestphasenvierpol 128, 213
nichtreziprok 11
nichtspeichernd 6
NIK, s. Negativ-Impedanzkonverter
NIV, s. Negativ-Impedanzinverter
Norator 311f.
Normierung 24
Nullator 311f.
Nullmatrix 300
Nullstellen der Gyrator/C-Zweipolfunktion 74
- der LC-Zweipolfunktion 31, 34, 39
- der positiv reellen Funktion 79, 81ff., 87
- der RC-Zweipolfunktion 61ff.

- doppelte 363
- eines Polynoms 3ff., 53ff., 91, 110, 130, 321
- einer Übertragungsfunktion 187, 223, 227
- einer Wirkungsfunktion 122, 125, 190ff., 200, 254
- geradzahlige 87, 182, 368
nullstellenfrei 131ff., 218
Nullstellenverschiebung 197ff., 202, 255ff.
Nullzustand 8, 16, 32, 122

Operation 4, 95
Operationsverstärker 300ff., 333ff.
Ordnung 209, 245, 321
Ortskurve 80ff., 89, 95, 114

Parallelschaltung von Vierpolen 20, 135, 167
- von Zweipolen 41, 44, 66, 68, 165, 246
Parallelschwingkreis, s. Parallelschaltung
Partialbruch 3, 36, 37, 46, 63, 89, 161ff., 199, 210, 244, 261, 267, 280, 285, 321
Partialbruchschaltung 41ff., 66ff., 160ff., 242, 245ff.
passiv 5, 6, 8, 296, 310
pathologisch 311ff.
Phase 24, 126ff., 234, 237ff.
Piloty, H. 155, 219
Polabbau 47, 49, 51f., 69f., 72, 191, 196f., 254ff.
Pole einer Gyrator/C-Zweipolfunktion 74ff.
- einer LC-Zweipolfunktion 31, 34ff., 39ff.
- einer passiven Zweipolfunktion 78ff., 81
- einer RC-Zweipolfunktion 61, 64f.
- einer Wirkungsfunktion 122ff., 126ff., 188, 215, 292
-, kompakte 154, 197ff., 212ff.
-, private 161, 198, 212, 245, 259, 269

positiver Bereich 334

positiv reelle Funktion 79ff., 95ff., 110, 298

- reelle Matrix 277ff., 299

- semidefinit 152, 318

Potenzfilter 221ff., 227

Prinzip vom Maximum 81

-, Schwarzsches Spiegelungs- 80

privater Pol 161, 198, 212, 245, 259, 269

Pseudoenergiefunktion 25ff., 28

quadrantsymmetrisch 58, 111, 127, 181, 188, 234, 365

Quelle, gesteuerte 12ff., 302f., 307, 320f.

-, unabhängige 6, 22f., 30

Queradmittanz 129, 191

RC-Vierpol 141f., 240ff., 245ff., 254ff.

RC-Zweipol 58ff., 136, 244, 321

Reaktanzvierpol 148ff., 153

Reaktanzzweipol 30, 37ff., 54, 83, 85, 89, 156, 215, 284

Realisierbarkeitsbedingungen 115

- für LC-Vierpolmatrizen 148ff., 153, 155

- für LC-Zweipolfunktionen 40

- für passive Vierpolmatrizen 275, 277, 282

- für passive Zweipolfunktionen 79

- für RC-Vierpolmatrizen 240, 242, 243

- für ± RC-Vierpolmatrizen 317, 318

- für RC-Zweipolfunktionen 65

- für ± RC-Zweipolfunktionen 315

- für Übertragungseigenschaften aktiver RC-Vierpole 324, 332

- für Übertragungseigenschaften von LC-Vierpolen 167, 172, 174, 177

---- passiven Vierpolen 292

---- RC-Vierpolen 248

Realisierung s. Synthese

Rechenerleichterung 25, 46, 366

Reflexionsfaktor 171

regulär 81

Residuenbedingung 154, 160, 164, 245, 249, 261

Residuenmatrix 151, 242, 318

Residuum 37, 40, 43, 45ff., 61ff., 75, 96, 322, 335

reziproker Vierpol 11, 115, 133, 148, 240, 275

Sallen, A.P. 354

Sandberg, I.W. 320

Schleife 17ff.

Schleifenstrom 19

Schnittmenge 17ff.

Schwarzsches Spiegelungsprinzip 80

semidefinit 152

singulär 167, 278, 280, 288

Singularität 81

Sipress, J.M. 342

Siskind, R.P. 275

Spannung 1

Spannungspfeil 17, 117

Spannungsquelle, s. Quelle

Spannungsübertragungsfunktion 118, 168ff.

Spannungsvektor 8

Spannungswirkungsfunktion 118, 214ff.

speichernd 6

Spektrum 1

Sperrbereich 221ff., 234

Sprungfunktion 2

Spiegelungsprinzip 80

Stabilität 124ff., 296ff., 299, 338, 352

Stern/n-Eck-Umwandlung 129f.

Strom 1

Strompfeil 17, 117

Stromquelle, s. Quelle

Stromübertragungsfunktion 168ff.

Stromvektor 8

Stromwirkungsfunktion 118

struktursymmetrisch 136

Sturm, Satz von 92

Symmetriesatz von Bartlett 136, 141
symmetrischer Vierpol 11, 133ff., 143, 152, 214, 281, 294, 324
Synthese durch Abzweigschaltungen 49ff., 69ff., 95ff., 189ff., 196ff., 254ff., 260ff.
- durch Brückenschaltungen 215ff., 294
- durch Partialbruchschaltungen 41ff., 66ff., 160ff., 245ff., 285ff.
- imaginärer Wirkungsnullstellen 188ff., 196ff.
- komplexer Wirkungsnullstellen 213ff., 260ff., 274
- reeller Wirkungsnullstellen 254ff.
- singulärer Vierpolmatrizen 289
-, übertragerfreie 106

Tellegen, Satz von 20, 313
Teilabbau 191ff., 197ff., 200ff., 255ff.
Teile positiv reeller Funktionen 110ff.
Teiler, gemeinsamer 58, 91, 178
Teilgraph 19
Teramoto, M. 350
Tiefpaß 220ff., 234
Toleranzschema 220ff.
Topologie 16ff.
Transformation 235
transzendente Funktion 238
T-Schaltung 143
Tschebyscheffilter 223ff.
Tschebyscheffpolynom 224f.
Tunneldiode 319

Überschußreaktanz 197ff., 207
Übertrager, idealer 12, 14, 21, 28, 99, 121, 140, 157, 165f., 244, 355
Übertragungsadmittanz 118ff., 190, 248
Übertragungseigenschaften von Vierpolen 117ff., 167ff., 247ff., 292ff.
Übertragungsfunktion 117, 168
Übertragungsimpedanz 117, 190, 248
umkehrbar, s. reziprok
Unbehauen, R. 94, 109, 219

unbeschaltet 118, 144, 172, 248
UNIK 304
unilateral 5, 11
unsymmetrisch 11
unvollständiges elliptisches Integral 231
Ursprung 39, 81

Vektor 8
verlustlos 6
Verschiebungssatz 4, 237
Verstärker 327, 354
Verzögerungsglied 237
Vierpol 8ff., 21
-, allpaßhaltiger 128
-, fastsymmetrischer 143ff.
- matrix 10, s. auch Realisierbarkeitsbedingungen
-, Mindestphasen 122ff.
- mit durchgehender Masseverbindung 128ff.
-, Nichtmindestphasen 128, 188ff.
-, stabiler 124ff., 299, 338, 352
-, symmetrischer 11, 133ff., 143, 152, 214, 281, 294
- synthese, s. Synthese
-, umkehrbarer 115, s. auch reziprok
-, Zusammenschaltung von 21
Vollabbau 191ff., 197ff., 200, 208, 254
vollständiges elliptisches Integral 231

Wicklungssinn 100
Widerstand, Belastungs- 122
-, Extraktion eines 95, 105
-, ohmscher 6, 26, 66, 110, 116
Widerstandsform 9
Widerstandsmatrix 10, s. auch Matrix
Widerstandsnormierung 24
Widerstandspartialbruchschaltung 42ff., 67ff., 160ff., 245ff., 316
Winkel 23, 36, 55, 61, 123, 231
Wirkungsfunktion, allgemein 22ff., 118ff., 129, 132, 299

- des LC-Vierpols 167, 172ff., 177, 189ff., 196ff.
- des passiven Vierpols 292
- des RC-Vierpols 248, 254ff., 260ff.
- von aktiven RC-Vierpolen 323ff., 327ff., 329ff., 338ff., 348ff.

Wirkungsnullstelle, s. Synthese und Wirkungsfunktion

Yanagisawa, T. 348, 353
Y-kompakt 197ff., 212ff.

Zählrichtung 17
Zeitbereichsoperation 4
Zeitfunktion 1, 124
zeitinvariant 5
zeitvariant 5
Z-kompakt 197ff., 212ff.

Zuverlässigkeit 355
Zweig 17, 19
Zweipol absolut minimaler Reaktanz 86, 90, 95, 105, 109
-, allgemeiner 22
-, Gyrator/C- 73ff.
- minimaler Reaktanz 86, 114, 284
- minimaler Resistanz 86
-, LC- 30ff., 41ff.
-, passiver 76ff., 94ff.
-, RC- 58ff., 66ff.
-, ± RC- 313f.
-, stabiler 298
zweiseitig beschaltet 118, 120ff., 169ff., 254, 275, 293
Zyklus 219
-, Brune- 97
-, Bott-Duffin 108

Offsetdruck: Beltz, 6944 Hemsbach üb. Weinheim